# AutoCAD

牛勇 ◎ 编著

# 2013 中文版 实用教程

『超值双色版』

科学出版社

北京

# 内 容 简 介

AutoCAD 作为专业的辅助设计软件，是建筑、机械绘图与设计工作者的首选工具软件。本书重点介绍了 AutoCAD 2013 中文版在室内设计、机械绘图、三维绘图应用方面的主要功能和应用技巧。

本书共 13 章，针对 AutoCAD 2013 中文版的基本操作及功能做了全面详细的介绍，第 1～10 章介绍了 AutoCAD 2013 中文版的基础知识，包括环境设置、绘图控制、图层设置、二维绘图、对象的编辑、图案填充、图块应用、文字标注和尺寸标注、打印和输出文件等；第 11～13 章介绍了土建图、室内设计图、机械设计图等典型应用案例的制作。

本书配 1CD 多媒体教学光盘，包含书中所有实例的原始素材文件和最终效果文件，以及 18 个重点实例的视频教学录像，播放时间长达 2 小时。此外，光盘中还附赠了大量实用、精美的素材资源，直接满足设计人员的实际需求。

本书内容由浅入深，语言通俗易懂，实例丰富多样，每个操作步骤的介绍都清晰准确。特别适合作为广大职业院校及计算机培训学校相关课程的教材用书，同时也适用于广大 AutoCAD 2013 初学者、设计爱好者参考使用。

## 图书在版编目（CIP）数据

AutoCAD 2013 中文版实用教程：超值双色版 / 牛勇编著. -- 北京：科学出版社，2013

ISBN 978-7-03-037214-7

Ⅰ．①A… Ⅱ．①牛… Ⅲ．①AutoCAD 软件—教材
Ⅳ．①TP391.72

中国版本图书馆 CIP 数据核字（2013）第 056335 号

责任编辑：郑 楠 魏 胜 胡子平 / 责任校对：杨慧芳
责任印刷：华 程　　　　　　　　　 / 封面设计：张世杰

科学出版社 出版
北京东黄城根北街 16 号
邮政编码：100717
http://www.sciencep.com

北京朝阳新艺印刷有限公司印刷
中国科技出版传媒股份有限公司新世纪书局发行　　各地新华书店经销

\*

2013 年 6 月第 一 版　　　　开本：16 开
2013 年 6 月第一次印刷　　　印张：18
字数：438 000

定价：42.00 元（含 1CD 价格）
（如有印装质量问题，我社负责调换）

# 前言

　　AutoCAD是美国Autodesk公司开发的一种绘图程序软件，是目前应用最广泛的计算机辅助绘图和设计软件，一直以来深受机械设计与建筑绘图人员的青睐。AutoCAD 2013是目前最新的版本，它在以往版本的基础上做了一些改进，使软件的应用更方便、也更人性化。

　　本书是AutoCAD 2013运用于辅助绘图的初、中级专业教程，介绍了AutoCAD 2013的工作界面、环境设置、绘图控制、图层设置、二维绘图、对象的编辑、图案填充、图块应用、文字标注和尺寸标注、打印和输出文件等基础知识，以及土建图、室内设计图、机械设计图等典型应用案例的制作，可帮助读者快速了解软件用途，掌握软件的操作方法。最后给出的3个典型实例吸收了专业设计人士的工作经验，不仅能帮助读者快速学习本书内容，还具有较强的启发性，便于读者在今后的工作中结合自己的想法进行独立设计。

　　本书采用"**知识讲解+技能实训+课堂问答+知识能力测试+多媒体光盘**"的形式编写。读者通过本书，既可以学到最基础的AutoCAD 2013软件知识，又能在详尽的图解指导下进行实训操作，在掌握整章知识点后，还能通过课后的知识与能力测试巩固知识。本书配1CD多媒体教学光盘，内含书中所有实例的原始素材文件和最终效果文件，以及18个重点实例的视频教学录像，播放时间长达2小时。读者可以打开光盘中的素材文件，参考书中讲解与视频教学，一步一步地进行学习。

　　参与本书编写的人员具有丰富的一线教学经验，在此向所有参与本书编创的工作人员表示由衷的感谢！

　　由于计算机技术发展非常迅速，加上笔者水平有限，疏漏之处在所难免，敬请广大读者和同行批评指正。

编　者
2013年4月

# 光盘使用说明

如果您的计算机不能正常播放视频教学文件，请先单击"视频播放插件安装"按钮❶，安装播放视频所需的解码驱动程序。另外，在视频目录中，有个别标题的视频链接以红色文字显示，表示单击该链接会打开另一个浏览器窗口播放视频。

## 主界面操作

1 单击可安装视频所需的解码驱动程序
2 单击可进入本书多媒体视频教学界面
3 单击可打开书中实例的素材文件
4 单击可打开书中实例的最终效果文件
5 单击可打开附赠的室内平面图、立面图、剖面图、施工图、图案和图表等图形源文件资源
6 单击可浏览光盘文件
7 单击可查看光盘使用说明

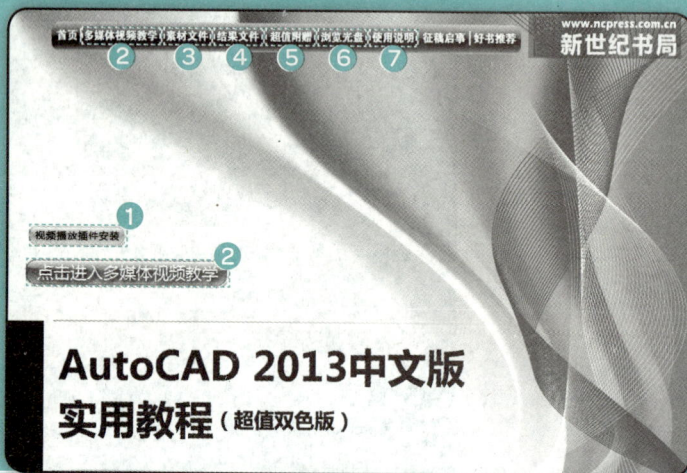

## 播放界面操作

1 单击可打开相应视频
2 单击可播放/暂停播放视频
3 拖动滑块可调整播放进度
4 单击可关闭/打开声音
5 拖动滑块可调整声音大小
6 单击可查看当前视频文件的光盘路径和文件名
7 双击播放画面可以进行全屏播放，再次双击便可退出全屏播放

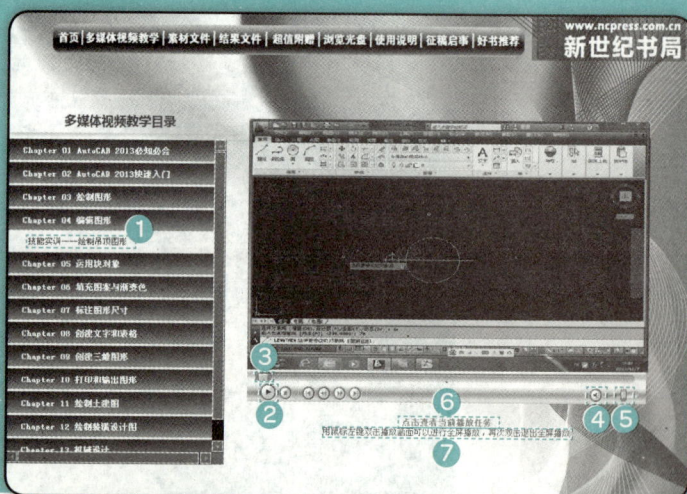

此文件夹中包含书中实例的素材文件

此文件夹中包含播放视频教程所需的插件

此文件夹中包含本书视频教程文件

此文件夹中包含书中实例的最终效果文件

视频插件　素材文件　结果文件

同步教学文件　超值附赠

此文件夹中包含附赠的室内平面图、立面图、剖面图、施工图、图案和图表等图形源文件资源

## 光盘文件说明

# 目录

# Chapter 01

# AutoCAD 2013
# 必知必会

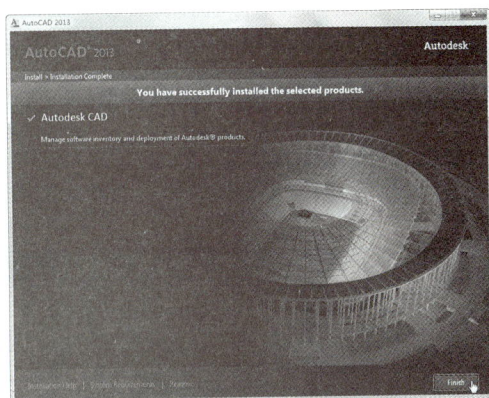

　　AutoCAD是美国Autodesk公司开发的一种绘图程序软件，是目前使用最广泛的计算机辅助绘图和设计软件，一直以来深受机械设计与建筑绘图人员的青睐。AutoCAD 2013是目前最新的版本。

　　本章将带领读者认识AutoCAD 2013，介绍讲解AutoCAD 2013的新增功能、AutoCAD 2013的安装与启动、AutoCAD 2013的应用领域、AutoCAD 2013的工作界面、执行AutoCAD命令的方法以及AutoCAD的坐标系。

## 重点知识

- 掌握AutoCAD 2013的安装与启动
- 了解AutoCAD 2013的工作界面
- 了解AutoCAD 2013的工作空间
- 执行AutoCAD 2013中的命令
- 认识AutoCAD的坐标系

## 难点知识

- AutoCAD 2013中命令的执行方法
- AutoCAD的坐标系

# 1.1 认识AutoCAD 2013

AutoCAD于1982年11月首次推出，是计算机辅助设计领域最受欢迎的绘图软件，经过了逐步地完善和更新。

## 1.1.1 AutoCAD概述

AutoCAD是美国Autodesk公司推出的自动计算机辅助设计软件，用于二维绘图、详细绘制、设计文档和基本三维设计，现已成为国际上广为流行的绘图工具。AutoCAD具有广泛的适应性，它可以在各种操作系统支持的微型计算机和工作站上运行。

AutoCAD于1982年11月首次推出后，经过了逐步地完善和更新，Autodesk公司推出的AutoCAD 2013是目前最新版本的软件。AutoCAD 2013具有轻松的多文档设计环境，可以让非计算机专业人员很快地学会使用。还能向用户提供实时的信息和数据，以便用户更方便地进行设计。

## 1.1.2 AutoCAD 2013的新增功能

AutoCAD 2013在以往版本的基础上做了一些改进，令软件的应用更方便、也更人性化。AutoCAD 2013的新功能主要包括以下几个方面。

### 1. 阵列增强功能

AutoCAD 2013的阵列增强功能可帮助用户以更快、更方便的方式创建对象。

为矩形阵列选择了对象之后，会立即显示在3行4列的栅格中。在创建环形阵列时，在指定圆心后将立即在6个完整的环形阵列中显示选定的对象。

为路径阵列选择对象和路径后，对象会立即沿路径的整个长度均匀显示。对于每种类型的阵列（如矩形、环形和路径），在阵列对象上的多功能夹点使用户可以动态编辑相关的特性。除了使用多功能夹点外，还可以在上下文功能区选项卡或在命令行中修改阵列的值。

在阵列操作中，项目计数切换可使用户基于间距和曲线长度计数（以填充路径），也可以明确控制该数量。在增加或减少项目间间距时，项目数会自动增大或减小以适合指定的路径。同样，当路径长度更改时，项目数会自动增加或减少以填充路径。

### 2. 画布内特性预览

用户可以在应用更改前动态预览对对象和视口特性的更改。例如，如果在选择了对象后，使用"特性"选项板更改了颜色，则当光标经过列表中或"选择颜色"对话框中的每种颜色时，选定的对象会随之动态地改变颜色。更改透明度时，也会动态应用对象透明度。

预览不局限于对象特性，视口内显示的任何更改都可预览。例如，当光标经过视觉样式、视图、日光和天光特性、阴影显示和 UCS 图标时，其效果会随之动态地应用到视口中。

用户可以使用新的PROPERTYPREVIEW系统变量控制特性预览行为，也可以在"选项"对话框中控制特性预览行为。

### 3．光栅图像

"光栅图像"功能中的两色重采样算法已更新，可以提高范围广泛的、受支持图像的显示质量。

### 4．外部参照

"外部参照"功能已更新，用户可以在"外部参照"选项板中直接编辑保存的路径，找到的路径显示为只读。在"外部参照"选项板中，默认类型会更改为相对路径。例如，如果图形尚未保存或宿主图形和外部文件位于不同的磁盘分区中。

## 1.1.3 AutoCAD 2013的应用领域

AutoCAD作为目前最流行的电脑辅助设计软件，被广泛应用于建筑、工业、电子、军事、医学、交通等领域。AutoCAD 2013在以前版本的技术基础上，完成了大量的升级优化，使其优异性能得以充分发挥，充分体现了其快捷方便的特点。

在建筑与室内设计领域，AutoCAD的应用极为广泛，使用AutoCAD可以绘制出尺寸精确的建筑结构图与施工图，为以后的施工提供参照依据，如图1-1所示即为使用AutoCAD绘制的建筑设计图。

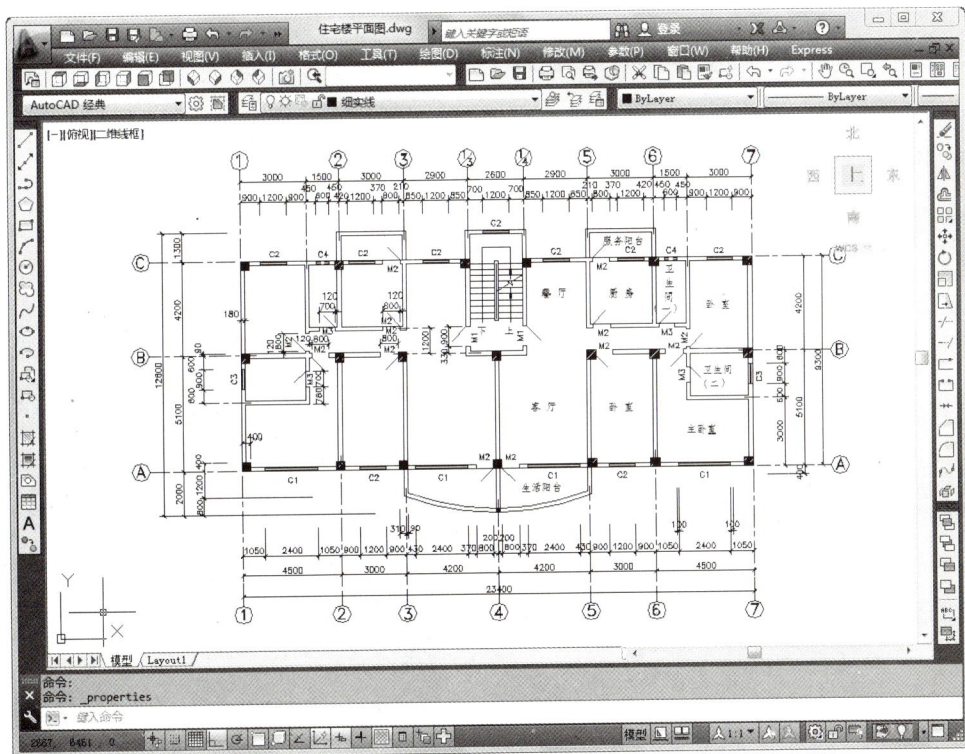

图1-1 建筑设计图

在工业设计领域，AutoCAD作为产品开发设计的有效手段，为设计师在构思和创作方面提供了极大的帮助。另外，在新产品的设计开发过程中，可以使用AutoCAD进行辅助设计，模拟产品实际的工作情况，监测其造型与机械在实际使用中的缺陷，以便在产品进行批量生产之前，及早做出相应的改进，避免设计失误造成的巨大损失。

# 1.2 AutoCAD 2013的安装与启动

前面我们介绍了AutoCAD 2013的新功能，现在就来介绍一下其硬件需求与安装。AutoCAD 2013的安装与其他软件的安装基本相同。

## 1.2.1 安装AutoCAD 2013的硬件需求

为了保证能够顺利地安装和运行AutoCAD 2013，对计算机的硬件配置有一定的需求，具体的硬件需求如表1-1所示。

**表1-1 安装AutoCAD 2013的硬件需求**

| 硬　件 | 需　求 |
| --- | --- |
| 操作系统 | Microsoft Windows XP系统或Windows Vista Home Premium/Business/Ultimate系统 |
| CPU | Intel Pentium 4、Intel Centrino、Intel Xeon或Intel Core Duo处理器 |
| 内存 | 1GB内存、64MB视频内存 |
| 硬盘 | 2GB可用硬盘空间（安装过程中需要其他可用空间） |
| 显示器 | 1024×768分辨率的显示器（带有16位视频卡） |

## 1.2.2 AutoCAD 2013的安装

AutoCAD 2013的安装十分简单，如果电脑中已有其他版本的AutoCAD软件，可不必卸载其他版本的软件，只需要将运行的相关软件关闭即可。

**步骤 01** 将AutoCAD 2013的安装光盘放入光驱，双击Setup.exe安装文件图标，即可进行AutoCAD 2013的安装，如图1-2所示。

**步骤 02** 双击Setup.exe图标后，将会弹出初始化界面，对系统配置进行检查，如图1-3所示。

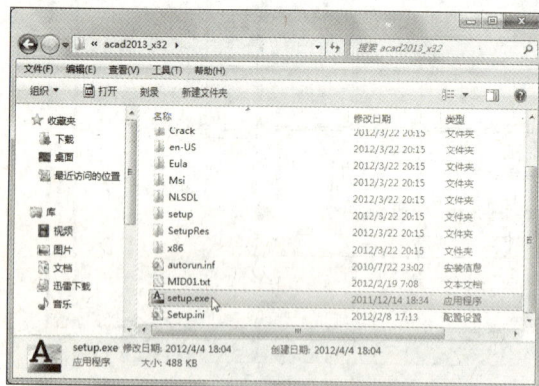

图1-2 AutoCAD 2013安装包

图1-3 初始化安装程序

**步骤 03** 检查完系统配置文件后，会自动弹出新的安装界面，单击下方的"Install"按钮，即可进行下一步的安装。如果单击"Exit"按钮，则会退出安装程序，如图1-4所示。

**步骤 04** 在弹出的"许可及服务协议"安装界面中单击语言下拉列表框，选择软件的语言为"China"，然后单击选中下方的"I Accept"单选按钮，再单击"Next"按钮，如图1-5所示。

图1-4　单击"Install"按钮

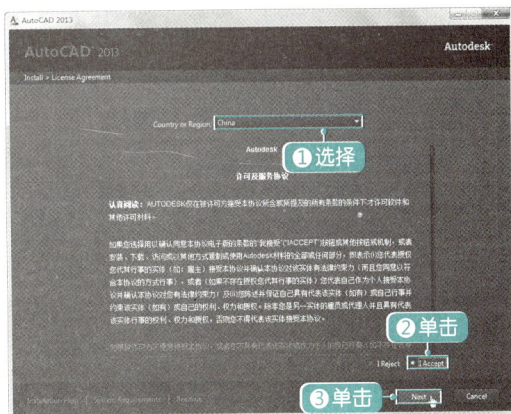

图1-5　接受协议

**步骤 05** 在弹出的输入序列号的安装界面中输入正确的序列号和ID，然后单击"Next"按钮，如图1-6所示。

**步骤 06** 在下一个安装界面中单击"Browse"按钮，可对安装位置进行更改，默认的安装位置为C盘，可根据个人习惯选择安装位置。选择好安装位置后单击下方的"Install"按钮，如图1-7所示。

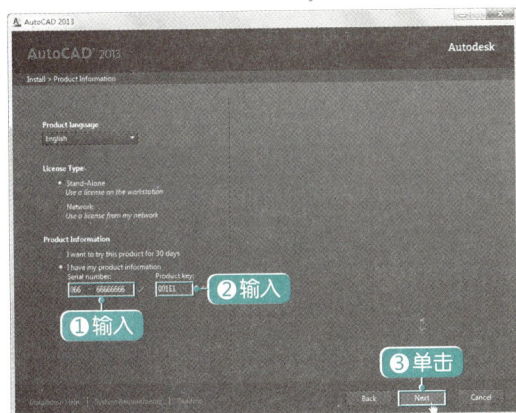

图1-6　输入序列号和ID

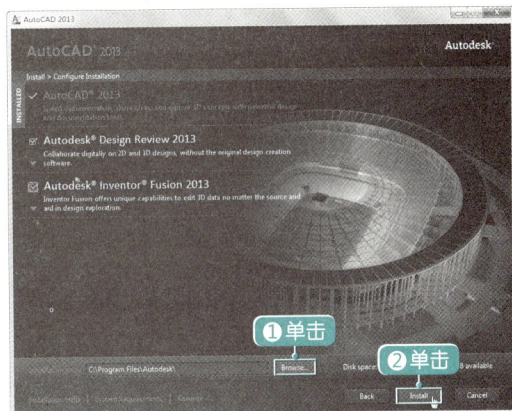

图1-7　设置安装位置

**提示**

序列号就是软件开发商给软件的一个识别码，和公民的身份证号码类似，其作用主要是为了防止自己的软件被其他用户盗用。

**步骤 07** 接下来系统将自行安装软件，安装过程一般需要较多的时间，在安装界面中可以查看安装进度和剩余时间，如图1-8所示。

图1-8　安装进度

**步骤 08** 当安装完成时，在弹出窗口中会提示此次安装完成。单击右下角的"Finish"按钮即可结束安装操作，如图1-9所示。

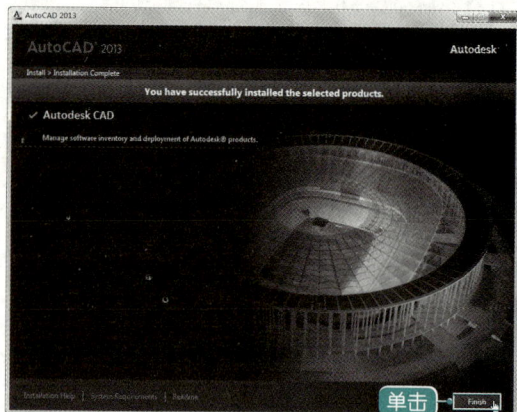

图1-9　完成安装

## 1.2.3　AutoCAD 2013的启动

安装好AutoCAD 2013应用程序后，用户可以通过如下两种常用的方法启动该程序。

**方法一：** 单击"开始"菜单，在"程序"列表中选择相应的命令来启动AutoCAD 2013应用程序，如图1-10所示。

**方法二：** 使用鼠标双击桌面上的AutoCAD 2013的快捷方式图标，可以快速启动AutoCAD 2013应用程序，如图1-11所示。

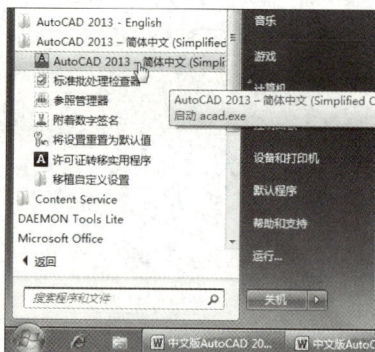

图1-10　通过"开始"菜单启动

图1-11　通过快捷方式图标启动

启动AutoCAD 2013程序后，将出现如图1-12所示的启动界面，随后会进入AutoCAD 2013的欢迎窗口，如图1-13所示，在该窗口中取消"启动时显示"选项，然后单击"关闭"按钮，即可进入AutoCAD 2013的工作界面。

图1-12　AutoCAD 2013的启动界面

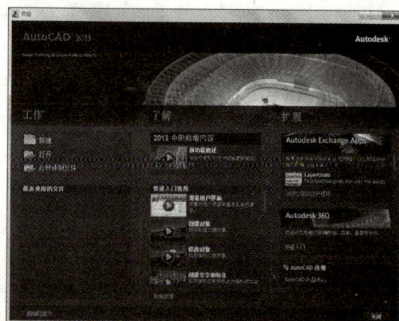

图1-13　AutoCAD 2013的欢迎窗口

> **提示**
>
> 使用鼠标双击AutoCAD文件也可以启动AutoCAD 2013应用程序。

# 1.3 AutoCAD 2013的工作界面

在默认状态下，第一次启动AutoCAD 2013，将进入"草图与注释"工作空间模式，其工作界面如图1-14所示，主要包括标题栏、功能区、绘图区、命令行、状态栏5个部分。

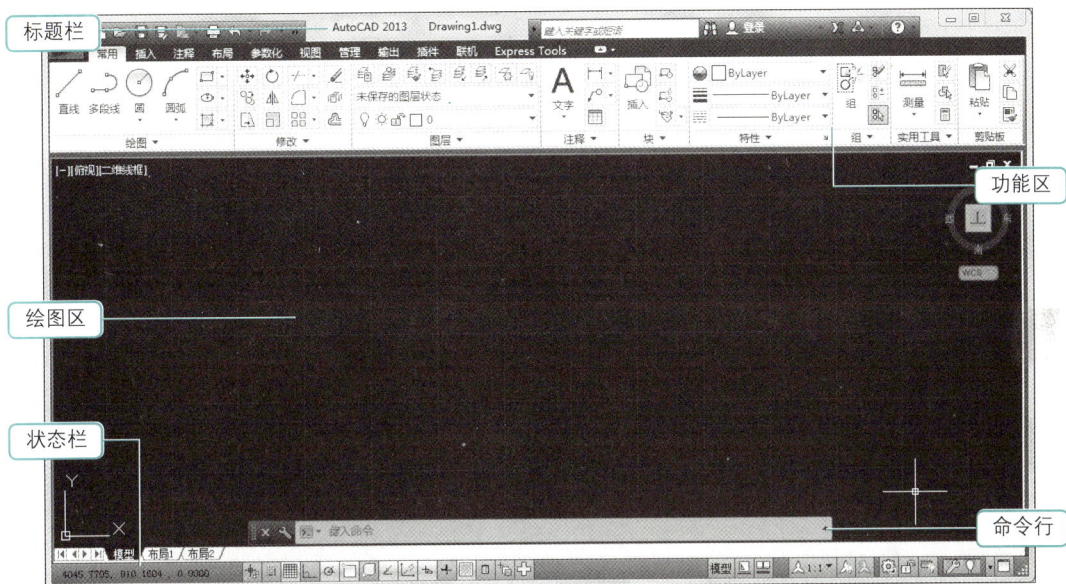

图1-14 AutoCAD 2013工作界面

## 1.3.1 标题栏

标题栏位于AutoCAD 2013程序窗口的顶端，用于显示当前正在执行的程序名称以及文件名等信息。在程序默认的图形文件下显示的是AutoCAD 2013 Drawing1.dwg，如果打开的是一张保存过的图形文件，显示的则是打开的图形文件的文件名，如图1-15所示。

图1-15 标题栏

### 1. "菜单浏览器"按钮

标题栏的最左侧是"菜单浏览器"按钮，单击该按钮，可以展开AutoCAD 2013用于管理图形文件的命令，如新建、打开、保存、打印和输出等命令，如图1-16所示。

### 2. 自定义快速访问工具栏

在"菜单浏览器"按钮的右边是"自定义快速访问工具栏"，用于存储经常访问的命令。单击"自定义快速访问工具栏"右侧的，将弹出工具按钮选项菜单供用户选择，如图1-17所示。

图1-16 单击"菜单浏览器"按钮

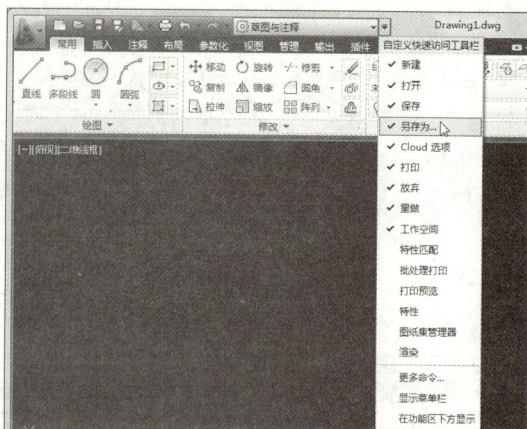

图1-17 "自定义快速访问工具栏"

### 3. 窗口控制按钮

标题栏的最右侧存放的三个按钮依次为"最小化"按钮▭、"恢复窗口大小"按钮▢和"关闭"按钮▨，单击其中的某个按钮，将执行相应的操作。

## 1.3.2 功能区

AutoCAD 2013的功能区位于标题栏的下方，在功能面板上的每一个图标都形象地代表一个命令，用户只需单击图标按钮，即可执行该命令。功能区主要包括"常用"、"插入"、"注释"、"布局"、"参数化"、"视图"、"管理"和"输出"等8个常用部分，如图1-18所示。

图1-18 功能区

## 1.3.3 绘图区

AutoCAD的绘图区是绘制和编辑图形以及创建文字和表格的区域。绘图区包括控制视图按钮、坐标系图标、十字光标等元素，默认状态下该区域为深蓝色，如图1-19所示。

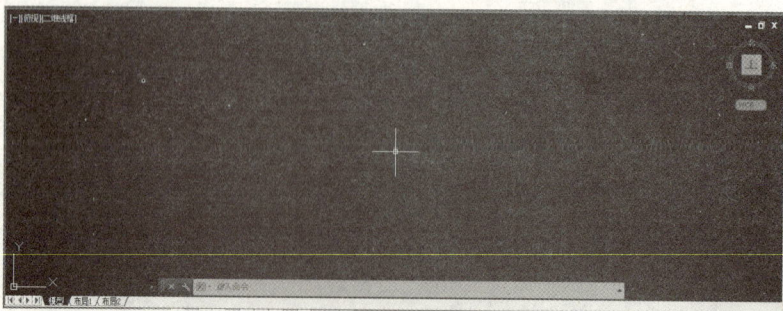

图1-19 绘图区

## 1.3.4 命令行

命令行位于绘图区的下方，用户可以在命令行中通过键盘输入各种操作的英文命令或它们的简化命令，然后按下"Enter"键或空格键即可执行该命令。

同以往的AutoCAD版本有些不一样，AutoCAD 2013的命令行呈单一的条状显示在绘图区的下方，如图1-20所示。

图1-20　命令行

拖动命令行最左侧的标题按钮，将其放在窗口左下方的边缘时，可以令其紧贴窗口边缘铺展开，展开为传统的命令行样式，如图1-21所示。

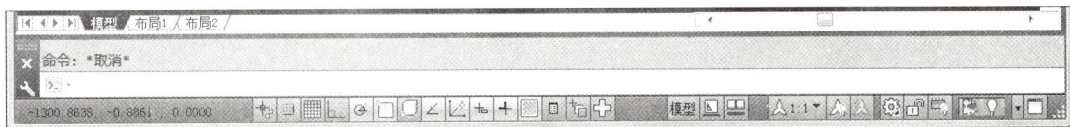

图1-21　展开命令行

## 1.3.5 状态栏

状态栏位于整个窗口的最底端，在状态栏的左边显示了绘图区中十字光标中心点目前的坐标位置，右边显示绘图时的动态输入和布局等相关状态，如图1-22所示。

图1-22　状态栏

# 1.4　AutoCAD 2013的工作空间

为满足不同用户的需要，AutoCAD 2013提供了"草图与注释"、"三维基础"、"三维建模"和"AutoCAD经典"4种工作空间模式，用户可以根据自己的需要选择不同的工作空间模式。

单击"自定义快速访问"工具栏中的"工作空间"下拉按钮，在弹出的下拉菜单中即可选择需要的工作空间，如图1-23所示。

图1-23　选择工作空间

## 1.4.1 "草图与注释"工作空间

默认状态下启动的工作空间是"草图与注释"工作空间。其界面主要由标题栏、功能区、快速访问工具栏、绘图区、命令窗口和状态栏等组成，如图1-24所示。在该空间中，可以方便地使用"绘图"、"修改"、"图层"、"注释"、"块"等面板进行图形的绘制。

## 1.4.2 "三维基础"工作空间

在"三维基础"工作空间中，可以更方便地绘制基础的三维图形，并且可以通过其中的"修改"面板对图形进行快速修改，如图1-25所示。

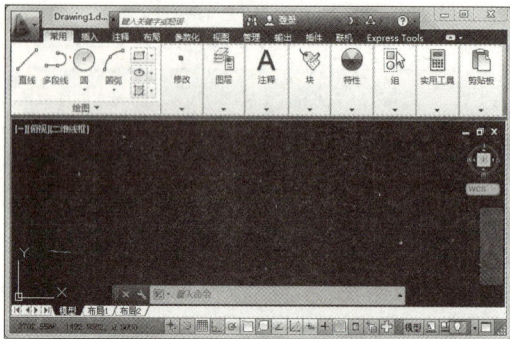

图1-24 "草图与注释"工作空间

图1-25 "三维基础"工作空间

## 1.4.3 "三维建模"工作空间

在"三维建模"工作空间中，可以方便地绘制出更多、更复杂的三维图形，在该工作空间中也可以对三维图形进行修改、编辑等操作，如图1-26所示。

## 1.4.4 "AutoCAD经典"工作空间

对于习惯使用AutoCAD传统界面的用户来说，使用"AutoCAD经典"工作空间是最好的选择，"AutoCAD经典"工作空间的界面主要由"菜单浏览器"按钮、快速访问工具栏、菜单栏、工具栏、绘图区、命令行窗口和状态栏等元素组成，如图1-27所示。

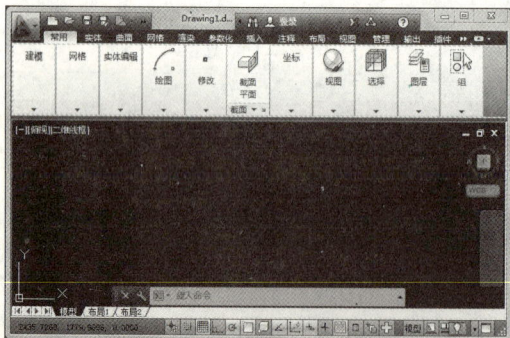

图1-26 "三维建模"工作空间

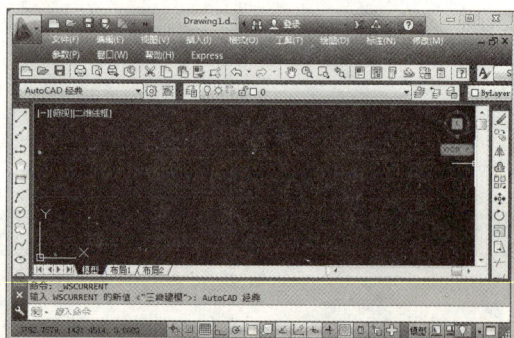

图1-27 "AutoCAD经典"工作空间

# 1.5 如何执行AutoCAD命令

在AutoCAD中可以使用菜单命令、工具按钮或命令语句来执行指定的命令，下面将介绍执行AutoCAD命令的各种方法。

## 1.5.1 使用菜单命令

在"AutoCAD经典"工作空间中，可以通过菜单执行各种命令。例如，单击"绘图"→"矩形"命令，可以启用"矩形"命令，如图1−28所示。

## 1.5.2 单击工具按钮

用户可以通过单击功能区或工具栏中的工具按钮执行相应的命令。例如，在"草图与注释"工作空间中，单击"绘图"面板中的"矩形"按钮□，即可启用"矩形"命令，如图1−29所示。

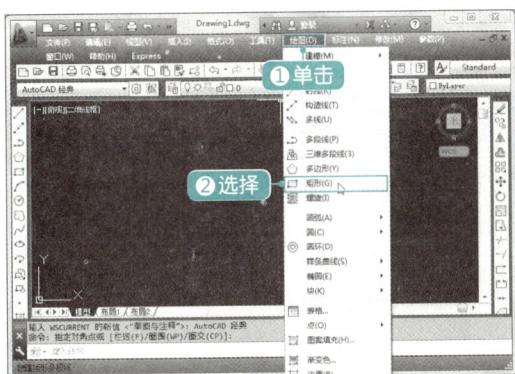

图1−28　使用菜单命令

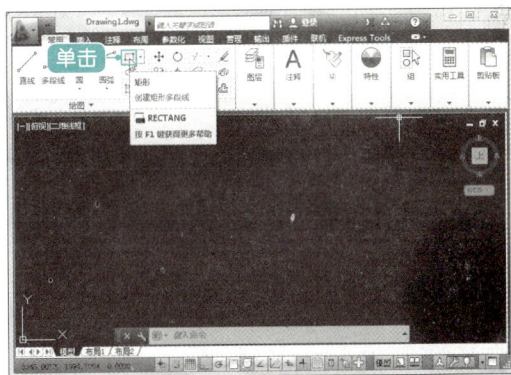

图1−29　单击工具按钮

## 1.5.3 使用命令语句

当命令行中显示有"键入命令："的提示时，表明AutoCAD处于准备接受命令的状态，如图1−30所示。输入命令名后，按下"Enter"键或空格键，此时系统会提示相应的信息或子命令；根据这些信息选择具体操作，最后按下空格键退出命令，当退出编辑状态后，系统又回到待命状态。例如：输入并执行"矩形（REC）"命令，系统将提示"指定第一个角点或［倒角(C)/标高(E)/圆角(F)/厚度(T)/宽度(W)］："，如图1−31所示，此时用户可以根据提示指定矩形的第一个角点，或者执行其他操作。

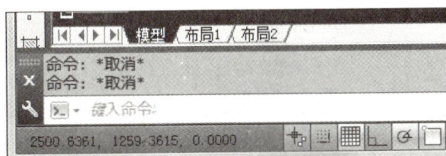

图1−30　等待输入命令

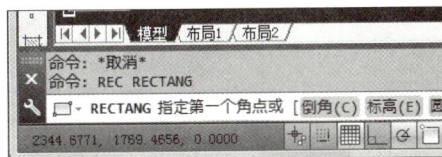

图1−31　输入命令并确定

## 1.5.4 终止命令

在执行AutoCAD操作命令的过程中，按下键盘上的"Esc"键，可以随时终止AutoCAD命令的执行。如果中途要退出命令，可按下"Esc"键，有些命令需要连续按下两次"Esc"键。如果要终止正在执行中的某命令，输入"U"并按下空格键进行确定，即可回到上次操作前的状态，如图1-32所示。

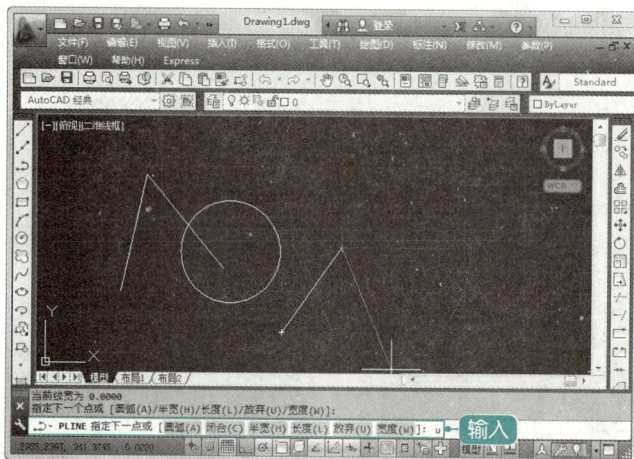

图1-32　终止命令

## 1.5.5 重复命令

若要重复上一个已经执行的命令，可以直接按下"Enter"或空格键；也可以在命令窗口中单击鼠标右键，然后在弹出的菜单中选择使用过的命令，如图1-33所示。

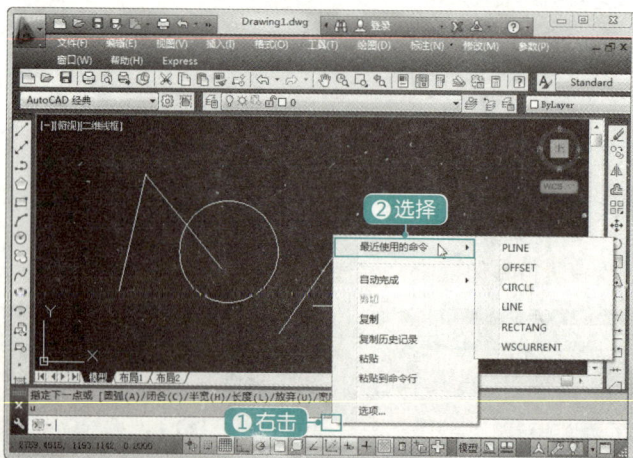

图1-33　重复命令

# 1.6 AutoCAD的坐标系

AutoCAD的图形定位，主要是由坐标系进行确定的。使用AutoCAD的坐标系，首先要了解AutoCAD坐标系的概念和坐标输入法。

## 1.6.1 认识AutoCAD坐标系

坐标系由X轴、Z轴和原点构成。在AutoCAD中，包括3种坐标系，分别是笛卡儿坐标系、世界坐标系和用户坐标系。

笛卡儿坐标系：AutoCAD 采用笛卡儿坐标系来确定位置，该坐标系也称绝对坐标系。在进入AutoCAD绘图区时，系统自动进入笛卡儿坐标系第一象限，其原点在绘图区内的左下角点，如图1-34所示。

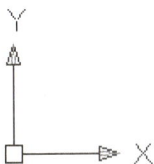

世界坐标系：世界坐标系是AutoCAD的基础坐标系，它由3个相互垂直相交的坐标轴X、Y和Z组成。在绘制和编辑图形的过程中，WCS是预设的坐标系，其坐标原点和坐标轴都不会改变。在默认情况下，X轴以水平向右为正方向，Y轴以垂直向上为正方向，Z轴以垂直屏幕向外为正方向，坐标原点位于绘图区左下角，如图1-35所示。

图1-34　笛卡儿坐标系　　　　　　　　图1-35　世界坐标系

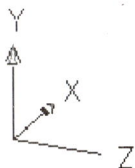

用户坐标系：为了方便用户绘制图形，AutoCAD提供了可变的用户坐标系（User Coordinate System，UCS）。在通常情况下，用户坐标系与世界坐标系相重合，而在进行一些复杂的实体造型时，用户可根据具体需要，通过UCS命令设置适合当前图形应用的坐标系。

## 1.6.2 坐标输入法

在AutoCAD中使用各种命令时，通常需要提供该命令相应的指示与参数，以便指引该命令所要完成的工作或动作执行的方式、位置等。直接使用鼠标虽然使得制图很方便，但是不能进行精确定位，进行精确地定位则需要采用键盘输入坐标值的方式来实现。

### 1．绝对坐标

绝对坐标以笛卡儿坐标系的原点(0,0,0)为基点定位，用户可以通过输入(X,Y,Z)坐标的方式来定义一个点的位置。

### 2．相对坐标

相对坐标是以上一点为坐标原点确定下一点的位置。输入相对于上一点坐标(X,Y,Z)增量为(△X,△Y,△Z)的坐标时，格式为(@△X,△Y,△Z)。其中@字符是指定与上一个点的偏移量。

# 技能实训——绘制指定的矩形

在AutoCAD中，通过指定图形的坐标可以确定图形的大小和位置。下面我们来学习如何正确使用坐标输入法绘制指定大小和位置的图形。

## → 操作分析

本例主要使用AutoCAD 2013坐标输入法，确定矩形的两个角点的坐标，以此绘制指定大小和位置的矩形。

## → 制作步骤

| | |
|---|---|
| 结果文件 | 光盘\结果文件\第1章\矩形.dwg |
| 同步视频文件 | 光盘\同步教学文件\第1章\绘制指定的矩形.mp4 |

**步骤 01** 在"AutoCAD经典"工作空间中，执行"绘图"→"矩形"命令，如图1-36所示。

**步骤 02** 在系统提示下输入绘制矩形的第一个角点的坐标，如(100,100)，然后按下空格键进行确定，如图1-37所示。

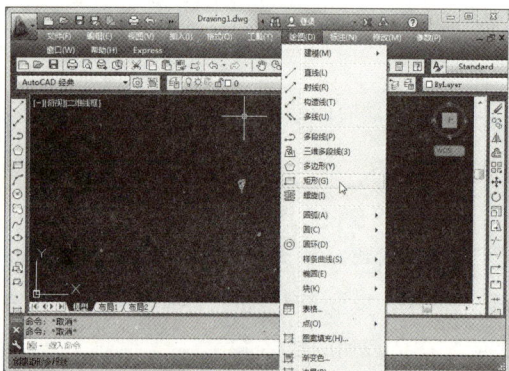

图1-36 执行命令

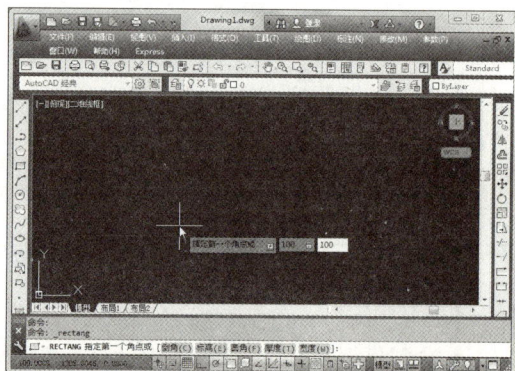

图1-37 指定第一个角点坐标

**步骤 03** 输入矩形另一个角点的相对坐标为(@300,300)，如图1-38所示，按下空格键进行确定，即可绘制出指定位置和大小的矩形，如图1-39所示。

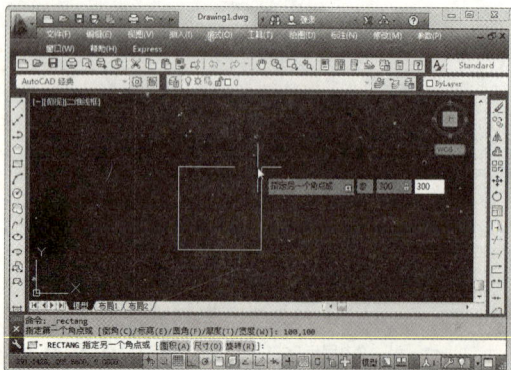

图1-38 指定另一个角点坐标

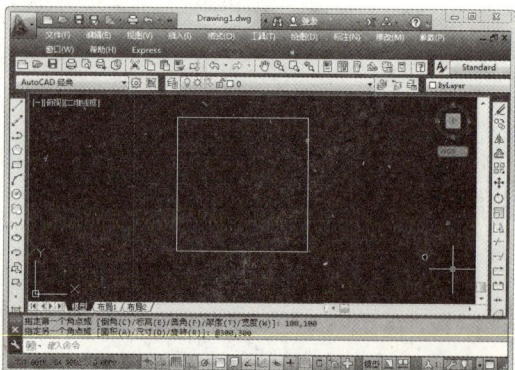

图1-39 绘制的矩形

# 课堂问答

通过前面知识的讲解，我们对AutoCAD 2013有了一定的了解，下面列出一些常见的问题供读者思考。

**问题1：在AutoCAD中，相对坐标和绝对坐标有什么区别？**

答：绝对坐标以笛卡儿坐标系的原点(0,0,0)为基点定位，可以通过输入(X,Y,Z)坐标的方式来定义一个点的位置。

相对坐标是以上一点为坐标原点确定下一点的位置。输入的坐标相对于上一点坐标(X,Y,Z)增量为($\triangle X,\triangle Y,\triangle Z$)时，坐标的输入格式为(@$\triangle X,\triangle Y,\triangle Z$)。

**问题2：AutoCAD 2013包括哪几种工作空间？**

答：AutoCAD 2013提供了"草图与注释"、"三维基础"、"三维建模"和"AutoCAD经典"4种工作空间模式。

**问题3：如何执行AutoCAD 2013的菜单命令？**

答：对于初学者而言，当许多命令都不记得时可以使用菜单命令进行相应的操作，那么，如果找不到AutoCAD 2013的菜单该怎么办呢？由于AutoCAD 2013提供了"草图与注释"、"三维基础"、"三维建模"和"AutoCAD经典"4种工作空间模式，"草图与注释"、"三维基础"和"三维建模"工作空间都没有菜单栏，要使用菜单命令，用户切换至"AutoCAD经典"工作空间模式即可。

# 知识与能力测试

通过前面的章节，讲解了AutoCAD的基础知识。为对知识进行巩固和考核，布置相应的练习题。

## 笔试题

**一、填空题**

（1）首次推出AutoCAD软件的时间是_____年_____月。

（2）AutoCAD作为目前最流行的电脑辅助设计软件，被广泛应用于_____、_____、电子、军事、医学、交通等领域。

（3）输入相对坐标时，应该在坐标值前面加一个_____符号。

**二、选择题**

（1）在AutoCAD 2013中，（　）选项是在"草图与注释"工作界面中没有的。

A. 标题栏　　　　　　　　　　B. 工具箱

C. 功能区　　　　　　　　　　D. 绘图区

（2）在AutoCAD中，通常可以使用（　）键代替"Enter"键进行操作确定。

A. 空格　　　　　　　　　　　B. Shift

C. Tab　　　　　　　　　　　　D. Ctrl

## 上机题

本章课程已经学完，请完成以下操作题，以加深对知识点的理解，巩固所学的技能技巧。

**（1）将"特性匹配"工具添加到"自定义快速访问工具栏"中**

单击"自定义快速访问工具栏"右侧的下拉按钮，在弹出的菜单中选择"特性匹配"命令，如图1-40所示，即可将"特性匹配"工具添加到"自定义快速访问工具栏"中，效果如图1-41所示。

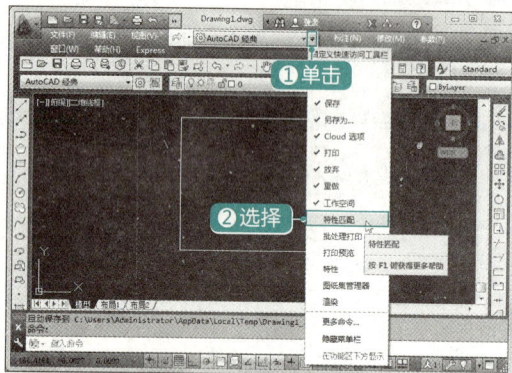

图1-40　选择"特性匹配"命令

图1-41　添加"特性匹配"工具

**（2）切换至"三维基础"工作空间**

单击"自定义快速访问"工具栏中的"工作空间"下拉按钮，在弹出的下拉菜单中选择"三维基础"命令，如图1-42所示，即可切换到"三维基础"工作空间中，如图1-43所示。

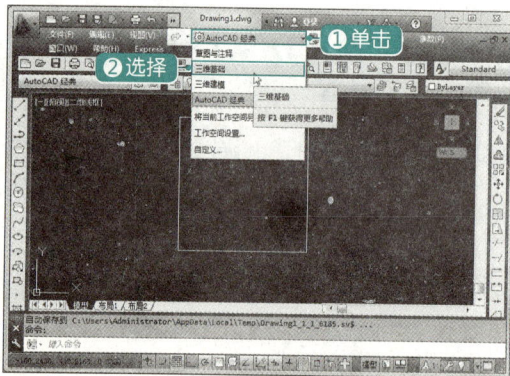

图1-42　选择"三维基础"命令

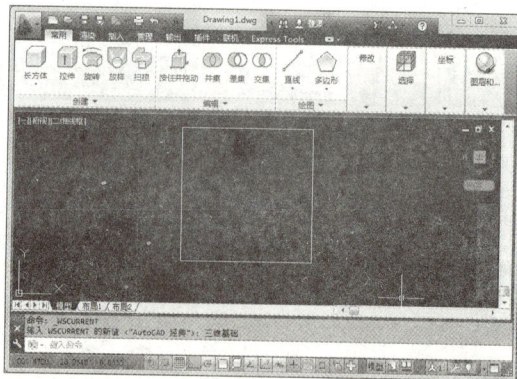

图1-43　"三维基础"工作空间界面

# Chapter 02

# AutoCAD 2013
# 快速入门

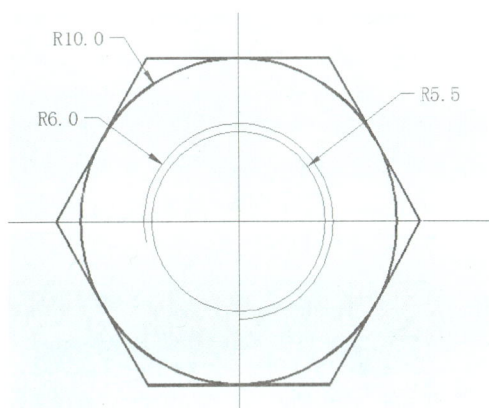

R10.0
R6.0
R5.5

## 本章导读

在学习了AutoCAD的基础知识后，接下来需要掌握AutoCAD 2013的基本操作，以便为后期的学习和工作打下良好的基础。

本章将带领读者学习AutoCAD 2013的基本操作，主要介绍AutoCAD 2013的文件操作、视图控制、绘图环境的设置、设置绘图的辅助功能、应用AutoCAD的图层，以及设置并应用AutoCAD的图形特性等。

## 重点知识

- 文件的基本操作
- 选择对象
- 视图控制
- 设置绘图环境
- 设置辅助功能
- 应用图层
- 应用图形特性

## 难点知识

- 对视图缩放的控制
- 管理图层

# 2.1 文件的基本操作

掌握AutoCAD 2013的文件操作是学习该软件的基础。本节将学习AutoCAD 2013新建文件、打开文件、保存文件和关闭文件的基本操作。

## 2.1.1 新建文件

每次启动AutoCAD 2013应用程序时，都将打开一个名为"drawing1.dwg"的图形文件。在新建图形文件的过程中，默认图形名会随打开新图形的数目而变化。例如，如果从样板打开另一图形，则默认的图形名为"drawing2.dwg"。

执行新建文件的命令包括如下4种常用的方法。

**方法一：**单击"自定义快速访问工具栏"中的"新建"按钮 🗋，如图2-1所示。

**方法二：**单击"菜单浏览器"按钮 🅰，将鼠标指向"新建"子菜单，然后选择"图形"命令，如图2-2所示。

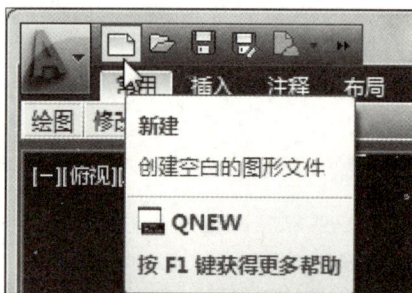

图2-1 单击"新建"按钮

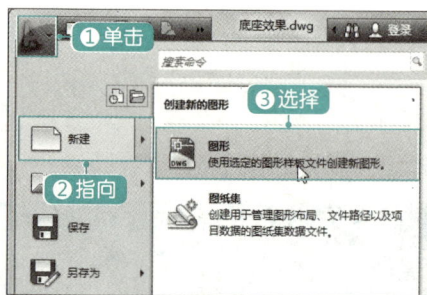

图2-2 选择"图形"命令

**方法三：**在"AutoCAD经典"工作空间中，执行"文件"→"新建"命令，如图2-3所示。

**方法四：**输入"新建"命令语句NEW，然后按"Enter"键进行确定，如图2-4所示。

图2-3 选择"新建"命令

图2-4 输入命令语句NEW

执行"新建"命令，将打开"选择样板"对话框，如图2-5所示，在此选择"acad.dwt"样板文件，然后单击"打开"按钮，将新建一个空白图形文件，如图2-6所示。

图2-5　选择样板文件

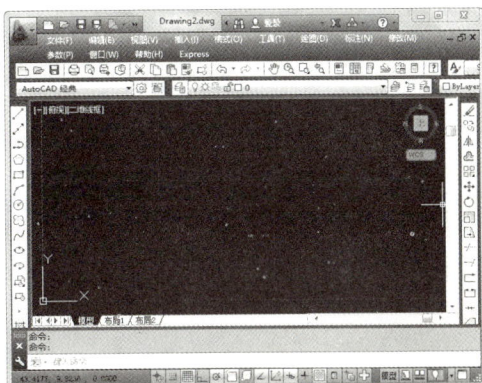

图2-6　新建空白图形文件

**提示**

用户可以在"选择样板"对话框中根据需要选择其他的样板文件，从而打开需要的模板。

## 2.1.2　保存文件

在绘图过程中，对文件进行即时保存，可以避免意外状况而造成数据丢失。执行"保存"命令包括如下4种常用的方法。

**方法一：** 单击"自定义快速访问"工具栏中的"保存"按钮 ▣。

**方法二：** 单击"菜单浏览器"按钮 ▲，选择"保存"命令。

**方法三：** 在"AutoCAD经典"工作空间中，选择"文件"→"保存"命令。

**方法四：** 输入SAVE命令语句并按下空格键进行确定。

**提示**

在执行某个操作时，也可以通过按下空格键代替"Enter"键进行确定。

执行"保存"命令，将打开"图形另存为"对话框，在"文件名"文本框中可以输入文件的名称，在"保存于"下拉列表中可以设置文件的保存路径，如图2-7所示，然后单击"保存"按钮即可对当前文件进行保存，如图2-8所示。

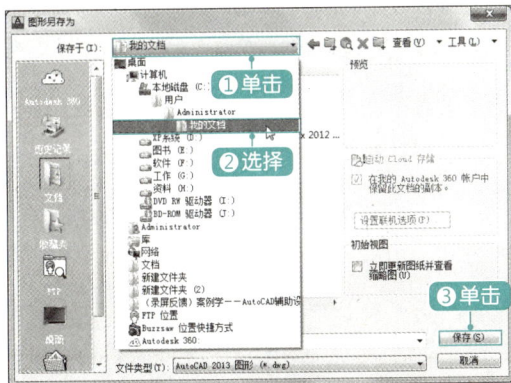

图2-7　设置文件路径

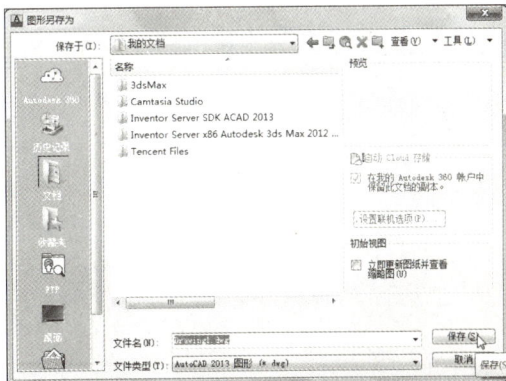

图2-8　单击"保存"按钮

## 2.1.3 打开文件

在工作与学习中，如果电脑中已存在创建好的AutoCAD图形文件，读者就可以将其打开，执行"打开"命令通常包括以下4种常用的方法。

**方法一：** 单击"自定义快速访问"工具栏中的"打开"按钮 📂。

**方法二：** 单击"菜单浏览器"按钮 ▲，选择"打开"命令。

**方法三：** 在"AutoCAD经典"工作空间中，选择"文件"→"打开"命令。

**方法四：** 输入OPEN命令语句并按下空格键进行确定。

执行"打开"命令后，将打开"选择文件"对话框，在该对话框的"查找范围"下拉列表中选择查找文件所在的位置，如图2-9所示，在文件列表中选择要打开的文件，然后单击"打开"按钮即可将选择的文件打开，如图2-10所示。

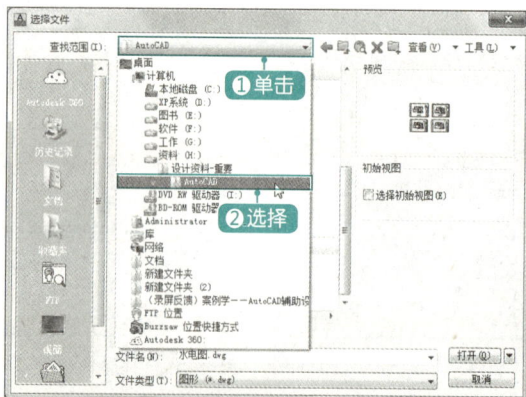

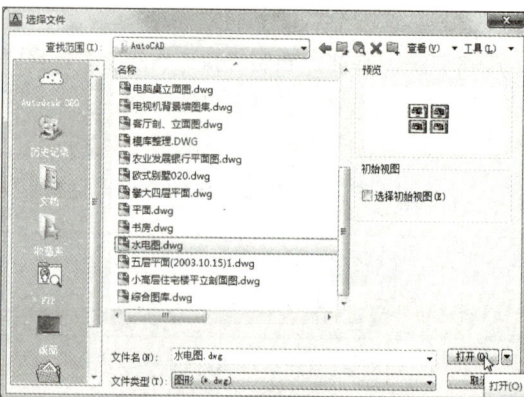

图2-9　选择文件　　　　　　　　　　　　图2-10　选择打开方式

## 2.1.4 关闭文件

单击标题栏中的"关闭"按钮 ✕，可以关闭文件并退出AutoCAD应用程序，如果只关闭当前打开的文件，而不退出AutoCAD程序，则可以通过如下3种常用方法关闭文件。

**方法一：** 单击窗口左上角的 ▲ 按钮，然后选择"关闭"→"当前图形"命令，如图2-11所示。

**方法二：** 单击当前文件窗口右上角的"关闭"按钮 ✕，如图2-12所示。

**方法三：** 选择"文件"→"关闭"命令。

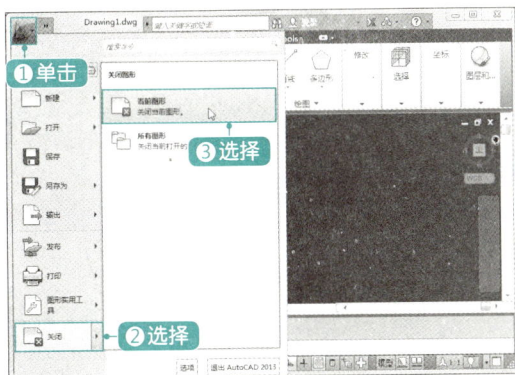

图2-11 选择命令

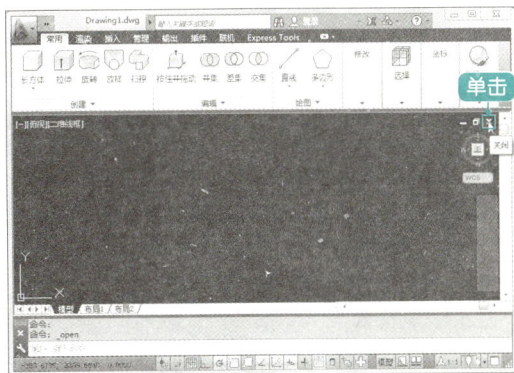

图2-12 单击"关闭"按钮

> **提示**
> 单击窗口左上角的 ▲ 按钮，然后选择"退出AutoCAD 2013"命令，将关闭当前文件，并退出AutoCAD 2013应用程序。

# 2.2 选择对象

要对图形进行修改，首先需要对所要调整的图形进行选择。AutoCAD提供的选择方式包括使用鼠标单击选择、窗口选择、交叉选择以及快速选择等多种方式。

## 2.2.1 直接单击

在没有对图形进行编辑时，使用鼠标单击对象，如图2-13所示，即可将其选中。使用单击对象的选择方法，一次只能选择一个实体，被选中的目标将呈虚线加夹点的形式显示，如图2-14所示的圆形。

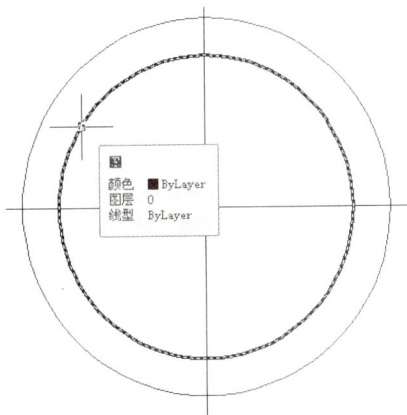

图2-13 单击对象

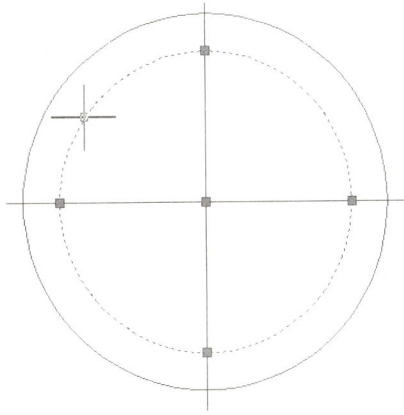

图2-14 选中的小圆形

在编辑过程中，当用户选择要编辑的对象时，十字光标将变为一个小正方形框，这个小正方形框就叫拾取框，如图2-15所示。将拾取框移至要编辑的目标上，单击鼠标左键，即可选中目标，在编辑过程中被选中的目标将呈虚线形式显示，如图2-16所示的圆形。

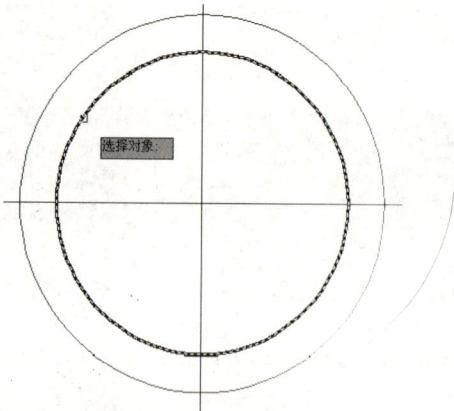

图2-15　移动拾取框

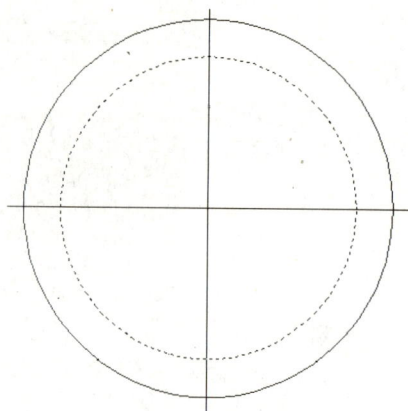

图2-16　虚线显示选中的对象

> **提示**
>
> 通过使用鼠标单击对象选择实例的特点是：准确、快速。但是，这种方式一次只能选择图中的某一实体，如果要选择多个实体，则必须依次单击各个对象对其进行逐个选取。

## 2.2.2　窗口选择

使用窗口选择对象是使用鼠标在绘图区内自左向右拉出一个矩形，将被选择的对象全部都框在矩形内。在使用窗口选择方式选择目标时，拉出的矩形方框为实线，如图2-17所示。使用窗口选择对象时，只有被完全框取的对象才能被选中；若只框取对象的一部分，则无法将其选中，如图2-18所示。

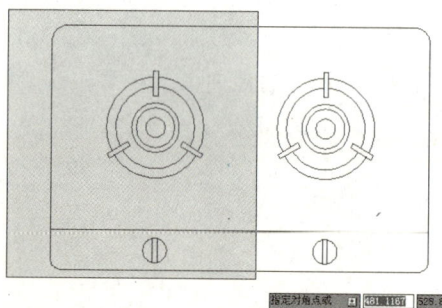

图2-17　窗口选择

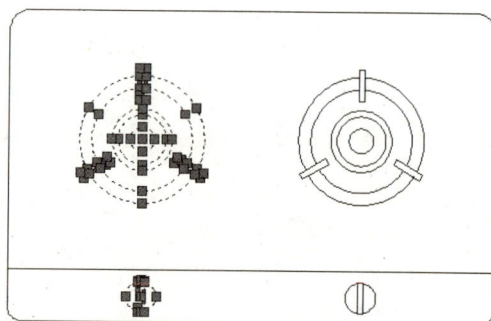

图2-18　选中的对象

## 2.2.3　交叉选择

使用交叉选择的操作方法与窗选的操作方法正好相反，是使用鼠标在绘图区内自右向左拉出一个矩形。在使用交叉选择方式选择目标时，拉出的矩形方框呈虚线显示，如图2-19所示，通过交叉选择方式，可以将矩形框内的图形对象以及与矩形边线相触的图形对象全部选中，如图2-20所示。

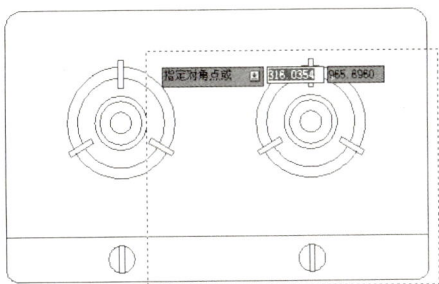

图2-19　交叉选择

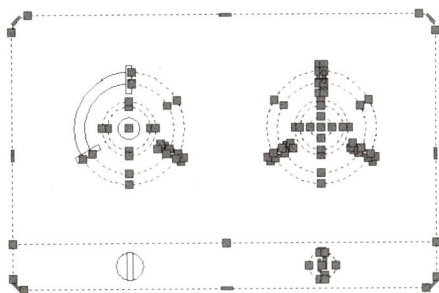

图2-20　选中的对象

> **提示**
> 使用窗口选择方式选择目标时，只有被完全框选的对象才能被选中；交叉选择的操作方式与窗口选择的操作方式相反，使用交叉选择方式，可将矩形框内的图形对象，以及与矩形边线相触的图形对象都选中。

## 2.2.4　快速选择

在AutoCAD中提供了快速选择功能，运用该功能可以一次性选择绘图区中具有某一属性的所有图形对象。

输入"快速选择（QSELECT）"命令并确定，或单击鼠标右键，在弹出的右键菜单中选择"快速选择"命令，如图2-21所示，将打开"快速选择"对话框，用户可以根据所需选择目标的属性，一次性选择绘图区中具有该属性的所有实体，如图2-22所示。

图2-21　选择命令

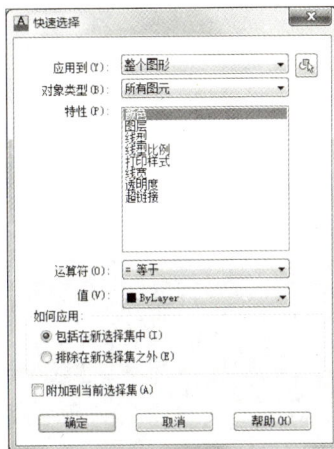

图2-22　设置选择的对象属性

要使用快速选择功能对图形进行选择，可以在"快速选择"对话框的"应用到"下拉列表中选择要应用到的图形，或单击右侧的按钮，可以回到绘图区中选择需要的图形，然后单击右键返回到"快速选择"对话框中，在"特性"列表框中选择图形特性，在"值"下拉列表框中选择指定的特性，然后单击"确定"按钮即可。

"快速选择"对话框中主要选项的含义如下：

● **应用到**：确定是否在整个绘图区应用过滤器。
● **对象类型**：确定用于过滤的实体的类型（如直线、矩形、多段线等）。

- **特性**：确定用于过滤的实体的属性。此列表框中将列出"对象类型"列表中实体的所有属性（如颜色、线性、线宽、图层、打印样式等）。
- **运算符**：控制过滤器值的范围。根据选择的属性，其过滤值的范围分为"等于"和"不等于"两种类型。
- **值**：确定过滤的属性值，可在列表中选择一项或输入新值，根据不同属性显示不同的内容。
- **如何应用**：确定选择符合过滤条件的实体还是不符合过滤条件的实体。

# 2.3  视图控制

在AutoCAD中，用户可以对视图进行缩放和平移操作，以便更好地观看图形效果，也可以进行全屏显示视图、重画或重新生成图形等操作。

## 2.3.1  缩放视图

使用"缩放视图"命令可以对视图进行放大或缩小操作，以改变图形的显示大小，方便用户进行图形的观察。

执行"缩放视图"命令包括如下4种方法。

**方法一**：在"AutoCAD经典"工作空间中，执行"视图"→"缩放"命令。

**方法二**：在"AutoCAD经典"工作空间中，单击"缩放"工具栏中的工具按钮，如图2-23所示。

**方法三**：在"草图与注释"工作空间中，选择"视图"标签，单击"二维导航"面板中的"范围"下拉按钮，然后单击其中的相应工具按钮，如图2-24所示。

**方法四**：输入ZOOM（简化命令Z），然后按下空格键进行确定。

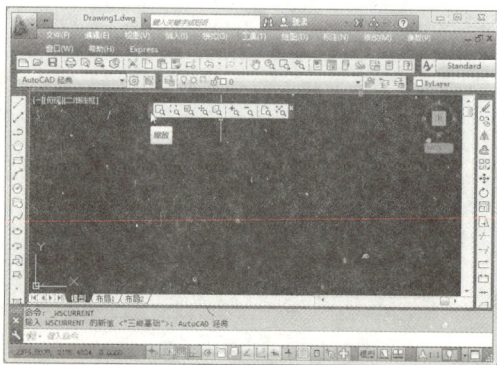

图2-23  使用"缩放"工具栏

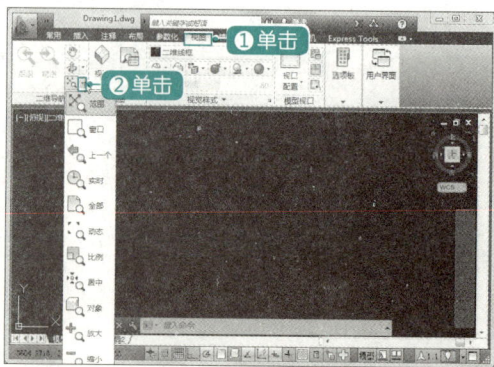

图2-24  选择需要的工具

输入Z命令后按下空格键执行缩放视图命令，系统将提示"全部（A）/中心点（C）/动态（D）/范围（E）/上一个（P）/比例（S）/窗口（W）]〈实时〉："的信息。用户只需在该提示并输入相应的字母后按下空格键，即可进行相应的操作。缩放视图命令中各选项的含义和用法如下：

- **全部（A）**：输入A后按下空格键，将在视图中显示整个文件中的所有图形。
- **中心点（C）**：输入C后按下空格键，然后在图形中单击鼠标指定一个基点，再输入一个缩放比例或高度值来显示一个新视图，基点将作为缩放的中心点。

- **动态（D）**：用一个可以调整大小的矩形框去框选要放大的图形。
- **范围（E）**：用于以最大的方式显示整个文件中的所有图形，同"全部（A）"的功能相同。
- **上一个（P）**：执行该命令后可以直接返回到上一次缩放的状态。
- **比例（S）**：用于输入一定的比例来缩放视图。输入的数据大于1时即可放大视图，小于1并大于0时将缩小视图。
- **窗口（W）**：通过在屏幕上拾取两个对角点来确定一个矩形窗口，然后，该矩形框内的全部图形放大至整个屏幕。
- **实时**：执行该命令后，鼠标将变为 $Q^+$ ，按住鼠标的左键，来回推拉鼠标即可放大或缩小视图。

## 2.3.2 平移视图

平移视图是指对视图中图形的显示位置进行相应的移动，移动前后视图只是改变图形在视图中的位置，而不会发生大小的变化，如图2-25和图2-26所示分别是平移视图前后的对比效果。

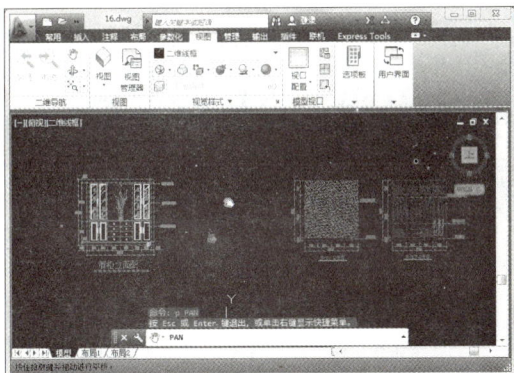

图2-25　平移视图前　　　　　　　　　　图2-26　平移视图后

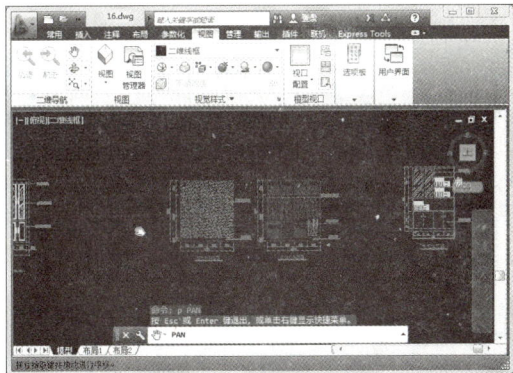

执行平移视图的命令包括如下3种常用方法。

**方法一**：在"AutoCAD经典"工作空间中，执行"视图"→"平移"命令。

**方法二**：输入PAN（简化命令P），然后按下空格键进行确定。

**方法三**：在"草图与注释"工作空间中，单击"视图"标签，然后再单击"二维导航"面板中的"平移"按钮 ⛋。

## 2.3.3 重画与重生成图形

下面将学习重画和重生成图形的方法，通过本节的学习，读者即可使用重画和重生成命令，对视图中的图形进行更新操作。

### 1．重画图形

图形中某一图层被打开或关闭或者栅格被关闭后，系统会自动对图形进行刷新并重新显示，栅格的密度会影响刷新的速度。使用"重画"命令可以重新显示当前视窗中的图形，消除残留的标记点痕迹，使图形变得清晰。

执行重画图形的命令包括如下两种方法。

**方法一：** 在"AutoCAD经典"工作空间中，执行"视图"→"重画"命令。

**方法二：** 输入REDRAWALL（简化命令REDRAW），然后按下空格键进行确定。

### 2. 重生成图形

使用"重生成"命令能将当前活动视窗所有对象的有关几何数据及几何特性重新计算一次（即重生）。此外，通过OPEN命令打开图形时，系统会自动重生视图，通过ZOOM命令的"全部"、"范围"选项也可自动重生视图。

执行重生成图形的命令包括如下两种方法。

**方法一：** 在"AutoCAD经典"工作空间中，执行"视图"→"全部重生成"命令。

**方法二：** 输入REGEN（简化命令RE），然后按下空格键进行确定。

> **提示**
>
> 在视图重生计算过程中，用户可使用"Esc"键中断操作，而使用REGENALL命令对所有视窗中的图形进行重新计算。与REDRAW命令相比，REGEN命令刷新显示较慢，而REDRAW命令则不需要对图形进行重新计算和重复。

# 2.4 设置绘图环境

在使用AutoCAD 2013进行绘图之前，可以先对AutoCAD的绘图环境进行设置，设置用户自己习惯的操作环境。下面将学习设置图形界限、图形单位、绘图区颜色、文件自动保存时间和光标样式等操作。

## 2.4.1 设置图形界限

用来绘制工程图的图纸通常有A0～A5这6种规格，一般称为0～5号图纸。在AutoCAD中与图纸大小相关的设置就是图形界限，设置图形界限的大小应与选定的图纸相等。

在AutoCAD 2013中设置图形界限的命令有如下两种。

**方法一：** 在"AutoCAD经典"工作空间状态下，选择"格式"→"图形界限"命令。

**方法二：** 输入"图形界限（LIMITS）"命令并确定。

执行了以上的操作后，根据命令行的提示，即可对图形界限的尺寸进行设置。在设置图形界限的过程中，其命令提示及操作如下。

```
命令：LIMITS                                        //输入"图形界限"命令并确定
重新设置模型空间界限：
指定左下角点或 [开（ON）/关（OFF）] <0.0000，0.0000>：    //设置绘图区域左下角坐标
指定右上角点 <420.0000,297.0000>：                   //输入图纸大小并确定
命令：LIMITS
重新设置模型空间界限：
指定左下角点或 [开（ON）/关（OFF）] <0.0000，0.0000>：    //系统重新设置模型空间绘图极限
                                                  //选择"开/关"选项
```

> **提示**
> 将图形界限检查功能设置为"关闭（OFF）"状态，绘制图形时则不受设置的图形界限的限制，如果将图形界限检查功能设置为"开启（ON）"状态，绘制图形时在图形界限之外将受到限制。

## 2.4.2 设置图形单位

AutoCAD使用的图形单位包括毫米、厘米、米、英寸等十几种单位，可供不同行业的绘图需要。在使用AutoCAD绘图前应先进行绘图单位的设置。用户可以根据具体工作的需要设置单位类型和数据精度。

在 AutoCAD 2013中，执行"单位"命令的方法有如下两种。

● 在AutoCAD经典工作空间状态下，选择"格式"→"单位"命令。

● 输入"单位（UNITS）"命令并确定。

执行以上任一种操作后，都将打开"图形单位"对话框，如图2-27所示。在该对话框中，可为图形设置坐标、长度、精度、角度的单位值。单击"图形单位"对话框中的"方向"按钮，可以打开"方向控制"对话框，在该对话框中可以设置基准角度和角度方向，当选择"其他"选项后，下方的"角度"按钮才可用，如图2-28所示。

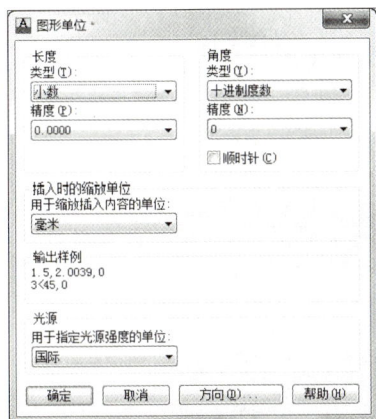

图2-27 "图形单位"对话框        图2-28 方向控制

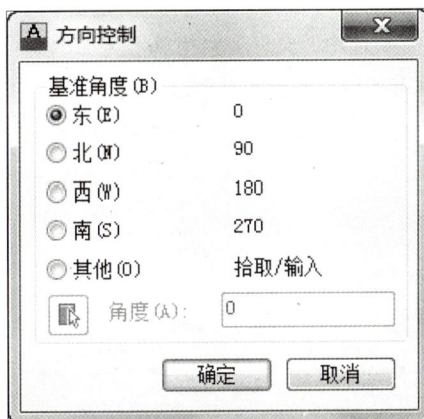

## 2.4.3 设置绘图区的颜色

在AutoCAD中，用户可以根据个人习惯设置绘图环境的颜色，从而使工作环境更舒服。例如，设置绘图区的颜色为白色的方法如下。

**步骤01** 选择"工具"→"选项"命令，或者执行"选项（OP）"命令，打开"选项"对话框，在"显示"选项卡中单击"窗口元素"区域中的"颜色"按钮，如图2-29所示。

**步骤02** 在打开的"图形窗口颜色"对话框中依次选择"二维模型空间"和"统一背景"选项，然后单击"颜色"下拉按钮，在弹出的列表中选择"白"选项，如图2-30所示。

**步骤03** 单击"应用并关闭"按钮进行确定，然后返回"选项"对话框，单击"确定"按钮，即可将绘图区的颜色修改为白色。

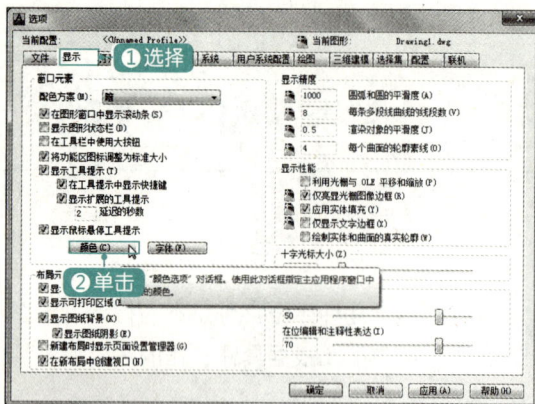

图2-29  单击"颜色"按钮

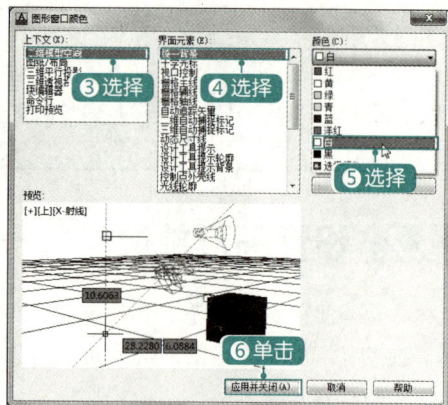

图2-30  设置绘图区颜色

## 2.4.4 设置文件自动保存时间

在绘制图形的过程中，通过开启自动保存文件功能，可以防止在绘图时因意外造成的文件丢失，将损失降低到最小，设置文件自动保存间隔时间的方法如下。

**步骤01** 选择"工具"→"选项"命令，打开"选项"对话框，在打开的"选项"对话框中选择"打开和保存"选项卡，如图2-31所示。

**步骤02** 选中"文件安全措施"区域的"自动保存"选项，在"保存间隔分钟数"文本框中设置自动保存的时间间隔，然后进行确定即可，如图2-32所示。

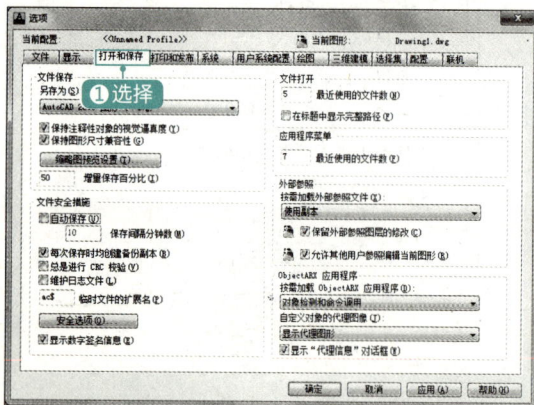

图2-31  "打开和保存"选项卡

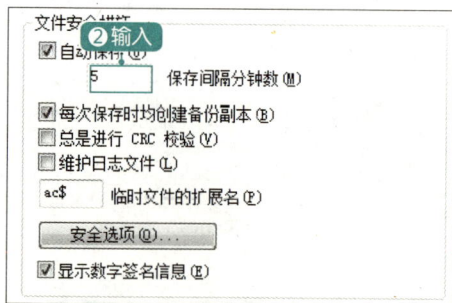

图2-32  设置自动保存的时间

> **技巧提示**
>
> 自动保存后的备份文件的扩展名为ac$，此文件的默认保存位置位于系统盘\Documents and Settings\Default User\Local Settings\Temp目录下。当需要使用备份文件时，可将备份文件的扩展名.ac$改为.dwg，即可将其打开。

## 2.4.5 设置光标样式

在AutoCAD中，用户可以根据自己的习惯设置光标的样式。包括控制十字光标的大小、捕捉标记的大小、靶框和拾取框的大小等。

### 1. 设置十字光标的大小

选择"工具"→"选项"命令，打开"选项"对话框，然后选择"显示"选项卡，在"十字光标大小"区域中，用户可以根据自己的操作习惯，调整十字光标的大小，十字光标可以延伸到屏幕边缘。拖动"十字光标大小"区域的滑块█，如图2-33所示，即可调整光标长度，如图2-34所示。

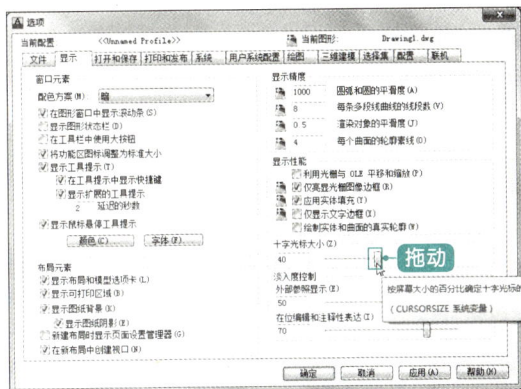

图2-33 拖动滑块

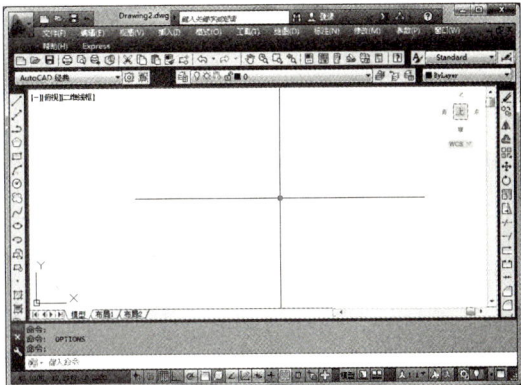

图2-34 较大的十字光标

**技巧提示**

十字光标预设尺寸为5，其取值范围为1~100，数值越大，十字光标越长，100表示全屏幕显示。

### 2. 设置捕捉标记的大小

在"选项"对话框中选择"绘图"选项卡，然后拖动"自动捕捉标记大小"区域中的滑块█，即可调整捕捉标记的大小，在滑块█左侧的预览框中可以预览捕捉标记的大小，如图2-35所示，图2-36所示为较大的圆心捕捉标记的样式。

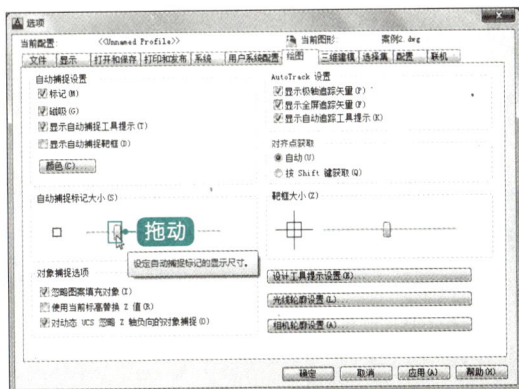

图2-35 拖动滑块

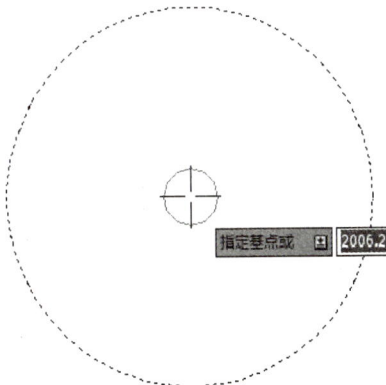

图2-36 较大的圆心捕捉标记

### 3. 设置靶框的大小

在"选项"对话框中选择"绘图"选项卡，然后拖动"靶框大小"区域中的滑块█，即可调整靶框的大小，如图2-37所示。图2-38所示为较大的靶框形状。

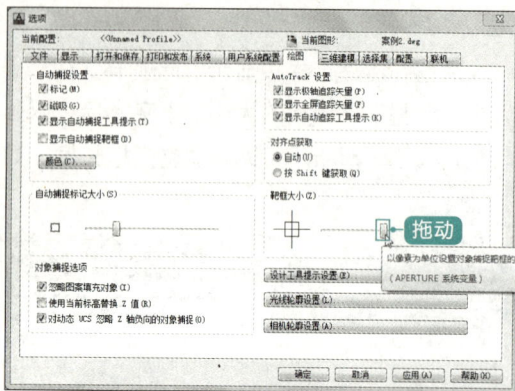

图2-37　拖动滑块

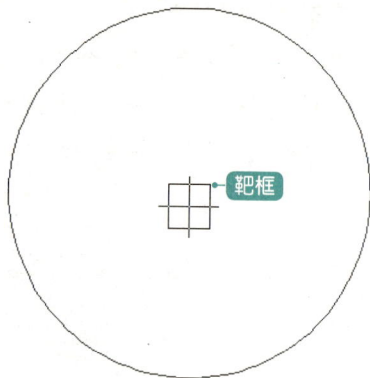

图2-38　较大的靶框形状

#### 4. 设置拾取框的大小

拾取框是指在执行编辑命令时，光标所变成的一个小正方形框。若拾取框过大，在选择实体时很容易将与该实体邻近的其他实体选择在内；若拾取框过小，则不容易准确地选取到实体目标。

在"选项"对话框中选择"选择集"选项卡，然后在"拾取框大小"区域中拖动滑块，即可调整拾取框的大小，如图2-39所示。图2-40所示为拾取图形时拾取框的形状。

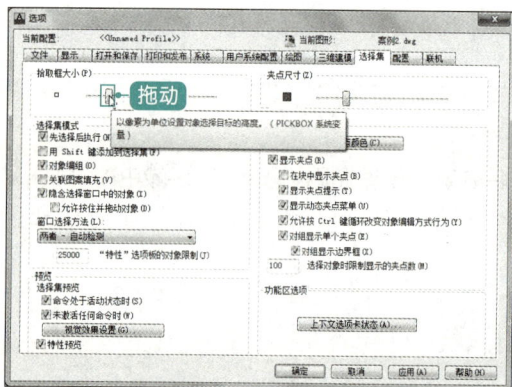

图2-39　拖动滑块

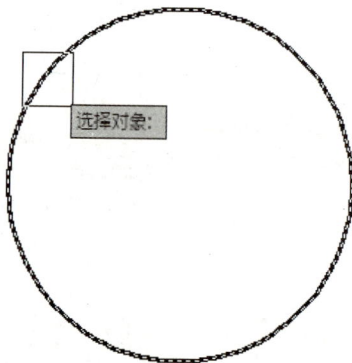

图2-40　较大拾取框

# 2.5　设置辅助功能

通过对辅助功能进行适当的设置，可以提高用户绘图的工作效率和准确性。下面将学习如何设置AutoCAD 2013的绘图辅助功能。

## 2.5.1　正交功能

使用正交功能可以将光标限制在水平或垂直轴向上，同时也限制在当前的栅格旋转角度内。使用正交功能就如同使用了直尺绘图，使绘制的线条自动处于水平和垂直方向，在绘制水平和垂直方向的直线段时十分有用，如图2-41所示。

在AutoCAD中启用正交功能的方法十分简单，只需要单击状态栏上的"正交"按钮，或直接按下"F8"键就可以激活正交功能，开启正交功能后，状态栏上的"正交"按钮处于高亮状态，如图2-42所示。

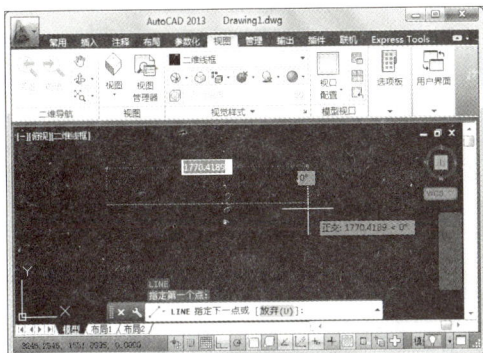

图2-41  使用正交功能

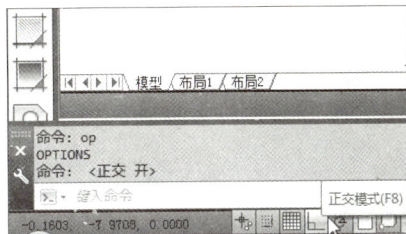

图2-42  开启正交功能

**提示**

在绘图过程中，通过单击状态栏上的"正交模式"按钮，或者按下"F8"键，可以在开/关正交功能之间进行切换。

## 2.5.2  对象捕捉设置

AutoCAD提供了精确的对象捕捉特殊点功能，运用该功能可以精确绘制出所需要的图形。在进行精确绘图之前，需要进行正确的对象捕捉设置。用户可以在"草图设置"对话框中的"对象捕捉"选项卡中，或者在"对象捕捉"工具中进行对象捕捉的设置。

选择"工具"→"绘图设置"命令，或者右击状态栏中的"对象捕捉"按钮，然后在弹出的菜单中选择"设置"命令，如图2-43所示，打开"草图设置"对话框，切换至"对象捕捉"选项卡，在这里可以根据实际需要选择相应的捕捉选项，进行对象特殊点的捕捉设置，如图2-44所示。

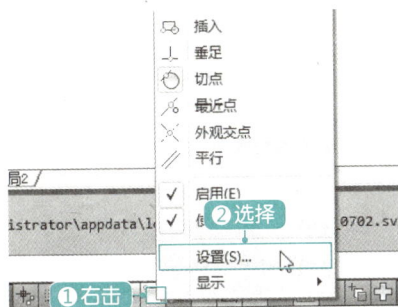

图2-43  选择命令

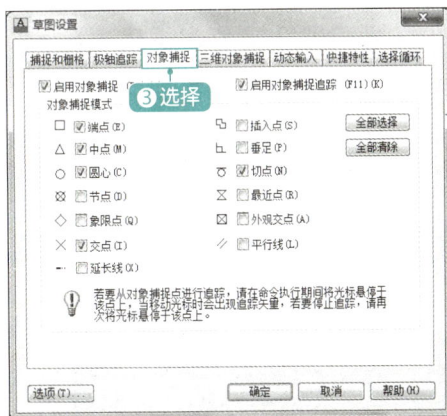

图2-44  对象捕捉设置

在"对象捕捉"选项卡中主要的选项含义如下：

- **启用对象捕捉**：打开或关闭执行对象捕捉。当对象捕捉打开时，在"对象捕捉模式"下选定的对象捕捉处于活动状态。

- **启用对象捕捉追踪：**打开或关闭对象捕捉追踪。使用对象捕捉追踪，在命令中指定点时，光标可以沿基于其他对象捕捉点的对齐路径进行追踪。要使用对象捕捉追踪，必须打开一个或多个对象捕捉。
- **对象捕捉模式：**列出可以在执行对象捕捉时打开的对象捕捉模式。
- **全部选择：**打开所有对象捕捉模式。
- **全部清除：**关闭所有对象捕捉模式。

启用对象捕捉设置后，在绘图过程中，当鼠标靠近这些被启用的捕捉特殊点时，将自动对其进行捕捉，图2-45所示为启用了中点捕捉功能的效果；图2-46所示为启用了圆心捕捉功能的效果。

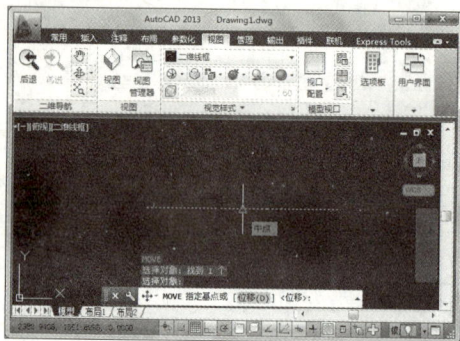

图2-45　捕捉中点

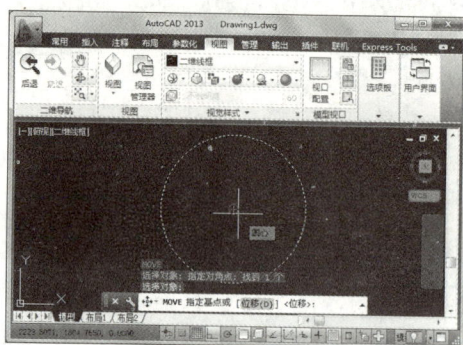

图2-46　捕捉圆心

> **提示**
>
> 设置好对象捕捉功能后，在绘图过程中，通过单击状态栏中的"对象捕捉"按钮，或者按下"F3"键，可以在开/关对象捕捉功能之间进行切换。

## 2.5.3　对象捕捉追踪

在绘图过程中，不仅可以使用对象捕捉提高绘图的效率，还可以使用对象捕捉追踪功能提高绘图的效率。打开"草图设置"对话框，切换至"对象捕捉"选项卡，勾选"启用对象捕捉追踪"选项，即可启用对象捕捉追踪功能。

启用对象捕捉追踪后，在操作中指定点时，光标可以沿基于其他对象捕捉点的对齐路径进行追踪。如图2-47所示为中点捕捉追踪效果，如图2-48所示为圆心捕捉追踪效果。

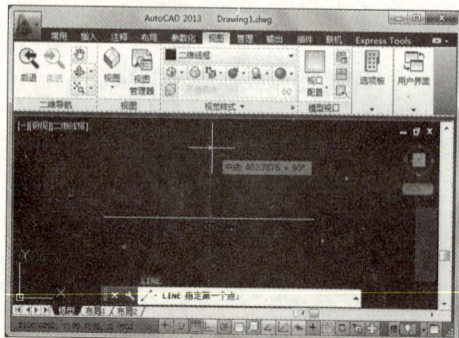

图2-47　圆心捕捉追踪

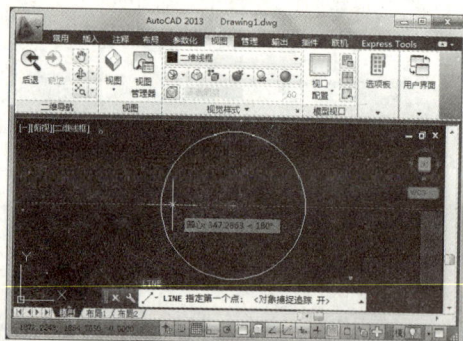

图2-48　中点捕捉追踪

# 2.6 应用图层

在学习绘图操作之前，首先需要对图层的作用有一个清楚的认识，这样才能很好地利用图层功能对图形进行管理。

## 2.6.1 图层功能

图层是用于在图形中组织对象信息以及设置对象线型、颜色及其他属性。一个图层就如同一张透明的图纸，将各个图层上的画面重叠在一起即可成为一张完整的图纸。通过图层的应用，用户可以把多个相关的视图进行合成，形成一个完整的图形。在AutoCAD中，图层的特性如下：

- 用户可以在一个图形文件中指定任意数量的图层。
- 每一个图层都应有一个名称，其名称可以是汉字、字母或个别的符号($、_、−)。在命名时，最好根据绘图的实际内容命以容易辨识的名称，以方便在再次编辑时快速、准确地了解图形文件中的内容。
- 通常情况下，同一个图层上的对象只能为同一种颜色、同一种线型；在绘图过程中，可以根据需要，随时改变各图层的颜色、线型。
- 每一个图层都可以设置为当前层，新绘制的图形只能生成在当前层上。
- 可以对一个图层进行打开、关闭、冻结、解冻、锁定、解锁等操作。
- 如果重命名某个图层并更改其特性，则可恢复除原始图层外的所有原始特性。

## 2.6.2 创建图层

在"图层特性管理器"对话框中可以创建图层，设置图层的颜色、线型和线宽，以及其他的设置与管理。打开"图层特性管理器"对话框的常用方法包括如下3种。

**方法一：** 在"AutoCAD 经典"工作空间中，选择"格式"→"图层"命令，如图2-49所示。

**方法二：** 在"草图与注释"工作空间中，单击"图层"面板中的"图层特性"按钮，如图2-50所示。

**方法三：** 输入"图层（LAYER）"命令并确定。

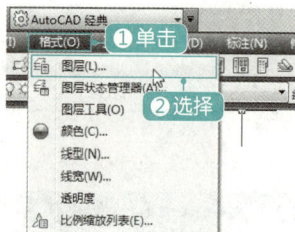

图2-49　选择命令

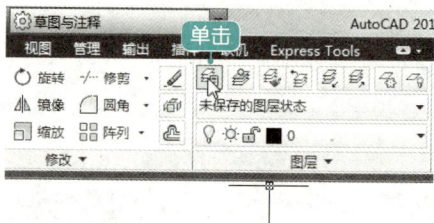

图2-50　单击按钮

执行"图层"命令，打开"图层特性管理器"对话框，单击对话框上方的"新建图层"按钮，即可在图层设置区中新建一个图层，图层名称默认为"图层1"，如图2-51所示。

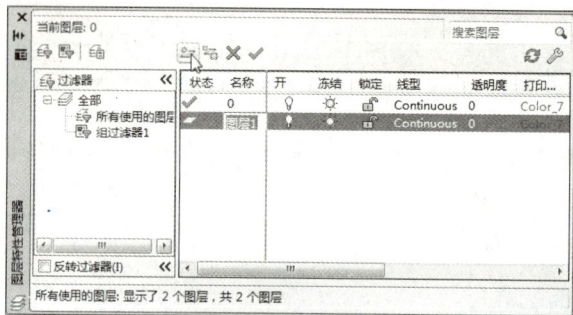

图2-51　创建新图层

**提示**

在AutoCAD中创建新图层时，如果在图层设置区选择了其中的一个图层，则新建的图层将自动继承被选择图层的所有属性。

## 2.6.3　设置图层

在打开的"图层特性管理器"对话框中，用户可以对图层的名称、颜色、线型和线宽等属性进行设置。

### 1. 修改图层名称

在"图层特性管理器"对话框中，用户可以对图层的名称进行修改，具体操作如下。

**步骤 01** 在"图层特性管理器"对话框中选中要修改图层名的图层，然后单击该层的名称，此时图层名成激活状态 图层1 ，如图2-52所示。

**步骤 02** 根据需要输入新的图层名，如图2-53所示，按下"Enter"键，或者在名称外单击鼠标即可。

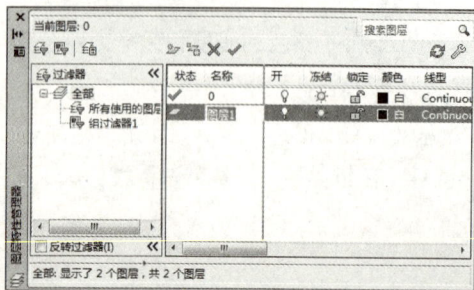

图2-52　激活图层名

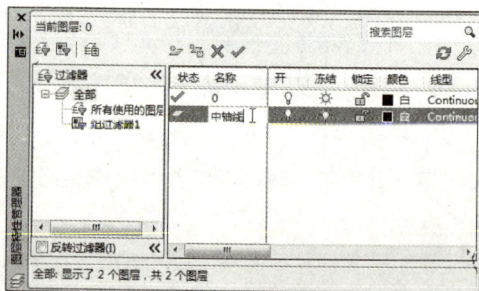

图2-53　输入新的图层名

### 2．修改图层颜色

在"图层特性管理器"对话框中，用户可以对该图层中的对象颜色进行统一修改，修改图层颜色的具体操作如下。

**步骤 01** 在"图层特性管理器"对话框中单击"颜色"对象，打开"选择颜色"对话框，选择需要的图层颜色后单击"确定"按钮，如图2-54所示。

**步骤 02** 即可将图层的颜色设置为选择的颜色，如图2-55所示。

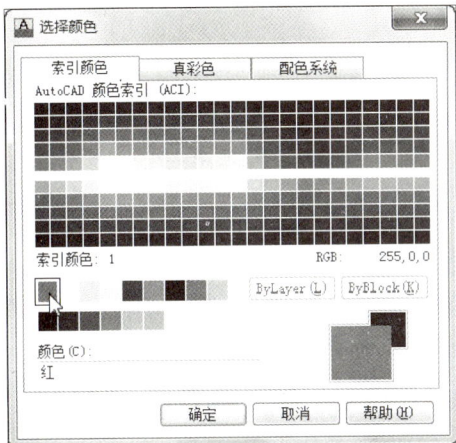

图2-54　选择颜色　　　　　　　　　　　　　图2-55　修改图层颜色

### 3．修改图层线型

在"图层特性管理器"对话框中，用户可以对该图层中的对象线型进行统一修改，修改图层线型的具体操作如下：

**步骤 01** 在"图层特性管理器"对话框中单击"线型"对象，打开"选择线型"对话框，单击"加载"按钮，如图2-56所示。

**步骤 02** 在打开的"加载或重载线型"对话框中选择需要加载的线型，如图2-57所示，然后单击"确定"按钮。

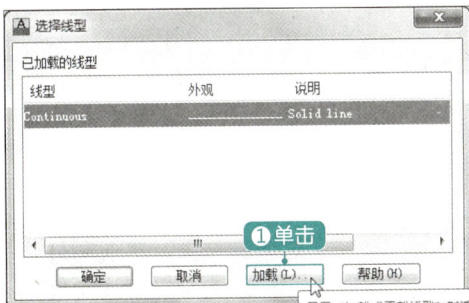

图2-56　"选择线型"对话框　　　　　　　　　图2-57　加载线型

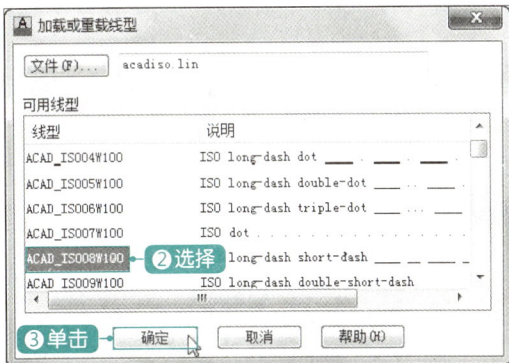

**步骤 03** 将其加载到"选择线型"对话框中后，在"选择线型"对话框中选择需要的线型，如图2-58所示，然后单击"确定"按钮，即可完成线型的设置，如图2-59所示。

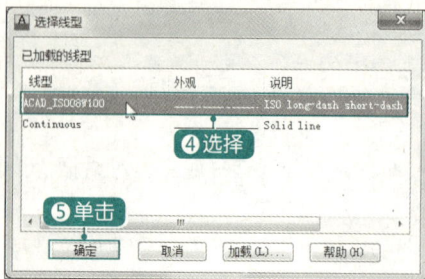

图2-58　选择线型

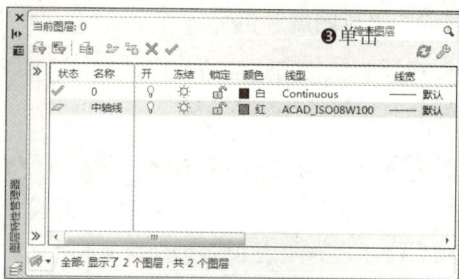

图2-59　更改线型

### 4．修改图层线宽

在"图层特性管理器"对话框中，用户可以对该图层中的对象线宽进行统一修改，修改图层线宽具体的操作如下：

**步骤 01** 在"图层特性管理器"对话框中单击"线宽"对象，打开"线宽"对话框，如图2-60所示。

**步骤 02** 在"线宽"对话框中选择需要的线宽，然后单击"确定"按钮，即可完成线宽的设置，如图2-61所示。

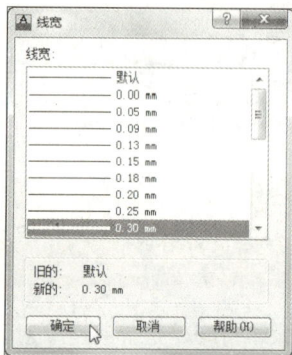

图2-60　"线宽"对话框

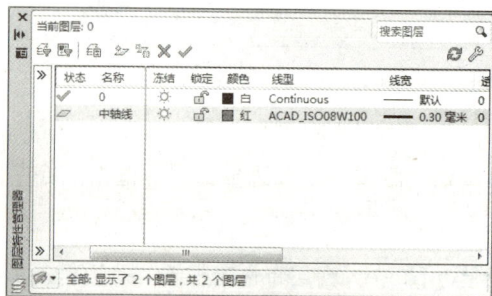

图2-61　更改线宽

### 5．设置当前图层

当前层是指正在使用的图层，用户绘制的图形对象将存在于当前层上。默认情况下，在"对象特性"工具栏中显示了当前层的状态信息。设置当前层有如下两种常用的方法。

**方法一**：在"图层特性管理器"对话框中选择需设置为当前层的图层，然后单击"置为当前"按钮✔，被设置为当前层的图层前面即会出现✔标记，如图2-62所示。

**方法二**：在"图层"面板中单击"图层"下拉按钮，在弹出的列表框中选择需要设置为当前层的图层即可，如图2-63所示。

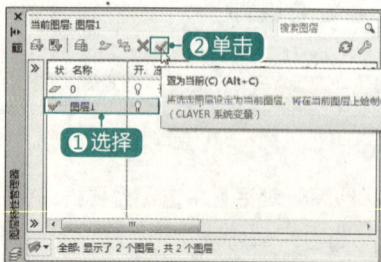

图2-62　设置当前层

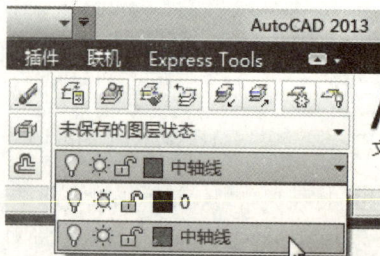

图2-63　选择图层

### 6．删除图层

将不需要的图层删除，可以方便对有用的图层进行管理。在〝图层特性管理器〞对话框中选定要删除的图层，然后单击〝删除〞按钮，即可将其删除，如图2-64所示。

> **提示**
>
> 在AutoCAD中，0层、默认层、当前层、含有图形实体的层和外部引用依赖层均不能被删除，在删除这些图层时，系统将给出相应的提示，如图2-65所示。

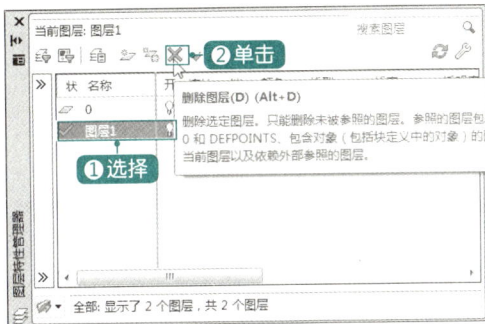

图2-64　删除图层

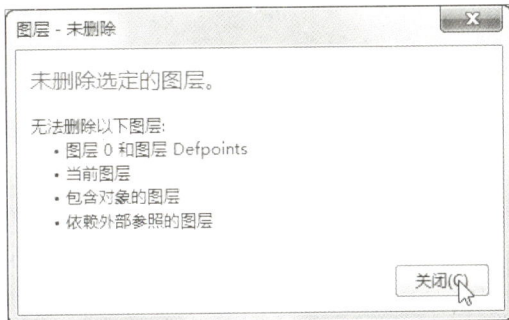

图2-65　提示对话框

### 7．修改图形所在的图层

对象的转换图层，是指将一个图层中的图形转换到另一个图层中。例如，将图层1中的图形转换到图层2中去，被转换后的图形颜色、线型、线宽将拥有图层2的属性。

在需要转换图层时，需要先在绘图区中选择需要转换图层的图形，然后单击〝图层〞工具栏中的〝图层〞下拉列表框，在弹出的列表中选择要将对象转换到指定的图层，如图2-66所示，即可将选择的图形放入指定的图层，如图2-67所示。

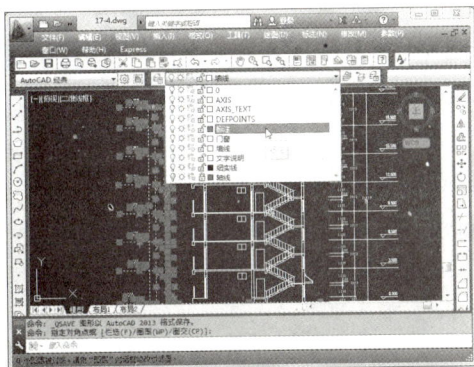

图2-66　选择要转换的图层

图2-67　转换图层后

## 2.6.4 控制图层

在AutoCAD中绘制过于复杂的图形时，将暂时不用的图层进行关闭或冻结等处理，可以方便地进行绘图操作。

### 1．开关图层

在绘图操作中，可以将图层中的对象暂时隐藏起来，或将隐藏的对象显示出来。隐藏图层中的图形将不能被选择、编辑、修改、打印。默认情况下，0图层和创建的图层都处于打开状态，可以通过以下两种方法关闭图层。

**方法一**：在"图层特性管理器"对话框中单击要关闭图层前面的💡图标，如图2-68所示，图层前面的💡图标将转变为💡图标，表示该图层已关闭。

**方法二**：在"图层"面板中单击"图层控制"下拉列表中的"开/关图层"图标💡，如图2-69所示，图层前面的💡图标将转变为💡图标，表示该图层已关闭。

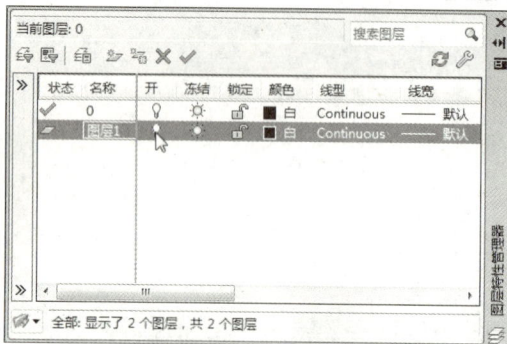

图2-68　单击图标

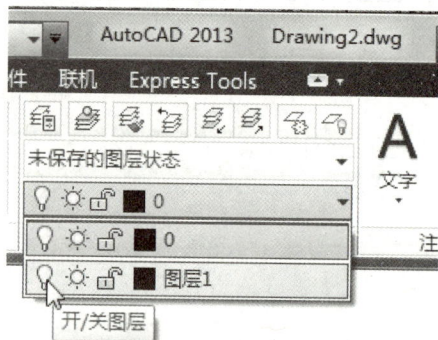

图2-69　单击图标

> **提示**
>
> 当图层被关闭后，在"图层特性管理器"对话框中单击图层前面的"开"图标💡，或在"图层"面板中单击"图层控制"下拉列表中的"开/关图层"图标💡，可以打开被关闭的图层，此时在图层前面的图标💡将转变为图标💡。

### 2. 冻结图层

冻结图层可以避免图层中的图形受到错误操作的影响。另外，冻结图层可以在绘图过程中减少系统生成图形的时间，从而提高计算机的速度。被冻结后的图层对象将不能被选择、编辑、修改、打印。可以通过以下两种方法冻结图层。

**方法一**：在"图层特性管理器"对话框中选择要冻结的图层，单击该图层前面的"冻结"图标 ☼ ，如图2-70所示，图标 ☼ 将转变为图标 ❄ ，表示该图层已经被冻结。

**方法二**：在"图层"面板中单击"图层控制"下拉列表中的"在所有视口冻结/解冻图层"图标 ☼ ，如图2-71所示，图层前面的图标 ☼ 将转变为图标 ❄ ，表示该图层已经被冻结。

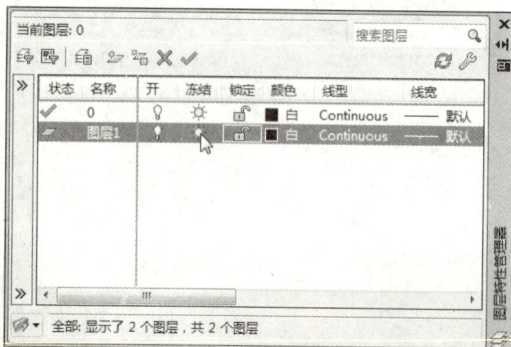

图2-70　单击"冻结"图标

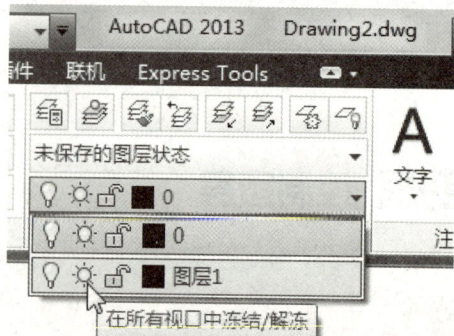

图2-71　单击"冻结"图标

当图层被冻结后，在"图层特性管理器"对话框中单击图层前面的"解冻"图标 ✿ ，或在"图层"面板中单击"图层控制"下拉列表中的"在所有视口中冻结/解冻"图标 ✿ ，可以解开被冻结的图层，此时图层前面的图标 ✿ 将转变为图标 ☼ 。

> **提示**
> 由于绘制图形操作是在当前图层上进行的，因此，不能对当前的图层进行冻结操作。

### 3. 锁定图层

锁定图层可以将该图层中的对象锁定。锁定图层后，图层上的对象仍然处于显示状态，但是用户无法对其进行选择、编辑、修改等操作。在默认情况下，0图层和创建的图层都处于解锁状态，可以通过以下两种方法将图层锁定。

**方法一：** 在"图层特性管理器"对话框中选择要锁定的图层，单击该图层前面的"锁定"图标 ◻ ，如图2-72所示，图标 ◻ 将转变为图标 🔒 ，表示该图层已经被锁定。

**方法二：** 在"图层"面板中单击"图层控制"下拉列表中的"锁定/解锁图层"图标 ◻ ，如图2-73所示，图层前面的图标 ◻ 将转变为图标 🔒 ，表示该图层已锁定。

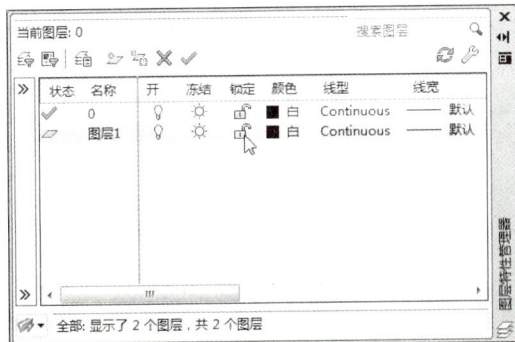

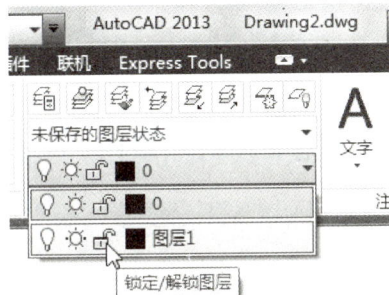

图2-72　单击图标　　　　　　　　图2-73　单击"锁定"图标

> **提示**
> 解锁图层的操作与锁定图层的操作相似。当图层被锁定后，在"图层特性管理器"对话框中单击图层前面的"解锁"图标 🔒 ，或在"图层"面板中单击"图层控制"下拉列表中的"锁定/解锁图层"图标 🔒 ，可以解开被锁定的图层，此时图层前面的图标 🔒 将转变为图标 ◻ 。

# 2.7　应用图形特性

在实际的制图过程中，除了可以在图层中赋予图层的各种属性外，也可以直接为实体对象赋予需要的特性，设置图形特性通常包括设置对象的线型、线宽和颜色等属性。

## 2.7.1　修改图形属性

图形的基本特性可以通过图层指定给对象，也可以直接指定给对象。直接指定特性给对象的方法是通过"特性"面板实现的，在"常用"功能区的"特性"面板中，包括了对象颜色、线宽、线型、打印样式和列表等列表控制栏，选择要修改的对象后，单击"特性"面板中相应的控制按钮，然后在弹出的列表中选择需要的特性，即可修改对象的特性，如图2-74～图2-76所示。

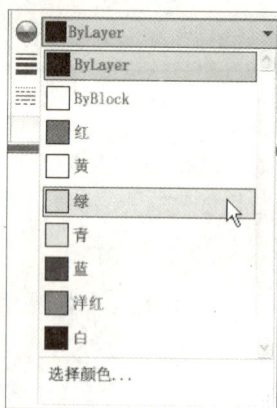

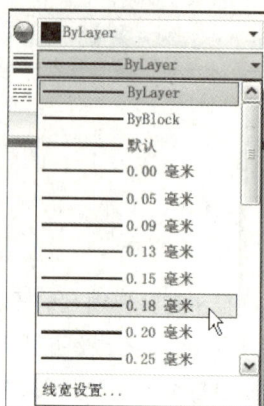

图2-74 更改颜色    图2-75 更改线宽    图2-76 更改线型

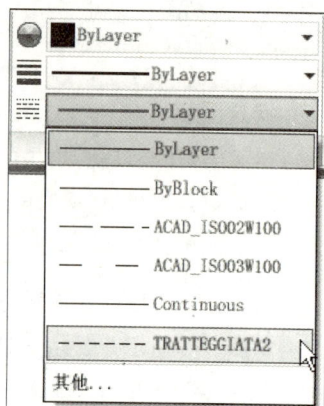

> **提示**
> 如果将特性设置为"BYLAYER"，则将为对象指定与其所在图层相同的值。

## 2.7.2 复制图形属性

执行"修改"→"特性匹配"命令，可以将一个对象所具有的特性复制给其他对象，可以复制的特性包括颜色、图层、线型、线型比例、厚度和打印样式，有时也包括文字、标注和图案填充特性。

执行"特性匹配"命令后，系统将提示"选择源对象："，此时需要用户选择已具有所需要特性的对象，如图2-77所示，选择源对象后，系统将提示"选择目标对象或 [设置 (S)]："，此时选择应用源对象特性的目标对象即可，如图2-78所示。

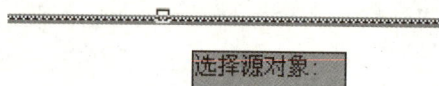

图2-77 选择源对象    图2-78 选择目标对象

在执行"特性匹配"命令的过程中，当系统提示"选择目标对象或 [设置 (S)]："时，输入S并按下空格键进行确定，将打开"特性设置"对话框，用户在该对话框中可以设置复制所需要的特性，如图2-79所示。

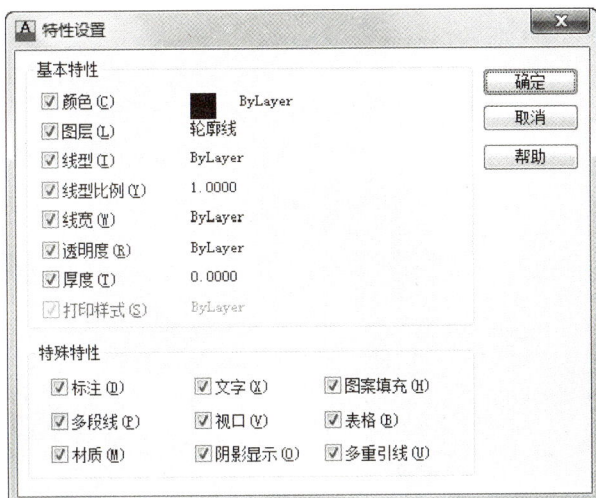

图2-79 "特性设置"对话框

## 2.7.3 更改线型比例

　　线型是由虚线、点和空格组成的重复图案，显示为直线或曲线。可以通过图层将线型指定给对象，也可以不依赖图层而明确指定线型。除选择线型外，还可以将线型比例设置为控制虚线和空格的大小，也可以创建自己的自定义线型。

　　对于某些特殊的线型，更改线型的比例，将产生不同的线型效果。例如，在绘制建筑轴线时，通常使用虚线样式表示轴线，但是，在图形显示时，则往往会将虚线显示为实线，这时就可以更改线型的比例，达到修改线型效果的目的。

　　在"特性"面板中，单击"线型"下拉按钮，在弹出的列表框中选择"其他"选项，如图2-80所示，将打开"线型管理器"对话框，在该对话框中可以设置"全局比例因子"和"当前对象缩放比例"，如图2-81所示。

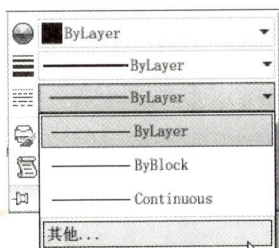

图2-80 选择选项

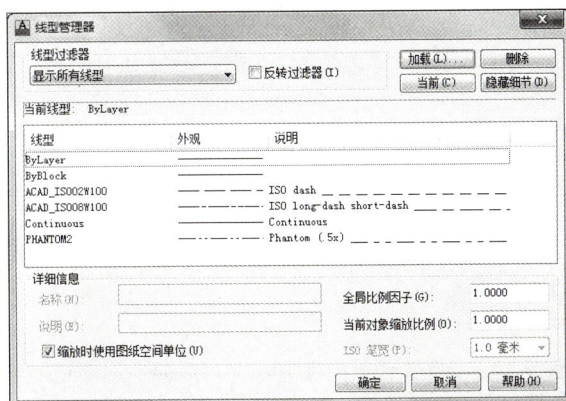

图2-81 更改线型比例

## 2.7.4 显示/隐藏线宽

在AutoCAD中，可以在图形中打开和关闭线宽，并在模型空间中以不同于在图纸空间布局中的方式显示。通过单击状态栏上的"显示/隐藏线宽"按钮，可以打开或关闭线宽的显示，图2-82所示为打开线宽的效果，图2-83所示为关闭线宽的效果。

图2-82　打开线宽

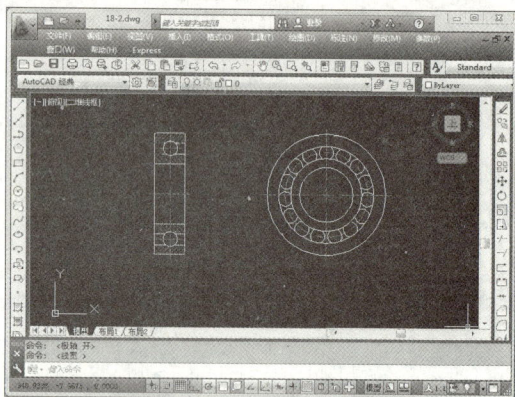

图2-83　关闭线宽

用户也可以选择"格式"→"线宽"命令，如图2-84所示，在打开的"线宽设置"对话框中可以对线宽的显示进行控制，如图2-85所示。

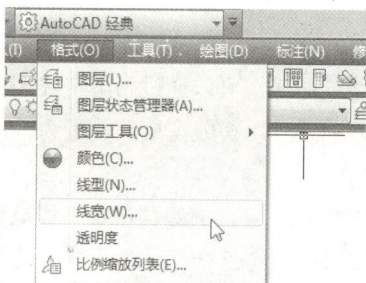

图2-84　选择命令

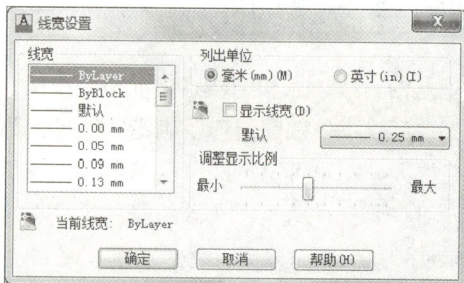

图2-85　"线宽设置"对话框

# 技能实训——修改图形的图层

在AutoCAD中，通过对图形的图层进行管理，可以对该图层中所有图形的特性进行统一管理。下面我们来学习如何正确地使用图层对图形的特性进行统一设置。

### ➡ 操作分析

本例主要介绍如何创建并设置图层的属性，然后将各个图形放入对应的图层中。

### ➡ 制作步骤

| 结果文件 | 光盘\结果文件\第2章\螺母.dwg |
| --- | --- |
| 同步视频文件 | 光盘\同步教学文件\第2章\修改图形的图层.mp4 |

**步骤 01** 打开本书配套光盘中的"螺母.dwg"素材文件,如图2-86所示。

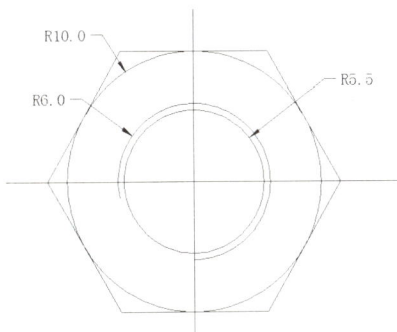

**步骤 02** 在功能区中单击"常用"选项卡,在"图层"面板中单击"图层特性"按钮,如图2-87所示。

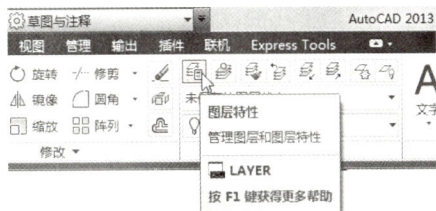

图2-86 打开素材

图2-87 单击"图层特性"按钮

**步骤 03** 在打开的"图层特性管理器"对话框中单击"新建"按钮,然后创建一个名为"轮廓线"的图层,如图2-88所示。

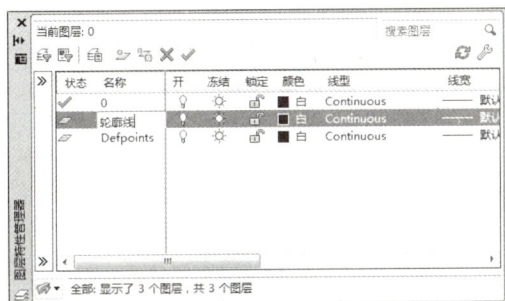

**步骤 04** 单击"轮廓线"图层的线宽图标,在打开的"线宽"对话框中设置图层的线宽为0.30mm,然后单击"确定"按钮,如图2-89所示。

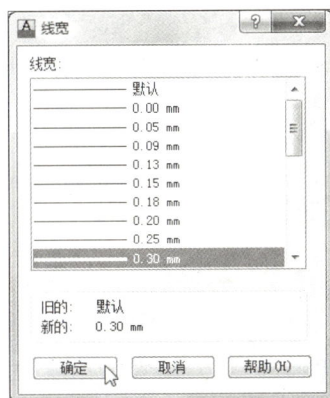

图2-88 新建图层

图2-89 设置线宽

**步骤 05** 创建一个名为"隐藏线"的图层,然后单击"隐藏线"图层的颜色图标,如图2-90所示。在打开的"选择颜色"对话框中设置图层的颜色为洋红色,如图2-91所示。

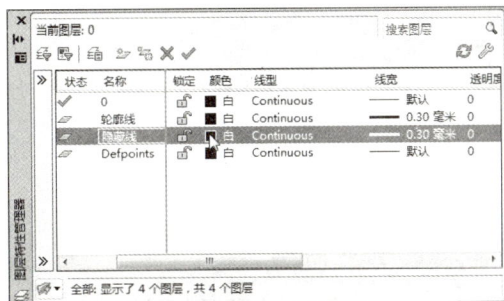

图2-90 新建图层

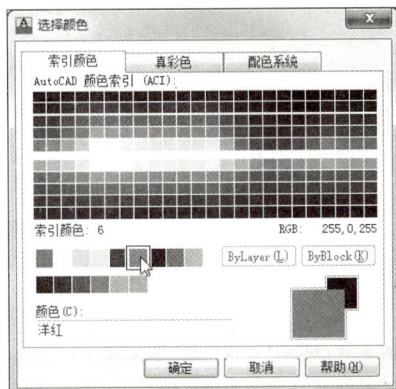

图2-91 设置颜色

**步骤 06** 单击"隐藏线"图层的线型图标，打开"选择线型"对话框，然后单击"加载"按钮，如图2-92所示。

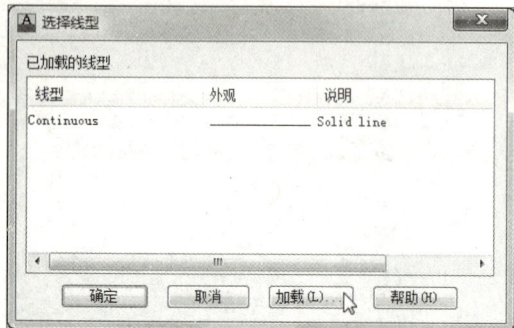

**步骤 07** 在打开的"加载或重载线型"对话框中选择"ACAD_ISO08W100"线型，单击"确定"按钮，如图2-93所示。

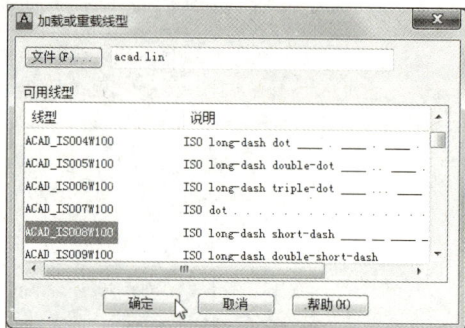

图2-92 "选择线型"对话框

图2-93 选择线型

**步骤 08** 将选择的线型指定给"隐藏线"图层，如图2-94所示，然后单击"隐藏线"图层的线宽图标，在"线宽"对话框中将"隐藏线"图层的线宽改为默认宽度，如图2-95所示。

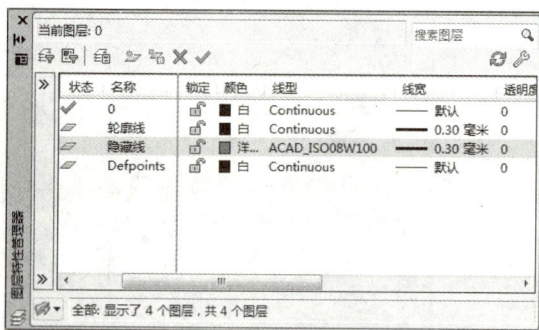

图2-94 指定线型

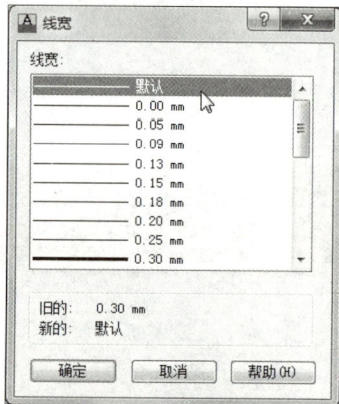

图2-95 选择线宽

**步骤 09** 创建一个名为"辅助线"的图层，然后将"辅助线"图层的颜色设置为红色，设置线型为"ACAD_ISO08W100"，如图2-96所示。

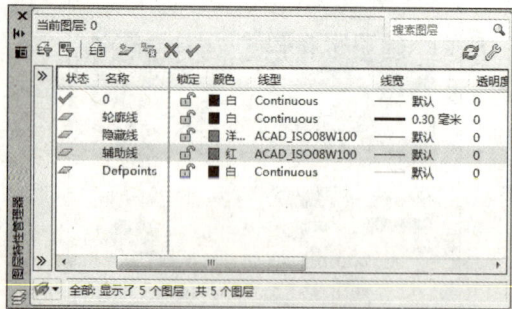

**步骤 10** 创建一个名为"标注"的图层，然后将"标注"图层的颜色设置为蓝色，设置线型为"Continuous"，如图2-97所示，然后关闭"图层特性管理器"对话框。

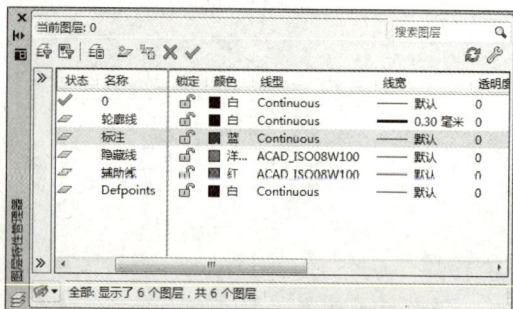

图2-96 新建"辅助线"图层

图2-97 新建"标注"图层

**步骤 11** 在图形中选择所有的轮廓线，如图2-98所示。然后在"图层"面板中单击"图层"下拉按钮，在弹出的下拉列表框中选择"轮廓线"图层，如图2-99所示。

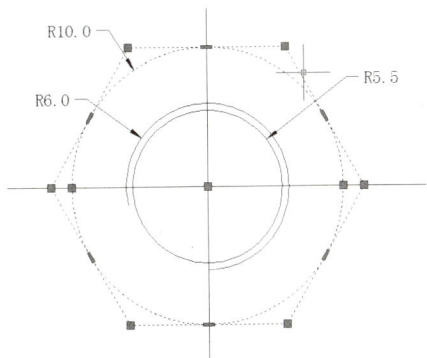

图2-98 选择轮廓线

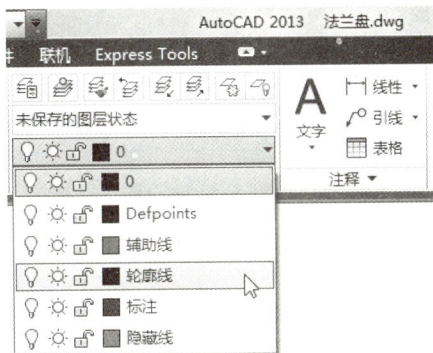

图2-99 选择图层

**步骤 12** 更改图形图层后，按下"Esc"键取消轮廓线的选择，图形效果如图2-100所示。

**步骤 13** 参照如图2-101所示的效果，将各部分图形放入对应的图层中，完成对图层的管理。

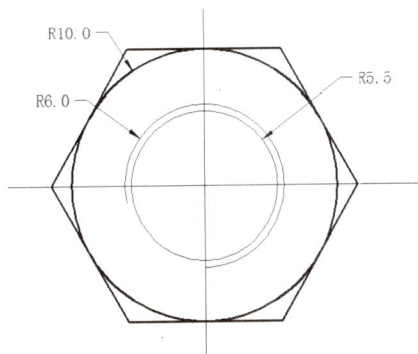

图2-100 图形效果

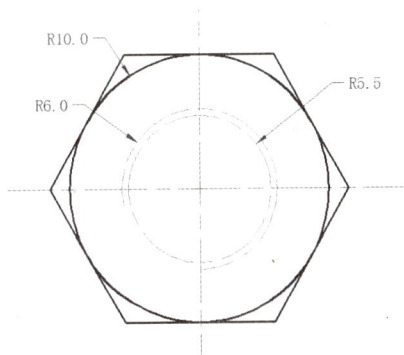

图2-101 完成效果

# 课堂问答

通过前面知识的讲解，我们对AutoCAD 2013有了一定的了解，下面列出一些常见的问题供读者思考。

**问题1：如何将已保存的文件以不同的名称和位置进行另存？**

答：如果对已保存过的文件直接执行"文件"→"保存"命令，将会以原文件和路径进行保存，而不会再弹出"图形另存为"对话框。如果需要对保存后的文档以不同的路径或名称进行另存，则需执行"文件"→"另存为"命令，然后在打开的"图形另存为"对话框中重新设置文件的保存位置、文件名或保存类型，然后再单击"保存"按钮即可。

**问题2：AutoCAD 2013窗口中的两个"关闭"按钮有何不同？**

答：标题栏中的"关闭"按钮用于关闭AutoCAD 2013的所有文档，并退出AutoCAD 2013应用程序，另一个"关闭"按钮只用于关闭当前的文档。

问题3：为什么设置了较粗的线宽，还是不能显示线宽效果？

答：这种情况是由于没有打开线宽的显示，单击状态栏上的"显示/隐藏线宽"按钮▣，可以打开线宽的显示。

# 知识与能力测试

通过前面的章节，讲解了AutoCAD的基础知识和基本操作。为对知识进行巩固和考核，布置相应的练习题。

## 笔试题

### 一、填空题

（1）使用_____命令可以对视图进行缩放操作，其命令语句是_____。

（2）打开图层管理器的简化命令语句是_____。

（3）复制图形特性的简化命令语句是_____。

### 二、选择题

（1）在AutoCAD 2013中，（　　）命令是用于新建文档的。

A. NEW                                    B. SAVE

C. OPEN                                   D. EXIT

（2）为了方便绘制水平或垂直线段，可以启用（　　）功能。

A. 对象捕捉                               B. 对象捕捉追踪

C. 图形界限                               D. 正交模式

## 上机题

本章课程已经学完，请完成以下操作题，以加深对知识点的理解，巩固所学的技能技巧。

### （1）新建"Tutorial-iArch.dwt"样板文件

单击"菜单浏览器"按钮，然后单击"新建"命令，在打开的"选择样板"对话框中选择Tutorial-iArch.dwt样板文件，如图2-102所示。在"选择样板"对话框中单击"打开"按钮，即可新建Tutorial-iArch.dwt样板文件，效果如图2-103所示。

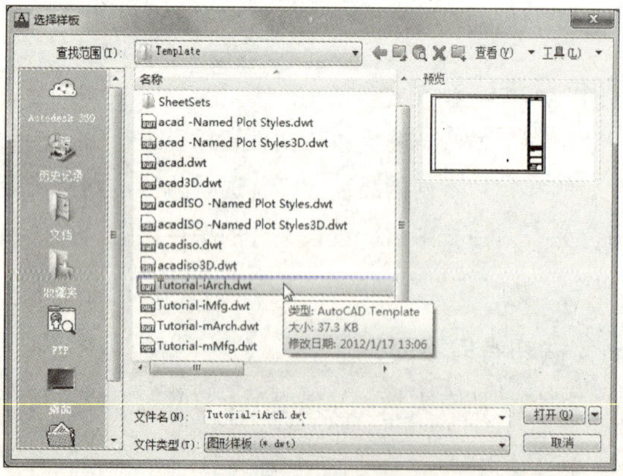

图2-102　选择文件

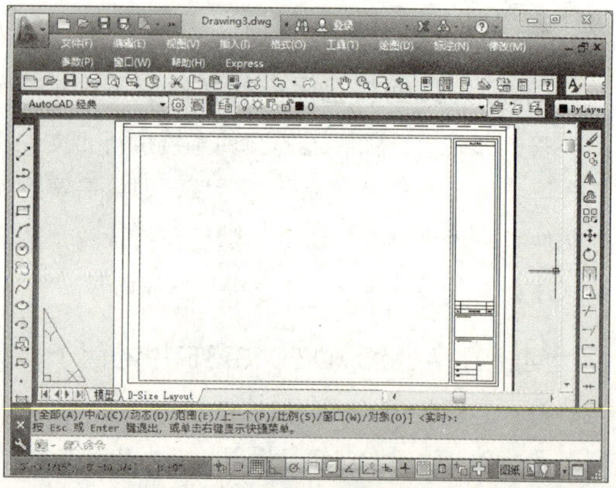

图2-103　创建样板文件

（2）启用"中点"和"圆心"对象捕捉模式

右击状态栏中的"对象捕捉"按钮，在弹出的菜单中选择"设置"命令，如图2-104所示，打开"草图设置"对话框，在该对话框的"对象捕捉"选项卡中，选择"启用对象捕捉"、"中点"和"圆心"选项，如图2-105所示。

图2-104　选择命令　　　　　　　　　　　　图2-105　设置对象捕捉

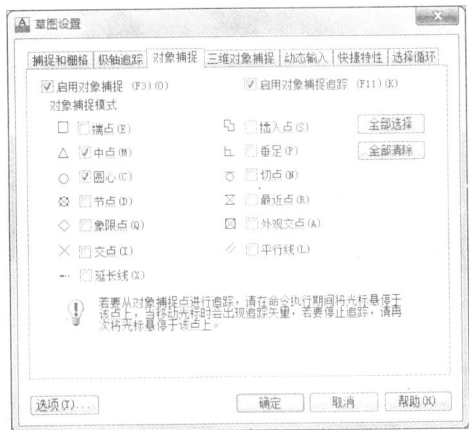

# Chapter 03

# 绘制图形

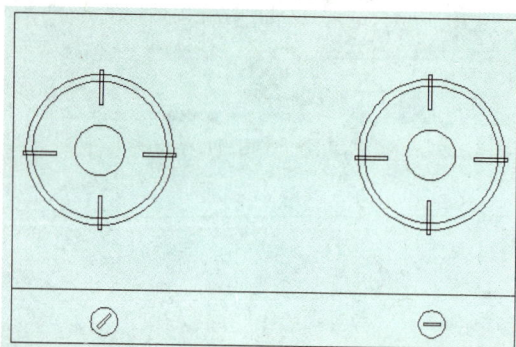

　　AutoCAD中所有的图形都是由点、线等最基本的元素所构成的，这些图形都可以由AutoCAD提供的绘图命令来完成。

　　本章将学习使用AutoCAD绘制基本图形的方法，使读者掌握各种绘图命令，为以后的绘图工作打下坚实的基础。

## 重点知识

- 绘制线型对象
- 绘制多边形
- 绘制圆弧类对象
- 绘制点对象

## 难点知识

- 绘制圆弧
- 绘制椭圆
- 等分对象

# 3.1 绘制线型对象

本节将学习的线型对象包括线段、构造线、多线、多段线和样条曲线，虽然这些对象都属于线型图形，但在AutoCAD中的绘制方法却各不相同。

## 3.1.1 绘制直线

"直线（LINE）"命令是最基本、最简单的绘图命令，用于绘制直线型线段。使用"直线（LINE）"命令可以在两点之间进行线段的绘制，用户可以通过鼠标或键盘来决定线段的起点和终点。

当使用"直线（LINE）"命令连续绘制线段时，上一个线段的终点直接作为下一个线段的起点，如此循环直到按下空格键或"Esc"键撤销命令为止。在绘图过程中，如果绘制了错误的线段，可以执行UNDO（U）命令将其取消，然后再重新执行下一步绘制操作。

执行"直线"命令的常用方法有如下3种。

**方法一**：执行"绘图"→"直线"命令，如图3-1所示。

**方法二**：单击"绘图"面板中的"直线"按钮，如图3-2所示。

**方法三**：输入LINE（L）命令并确定。

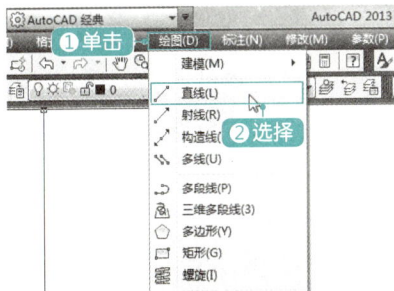

图3-1 选择命令

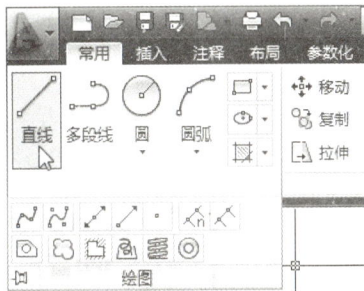

图3-2 选择工具

在使用LINE（L）命令的绘图过程中，如果绘制了多条线段，系统将提示"指定下一点或[闭合(C)/放弃(U)]："，如图3-3所示。该提示中主要选项的含义如下。

● **闭合（C）**：在绘制多条线段后，如果输入C并确定，则最后一个端点将与第一条线段的起点重合，从而组成一个封闭图形，如图3-4所示的三角形。

● **放弃（U）**：输入U并按下空格键进行确定，则最后绘制的线段将被撤除。

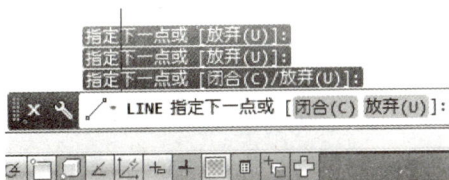

图3-3 命令提示

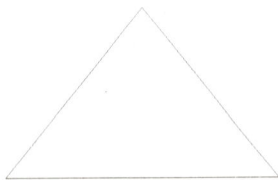

图3-4 绘制的三角形

## 3.1.2 绘制多线

使用"多线（MLINE）"命令可以绘制多条相互平行的线，而且每条线的颜色和线型可以相同，也可以不同；其线宽、偏移、比例、样式和端头交接方式。在绘制多线的过程中，用户可以使用"多线样式（MLSTYLE命令）"对多线样式进行设置。

### 1．设置多线样式

使用"多线样式（MLSTYLE命令）"命令可以控制多线的线型、颜色、线宽、偏移等特性。使用"多线样式（MLSTYLE命令）"命令设置多线样式的操作如下。

**步骤 01** 执行"格式"→"多线样式"命令，如图3-5所示，打开"多线样式"对话框，如图3-6所示。

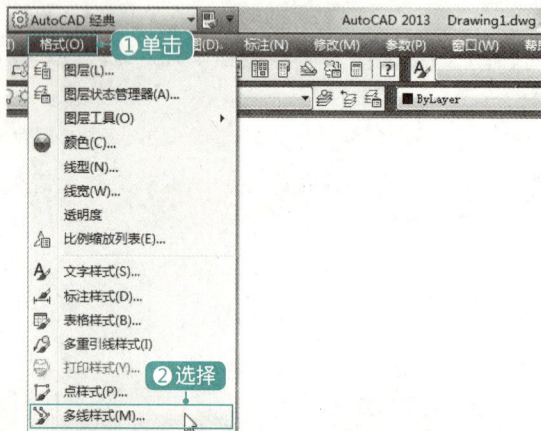

图3-5  执行命令

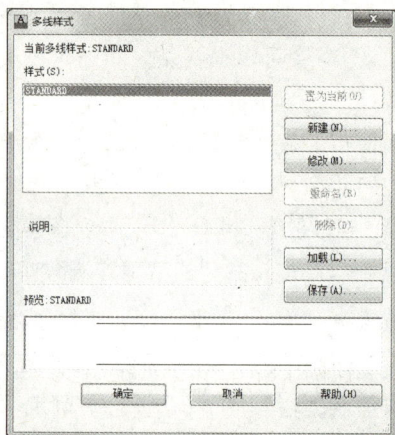

图3-6  "多线样式"对话框

**步骤 02** 在"多线样式"对话框中的"样式"区域列出了目前存在的样式，在预览区域中显示了所选样式的多线效果。单击"新建"按钮，打开"创建新的多线样式"对话框，在新样式名文本框中输入新的样式名称，如图3-7所示。

**步骤 03** 单击"继续"按钮，即可在打开的"新建多线样式"对话框中对多线的封口样式、偏移、颜色和线型等特性进行设置，如图3-8所示。

图3-7  新建样式

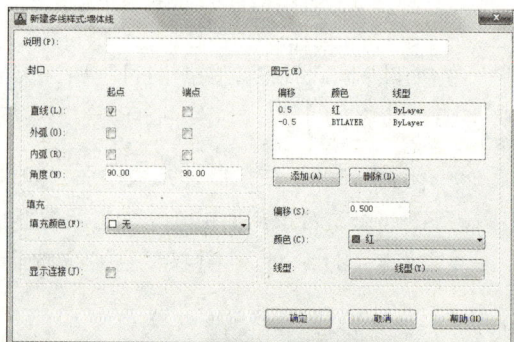

图3-8  "新建多线样式"对话框

在"新建多线样式"对话框勾选"封口"区域中"直线"选项的起点和端点选项，绘制的多线如图3-9所示；在"修改多线样式"对话框中取消"封口"区域中"直线"选项的起点和端点选项，绘制的多线如图3-10所示。

图3-9　封口多线

图3-10　末封口多线

### 2．创建多线

"多线（MLINE）"命令只能绘制由直线段组成的平行多线，而不能绘制弧形的平行线。通过"多线（MLINE）"命令绘制的平行线，可以用"分解（EXPLODE）"命令将其分解成单个独立的线段。

执行多线命令通常有如下两种方法。

**方法一：** 执行"绘图"→"多线"命令。

**方法二：** 输入MLINE（ML）命令并确定。

执行MLINE（ML）命令后，系统将提示："指定起点或［对正（J）/比例（S）/样式（ST）］："，其中各项的含义如下。

- **对正（J）：** 用于控制多线相对于用户输入端点的偏移位置。
- **比例（S）：** 该选项控制多线比例。用不同的比例绘制，多线的宽度不一样。提示：负比例将偏移顺序反转。
- **样式（ST）：** 该选项用于定义平行多线的线型。在"输入多线样式名或[?]"提示后输入已定义的线型名。输入"?"，则可列表显示当前图中已有的平行多线样式。

在绘制多线的过程中，选择"对正（J）"选项后，系统将继续提示"输入对正类型［上（T）/无（Z）/下（B）］＜＞："，其中各选项含义如下。

- **上（T）：** 多线顶端的线将随着光标进行移动。
- **无（Z）：** 多线的中心线将随着光标点移动。
- **下（B）：** 多线底端的线将随着光标点移动。

绘制多线的具体操作如下。

**步骤 01** 执行"绘图"→"多线"命令，如图3-11所示。然后输入S并确定，启用"比例（S）"选项，如图3-12所示。

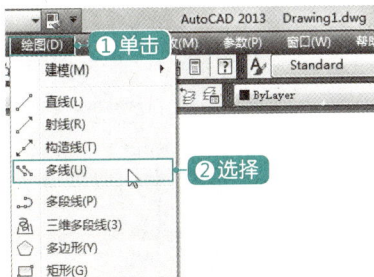

图3-11　执行命令

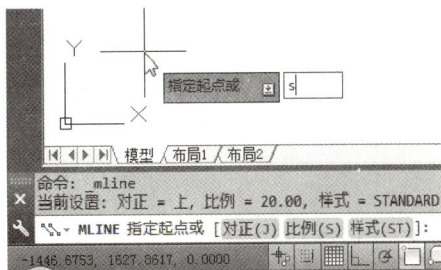

图3-12　输入S并确定

**步骤 02** 输入多线的比例（如240）并确定，如图3-13所示。

**步骤 03** 指定多线的起点，然后指定多线的下一个点，如图3-14所示。

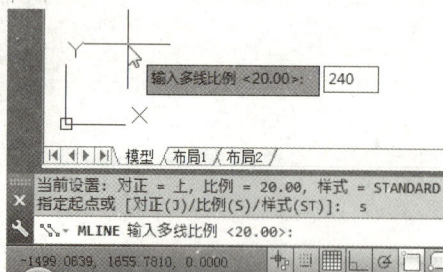

图3-13 输入多线比例

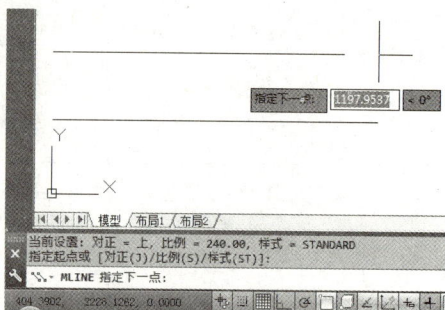

图3-14 指定多线下一个点

**步骤 04** 继续指定多线的下一个点，如图3-15所示，然后按下空格键进行确定，完成多线的创建，效果如图3-16所示。

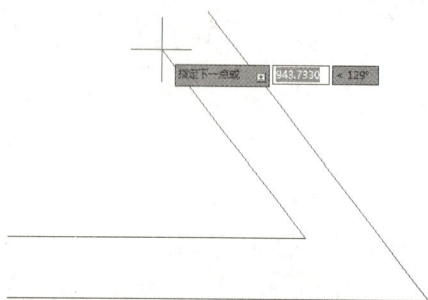

图3-15 指定多线下一个点

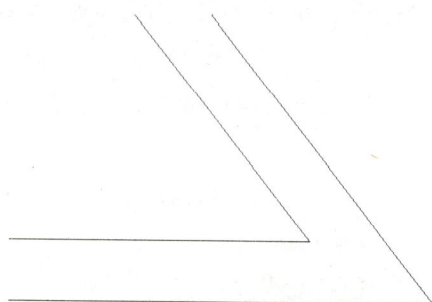

图3-16 绘制多线

## 3.1.3 绘制构造线

执行"构造线"命令可以绘制无限延伸的结构线，在建筑绘图中常用作绘制图形过程中的辅助线，如基准坐标轴。执行构造线命令的方法有如下3种。

**方法一：** 执行"绘图"→"构造线"命令，如图3-17所示。

**方法二：** 单击"绘图"面板中的"构造线"按钮，如图3-18所示。

**方法三：** 输入XLINE（简化命令XL）命令并确定。

图3-17 执行命令

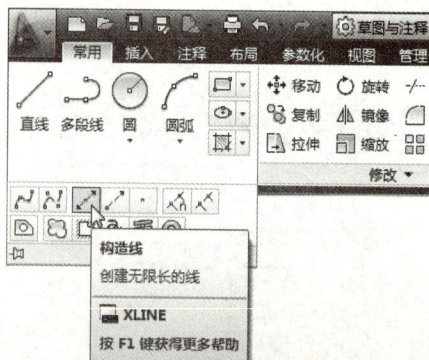

图3-18 单击按钮

执行XLINE命令后，系统将提示"指定点或 ［水平 （H） /垂直 （V） /角度 （A） /二等分 （B） /偏移 （O） ］ ："，其中各选项含义如下。

- **指定点**：用于指定构造线通过的一点
- **水平（H）**：用于绘制一条通过选定点的水平参照线。
- **垂直（V）**：用于绘制一条通过选定点的垂直参照线。
- **角度（A）**：用于以指定的角度创建一条参照线。执行该选项后，在命令行中提示"输入参照线角度 （0） 或 ［参照 （R） ］ ："，这时可指定一个角度或输入R选择参照选项。
- **二等分（B）**：用于绘制角度的平分线。执行该选项后，在命令行中提示"指定角的顶点、角的起点、角的端点"，从而绘制出该角的角平分线。
- **偏移（O）**：用于创建平行于另一个对象的参照线。

例如，使用XLINE命令绘制两条构造线的操作如下。

**步骤 01** 输入"构造线 （XL） "命令，如图3-19所示，然后按下空格键进行确定。

**步骤 02** 单击鼠标指定第一个点，然后指定要通过的点，如图3-20所示。

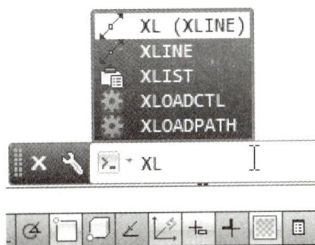

图3-19 执行命令

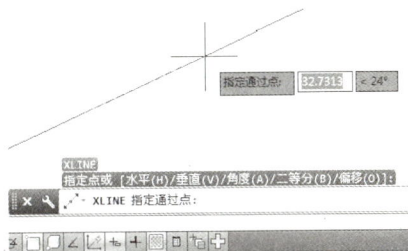

图3-20 指定通过点

**步骤 03** 完成第一条构造线的创建后，继续指定第二条构造线通过的点，如图3-21所示，然后按下空格键进行确定，即可完成两条构造线的创建，如图3-22所示。

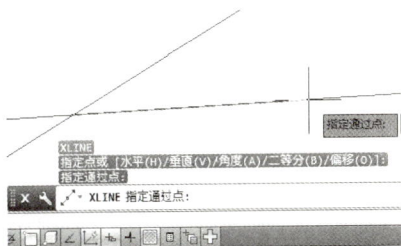

图3-21 指定通过点

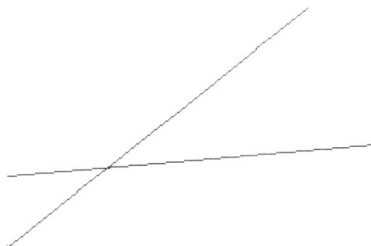

图3-22 创建构造线

## 3.1.4 绘制多段线

使用"多段线 （PLINE） "命令可以创建相互连接的序列线段，创建的对象可以是直线段、弧线段或两者的组合线段，执行多段线命令通常有如下3种方法。

**方法一：** 执行"绘图" → "多段线"命令。

**方法二：** 单击"绘图"面板中的"多段线"按钮 。

**方法三：** 输入PLINE（简化命令PL）命令并确定。

执行PLINE命令，指定多段线的起点后，系统将提示"指定下一点或[圆弧（A）/半宽（H）/长度（L）/放弃（U）/宽度（W）]："，其中各选项含义如下。

- **圆弧（A）**：输入"A"，以绘制圆弧的方式绘制多段线。
- **半宽（H）**：用于指定多段线的半宽值，AutoCAD将提示用户输入多段线段的起点半宽值与终点半宽值。
- **长度（L）**：指定下一段多段线的长度。
- **放弃（U）**：输入该命令将取消刚刚绘制的一段多段线。
- **宽度（W）**：输入该命令将设置多段线的宽度值。

使用"多段线（PLINE）"命令创建线段时，若选择"圆弧（A）"选项，可以绘制一段圆弧线段。拖动鼠标，屏幕上会出现圆弧的预显线条。例如，绘制一条带直线段和弧线段的多段线的具体操作步骤如下。

**步骤 01** 输入PLINE命令，如图3-23所示，然后按下空格键进行确定。

**步骤 02** 单击鼠标指定多段线的起点，然后指定下一个点，如图3-24所示。

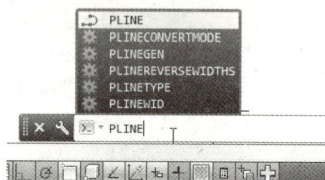

图3-23 执行命令

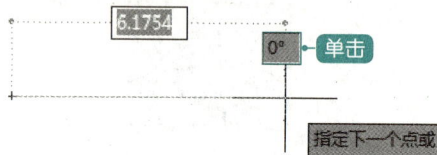

图3-24 指定下一个点

**步骤 03** 当系统再次提示指定下一个点时，输入A并确定，如图3-25所示。然后移动并单击鼠标指定圆弧的端点，如图3-26所示。

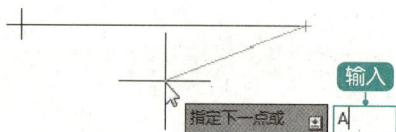

图3-25 输入A并确定

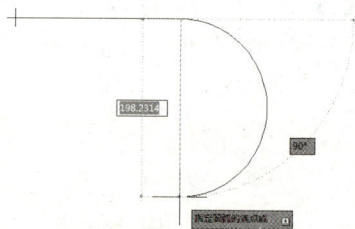

图3-26 指定圆弧的端点

**步骤 04** 当系统再次提示指定下一个点时，输入L并确定，如图3-27所示。

**步骤 05** 移动并单击鼠标指定线段的端点，然后按下空格键进行确定，完成多段线的创建，效果如图3-28所示。

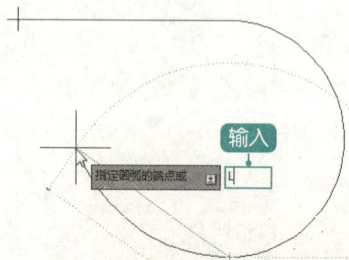

图3-27 输入L并确定

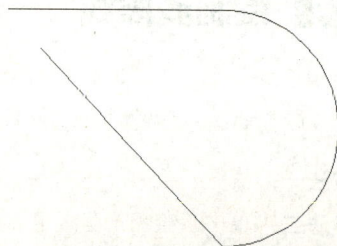

图3-28 创建多段线

## 3.1.5 绘制样条曲线

在建筑制图中常用样条曲线绘制纹理图案，如窗户木纹、地面纹路等曲线图元对象。使用"样条曲线（SPLINE）"命令可以绘制各类光滑的曲线图元，这种曲线是由起点、终点、控制点及偏差来控制的。

执行"样条曲线"命令通常有如下3种方法。

**方法一：** 执行"绘图"→"样条曲线"命令，然后再选择其子命令，如图3-29所示。

**方法二：** 单击"绘图"面板中的"样条曲线拟合"按钮或"样条曲线控制点"按钮，如图3-30所示。

**方法三：** 输入"SPLINE（SPL）"命令并确定。

图3-29 选择命令

图3-30 选择工具按钮

绘制样条曲线的具体操作方法如下。

**步骤 01** 输入SPL命令，如图3-31所示，然后按下空格键进行确定。

**步骤 02** 指定样条曲线的第一个点，继续指定样条曲线的下一个点，如图3-32所示。

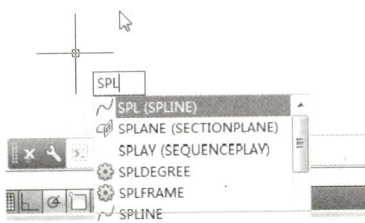

图3-31 执行命令

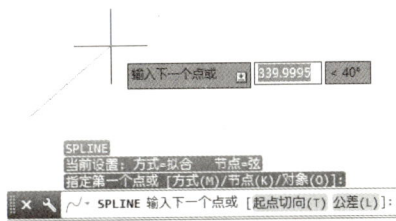

图3-32 指定下一个点

**步骤 03** 继续指定样条曲线的下一个点，如图3-33所示。

**步骤 04** 继续指定样条曲线的其他点，然后按下空格键进行确定，效果如图3-34所示。

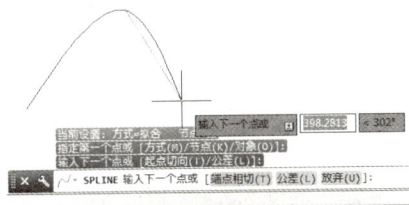

图3-33 指定下一个点

图3-34 样条曲线

# 3.2 绘制多边形对象

在AutoCAD中，可以使用"矩形"命令绘制矩形和正方形，还可以使用"多边形"命令绘制边数不等的多边形。

## 3.2.1 绘制矩形

使用"矩形"命令可以通过指定两个对角点的方式绘制矩形，当两角点形成的边长相同时，则生成正方形，如图3-35所示。

执行"矩形"命令的常用方法有如下3种。

**方法一：** 执行"绘图"→"矩形"命令。

**方法二：** 单击"绘图"面板中的"矩形"按钮□，如图3-36所示。

**方法三：** 输入RECTANG（REC）命令并确定。

图3-35 生成正方形

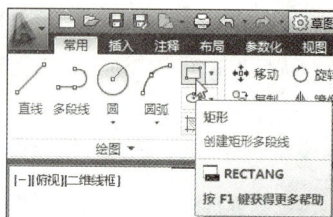

图3-36 单击"矩形"按钮

执行RECTANG（REC）命令后，系统将提示"指定第一个角点或 [倒角（C）/标高（E）/圆角（F）/厚度（T）/宽度（W）]："，各选项的解释含义如下。

● **倒角（C）：** 用于设置矩形的倒角距离。
● **标高（E）：** 用于设置矩形在三维空间中的基面高度。
● **圆角（F）：** 用于设置矩形的圆角半径。
● **厚度（T）：** 用于设置矩形的厚度，即三维空间Z轴方向的高度。
● **宽度（W）：** 用于设置矩形的线条粗细。

### 1. 绘制任意大小的矩形

执行"RECTANG（REC）"命令后，用户可以通过直接单击鼠标确定矩形的两个对角点，绘制任意大小的矩形。例如，绘制任意大小矩形的操作如下。

**步骤01** 输入RECTANG（REC）命令并确定，如图3-37所示。

**步骤02** 根据系统提示在创建矩形的第一个角点位置单击鼠标，指定矩形的第一个角点，如图3-38所示。

图3-37 输入命令

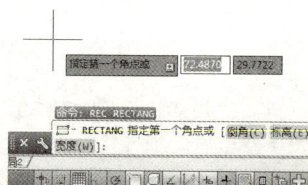

图3-38 指定第一个角点

**步骤 03** 拖动鼠标到矩形的另一个角点位置并单击鼠标，如图3-39所示，即可绘制出一个矩形，如图3-40所示。

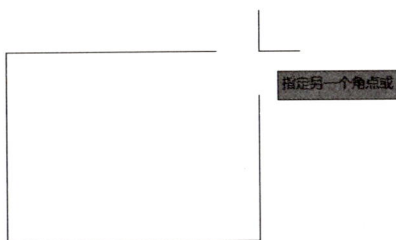

图3-39 指定另一个角点

图3-40 创建矩形

### 2. 绘制指定大小的矩形

在AutoCAD制图过程中，绘制矩形时通常需要指定矩形的大小。绘制指定大小的矩形时，可以在确定矩形的第一个角点后，通过指定矩形另一个角点的坐标确定矩形的长宽。例如，绘制长为50，宽为40的矩形，具体操作如下。

**步骤 01** 输入RECTANG（REC）命令并确定，单击鼠标指定矩形的第一个角点，然后根据系统提示输入矩形另一个角点的相对坐标值（如@50,40），如图3-41所示。

**步骤 02** 输入另一个角点的相对坐标值后，按下空格键进行确定，即可创建一个指定大小的矩形，如图3-42所示。

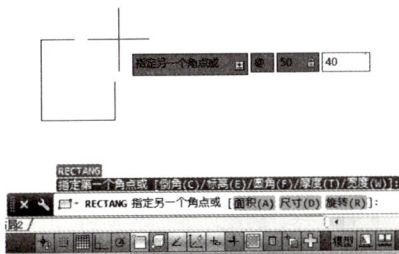

图3-41 指定另一个角点坐标

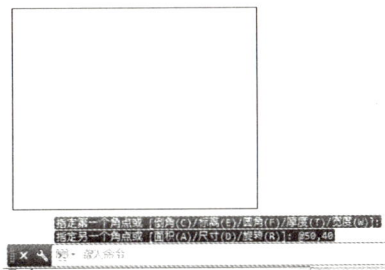

图3-42 创建指定大小的矩形

### 3. 绘制圆角矩形

在AtuoCAD中，不仅可以绘制倒角矩形，也可以绘制圆角矩形。圆角矩形是指矩形边角呈圆弧形，在绘制圆角矩形的过程中，用户可以指定圆角的半径大小。例如，绘制指定圆角的矩形，具体操作如下。

**步骤 01** 执行RECTANG（REC）命令，当系统提示"指定第一个角点或［倒角（C）／标高（E）／圆角（F）／厚度（T）／宽度（W）］："时，输入参数F并确定，以启用"圆角（F）"选项，如图3-43所示。

**步骤 02** 根据系统提示输入矩形圆角的大小（如5）并确定，如图3-44所示。

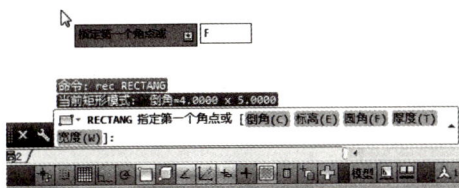

图3-43 输入参数F并确定

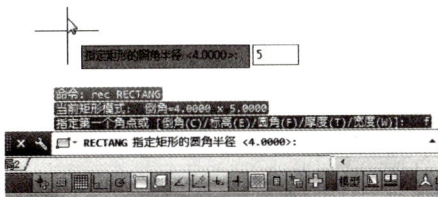

图3-44 输入圆角半径

**步骤 03** 单击鼠标指定矩形的第一个角点，然后输入矩形另一个角点的相对坐标（如@60,50）并确定，如图3-45所示，创建的圆角矩形如图3-46所示。

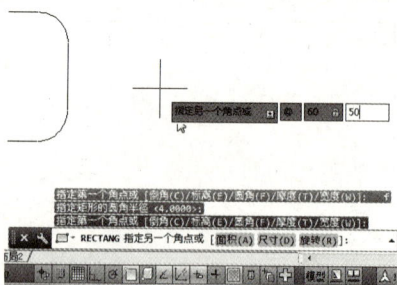

图3-45　指定另一个角点

图3-46　创建倒角矩形

### 4. 绘制倒角矩形

在绘制矩形的操作中，除了可以绘制指定矩形的大小外，还可以绘制带倒角的矩形，并且可以指定矩形的倒角大小。例如，绘制指定倒角的矩形，具体操作如下。

**步骤 01** 执行RECTANG（REC）命令，当系统提示"指定第一个角点或 [倒角（C）/标高（E）/圆角（F）/厚度（T）/宽度（W）："时，输入参数C并确定，以启用"倒角（C）"功能，如图3-47所示。

**步骤 02** 根据系统提示输入矩形的第一个倒角长度（如4）并确定，如图3-48所示。

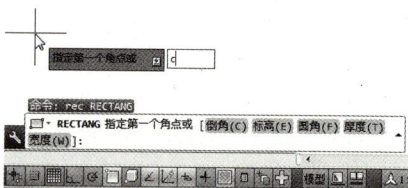

图3-47　输入参数C并确定

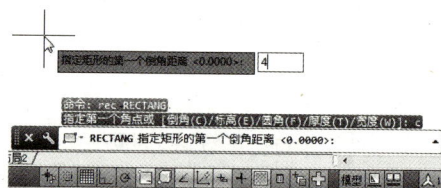

图3-48　输入第一个倒角长度

**步骤 03** 继续输入矩形的第二个倒角长度（如5）并确定，如图3-49所示。

**步骤 04** 根据系统提示单击鼠标指定矩形的第一个角点，如图3-50所示。

图3-49　输入第二个倒角长度

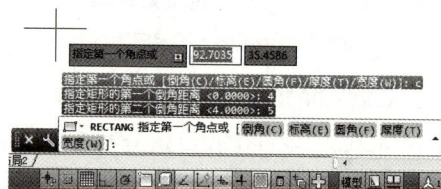

图3-50　指定第一个角点

**步骤 05** 拖动鼠标指定矩形的另一个角点，或者指定矩形另一个角点的相对坐标值（如@60,40），如图3-51所示，创建的倒角矩形如图3-52所示。

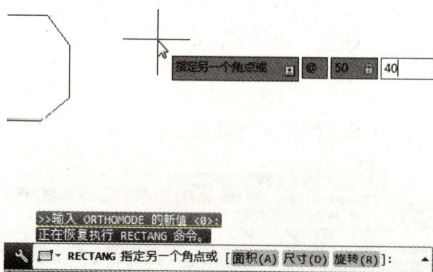

图3-51　指定另一个角点

图3-52　创建倒角矩形

## 3.2.2 绘制多边形

使用"多边形（POLYGON）"命令可以绘制由3～1024条边所组成的多边形。执行多边形命令有如下3种常用方法。

**方法一**：选择"绘图"→"多边形"命令，如图3-53所示。

**方法二**：单击"绘图"面板中的"矩形"下拉按钮，在弹出的列表中选择"多边形"选项，如图3-54所示。

**方法三**：输入POLYGON（POL）命令并确定。

图3-53  选择命令

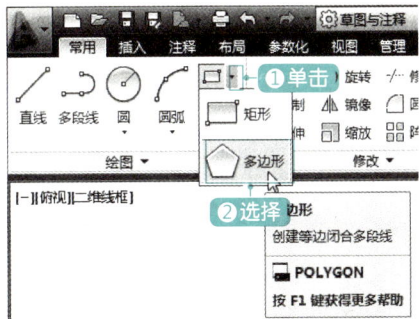

图3-54  选择工具按钮

执行POLYGON命令过程中，出现的提示及操作如下。

| | |
|---|---|
| 命令: POLYGON | //执行命令 |
| 输入边的数目<4>: | //指定多边形的边数，默认状态为四边形 |
| 指定正多边形的中心点或 [边(E)]: | //确定多边形的一条边来绘制正多边形 |
| 输入选项 [内接于圆(I)/外切于圆(C)] <I>: | //选择正多边形的创建方式 |
| 指定圆的半径: | //指定创建正多边形时的内接于圆或外切于圆的半径 |

### 1. 绘制外切于圆的多边形

在绘制多边形的过程中，选择"外切于圆（C）"选项，可以绘制外切于圆的多边形。例如，绘制外切于圆的五边形的具体操作如下。

**步骤 01** 输入POLYGON（POL）命令并确定，然后输入多边形的侧面数为5并确定，如图3-55所示。

**步骤 02** 指定多边形的中心点，在弹出的菜单中选择"外切于圆（C）"选项，如图3-56所示。

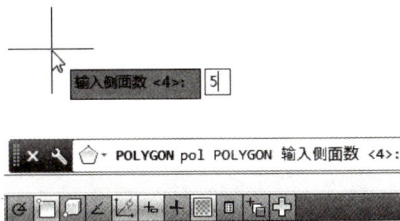

图3-55  设置边数

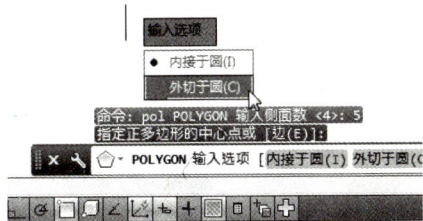

图3-56  选择选项

**步骤 03** 当系统提示"指定圆的半径:"时，输入圆半径的大小（如20）并确定，如图3-57所示，然后按下空格键进行确定，即可创建一个指定边数和大小的外切于圆的五边形，如图3-58所示。

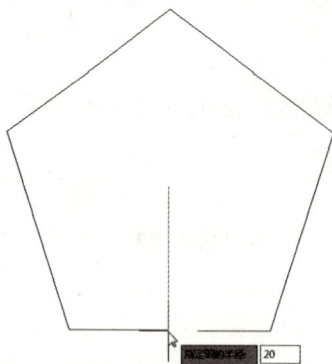

图3-57 指定半径

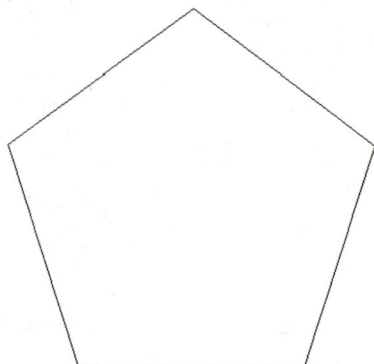

图3-58 绘制外切于圆多边形

### 2. 绘制内接于圆的多边形

在绘制多边形的过程中，选择"内接于圆（I）"选项，可以绘制内接于圆的多边形。例如，绘制内接于圆的五边形的具体操作如下。

**步骤 01** 输入POLYGON（POL）命令并确定，然后输入多边形的侧面数为5并确定，如图3-59所示。

**步骤 02** 指定正多边形的中心点，在弹出的菜单中选择"内接于圆（I）"选项，如图3-60所示。

图3-59 设置边数

图3-60 选择选项

**步骤 03** 当系统提示"指定圆的半径："时，输入圆半径的大小（如20）并确定，如图3-61所示，然后按下空格键进行确定，即可创建一个内接于圆的五边形，如图3-62所示。

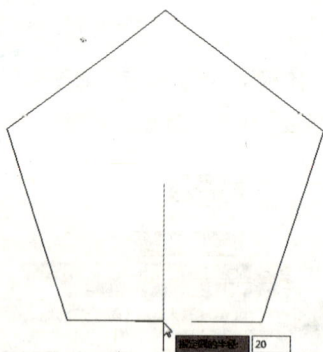

图3-61 指定半径

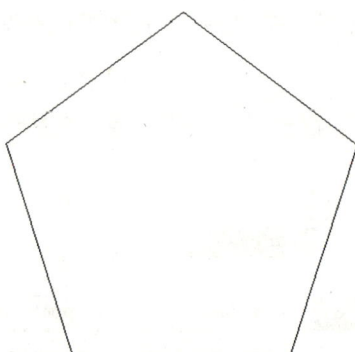

图3-62 绘制内接于圆多边形

从创建的外切于圆的五边形和内接于圆的五多边形可以看出，使用"多边形（POLYGON）"命令绘制的外切于圆五边形与内接于圆五边形时，尽管它们具有相同的边数和半径，但是其大小却不同。内接于圆的多边形和外切于圆的多边形与指定圆之间的关系分别如图3-63和图3-64所示。

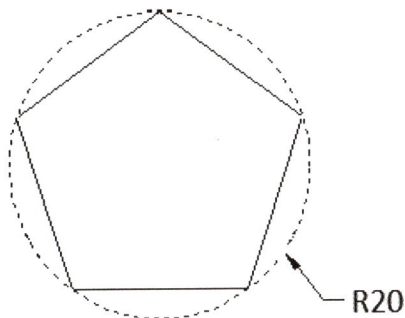

图3-63　内接于圆的多边形

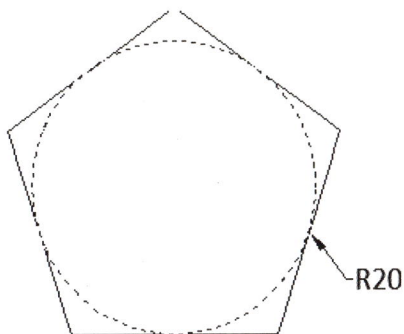

图3-64　外切于圆的多边形

# 3.3　绘制圆弧类对象

前面我们学习了线型对象和多边形对象的绘制方法，接下来将学习圆弧类对象的绘制方法，包括绘制圆、圆弧和椭圆等对象。

## 3.3.1　绘制圆

在AutoCAD中，可以通过指定圆心和半径、或通过三个点等方式来绘制圆形。在默认状态下，绘制圆形的方式是先确定圆心，再确定半径。在绘制圆的操作过程中，用户可以通过如下3种方法启动"圆"命令。

**方法一：**执行"绘图"→"圆"命令，然后在其子菜单中选择绘制圆所用的子命令，如图3-65所示。

**方法二：**单击"绘图"面板中的"圆"下按按钮，在弹出的列表中选择绘制圆所用的工具，如图3-66所示。

**方法三：**输入CIRCLE（C）命令并确定。

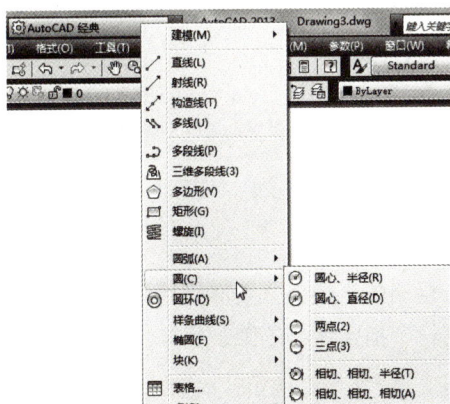

图3-65　选择命令

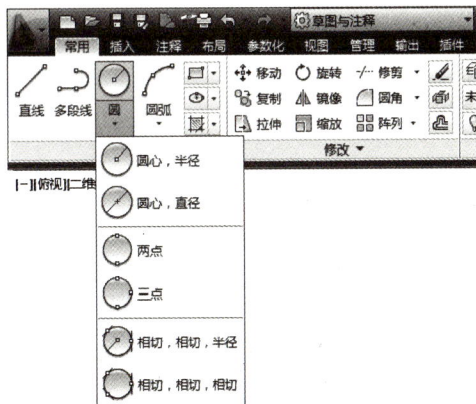

图3-66　选择工具按钮

启动"圆"命令后，系统将提示"指定圆的圆心或[三点（3P）/两点(2P)/相切、相切、半径(T)]："，在指定圆心或选择某种绘制圆方式后，将继续提示"指定圆的半径或[直径(D)]

<当前值>："，其中常用选项的含义解释如下。

- **三点（3P）：**通过在绘图区内确定三个点来确定圆的位置与大小。输入3P后，系统分别提示：指定圆上的第一点、第二点、第三点。
- **两点（2P）：**通过确定圆的直径的两个端点绘制圆。输入2P后，命令行分别提示指定圆的直径的第一端点和第二端点。
- **相切、相切、半径（T）：**通过两条切线和半径绘制圆，输入T后，系统分别提示指定圆的第一切线和第二切线上的点以及圆的半径。

### 1. 绘制任意大小的圆形

执行CIRCLE（C）命令后，用户可以直接通过单击鼠标依次指定圆的圆心和半径，从而绘制一个任意大小的圆形，具体的操作如下。

**步骤 01** 输入"CIRCLE（C）"命令并确定，如图3-67所示，根据系统提示单击鼠标指定圆的圆心，如图3-68所示。

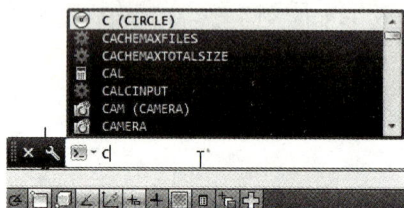

图3-67 输入命令并确定

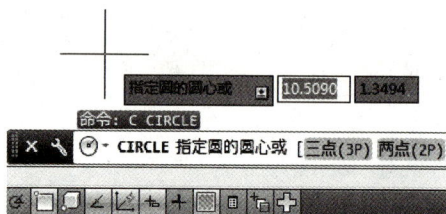

图3-68 指定圆心

**步骤 02** 根据系统提示拖动并单击鼠标指定圆的半径长度，如图3-69所示，创建的圆形如图3-70所示。

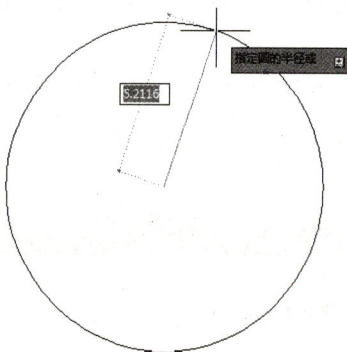

图3-69 指定圆的半径

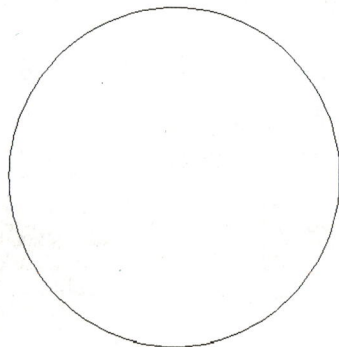

图3-70 绘制圆形

### 2. 绘制指定大小的圆形

通过拖动鼠标的方式绘制圆形时，只能确定一个粗略的半径值，要准确地设置圆的半径，则需要在指定圆的圆心后，通过输入半径的长度绘制一个指定大小的圆。例如，绘制一个半径为40的圆，具体操作如下。

**步骤 01** 输入CIRCLE（C）并确定，单击鼠标指定圆的圆心，然后输入圆的半径长度为40，如图3-71所示。

**步骤 02** 输入半径后，按下空格键进行确定，即可创建一个指定半的圆形，如图3-72所示。

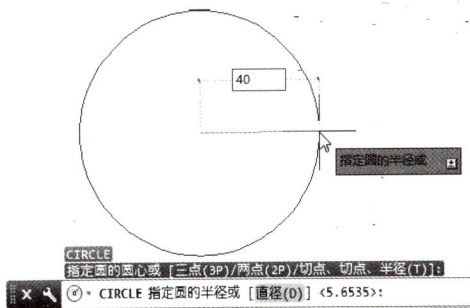

图3-71　指定圆的半径长度

图3-72　绘制圆形

### 3. 通过指定直径绘制圆

执行CIRCLE（C）命令后，输入参数2P并确定，可以通过指定两个点确定圆的直径，从而绘制出指定直径的圆形。具体操作如下。

**步骤 01** 使用"直线（L）"命令绘制一条线段，然后执行"CIRCLE（C）"命令，在系统提示下再输入2p并确定，如图3-73所示。

**步骤 02** 根据系统提示在线段的左端点处单击鼠标指定圆直径的第一个端点，如图3-74所示。

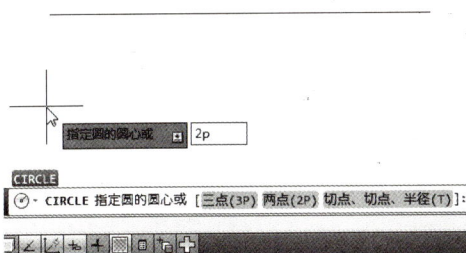

图3-73　输入2p并确定

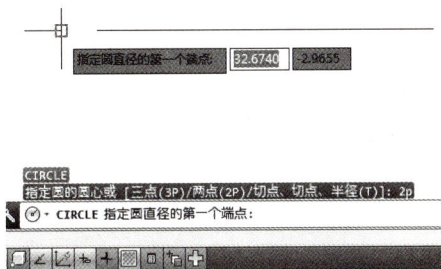

图3-74　指定直径第一个端点

**步骤 03** 根据系统提示在线段的右端点处单击鼠标指定圆直径的第二个端点，如图3-75所示，即可绘制一个通过指定两点的圆形，效果如图3-76所示。

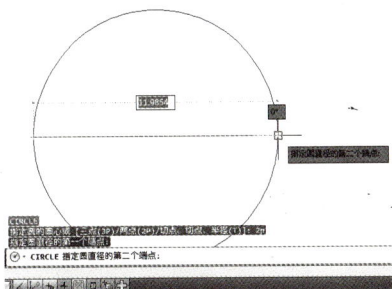

图3-75　指定直径第二个端点

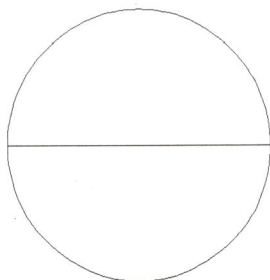

图3-76　绘制圆形

### 4. 通过三点确定圆形

通过三个点可以确定的一个圆的形状和大小，因此，可以在执行CIRCLE（C）命令后，输入参数3P并确定，通过指定圆所经过的三个点来绘制圆形。具体操作如下。

**步骤 01** 使用"直线（L）"命令绘制一个三角形，如图3-77所示。然后执行"圆（C）"命令，然后输入参数3P并确定，如图3-78所示。

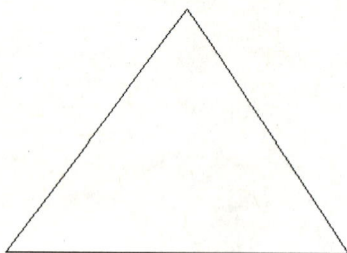

图3-77　绘制三角形

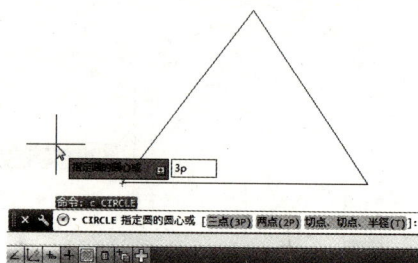

图3-78　执行圆命令

**步骤 02** 在三角形的任意一个角点处单击鼠标指定圆通过的第一个点，如图3-79所示。

**步骤 03** 在三角形的下一个角点处单击鼠标指定圆通过的第二个点，如图3-80所示。

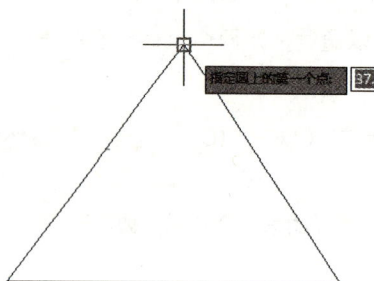

图3-79　指定通过的第一个点

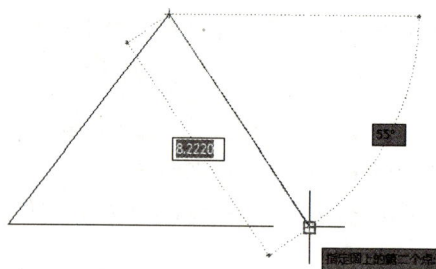

图3-80　指定通过的第二个点

**步骤 04** 在三角形的另一个角点处单击鼠标指定圆通过的第三个点，如图3-81所示，即可绘制出通过指定三个点的圆形，如图3-82所示。

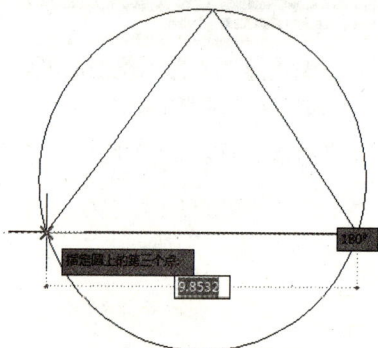

图3-81　指定通过的第三个点

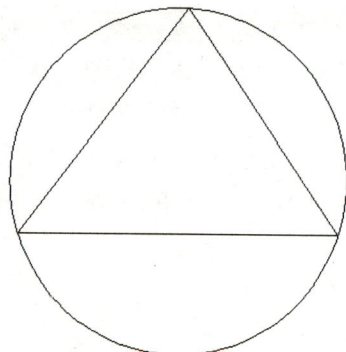

图3-82　绘制圆形

## 3.3.2　绘制椭圆

椭圆是由其长度和宽度的两条轴决定的，当两条轴的长度不相等时，形成的对象为椭圆；当两条轴的长度相等时，形成的对象则为正圆形。启动"椭圆"命令可以使用如下3种常用方法。

**方法一：**执行"绘图"→"椭圆"命令，然后选择其子命令，如图3-83所示。

**方法二：**单击"绘图"面板中的"椭圆"按钮 ，或者单击"椭圆"下拉按钮 ，然后选择其中的工具，如图3-84所示。

**方法三：**输入"ELLIPSE（EL）"命令并确定。

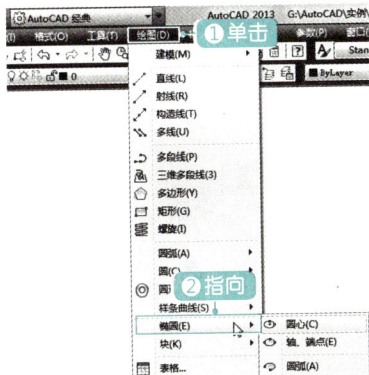

图3-83　选择命令

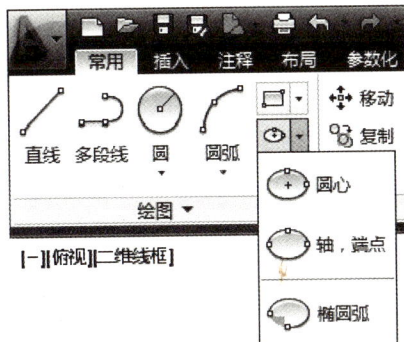

图3-84　选择工具

输入ELLIPSE（EL）命令并确定，将提示"指定椭圆的轴端点或［圆弧（A）/中心点（C）］:"，其中各选项的含义如下。

- **轴端点：**以椭圆轴端点绘制椭圆。
- **圆弧（A）：**用于创建椭圆弧。
- **中心点（C）：**以椭圆圆心和两轴端点绘制椭圆。

### 1. 通过指定轴端点绘制椭圆

通过轴端点绘制椭圆的方式是先以两个固定点确定椭圆的一条轴长，再指定椭圆的另一条半轴长。具体操作如下。

**步骤 01** 执行ELLIPSE（EL）命令，当系统提示"指定椭圆的轴端点或［圆弧（A）/中心点（C）］:"时，指定椭圆的第一个端点，如图3-85所示。

**步骤 02** 移动鼠标指定椭圆轴的另一个端点，如图3-86所示。

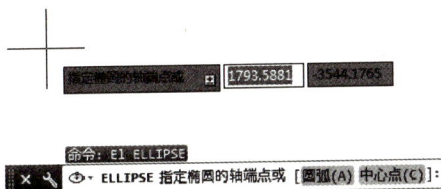

图3-85　指定第一个端点

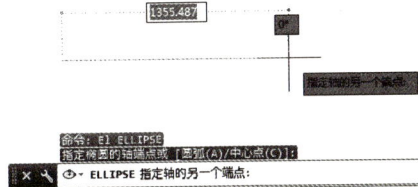

图3-86　指定另一个端点

**步骤 03** 移动鼠标指定椭圆另一条半轴长度，如图3-87所示，创建的椭圆如图3-88所示。

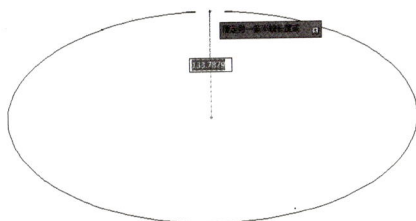

图3-87　指定另一条半轴长度

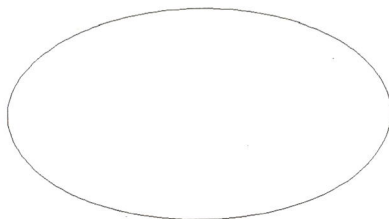

图3-88　创建的椭圆

### 2. 通过指定圆心绘制椭圆

通过中心点绘制椭圆的方式是先确定椭圆的中心点，再指定椭圆的两条轴的长度。具体操作如下。

**步骤 01** 执行ELLIPSE（EL）命令，当系统提示"指定椭圆的轴端点或 ［圆弧（A）／中心点（C）］："时，输入C并确定，启用"中心点（C）："选项，如图3-89所示。

**步骤 02** 单击鼠标指定椭圆的中心点，然后移动并单击鼠标指定椭圆的端点，如图3-90所示。

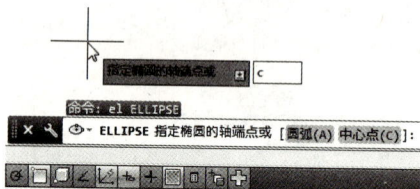

图3-89 输入C并确定

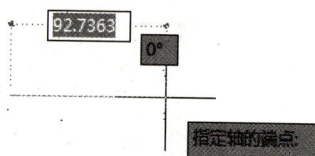

图3-90 指定椭圆的端点

**步骤 03** 移动鼠标指定椭圆另一条半轴长度，如图3-91所示，单击鼠标进行确定，即可创建一个椭圆，如图3-92所示。

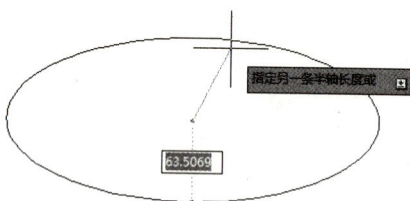

图3-91 指定另一条半轴长度

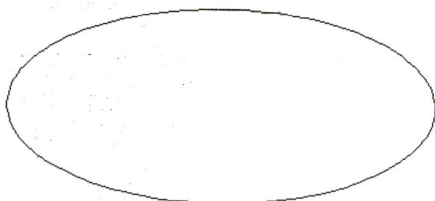

图3-92 创建的椭圆

### 3. 绘制椭圆弧

执行"ELLIPSE（EL）"命令后，可以通过输入参数A并确定，启用"圆弧（A）："选项，然后绘制椭圆弧线条。具体操作如下。

**步骤 01** 执行"ELLIPSE（EL）"命令，当系统提示"指定椭圆的轴端点或 ［圆弧（A）／中心点（C）］："时，输入A并确定，启用"圆弧"选项，如图3-93所示。

**步骤 02** 指定椭圆的第一个轴端点，然后指定另一个轴端点，如图3-94所示。

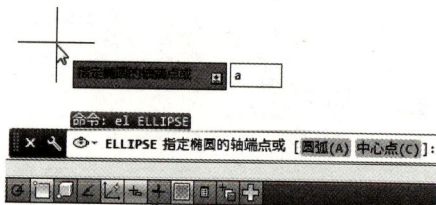

图3-93 输入A并确定

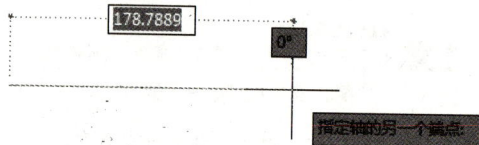

图3-94 指定椭圆的端点

**步骤 03** 指定椭圆的另一条半轴的长度，如图3-95所示。

**步骤 04** 指定椭圆弧的起点角度为0，如图3-96所示。

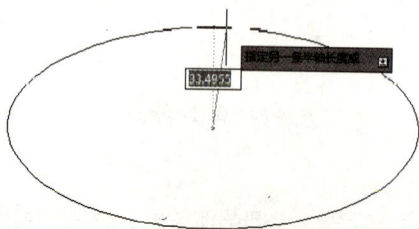

图3-95 指定另一条半轴长

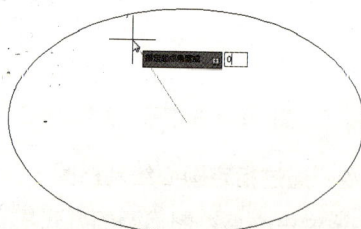

图3-96 指定起点角度

**步骤 05** 指定椭圆弧的端点角度为180，如图3-97所示，创建的椭圆弧效果如图3-98所示。

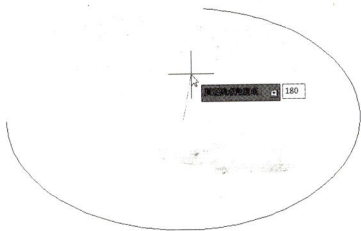

图3-97 指定端点角度

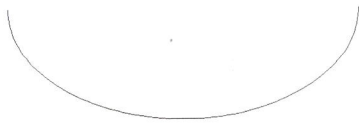

图3-98 创建的椭圆弧

### 3.3.3 绘制圆弧

绘制圆弧的方法有很多，可以通过起点、方向、中点、包角、终点、弦长等参数进行确定。下面将详细介绍绘制指定角度的圆弧和通过三点绘制圆弧的方法。

启动"圆弧"命令的常用方法有如下3种。

**方法一：** 执行"绘图"→"圆弧"命令，再选择其子命令，如图3-99所示。

**方法二：** 单击"绘图"菜单，指向"圆弧"命令，在其中单击需要绘制圆弧的方式，如图3-100所示。

**方法三：** 输入ARC（A）命令并确定。

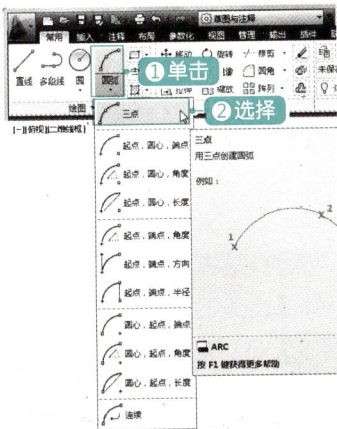

图3-99 选择命令

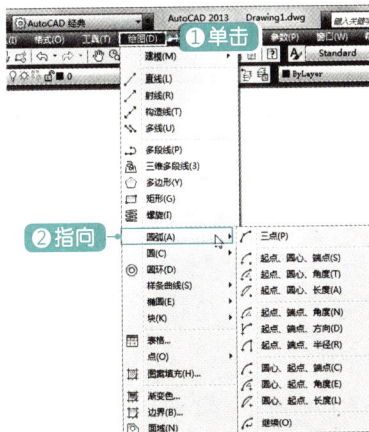

图3-100 选择工具按钮

执行ARC（A）命令后，系统将提示"指定圆弧的起点或［圆心（C）］："，指定起点或圆心后，接着提示"指定圆弧的第二点或[圆心（C）/端点（E）]："，其中各项含义如下。

- **圆心（C）：** 用于确定圆弧的中心点。
- **端点（E）：** 用于确定圆弧的终点。
- **弦长（L）：** 用于确定圆弧的弦长。
- **方向（D）：** 用于定义圆弧起始点处的切线方向。

**1. 通过指定的点绘制圆弧**

执行ARC（A）命令，系统将提示"指定圆弧的起点或［圆心（C）］："，用户可以通过依次指定圆弧的起点、圆心和端点的方式绘制圆弧。具体操作如下。

**步骤 01** 使用"多边形（POL）"命令绘制一个三角形，然后执行ARC（A）命令，在三角形左下角的端点处单击鼠标指定圆弧的起点，如图3-101所示。

**步骤 02** 在三角形上方的端点处指定圆弧的第二个点，如图3-102所示。

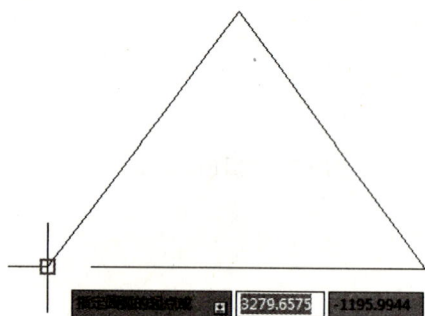

图3-101 指定圆弧的起点

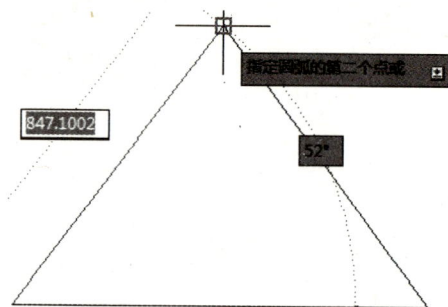

图3-102 指定圆弧的第二个点

**步骤 03** 在三角形右下方的端点处指定圆弧的端点，如图3-103所示，即可创建一个圆弧，效果如图3-104所示。

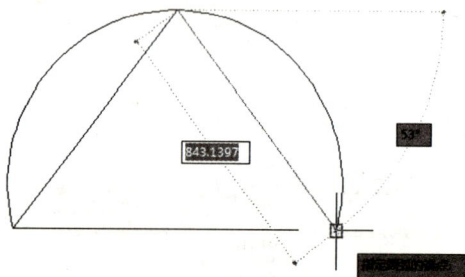

图3-103 指定圆弧的端点

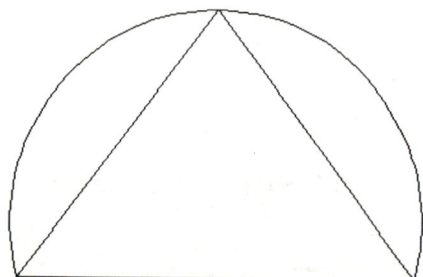

图3-104 创建圆弧

### 2. 通过圆心绘制圆弧

在绘制圆弧的过程中，用户可以输入参数C并确定，然后根据提示先确定圆弧的圆心，再确定的圆弧的端点，绘制一个圆心通过指定点的圆弧。具体操作如下。

**步骤 01** 使用"直线（L）"命令绘制两条相互垂直的线段，如图3-105所示。

**步骤 02** 执行ARC（A）命令，然后输入C并确定，启用"圆心"选项，如图3-106所示。

图3-105 绘制相互垂直的线段

图3-106 输入C并确定

**步骤 03** 在线段的交点处指定圆弧的圆心，如图3-107所示。然后在水平线段的左端点处指定圆弧的起点，如图3-108所示。

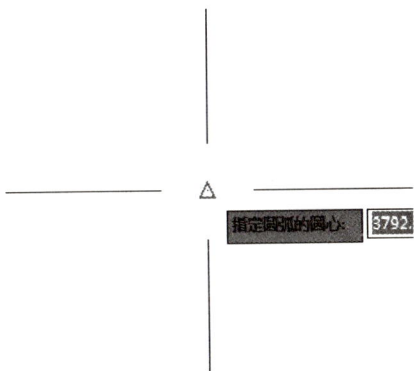

图3-107　指定圆弧的圆心

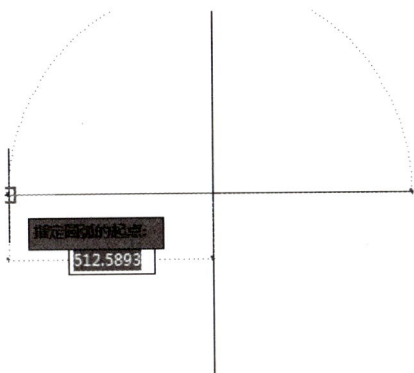

图3-108　指定圆弧的起点

**步骤 04** 在水平线段的右端点处指定圆弧的端点，如图3-109所示，即可创建一个圆弧，如图3-110所示。

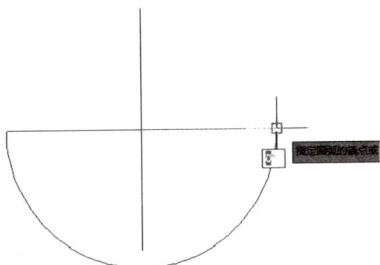

图3-109　指定圆弧的端点

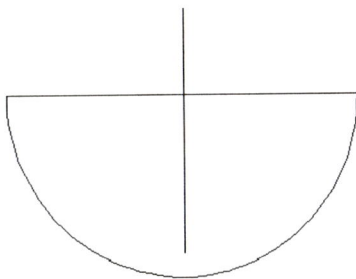

图3-110　创建圆弧

### 3．绘制指定角度的圆弧

执行ARC（A）命令，系统提示"指定圆弧的起点或［圆心（C）］："时，输入C并确定，系统将以指定圆心的方式绘制圆弧线。在指定圆心的位置后，系统将继续提示"指定圆弧的端点或［角度（A）/弦长（L）］："，这时，用户可以通过输入圆弧的角度或弦长来绘制圆弧线。具体操作如下。

**步骤 01** 使用"直线（L）"命令绘制一条线段，然后执行ARC（A）命令，输入C并确定，如图3-111所示。

**步骤 02** 在线段的中点处指定圆弧的圆心，如图3-112所示。

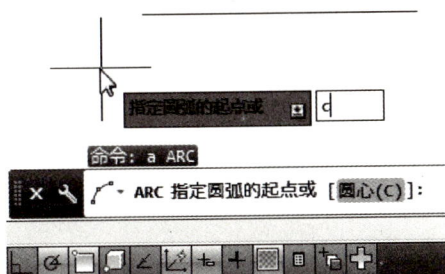

命令：a ARC

ARC 指定圆弧的起点或 ［圆心(C)］:

图3-111　输入C并确定

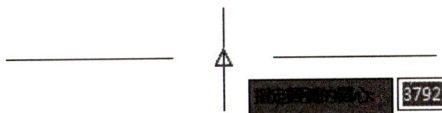

图3-112　指定圆弧的圆心

**步骤 03** 在线段的右端点处指定圆弧的起点，如图3-113所示。然后输入A并确定，启用"角度（A）"选项，如图3-114所示。

图3-113　指定圆弧的起点

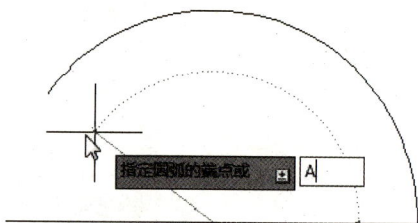

图3-114　输入A并确定

**步骤 04** 输入圆弧所包含的角度为135，如图3-115所示，按下空格键进行确定，即可创建一个包含角度为135的圆弧，效果如图3-116所示。

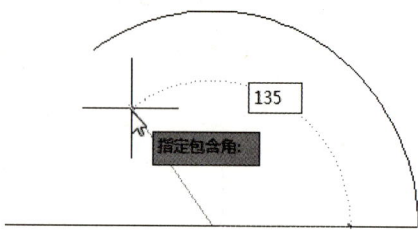

图3-115　输入圆弧所包含的角度

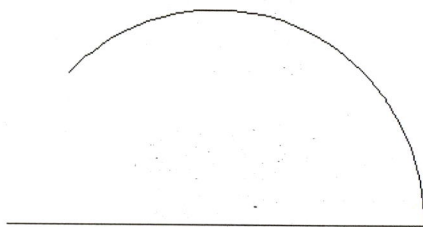

图3-116　创建圆弧

# 3.4　绘制点对象

在AutoCAD中绘制点的命令包括"点（POINT）"、"定数等分（DIVIDE）"和"定距等分（MEASURE）"等。

## 3.4.1　设置点样式

选择"格式"→"点样式"命令，或者输入DDPTYPE命令并确定，将打开"点样式"对话框，如图3-117所示，在该对话框中可以设置多种不同的点样式，满足用户绘制图形的需要。点样式的效果如图3-118所示。

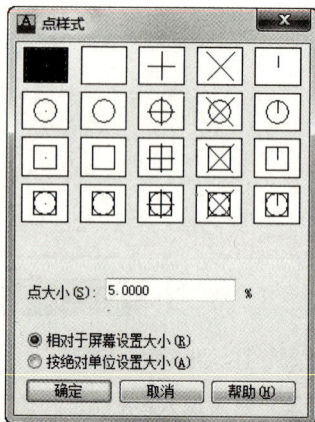

图3-117　"点样式"对话框

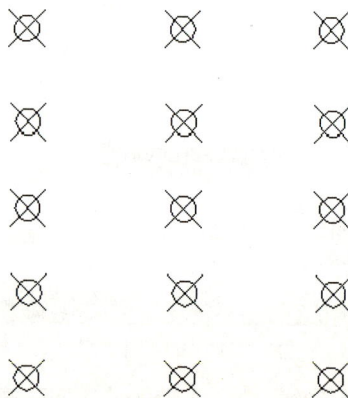

图3-118　点样式的效果

"点样式"对话框中主要选项的含义如下：

● **点大小**：用于设置点的显示大小，可以相对于屏幕设置点的大小，也可以设置点的绝对大小。

● **相对于屏幕设置大小**：用于按屏幕尺寸的百分比设置点的显示大小。当进行显示比例的缩放时，点的显示大小并不改变。

● **按绝对单位设置大小**：使用实际单位设置点的大小。当进行显示比例的缩放时，AutoCAD显示的点的大小随之改变。

## 3.4.2 绘制点

在AutoCAD中，绘制点对象的操作包括绘制单点和绘制多点的操作，绘制单点和绘制多点的操作方法如下。

### 1. 绘制单点

在AutoCAD 2013中，执行"绘制单点"命令通常有如下两种方法。

**方法一**：选择"绘图" → "点" → "单点"命令。

**方法二**：输入POINT（PO）命令并确定。

执行"单点"命令后，系统将出现"指定点："的提示，如图3-119所示，用户在绘图区中单击鼠标左键指定点的位置，当在绘图区内单击鼠标左键时，即可创建一个点。

### 2. 绘制多点

在AutoCAD 2013中，执行"绘制单点"命令通常有如下两种方法。

**方法一**：选择"绘图" → "点" → "多点"命令。

**方法二**：在"草图与注释"工作空间中，单击"绘图"面板中的"多点"按钮，如图3-120所示。

执行"多点"命令后，系统将出现"指定点："的提示，用户在绘图区中单击鼠标即可创建点对象。执行"多点"命令后，则可以在绘图区连续绘制多个点，直到按下"Esc"键才可以终止操作。

图3-119 单击鼠标指定点

图3-120 单击"多点"按钮

### 3.4.3 定数等分

使用"定数等分点"命令能够在某一图形上以等分数目创建点或插入图块，被等分的对象可以是直线、圆、圆弧、多段线等。在定数等分点的过程中，用户可以指定等分数目。

执行"定数等分点"命令通常有如下两种方法。

**方法一：** 选择"绘图"→"点"→"定数等分"命令。

**方法二：** 输入DIVIDE（DIV）命令并确定。

执行DIVIDE命令创建定数等分点时，当系统提示"选择要定数等分的对象："时，用户需要选择要等分的对象，选择后，系统将继续提示"输入线段数目或[块(B)]："，此时输入等分的数目，然后按空格键结束操作。

例如，将线段按指定数目进行等分的操作如下。

**步骤 01** 使用"圆（C）"命令绘制一个圆形，然后选择"绘图"→"点"→"定数等分"命令，如图3-121所示。

**步骤 02** 选择圆对象作为等分的对象，如图3-122所示。

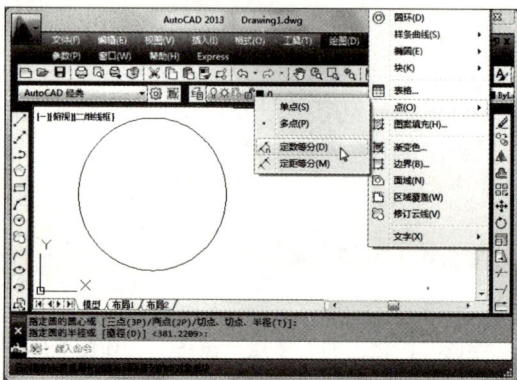

图3-121 绘制一个圆

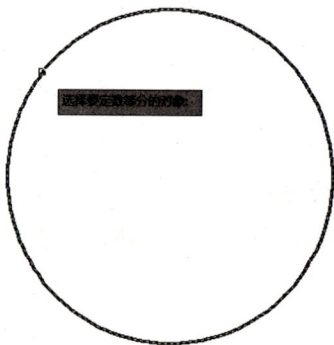

图3-122 选择上方线段

**步骤 03** 根据系统提示输入线段数目为5，如图3-123所示，然后按空格键结束操作，效果如图3-124所示。

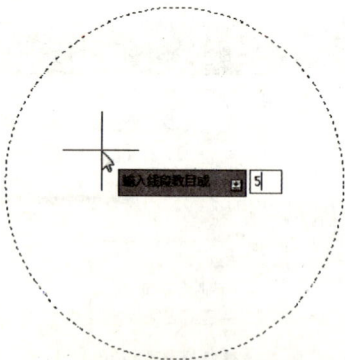

图3-123 设置等分的数目

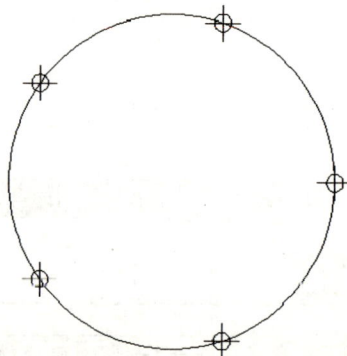

图3-124 定数等分圆

### 3.4.4 定距等分

在AutoCAD中，除了可以将图形定数等分外，还可以将图形定距等分，即对一个对象以一定的距离进行划分。使用MEASURE命令，便可以在选择对象上创建指定距离的点或图块，将图形以指定的长度分段。

执行"定距等分"命令有如下两种方法。

**方法一：** 选择"绘图"→"点"→"定距等分"命令。

**方法二：** 输入MEASURE（ME）命令并确定。

例如，将线段按指定距离进行等分的操作如下。

**步骤 01** 使用"直线（L）"命令绘制两条长度为180的线段，如图3-125所示。

**步骤 02** 选择"绘图"→"点"→"定距等分"命令，然后选择上方线段作为要定距等分的对象，如图3-126所示。

图3-125　绘制线段

图3-126　选择上方线段

**步骤 03** 根据系统提示输入指定长度为60，如图3-127所示，然后按空格键结束操作，效果如图3-128所示。

图3-127　设置等分的距离

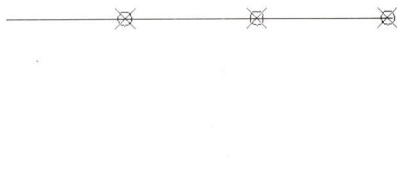

图3-128　定距等分线段

## 技能实训——绘制燃气灶

本实例将通过绘制燃气灶图形如图3-129所示，介绍"直线"、"矩形"和"圆"命令的使用方法，带领读者对绘图命令做到活学活用。

**效果展示**

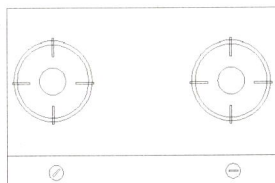

图3-129　绘制燃气灶效果图

**操作分析**

在本实例中，首先要绘制一个矩形和一条线段，然后绘制圆和矩形表示炉心图形，最后再绘制矩形和圆表示旋钮图形。

→ **制作步骤**

| | |
|---|---|
| 结果文件 | 光盘\结果文件\第3章\燃气灶.dwg |
| 同步视频文件 | 光盘\同步教学文件\第3章\绘制燃气灶.mp4 |

**步骤 01** 输入REC命令并确定，绘制一个长度为600、宽度为400的矩形作为燃气灶轮廓，如图3-130所示。

**步骤 02** 输入L命令并确定，然后输入From并确定，在图3-131所示的位置指定绘图的基点位置。

图3-130 绘制矩形

基点 1652.1138 64.0122

图3-131 指定基点

**步骤 03** 设置偏移基点的坐标为（@0,80），然后向右指定线段的下一个点，在3-132图所示的位置单击鼠标，然后按下空格键进行确定，绘制的线段如图3-133所示。

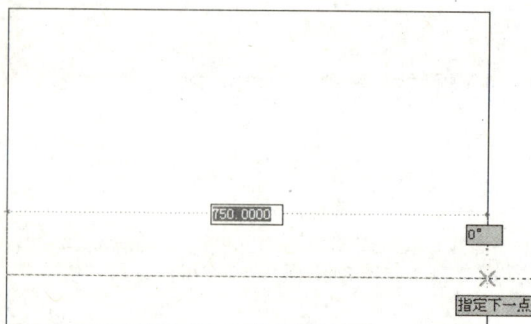

750.0000

0°

指定下一点

图3-132 指定下一点

图3-133 绘制线段

**步骤 04** 输入C命令并确定，然后在图3-134所示的位置指定圆的圆心。然后输入圆的半径为80并确定，创建的圆如图3-135所示。

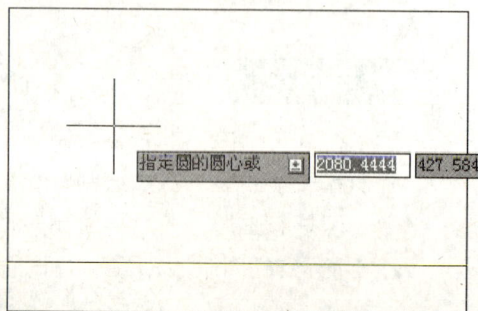

指定圆的圆心或 2080.4444 427.584

图3-134 指定圆心位置

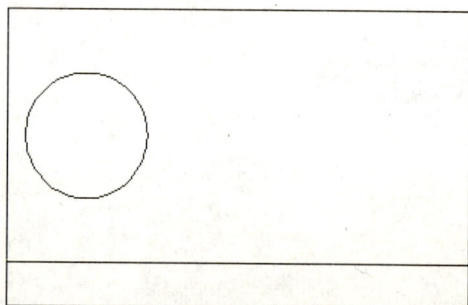

图3-135 绘制圆

**步骤 05** 继续执行C命令，然后参照图3-136所示的效果绘制两个同心圆，圆的半径分别为70和20。

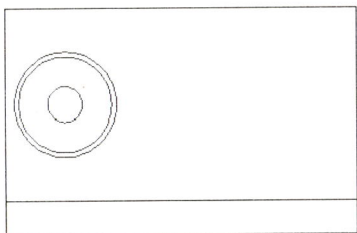

图3-136 绘制同心圆

**步骤 06** 参照图3-137所示的效果，使用REC命令绘制一个长为50、宽为5的矩形。

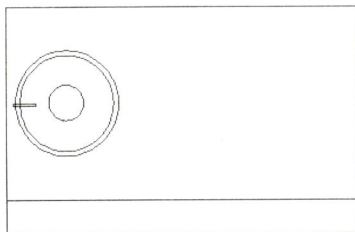

图3-137 绘制矩形

**步骤 07** 参考前面使用的参数，结合C（圆）和REC（矩形）命令绘制燃气灶的另一个炉心图形，效果如图3-138所示。

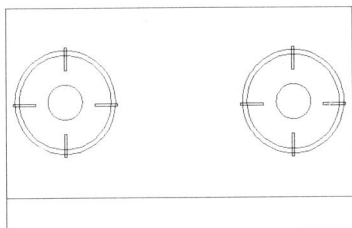

图3-138 绘制炉心

**步骤 08** 使用C命令在图形下方绘制两个圆，如图3-139所示。

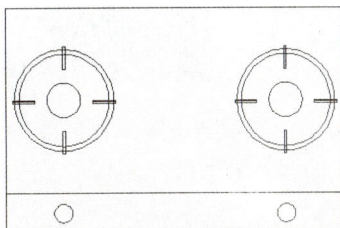

图3-139 绘制圆

**步骤 09** 执行REC（矩形）命令，在图3-140所示的位置指定矩形的第一个角点，然后输入R并确定，对矩形进行旋转，如图3-141所示。

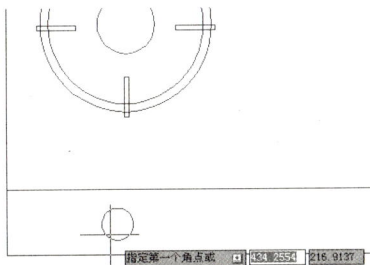

图3-140 指定第一个角点

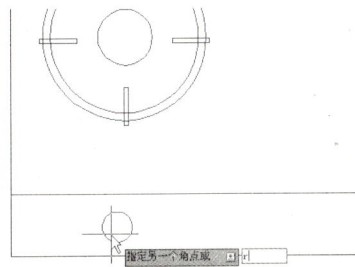

图3-141 输入R并确定

**步骤 10** 输入旋转矩形的角度为45并确定，如图3-142所示，然后拖动鼠标指定矩形的另一个角点，如图3-143所示。

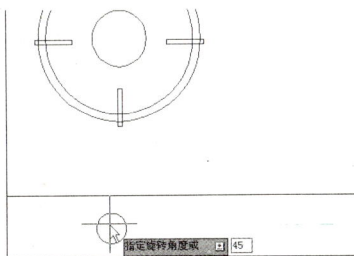

图3-142 输入旋转角度

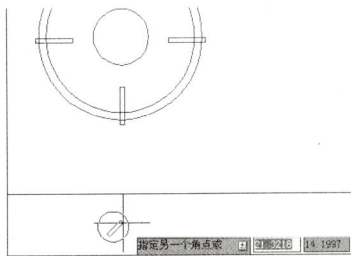

图3-143 指定下一个角点

**步骤 11** 单击鼠标，完成旋转矩形的绘制，效果如图3-144所示。

**步骤 12** 执行REC（矩形）命令，设置旋转角度为0，然后在右方的圆中绘制一个矩形，完成实例的制作，效果如图3-145所示。

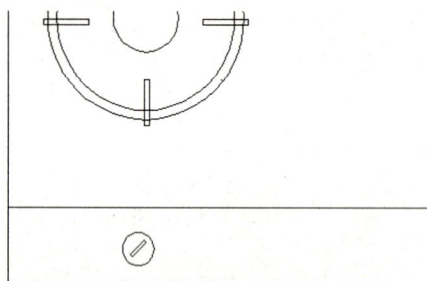

图3-144　矩形效果

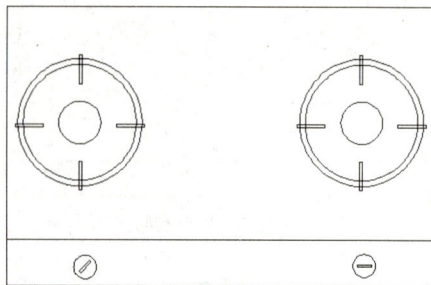

图3-145　完成效果

# 课堂问答

通过前面知识的讲解，我们对AutoCAD 2013的绘图操作有了一定的掌握，下面列出一些常见的问题供读者思考。

### 问题1：在绘图的过程中，如何确定绘图的起点？

答：在绘图的操作中，可以直接单击鼠标确定绘图的起点。如果要在没有具体的参考点作为绘图的起点时，可以通过执行FROM命令来确定绘图的基点，并设置偏移的距离从而指定绘图的起点。

### 问题2："定数等分"和"定距等分"命令有什么不同？

答：使用"定数等分"命令是将目标对象按指定的数目平均分段，而使用"定距等分"命令是将目标对象按指定的距离分段。

### 问题3：创建的等分点将对象进行打断吗？

答：创建的等分点对象，主要用于作为其他图形的捕捉点，生成的点标记只是起到等分测量的作用，而非将图形断开。

# 知识与能力测试

通过前面的章节，讲解了AutoCAD中绘制常见图形的命令及操作。为对知识进行巩固和考核，布置相应的练习题。

## 笔试题

### 一、填空题

（1）绘制矩形的命令语句是＿＿＿＿，简化命令是＿＿＿＿。

（2）绘制直线的命令语句是＿＿＿＿，简化命令是＿＿＿＿。

（3）绘制圆的命令语句是＿＿＿＿，简化命令是＿＿＿＿。

## 二、选择题

（1）以下（　）命令是"定距等分"命令。

A. REC                        B. DIV

C. ME                         D. CIR

（2）以下（　）命令是"定数等分"命令。

A. REC                        B. DIV

C. ME                         D. CIR

## 上机题

本章课程已经学完，请完成以下操作题，以加深对知识点的理解，巩固所学的技能技巧。

### （1）绘制一个半径为50的圆

打开光盘中的素材"3-01.dwg"文件，如图3-146所示。使用"圆"命令分别绘制4个圆形，其中大圆的圆半径为22，小圆的圆半径为10，效果如图3-147所示。

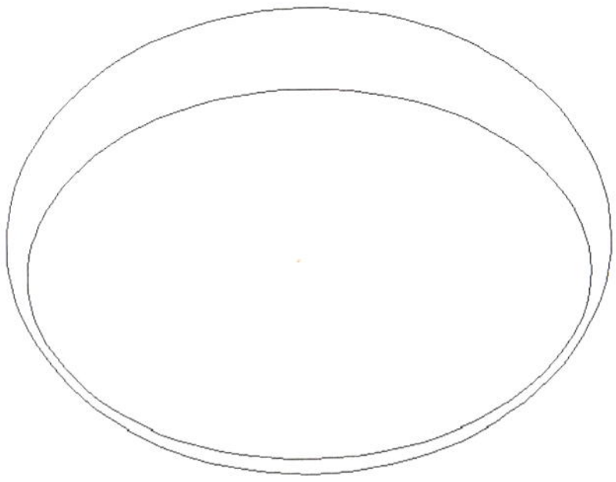

图3-146　打开素材

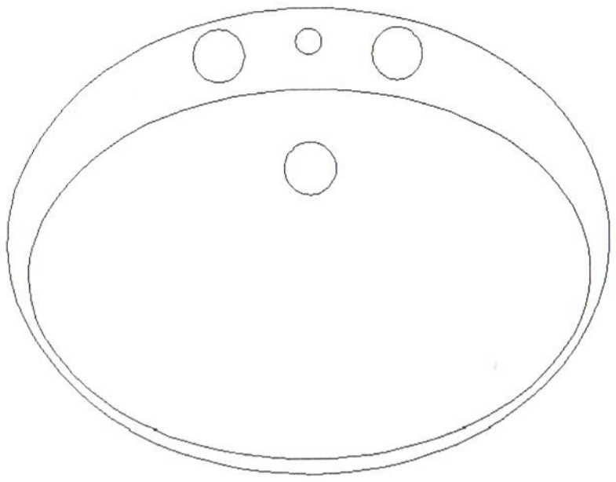

图3-147　绘制圆形

### （2）绘制螺母图形

使用"圆"命令绘制一个半径为6的圆形，如图3-148所示，然后执行"多边形"命令，选择"内接于圆"选项，然后以圆的圆心为中心点，绘制一个圆半径为10的正六边形，效果如图3-149所示。

图3-148　绘制圆形

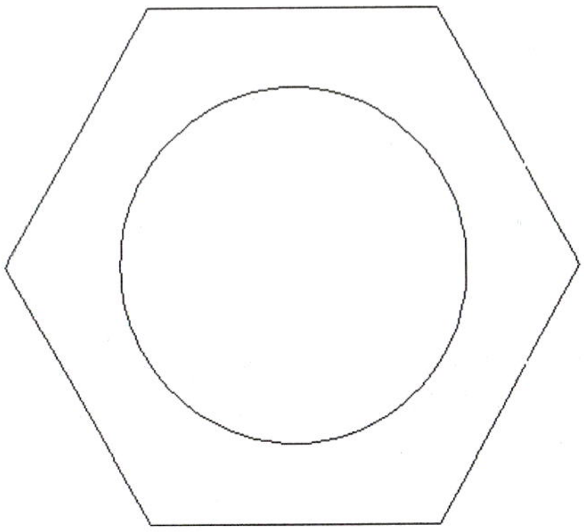

图3-149　绘制六边形

# Chapter 04

# 编辑图形

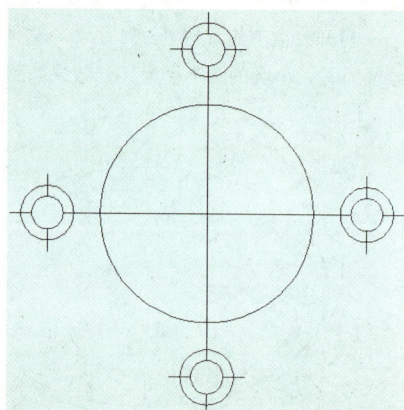

## 本章导读

在AutoCAD 2013中除了拥有大量的二维图形绘制命令外，还提供了功能强大的二维图形编辑命令。可以通过编辑命令对图形进行修改，使图形更精确、直观，以达到制图的最终目的。

本章将学习在AutoCAD中调整图形的方位、大小、角度等方法，以及各种基本编辑命令的应用和编辑特殊图形的方法。

## 重点知识

- 调整对象
- 复制对象
- 运用常见修改命令
- 编辑特定图形

## 难点知识

- 复制图形
- 镜像图形
- 阵列图形

# 4.1 调整对象

在使用AutoCAD绘制图形的过程中，通常需要调整对象的位置和角度，以便将其放到正确的位置。如果所绘制的图形不再需要的位置，则可以通过移动和旋转对象来调整对象的位置和方向。

## 4.1.1 移动对象

移动操作是在指定方向上按指定距离移动对象。使用"移动（MOVE）"命令可以移动对象而不改变其方向和大小。

执行"移动"命令的常用方法有如下3种。

**方法一：** 执行"修改"→"移动"命令。

**方法二：** 单击"修改"面板中的"移动"按钮 ✣ 。

**方法三：** 输入MOVE（简化命令M）命令，然后按下空格键进行确定。

执行"移动（MOVE）"命令后，选择要移动的图形，然后将其按指定的位置和方向移动即可。移动对象的具体操作如下。

**步骤 01** 打开光盘中的"4-01.dwg"素材文件，效果如图4-1所示。

**步骤 02** 执行"修改"→"移动"命令，如图4-2所示。

图4-1 打开素材图形

图4-2 执行命令

**步骤 03** 选择图形中的花瓶图形并确定，如图4-3所示，然后在任意位置单击鼠标指定基点位置，如图4-4所示。

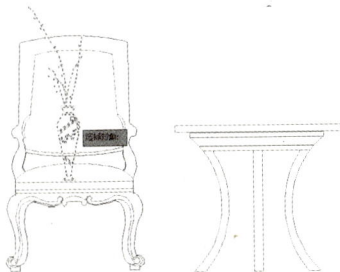

图4-3 选择图形并确定

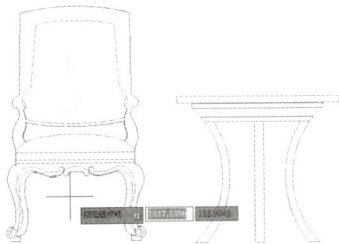

图4-4 指定基点

**步骤 04** 向右移动鼠标，指定移动对象的位置，如图4-5所示，按下空格键进行确定，移动的效果如图4-6所示。

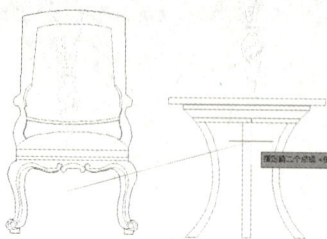

图4-5　指定移动位置

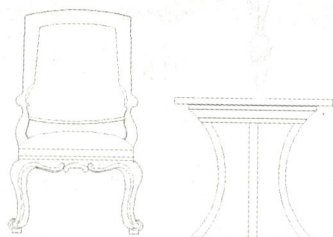

图4-6　移动后的效果

## 4.1.2　旋转对象

旋转图形对象的操作是以某一点为旋转基点，将选定的图形对象旋转一定的角度。"旋转（ROTATE）"命令主要用于转换图形对象的方位。

执行"旋转"命令的常用方法有如下3种。

**方法一：** 执行"修改"→"旋转"命令。

**方法二：** 单击"修改"面板中的"旋转"按钮 ⊙。

**方法三：** 输入ROTATE（简化命令RO）并确定。

执行"旋转（RO）"命令后，选择要移动的图形，然后将其按指定的角度旋转即可。旋转对象的具体操作如下。

**步骤 01** 打开光盘中的"4-02.dwg"素材文件，如图4-7所示。

**步骤 02** 输入ROTATE命令并确定，如图4-8所示。

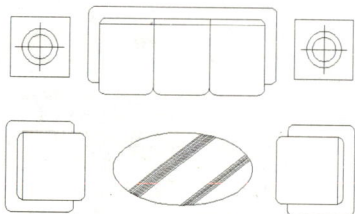

图4-7　打开素材图形

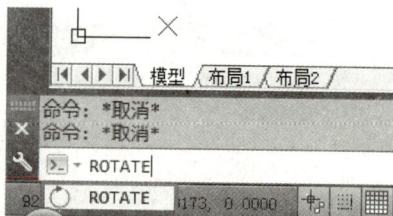

图4-8　执行旋转命令

**步骤 03** 选择图形左方的单人沙发图形并确定，如图4-9所示，然后在沙发的中心位置单击鼠标指定旋转基点，如图4-10所示。

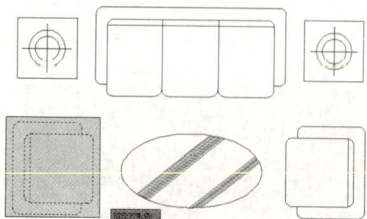

图4-9　选择图形并确定

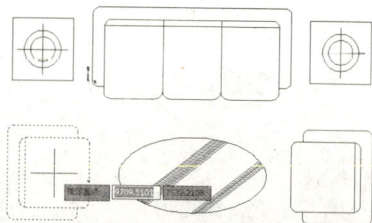

图4-10　指定旋转基点

**步骤 04** 输入要旋转对象的角度（如-30），如图4-11所示，然后按下空格键进行确定，旋转的效果如图4-12所示。

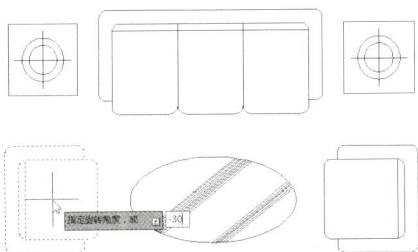

图4-11 输入旋转角度并确定

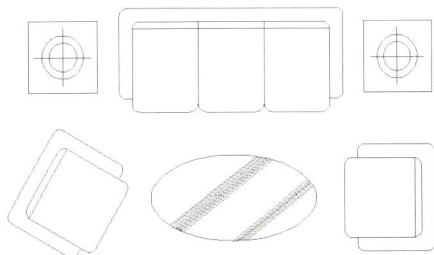

图4-12 旋转沙发后的效果

# 4.1.3 缩放对象

使用"SCALE（缩放）"命令可以将对象按指定的比例因子改变其尺寸大小，从而改变对象的尺寸，但不改变其状态。在缩放图形时，可以把整个对象或者对象的一部分沿X、Y、Z方向以相同的比例放大或缩小，由于三个方向上的缩放率相同，因此保证了对象的形状不会发生变化。

执行"缩放"命令的常用方法有如下3种。

**方法一：**执行"修改"→"缩放"命令。

**方法二：**单击"修改"面板中的"缩放"按钮。

**方法三：**输入SCALE（简化命令SC）并确定。

执行"SCALE（缩放）"命令后，选择要缩放的图形，然后将其按指定的大小缩放即可。缩放对象的具体操作如下。

**步骤 01** 打开光盘中的"4-03.dwg"素材文件，如图4-13所示。

**步骤 02** 输入SCALE命令并确定，如图4-14所示。

图4-13 打开素材图形

图4-14 执行命令

**步骤 03** 选择图形右方的台灯图形并确定，如图4-15所示，然后在台灯下方的中点位置单击鼠标指定缩放基点，如图4-16所示。

图4-15 选择图形并确定

图4-16 指定基点

**步骤 04** 输入要缩放对象的比例为0.6，如图4-17所示，然后按下空格键进行确定，缩放后的效果如图4-18所示。

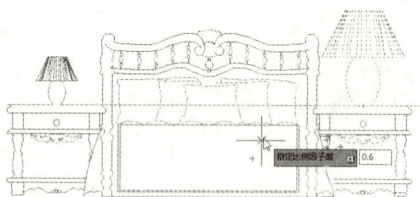

图4-17 输入缩放比例　　　　　　　　　　图4-18 缩放图形后的效果

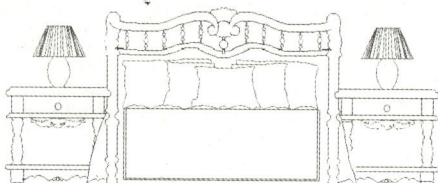

## 4.1.4 分解对象

使用"分解（EXPLODE）"命令可以将多个组合实体分解为单独的图元对象。例如，使用"分解（EXPLODE）"命令将矩形分解后，矩形不再是由一条多段线组成的对象，而是分解为4条独立的线段。

执行"分解"命令通常有如下3种方法。

**方法一：** 执行"修改"→"分解"命令。

**方法二：** 单击"修改"面板中的"分解"按钮 。

**方法三：** 输入EXPLODE（X）命令并确定。

执行EXPLODE（X）命令后，AutoCAD提示选择操作对象，用鼠标选择方式中的任意一种方法选择操作对象，然后按下空格键即可。

## 4.1.5 删除对象

使用"ERASE（删除）"命令可以将选定的图形对象从绘图区内删除。另外，在绘图区选中对象后，用户也可以按下"Delete"键将其删除。

执行"删除"命令的常用方法有如下3种。

**方法一：** 执行"修改"→"删除"命令。

**方法二：** 单击"修改"面板中的"删除"按钮 。

**方法三：** 输入ERASE（E）命令并确定。

执行"ERASE（删除）"命令后，选择要删除的对象，按下空格键进行确定，即可将其删除。

> **提示**
> 在选择对象后，按下键盘上的"Delete"键，也可以将选择的对象删除。

# 4.2 复制对象

在AutoCAD中，使用COPY、OFFEST、MIRROR和ARRAY命令都可以对目标对象进行复制，下面将学习这些命令的具体应用方法。

## 4.2.1 复制图形

使用"复制（COPY）"命令可以为对象在指定的位置创建一个或多个副本，该操作是以选定对象的某一基点将其复制到绘图区内的其他地方，如图4-19所示为原图，图4-20所示为复制圆形后的效果。

图4-19 原图

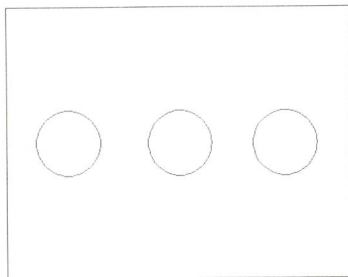

图4-20 复制圆形后的效果

执行"复制"命令的常用方法有如下3种。

**方法一：** 执行"修改"→"复制"命令。

**方法二：** 单击"修改"面板中的"复制"按钮 。

**方法三：** 输入COPY（简化命令CO）并确定。

执行COPY命令后，选择要复制的对象并确定，即可将其复制到其他位置。使用COPY命令复制对象的具体操作如下。

**步骤 01** 打开光盘中的素材文件"4-04.dwg"，如图4-21所示。

**步骤 02** 输入COPY命令并确定，如图4-22所示。

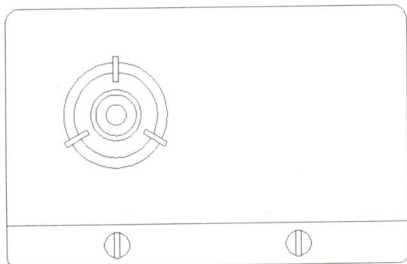

图4-21 打开素材

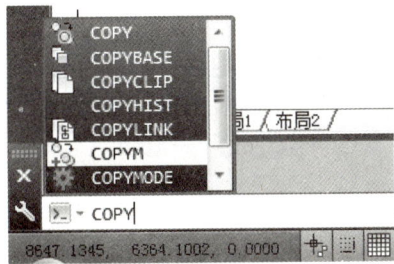

图4-22 输入命令并确定

**步骤 03** 选择图形文件中的炉盘图形并确定，如图4-23所示，然后单击鼠标指定复制基点，如图4-24所示。

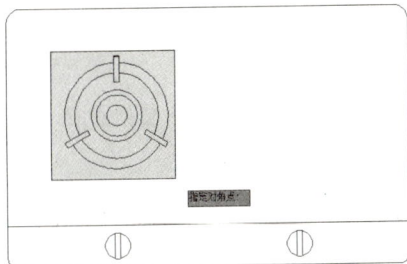

图4-23 选择对象

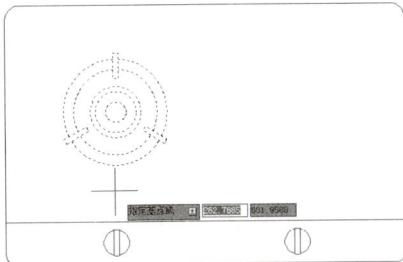

图4-24 指定基点

**步骤 04** 移动鼠标指定复制的第二个点，如图4-25所示。复制图形后的效果如图4-26所示。

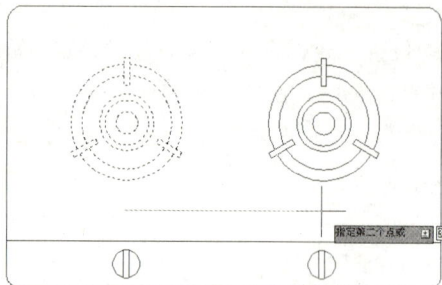

图4-25 指定第二个点

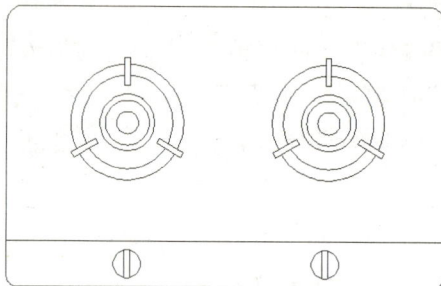

图4-26 复制效果

**提示**

在AutoCAD 2013中，执行"复制（CO）"命令只能对图形进行一次直接复制，如果要对图形进行多次复制，则需要在选择复制对象后输入"M（多个）"参数并确定，然后就可以对图形进行多次复制了。

## 4.2.2 阵列图形

在AutoCAD中，使用"阵列（ARRAY）"命令可以对选定的图形对象进行阵列操作，对图形进行阵列操作的方式包括矩形方式、路径方式和极轴方式的排列复制。

执行"阵列"命令的常用方法有如下3种。

**方法一：** 单击"修改"菜单，指向"阵列"命令，然后选择其子命令，如图4-27所示。

**方法二：** 单击"修改"面板中的"阵列"下拉按钮，然后单击子选项，如图4-28所示。

**方法三：** 输入ARRAY（简化命令AR）命令并确定。

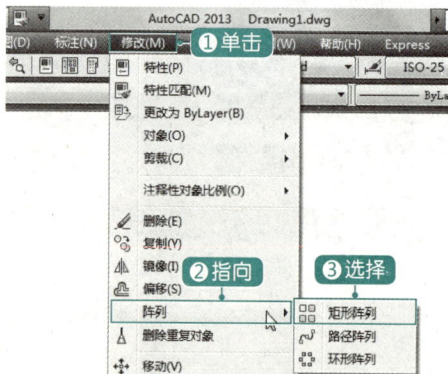

图4-27 选择命令

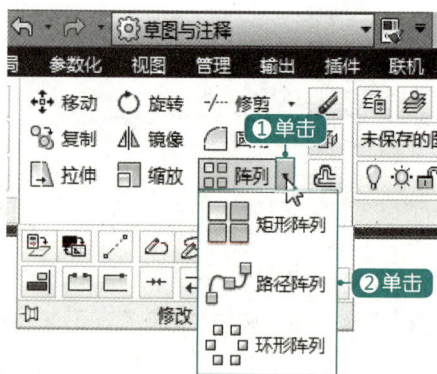

图4-28 选择子选项

### 1. 矩形阵列对象

矩形阵列图形是指将阵列的图形按矩形进行排列，用户可以根据需要设置阵列的行数和列数，矩形阵列对象具体的操作方法如下。

**步骤 01** 绘制一个半径为40的圆形作为阵列操作对象，如图4-29所示。

**步骤 02** 执行ARRAY命令，选择圆形作为阵列对象，在弹出的菜单中选择"矩形"选项，如图4-30所示。

图4-29 绘制图形

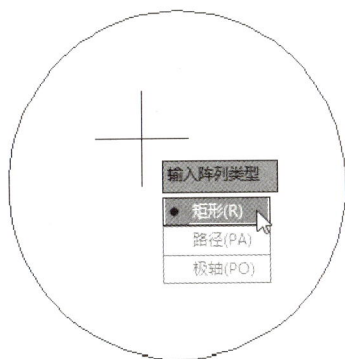

图4-30 选择"矩形"选项

**步骤 03** 在系统提示下输入参数COU并确定，启用"计数"功能，如图4-31所示。

**步骤 04** 根据系统提示输入阵列的列数（如5）并确定，如图4-32所示，然后输入阵列的行数（如4）并确定。

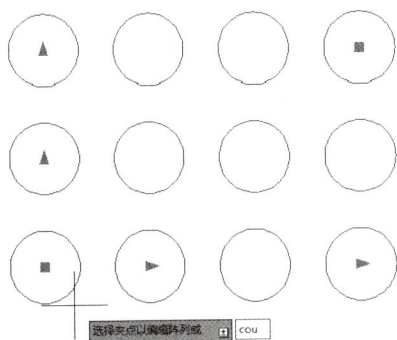

图4-31 启用"计数"功能

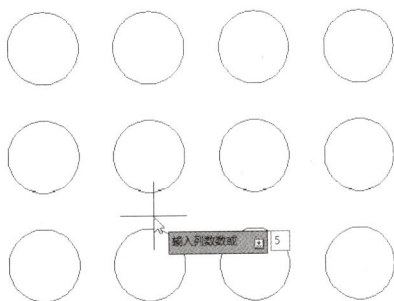

图4-32 输入列数

**步骤 05** 在系统提示下输入参数S并确定，启用"间距"选项，如图4-33所示。

**步骤 06** 根据系统提示输入列间距和行间距（如160）并确定，然后退出阵列操作，阵列效果如图4-34所示。

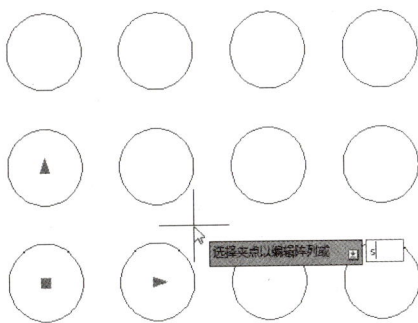

图4-33 启用"间距"选项

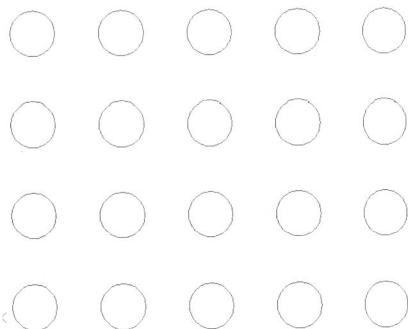

图4-34 矩形阵列效果

### 2. 路径阵列对象

路径阵列图形是指将阵列的图形按指定的路径进行排列，用户可以根据需要设置阵列的总数和间距，具体的操作方法如下。

**步骤 01** 绘制一个半径为45的圆形和一条斜线段作为阵列操作的对象，如图4-35所示。

**步骤 02** 输入AR命令并确定，选择圆形作为阵列对象，在弹出的菜单中选择"路径"选项，如图4-36所示。

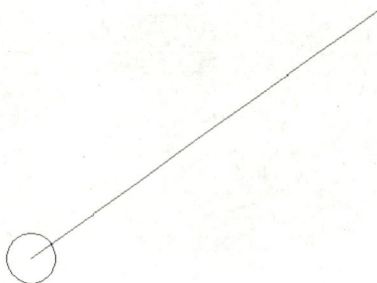

图4-35 绘制图形

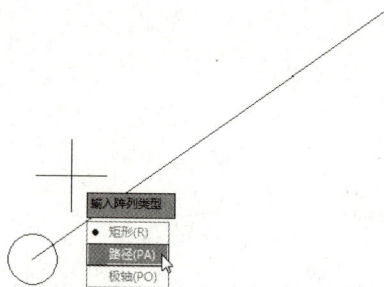

图4-36 选择"路径"选项

**步骤 03** 选择线段作为阵列的路径，如图4-37所示。然后根据系统提示输入i并确定，如图4-38所示，启用"项目"选项。

图4-37 选择阵列的路径

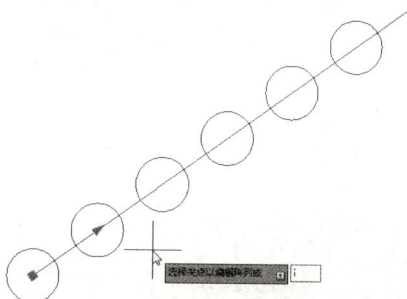

图4-38 输入i

**步骤 04** 在系统提示下输入项目之间的距离为60并确定，如图4-39所示，路径阵列圆形的效果如图4-40所示。

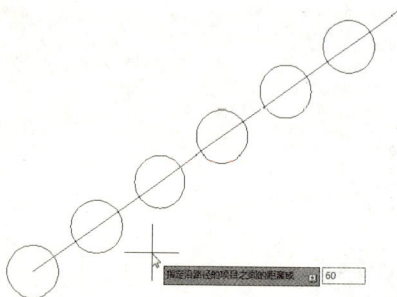

图4-39 输入间距

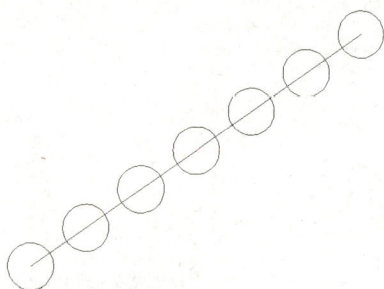

图4-40 路径阵列效果

### 3. 极轴阵列对象

极轴阵列图形是指将阵列的图形按环形进行排列，用户可以根据需要设置阵列的总数和填充的角度，具体的操作方法如下。

**步骤 01** 绘制两条互相垂直的线段和一个圆形，如图4-41所示。

**步骤 02** 执行AR命令，然后选择圆形作为阵列对象，如图4-42所示。

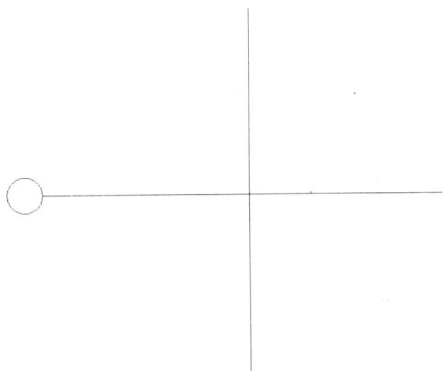

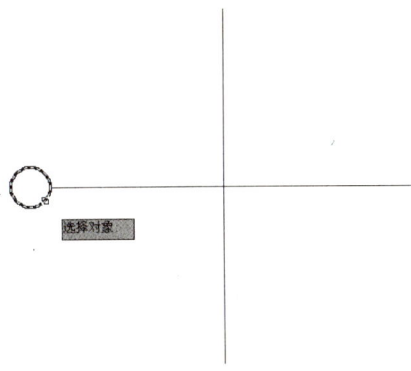

图4-41 绘制图形　　　　　　　　　　　图4-42 选择阵列对象

**步骤 03** 在弹出的菜单中选择"极轴"选项，如图4-43所示，然后根据系统提示在圆心处指定阵列的中心点，如图4-44所示。

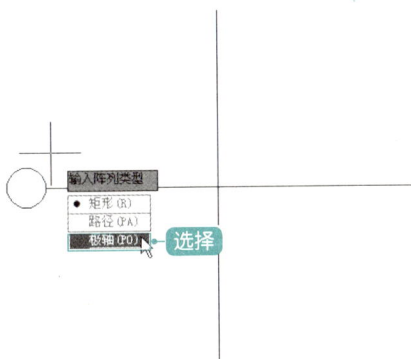

图4-43 选择阵列类型　　　　　　　　　图4-44 指定阵列的中心点

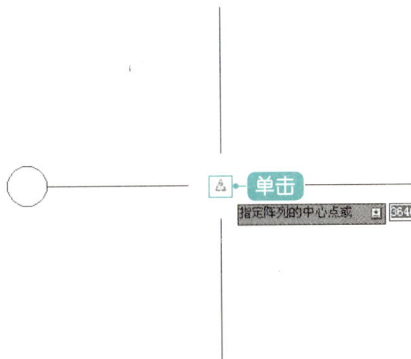

**步骤 04** 输入i并确定，启用"项目（I）"选项，如图4-45所示，然后输入阵列的项目数（如8）并确定，如图4-46所示。

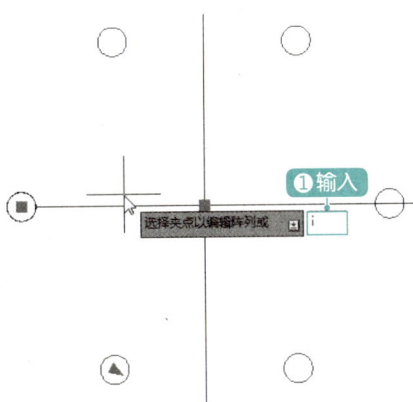

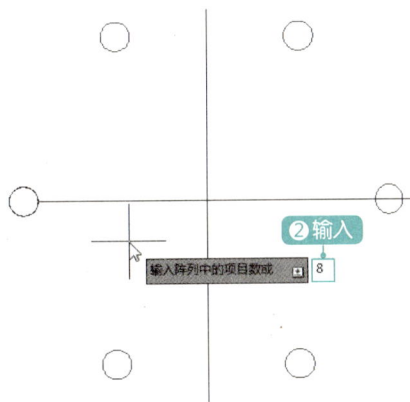

图4-45 输入i　　　　　　　　　　　　图4-46 输入阵列的项目数

**步骤 05** 当系统提示退出操作时，按下空格键进行确定，如图4-47所示，得到的阵列效果如图4-48所示。

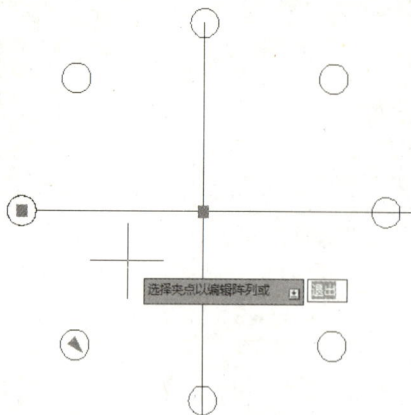

图4-47 进行确定

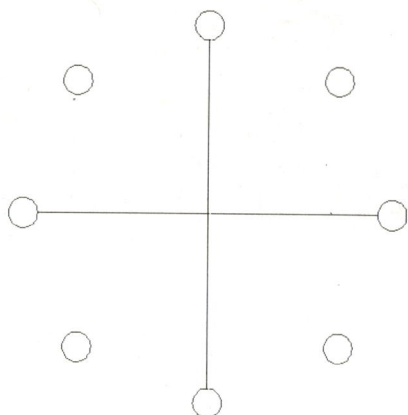

图4-48 阵列效果

## 4.2.3 偏移图形

偏移图形是指将选定的图形对象以一定的距离增量值单方向复制一次，偏移图形的操作主要包括通过指定距离、通过指定点、通过指定图层3种方式。执行"偏移"命令的常用方法有如下3种。

**方法一**：执行"修改"→"偏移"命令。

**方法二**：单击"修改"面板中的"偏移"按钮 ⛬。

**方法三**：输入"OFFSET（简化命令O）"命令，然后按下空格键进行确定。

### 1. 通过指定偏移距离偏移图形

通过指定偏移距离偏移图形可以准确、快速地将图形偏移到需要的位置，具体的操作步骤如下。

**步骤 01** 使用SPL命令绘制一条样条曲线，如图4-49所示。

**步骤 02** 选择"修改"→"偏移"命令，输入偏移对象的距离值（如50）并确定，如图4-50所示。

图4-49 绘制样条曲线

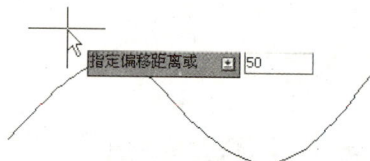

图4-50 输入偏移距离

**步骤 03** 选择要偏移的对象，如图4-51所示，指定偏移的方向并单击鼠标确定，偏移效果如图4-52所示。

图4-51 选择偏移对象

图4-52 偏移效果

### 2．使用"通过"方式偏移图形

使用"通过"方式偏移图形是将图形以通过某个点进行偏移，该方式需要指定偏移对象的所要通过的点，具体的操作步骤如下。

**步骤 01** 绘制一条水平线段和一个矩形，如图4-53所示。

**步骤 02** 输入O命令并确定，然后根据系统提示输入t并按下空格键，启用"通过（T）"选项，如图4-54所示。

图4-53　绘制图形　　　　　　　　　　　　图4-54　输入t

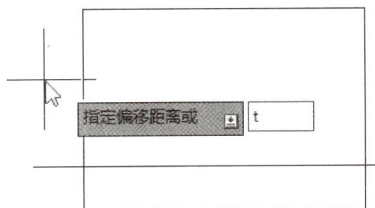

**步骤 03** 选择水平线段作为偏移对象，然后指定偏移对象的需要通过的点（如矩形的中点），如图4-55所示，系统将根据指定的点偏移选择的对象，效果如图4-56所示。

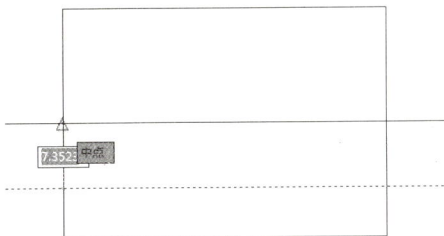

图4-55　指定通过的点　　　　　　　　　　图4-56　选择偏移对象

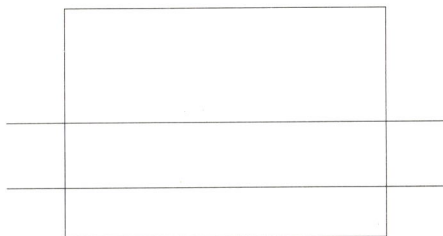

### 3．使用"图层"的方式偏移图形

使用"图层"的方式偏移图形是将图形以指定的距离或通过指定的点进行偏移，并且偏移后的图形将存放于指定的图层中。

**步骤 01** 打开"4-05.dwg"素材文件，如图4-57所示。

**步骤 02** 输入O命令并确定，然后根据系统提示输入L并确定，选择"图层（L）"选项，如图4-58所示。

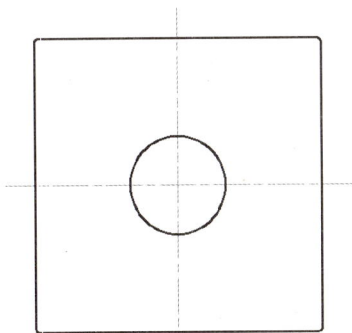

图4-57　打开素材　　　　　　　　　　　　图4-58　输入L

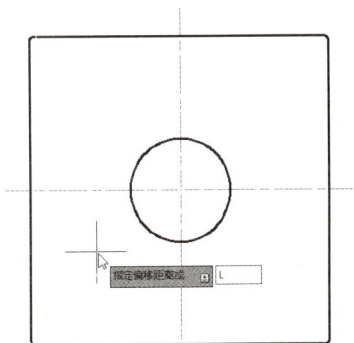

**步骤 03** 在弹出的选项菜单中选择要偏移到的图层，如当前层，如图4-59所示。

**步骤 04** 设置偏移的距离（如32），然后选择圆形作为偏移对象，将其向外偏移一次，偏移得到的图形将转换到当前图层中，效果如图4-60所示。

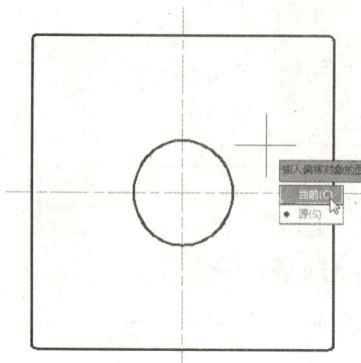

图4-59　选择选项

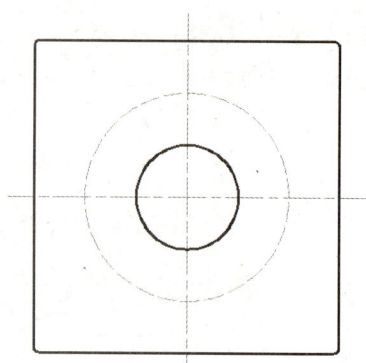

图4-60　偏移效果

## 4.2.4 镜像图形

使用"镜像（MIRROR）"命令可以将选定的图形对象以某一对称轴镜像到该对称轴的另一边，还可以使用镜像复制功能将图形以某一对称轴进行镜像复制，如图4-61～图4-63所示。

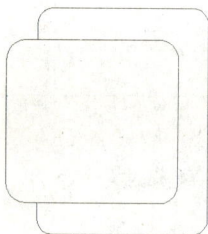

图4-61　原图

图4-62　镜像效果

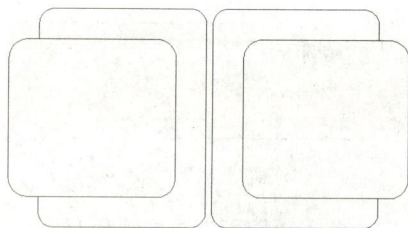

图4-63　镜像复制效果

执行"镜像"命令的常用方法有如下3种。

**方法一：** 执行"修改"→"镜像"命令。

**方法二：** 单击"修改"面板中的"镜像"按钮 ⚏。

**方法三：** 输入MIRROR（简化命令MI）命令并确定。

例如，使用"镜像"命令对图形进行镜像复制的操作如下。

**步骤 01** 绘制一个圆形和一条线段，如图4-64所示。

**步骤 02** 单击"修改"面板中的"镜像"按钮 ⚏，如图4-65所示。

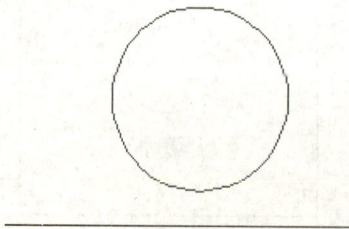

图4-64　绘制图形

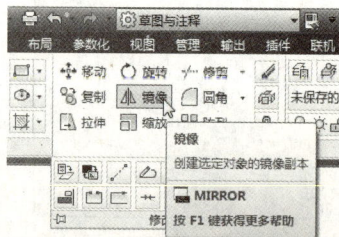

图4-65　单击"镜像"按钮

**步骤 03** 选择圆形作为镜像的对象，然后在直线的左端点处指定镜像的第一个点，如图4-66所示。在直线的右端点处指定镜像的第二个点，如图4-67所示。

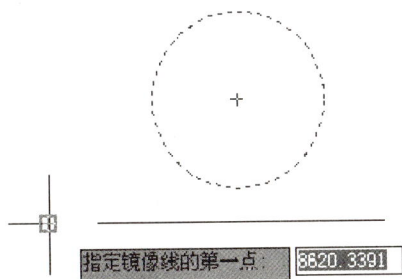

图4-66　指定第一点

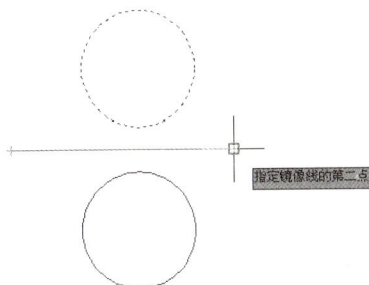

图4-67　指定第二点

**步骤 04** 当系统提示"要删除源对象吗？[是（Y）/否（N）] <N>："时，保持默认选项不变并确定，如图4-68所示，镜像复制圆形后的效果如4-69图所示。

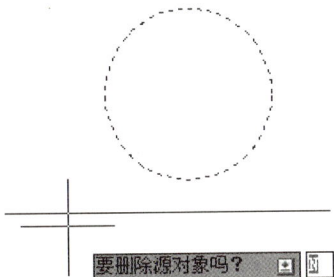

图4-68　设置选项

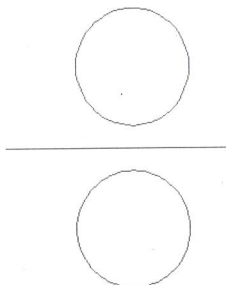

图4-69　镜像复制效果

# 4.3　常见的修改命令

对绘制的对象进行正确的编辑，可以创建用户需要的图形。在AutoCAD中，对图形对象进行基本编辑的过程中，通常会用到修剪（TRIM）、延伸（EXTEND）、打断（BREAK）、圆角（FILLET）、倒角（CHAMFER）和分解（EXPLODE）等修改命令。

## 4.3.1　修剪图形

使用"修剪（TRIM）"命令可以通过指定的边界对图形对象进行修剪。运用该命令可以对直线、圆、圆弧、射线、样条曲线、面域、尺寸、文本以及非封闭的2D或3D多段线等对象进行修剪。

启用"修剪"命令通常有如下3种方法。

**方法一**：执行"修改"→"修剪"命令，如图4-70所示。

**方法二**：单击"修改"面板中的"修剪"按钮 /-，如图4-71所示。

**方法三**：输入TRIM（TR）命令并确定。

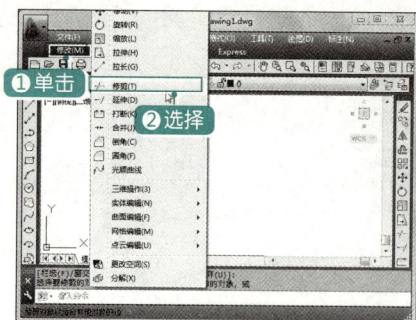

图4-70　选择命令

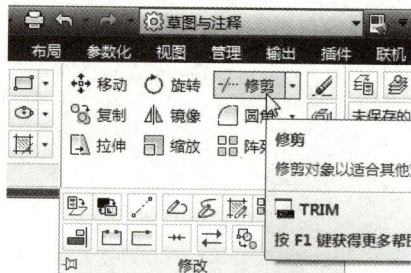

图4-71　单击按钮

使用"修剪（TRIM）"命令进行图形修剪的过程中，系统给出的提示及含义如下。

命令: TRIM　　　　　　　　　　　　　　　　　　　　　　　　　//启动修剪命令
选择剪切边...　　　　　　　　　　　　　　　　　　　　　　　//选择剪切边
选择要修剪的对象，或按住 Shift 键选择要延伸的对象，或[栏选(F)/窗交(C)/投影(P)/边(E)/删除(R)/放弃(U)]:
　　　　　　　　　　　　　　　　　　　　　　　　　　　　//选择剪切对象

系统提示中部分选项的含义如下。

● **栏选（F）：** 启用栏选的选择方式来选择对象。
● **投影（P）：** 确定命令执行的投影空间。执行该选项后，命令行中提示输入投影选项 [无（N）/UCS（U）/视图（V）] <UCS>：选择适当的修剪方式。
● **边（E）：** 该选项用来确定修剪边的方式。执行该选项后，命令行中提示输入隐含边延伸模式 [延伸（E）/不延伸（N）] <不延伸>：然后选择适当的修剪方式。
● **放弃（U）：** 用于取消由TRIM命令最近所完成的操作。
● 当AutoCAD提示选择剪切边时，按下空格键，即可选择待修剪的对象。在修剪对象时将以最靠近的候选对象作为剪切边。

　　使用"修剪"命令对直线相交的圆进行修剪与选取点位置有关，使用该命令还可以修剪尺寸标注线。使用TRIM命令修剪实体，第一次选择实体是选择剪切的边界。修剪目标选择必须用点选，而不能用窗选，一个目标可同时作为切边和修剪目标。有一定宽度的多段线被修剪时，修剪的交点按其中心线计算；多段线的终点仍然是方的，切口边界与多段线的中心线垂直。

　　使用"修剪"命令对图形进行修剪的具体操作如下。

**步骤 01**　绘制一个圆形和一条线段，效果如图4-72所示。

**步骤 02**　执行"修剪（TRIM）"命令，选择如图4-73所示的线段为修剪边界。

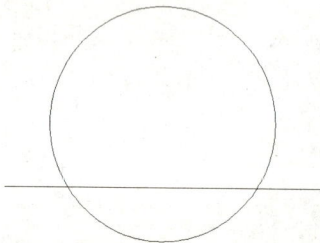

图4-72　绘制图形

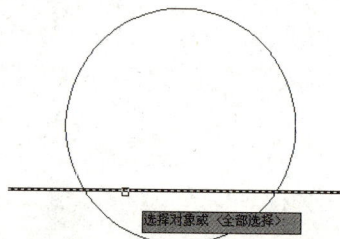

图4-73　选择修剪边界

**步骤 03**　根据系统提示在线段的下方选择圆形作为修剪对象，如图4-74所示，然后按下空格键进行确定，修剪后的效果如图4-75所示。

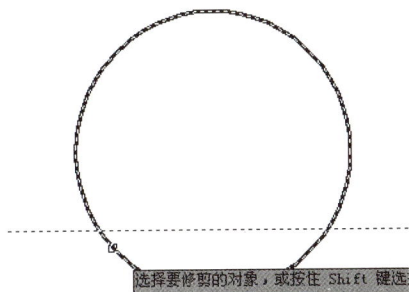

图4-74　选择修剪对象

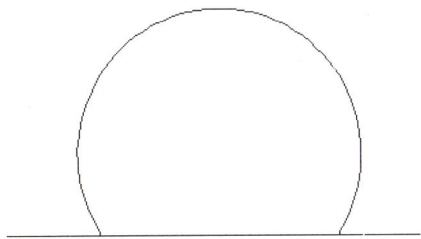

图4-75　修剪效果

> **提示**
>
> 在默认状态下，执行"修剪（TRIM）"命令可以对图形进行修剪，如果在进行修剪的过程中，按住"Shift"键，则可以对图形进行延伸操作。

## 4.3.2　延伸图形

使用"延伸（EXTEND）"命令可以把直线、弧和多段线等图元对象的端点延长到指定的边界。通常可以使用"延伸（EXTEND）"命令延伸的对象包括圆弧、椭圆弧、直线、非封闭的2D和3D多段线等。如果以有一定宽度的2D多段线作为延伸边界时，在执行延伸操作时会忽略其宽度，直接将延伸对象延伸到多段线的中心线上。

启动"延伸"命令通常有如下3种方法。

**方法一：** 执行"修改"→"延伸"命令。

**方法二：** 单击"修改"面板中的"延伸"按钮 。

**方法三：** 输入EXTEND（EX）命令并确定。

执行延伸操作，系统提示中的各项含义与修剪操作中的命令相同。使用"延伸（EXTEND）"命令进行延伸对象的过程中，可随时使用"放弃"项取消上一次的延伸操作。延伸一个相关的线形尺寸标注时，延伸操作完成后，其尺寸会自动修正。有宽度的多段线以中心作为延伸的边界线。

例如，使用EXTEND命令延伸图形的具体操作如下。

**步骤 01** 绘制一个矩形和一条线段，效果如图4-76所示。

**步骤 02** 执行"修改"→"延伸"命令，选择矩形作为延伸边界的对象并确定，如图4-77所示。

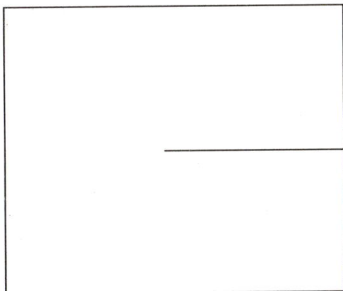

图4-76　绘制图形

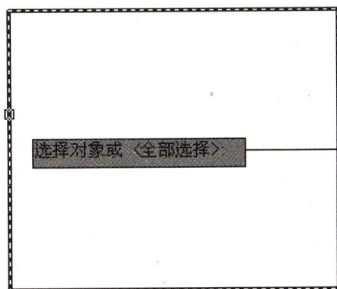

图4-77　选择延伸边界

**步骤 03** 选择线段作为要延伸的对象，如图4-78所示，延伸线段后的效果如图4-79所示。

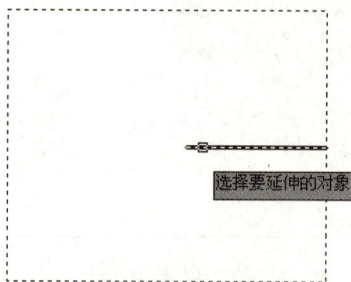

图4-78　选择延伸对象

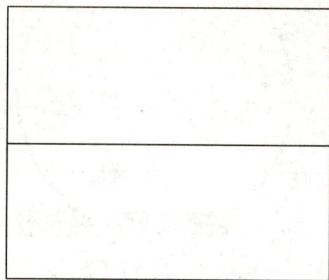

图4-79　延伸效果

## 4.3.3 圆角图形

　　使用"圆角（FILLET）"命令可以用一段指定半径的圆弧将两个对象连接在一起，还能将多段线的多个顶点一次性倒圆角。使用此命令应先设定圆弧半径，再进行倒圆角，如图4-80所示为圆角前的效果，图4-81所示为圆角后的效果。

图4-80　原图

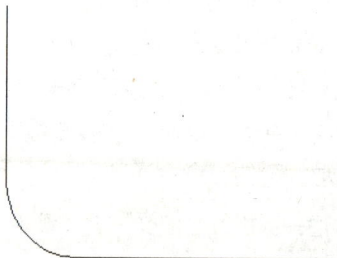

图4-81　圆角效果

　　使用"圆角（FILLET）"命令可以选择性地修剪或延伸所选对象，以便更好地圆滑过渡，该命令可以对直线、多段线、样条曲线、构造线、射线等进行处理，但是不能对圆、椭圆和封闭的多段线等对象进行圆角。

　　执行"圆角"命令通常有如下3种方法。

**方法一：** 执行"修改"→"倒圆角"命令。

**方法二：** 单击"修改"面板中的"圆角"按钮 。

**方法三：** 输入FILLET（F）命令并确定。

　　执行FILLET命令后，系统将提示"选择第一个对象或［放弃（U）/多段线（P）/半径（R）/修剪（T）/多个（M）］："，其中各选项的含义如下。

● **选择第一个对象：** 在此提示下选择第一个对象，该对象是用来定义二维圆角的两个对象之一，或者是要加圆角的三维实体的边。

● **多段线（P）：** 在两条多段线相交的每个顶点处插入圆角弧。用户用点选的方法选中一条多段线后，会在多段线的各个顶点处进行圆角。

● **半径（R）：** 用于指定圆角的半径。

● **修剪（T）：** 控制AutoCAD是否修剪选定的边到圆角弧的端点。

● **多个（M）：** 可对多个对象进行重复修剪。

例如，对矩形的边角进行圆角的具体操作如下。

**步骤 01** 使用"矩形（REC）"命令绘制一个长80、宽80的正方形，如图4-82所示。

**步骤 02** 执行"圆角（F）"命令，然后输入r并确定，启用"半径（R）"选项，如图4-83所示。

图4-82 绘制正方形

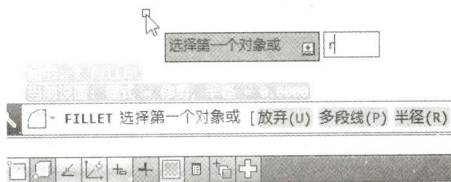

图4-83 执行"圆角"命令

**步骤 03** 设置圆角的半径为10，如图4-84所示，然后选择矩形的上方线段作为圆角的第一个对象，如图4-85所示。

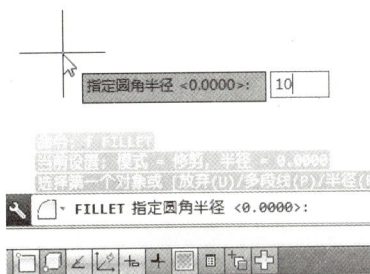

图4-84 设置圆角半径

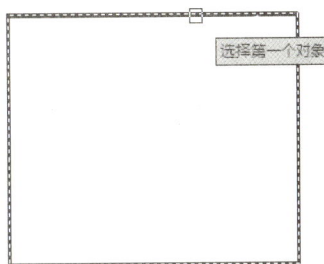

图4-85 选择第一个对象

**步骤 04** 继续选择矩形的右方线段作为圆角的第二个对象，如图4-86所示，对矩形进行圆角后的效果如图4-87所示。

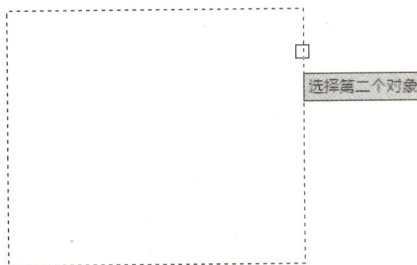

图4-86 选择第二个对象

图4-87 圆角效果

## 4.3.4 倒角图形

使用"倒角（CHAMFER）"命令可以通过延伸或修剪的方法，用一条斜线连接两个非平行的对象。使用该命令执行倒角操作时，应先设定倒角距离，再指定倒角线。

启动"倒角"命令通常有如下3种方法。

**方法一：** 执行"修改"→"倒角"命令。

**方法二：** 单击"修改"面板上的"圆角"按钮右方的下拉按钮，然后选择"倒角"选项。

**方法三：** 输入CHAMFER（CHA）命令并确定。

使用倒角CHAMFER（CHA）命令对图形进行倒角的过程中，系统将出现如下提示。

命令: CHAMFER                           //执行倒角命令

（"修剪"模式）当前倒角距离 1 = 0，距离 2 = 0

选择第一条直线或 [放弃(U)/多段线(P)/距离(D)/角度(A)/修剪(T)/方式(E)/多个(M)]:

                                     //用户可以直接点选倒角的一条直线

选择第二条直线，或按住 Shift 键选择要应用角点的直线:

                          //选择倒角的另一条直线，完成对两直线的倒角

主要选项的含义如下。

- **选择第一条直线**：指定倒角所需的两条边中的第一条边或要倒角的二维实体的边。
- **多段线（P）**：将对多段线每个顶点处的相交直线段作倒角处理，倒角将成为多段线新的组成部分。
- **距离（D）**：设置选定边的倒角距离值。执行该选项后，系统继续提示：指定第一个倒角距离和指定第二个倒角距离。
- **角度（A）**：该选项通过第一条线的倒角距离和第二条线的倒角角度设定倒角距离。执行该选项后，命令行中提示指定第一条直线的倒角长度和指定第一条直线的倒角角度。
- **修剪（T）**：该选项用来确定倒角时是否对相应的倒角边进行修剪。执行该选项后，命令行中提示输入并执行修剪模式选项 [修剪(T)/不修剪(N)] <修剪>。
- **多个（M）**：控制AutoCAD是用两个距离还是用一个距离和一个角度的方式来倒角。

例如，使用CHAMFER命令对矩形进行倒角处理的具体操作步骤如下。

**步骤 01** 绘制一个长度为600的正方形，然后单击"修改"面板上的"圆角"按钮右方的下拉按钮，然后选择"倒角"选项，如图4-88所示。

**步骤 02** 输入d并确定，以选择"距离（D）"命令，如图4-89所示。

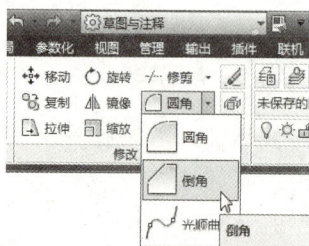

图4-88 选择工具

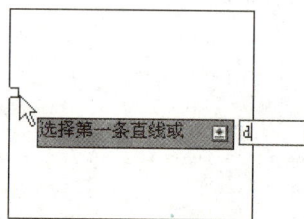

图4-89 输入d并确定

**步骤 03** 输入第一个倒角的距离并确定，如图4-90所示，输入第二个倒角的距离并确定，如图4-91所示。

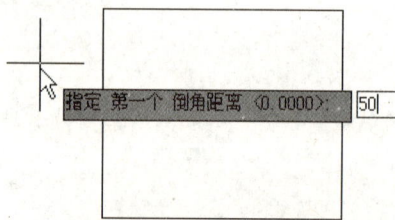

图4-90 输入第一个倒角距离

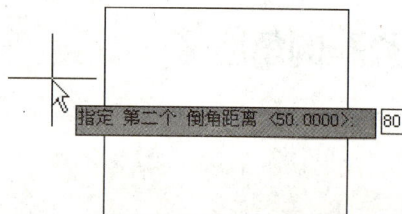

图4-91 输入第二个倒角距离

**步骤 04** 选择矩形左方的线段作为倒角的第一条直线，如图4-92所示，再选择矩形上方的线段作为倒角的第二条直线，倒角效果如图4-93所示。

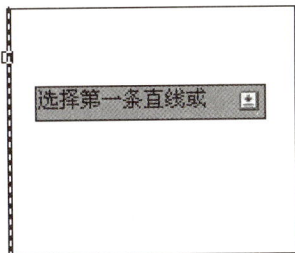

图4-92　选择第一条直线

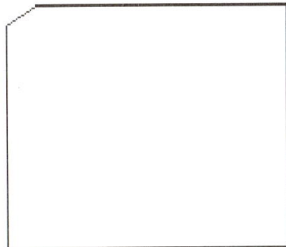

图4-93　倒角效果

## 4.3.5　拉长图形

使用"拉长（LENGTHEN）"命令可以延伸和缩短直线，或改变圆弧的圆心角。使用该命令执行拉长操作，允许以动态方式拖拉对象终点，可以通过输入"增量"值、百分比值或输入对象的总长的方法来改变对象的长度。该命令不能影响闭合的对象，选定对象的拉伸方向不需要与当前用户坐标系（UCS）的 Z 轴平行。

执行"拉长"命令通常有如下3种方法。

**方法一：** 执行"修改"→"拉长"命令。

**方法二：** 单击"修改"面板中的"拉长"按钮 ⬈。

**方法三：** 输入"LENGTHEN（LEN）"命令并确定。

使用"拉长（LENGTHEN）"命令对图形进行拉长的过程中，系统提示的信息及操作如下。

命令: LENGTHEN　　　　　　　　　　　　　　　　//启动拉长命令
选择对象或 [增量(DE)/百分数(P)/全部(T)/动态(DY)]: DE　　//将选定图形对象的长度增加一定的数值量
输入长度增量或 [角度(A)] <0.0000>: 100　　　　　　//输入增加长度的数值量
选择要修改的对象或 [放弃(U)]:　　　　　　　　　//选择要修改长度的对象
选择对象或 [增量(DE)/百分数(P)/全部(T)/动态(DY)]:

主要选项的含义如下。

- **增量（DE）：** 将选定图形对象的长度增加一定的数值量。
- **百分数（P）：** 通过指定对象总长度的百分数设置对象长度。百分数也按照圆弧总包含角的指定百分比修改圆弧角度。执行该选项后，系统继续提示"输入长度百分数 ＜当前＞："，这里需要输入非零正数值。
- **全部（T）：** 通过指定从固定端点测量的总长度的绝对值来设置选定对象的长度。"全部"选项也按照指定的总角度设置选定圆弧的包含角。系统继续提示"指定总长度或[角度(A)] ＜当前＞："，指定距离、输入非零正值、输入"a"或按下＜Enter＞键。
- **动态（DY）：** 打开动态拖动模式。通过拖动选定对象的端点之一来改变其长度。其他端点保持不变。系统继续提示"选择要修改的对象或[放弃(U)]："，选择一个对象或输入放弃命令u 。

例如，使用"拉长"命令对线段进行拉长的具体操作如下：

**步骤 01** 绘制一个长为800、宽为600的矩形和两条长度为500的线段，如图4-94所示。

**步骤 02** 单击"修改"面板下方的三角形，然后在展开的"修改"面板中单击"拉长"按钮 ⬈，如图4-95所示。

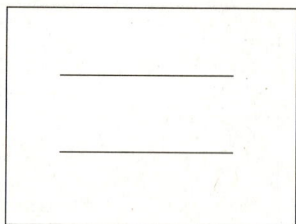

图4-94  绘制图形

图4-95  单击按钮

**步骤 03** 输入de并确定，以选择"增量（DE）"命令，如图4-96所示。

**步骤 04** 输入长度的增量值（如100）并确定，如图4-97所示。

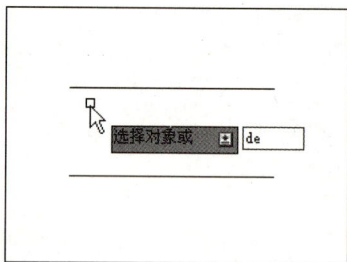

图4-96  输入de并确定

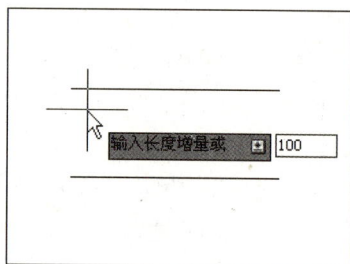

图4-97  输入增量值

**步骤 05** 单击要拉长的线段，如图4-98所示，线段将按照指定的一端和增量拉长，如图4-99所示。

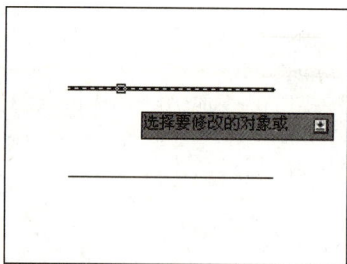

图4-98  单击要拉长的线段

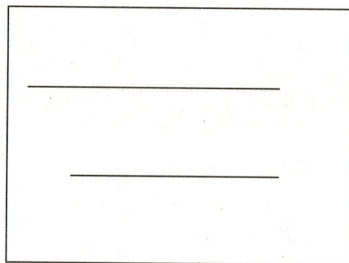

图4-99  拉长效果

## 4.3.6  拉伸图形

使用"拉伸（STRETCH）"命令可以按指定的方向和角度拉长或缩短实体，也可以调整对象大小，使其在一个方向上或是按比例增大或缩小；还可以通过移动端点、顶点或控制点来拉伸某些对象。如图4-100所示为拉伸前的图形；如图4-101所示为拉伸三角形顶点后的图形。

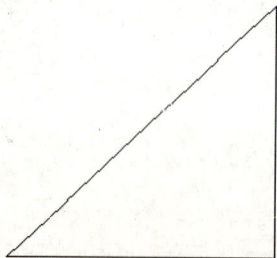

图4-100  原图

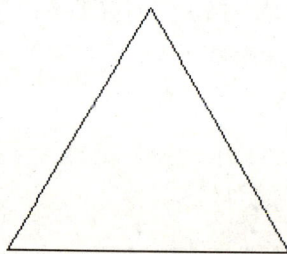

图4-101  拉伸顶点

使用"拉伸（STRETCH）"命令可以拉伸线段、弧、多段线和轨迹线等实体，但不能拉伸圆、文本、块和点。执行"拉伸"命令改变对象的形状时，只能以窗选方式选择实体，与窗口相交的实体将被执行拉伸操作，窗口内的实体将随之移动。

执行"拉伸"命令通常有如下3种方法。

**方法一：** 执行"修改"→"拉伸"命令。

**方法二：** 单击"修改"面板中的"拉伸"按钮 。

**方法三：** 输入STRETCH（S）命令并确定。

启动拉伸（STRETCH）命令后，在命令行中出现的提示和含义如下。

命令：STRETCH　　　　　　　　　　　　//执行STRETCH命令
选择对象：　　　　　　　　　　　　　　//使用鼠标以交叉窗口选择要拉伸的对象
指定基点或位移：　　　　　　　　　　　//使用鼠标在绘图区内指定拉伸基点或位移
指定位移的第二个点或<用第一个点作位移>:　//使用鼠标指定另一点或使用键盘输入另一点坐标

例如，使用"修改"命令拉伸图形的操作如下。

**步骤 01** 绘制一个矩形和一条线段，效果如图4-102所示。

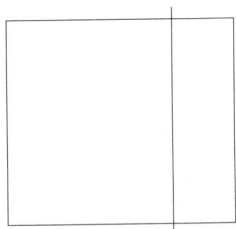

**步骤 02** 单击"修改"面板中的"拉伸"按钮 ，如图4-103所示。

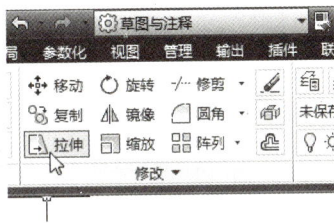

图4-102　绘制图形

图4-103　单击"拉伸"按钮

**步骤 03** 使用交叉选择方式选择要拉伸的图形并确定，如图4-104所示。

**步骤 04** 指定拉伸图形的基点位置，如图4-105所示。

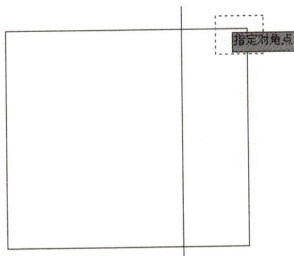

图4-104　选择对象

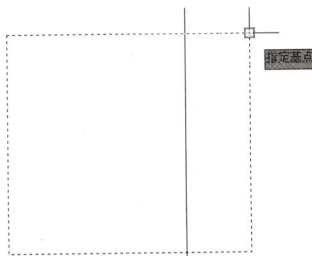

图4-105　指定基点

**步骤 05** 移动鼠标指定拉伸图形的第二个点，如图4-106所示，拉伸矩形后的效果如图4-107所示。

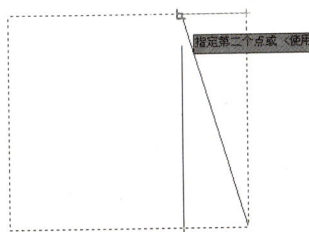

图4-106　指定第二个点

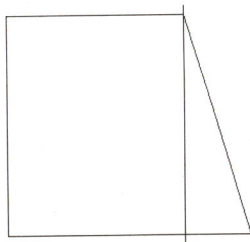

图4-107　拉伸效果

### 4.3.7 打断图形

"打断（BREAK）"命令用于将对象从某一点处断开，从而将其分成两个独立的对象。常常用于剪断图形，但不删除对象。执行该命令可将直线、圆、弧、多段线、样条线、射线等对象分成两个实体。该命令可以通过指定两点，或选择物体后再指定两点这两种方式断开形体。

执行"打断"命令通常有如下3种方法。

**方法一：** 执行"修改"→"打断"命令。

**方法二：** 在展开的"修改"面板中单击"打断"按钮 。

**方法三：** 输入BREAK（BR）命令并确定。

例如，打断圆形中线段的具体操作如下。

**步骤 01** 绘制一个圆形，然后在展开的"修改"面板中单击"打断"按钮 ，如图4-108所示。

**步骤 02** 选择圆形作为要打断的对象，并以选择点作为打断对象的起点，如图4-109所示。

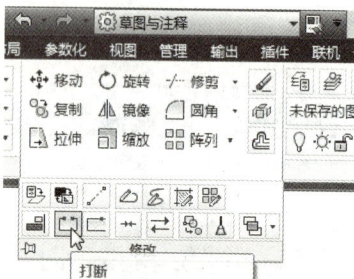

图4-108 单击按钮

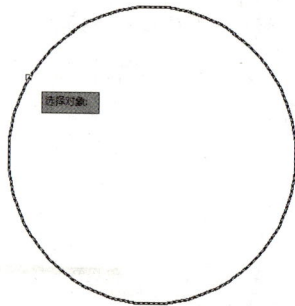

图4-109 选择对象

**步骤 03** 指定打断圆形的第二个点，如图4-110所示，打断圆形后的效果如图4-111所示。

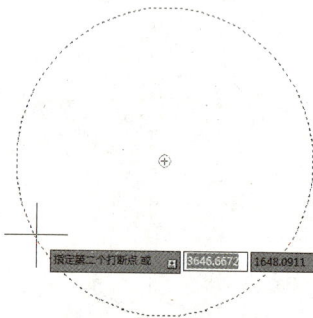

图4-110 指定第二个点

图4-111 打断效果

> **技巧**
>
> 执行BREAK命令，选择要打断的对象后，用户也可以输入F并确定，放弃第一断点（即选择点），然后重新指定两个断点。

### 4.3.8 合并图形

使用"合并（JOIN）"命令可以将相似的对象合并以形成一个完整的对象。使用"合并

（JOIN）"命令可以合并的对象包括：直线、多段线、圆弧、椭圆弧、样条曲线，但是要合并的对象必须是相似的对象，且位于相同的平面上。

执行"合并"命令通常有如下3种方法。

**方法一：** 选择"修改"→"合并"命令。

**方法二：** 单击"修改"面板中的"合并"按钮 ↦。

**方法三：** 输入JOIN命令并确定。

使用"合并（JOIN）"命令对图形进行合并的具体操作如下。

**步骤 01** 绘制三条水平线段，且上方的两条线段在同一条直线上，效果如图4-112所示。

**步骤 02** 在展开的"修改"面板中单击"合并"按钮 ↦，然后选择左上方的线段作为要合并的第一个对象，如图4-113所示。

图4-112　绘制线段　　　　　　　　　　　图4-113　选择合并对象

**步骤 03** 选择右上方的线段作为要合并的第二个对象，如图4-114所示，合并后的线段效果如图4-115所示。

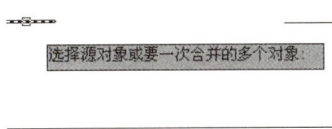

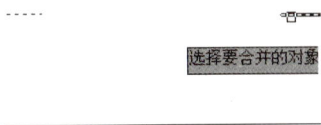

图4-114　选择合并对象　　　　　　　　　图4-115　合并效果

# 4.4　编辑特定图形

在AutoCAD中，除了可以使用各种编辑命令对图形进行修改外，也可以采用特殊的方法对特定的图形进行编辑。

## 4.4.1　编辑多段线

使用"编辑多段线（PEDIT）"命令可以对多段线对象进行编辑修改。"编辑多段线（PEDIT）"命令提供了单个直线所不具备的编辑功能。例如，可以调整多段线的宽度和曲率。

执行"编辑多段线"命令通常有如下两种方法。

**方法一：** 执行"修改"→"对象"→"多段线"命令。

**方法二：** 输入PEDIT命令并确定。

执行PEDIT命令，选择要修改的对多段后，系统将提示"输入选项 [闭合(C)/合并(J)/宽度(W)/编辑顶点(E)/拟合(F)/样条曲线(S)/非曲线化(D)/线型生成(L)："，其中常用选项的含义如下。

- **闭合（C）**：用于创建封闭的多段线。
- **合并（J）**：将直线段、圆弧或其他多段线连接到指定的多段线。
- **宽度（W）**：用于设置多段线的宽度。
- **编辑顶点（E）**：用于编辑多段线的顶点。
- **拟合（F）**：可以将多段线转换为通过顶点的拟合曲线。
- **样条曲线（S）**：可以使用样条曲线拟合多段线。

例如，使用PEDIT命令中的"拟合（F）"选项，可以将如图4-116所示的多段线编辑为如图4-117所示的形状。

图4-116 多段线

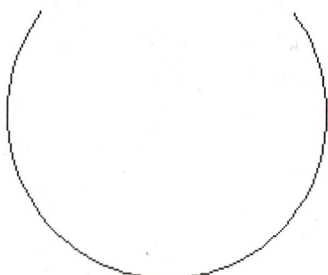

图4-117 拟合多段线

## 4.4.2 编辑样条曲线

使用"编辑样条曲线（SPLINEDIT）"命令可以对绘制的样条曲线进行编辑，如定义样条曲线的拟合点数据，移动拟合点，以及将开放的样条曲线修改为连续闭合环等。

执行"编辑样条曲线"命令通常有如下两种方法。

**方法一：** 执行"修改"→"对象"→"样条曲线"命令。

**方法二：** 输入SPLINEDIT命令并确定。

执行SPLINEDIT命令，选择编辑的样条曲线后，系统将提示"输入选项 [拟合数据（F）/闭合（C）/移动顶点（M）/精度（R）/反转（E）/放弃（U）]："，其中常用选项的含义如下。

- **拟合数据（F）**：用于编辑定义样条曲线的拟合点数据。
- **闭合（C）**：如果选择打开的样条曲线，则闭合该样条曲线。如果选择闭合的样条曲线，则打开该样条曲线。
- **移动顶点（M）**：用于移动样条曲线的控制顶点并且清理拟合点。
- **反转（E）**：用于反转样条曲线的方向，使起点和终点互换。

例如，使用"编辑样条曲线（SPLINEDIT）"命令对样条曲线的顶点进行移动编辑的具体操作如下。

**步骤01** 使用"样条曲线（SPL）"命令绘制一条样条曲线，如图4-118所示。

**步骤02** 执行SPLINEDIT命令，选择绘制的曲线，然后在弹出的下拉菜单中选择"编辑顶点（E）"选项，如图4-119所示。

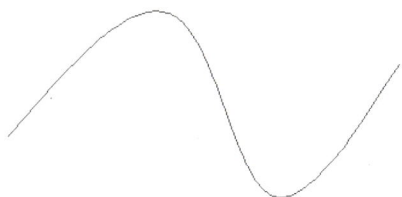

图4-118  绘制曲线

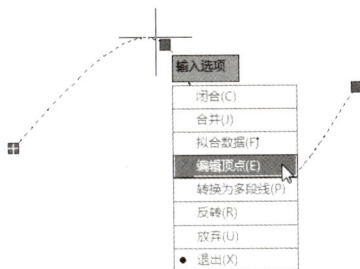

图4-119  选择选项

**步骤 03** 在弹出的下拉菜单中选择"移动（M）"选项，如图4-120所示，然后拖动鼠标移动曲线的顶点，如图4-121所示。

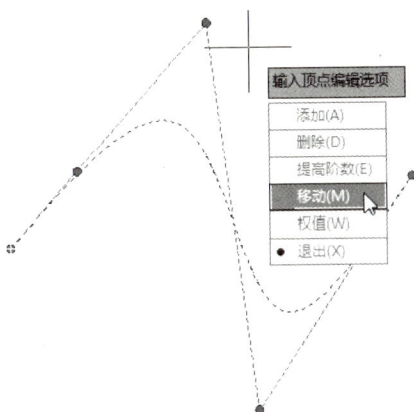

图4-120  选择选项

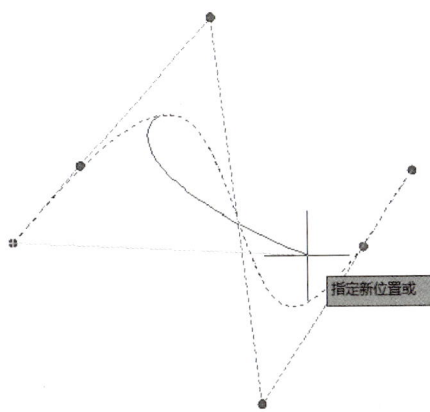

图4-121  移动顶点

**步骤 04** 输入X并确定，然后在弹出的下拉菜单中选择"退出（X）"选项，结束样条曲线的编辑，如图4-122所示，完成曲线编辑的效果如图4-123所示。

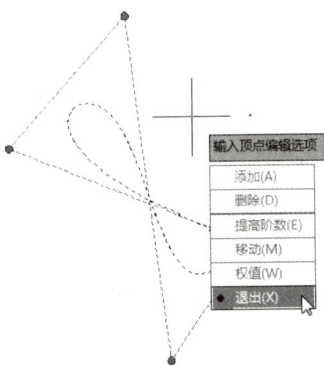

图4-122  选择"退出（X）"选项

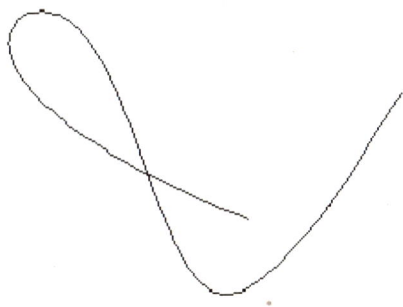

图4-123  编辑效果

## 4.4.3  编辑多线

执行"修改"→"对象"→"多线"命令，如图4-124所示，打开"多线编辑工具"对话框，其中提供了多线的12种绘制样式，如图4-125所示。

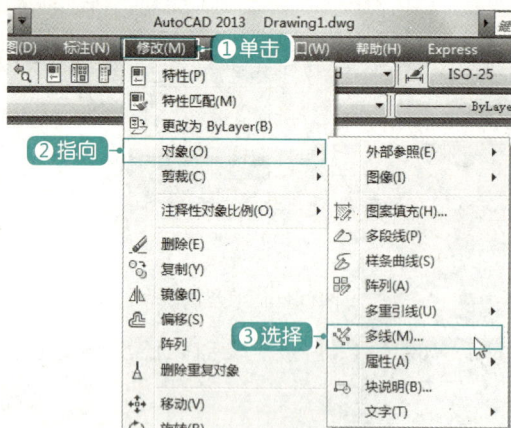

图4-124 执行命令

图4-125 多线编辑工具

**提示**

使用MLINE命令绘制的多线，不能使用OFFSET命令对其进行偏移，也不能使用CHAMFER、FILLET、EXTEND、TRIM等命令对其进行编辑。

# 技能实训——绘制吊灯图形

在本实例中，将通过绘制吊灯图形（见图4-126），练习"拉长"、"修剪"和"阵列"等修改命令的应用方法。

**效果展示**

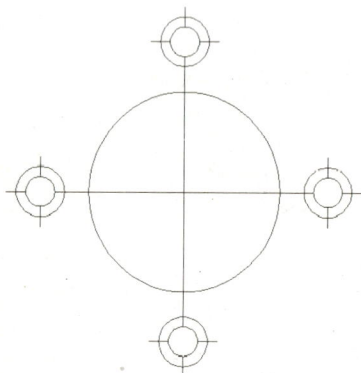

图4-126 绘制吊灯图形

**操作分析**

在本实例中，首先要绘制一个圆形和两条互相垂直的线段，然后使用"拉长"命令将线段反方向拉长，再绘制一个小灯具图形，最后对小灯具图形进行阵列。

**制作步骤**

| | |
|---|---|
| 结果文件 | 光盘\结果文件\第4章\吊灯.dwg |
| 同步视频文件 | 光盘\同步教学文件\第4章\绘制吊灯图形.mp4 |

**步骤 01** 执行C命令，绘制一个半径为200的圆形，如图4-127所示。

图4-127 绘制圆形

**步骤 02** 执行L命令，然后通过捕捉圆心确定线段的起点，绘制两条长度为300且互相垂直的线段，如图4-128所示。

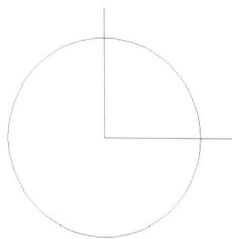

图4-128 绘制线段

**步骤 03** 执行LEN命令，然后输入DE并确定，选择"增量（DE）"选项，设置拉长的增量值为300，如图4-129所示。

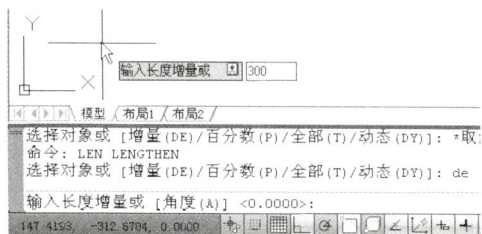

图4-129 设置拉长的增量值

**步骤 04** 在垂直线段的下方位置单击鼠标，将线段向下方拉伸，如图4-130所示。

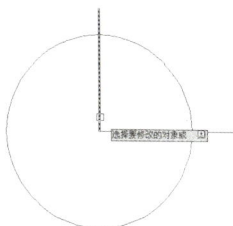

图4-130 拉伸对象

**步骤 05** 拉长线段后的效果如图4-131所示，继续使用LEN命令将水平线段向左拉长300个单位，效果如图4-132所示。

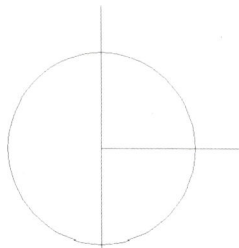

图4-131 拉长效果

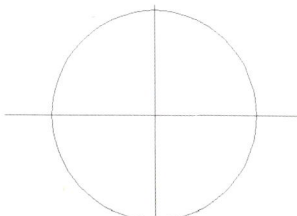

图4-132 拉长效果

**步骤 06** 执行C命令，以水平线段的左端点为圆心绘制一个半径为50的圆形，如图4-133所示。

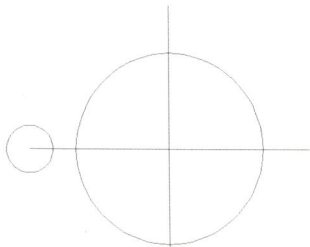

图4-133 绘制圆形

**步骤 07** 使用L命令通过捕捉圆心，绘制两条长为70且相互垂直的线段，如图4-134所示。

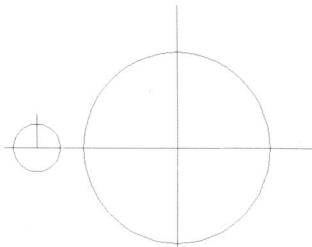

图4-134 绘制线段

**步骤 08** 使用LEN命令将刚绘制的线段反向拉长70个单位，如图4-135所示。

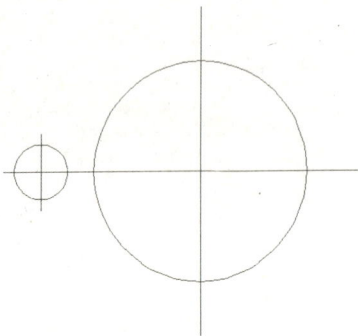

**步骤 09** 执行O命令，选择半径为50的圆，将其向内偏移20个单位，效果如图4-136所示。

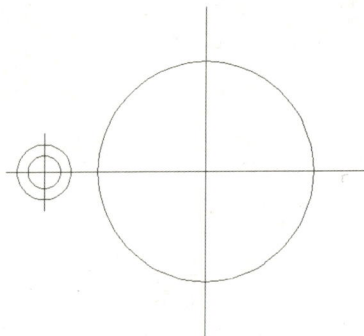

图4-135 拉长线段

图4-136 绘制圆形

**步骤 10** 执行"修剪（TRIM）"命令，选择小圆为修剪边界，如图4-137所示，然后对小圆内的线段进行修剪，效果如图4-138所示。

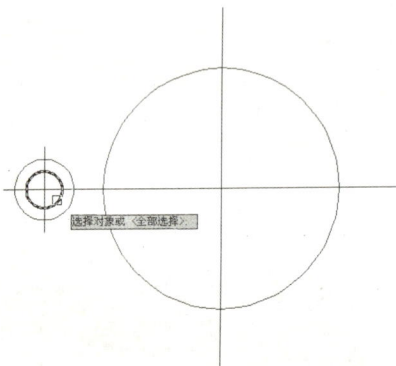

图4-137 选择修剪边界

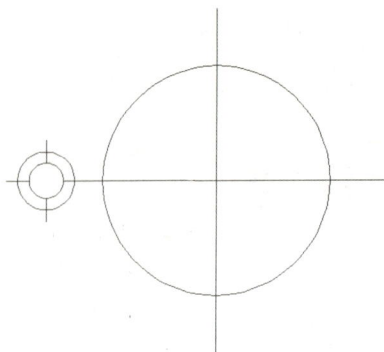

图4-138 修剪线段

**步骤 11** 单击"修改"面板中的"阵列"下拉按钮，然后选择"环形阵列"选项，如图4-139所示。

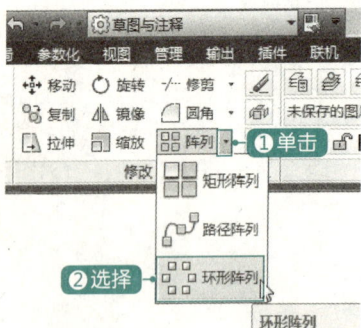

**步骤 12** 使用窗口选择方式选择左方的小灯具图形，如图4-140所示，然后按下空格键进行确定。

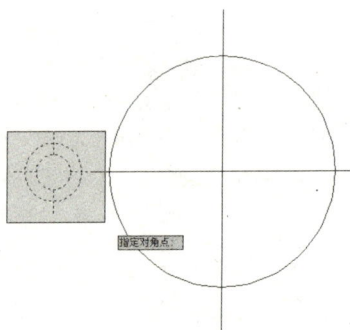

图4-139 选择"环形阵列"选项

图4-140 选择对象

**步骤 13** 根据系统提示在图形中的大圆圆心处指定阵列的中心点，如图4-141所示。

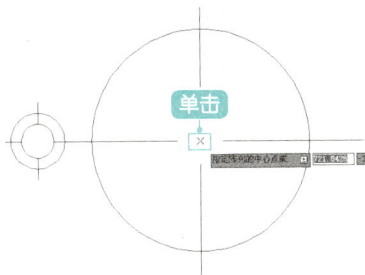

图4-141 指定阵列中心点

**步骤 14** 根据系统提示，重新设置阵列的项目数为4，如图4-142所示。

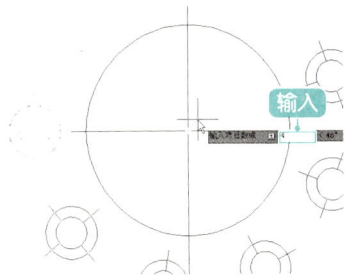

图4-142 设置阵列数目

**步骤 15** 进行确定后，完成阵列的操作，阵列效果如图4-143所示。

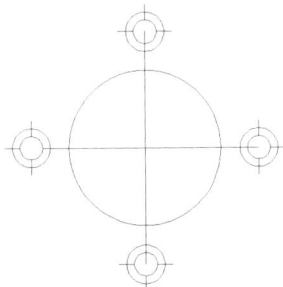

图4-143 阵列效果

**步骤 16** 执行"分解（X）"命令，将阵列对象分解，然后使用"修剪（TRIM）"命令对各个小圆内多余的线段进行修剪，完成吊灯的绘制，效果如图4-144所示。

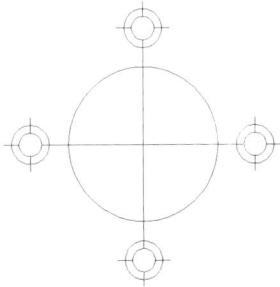

图4-144 吊灯效果

# 课堂问答

通过前面知识的讲解，我们对AutoCAD 2013的图形编辑操作有了一定的了解，下面列出一些常见的问题供读者思考。

### 问题1：如何将对象按指定距离移动？

答：在移动对象的操作中，可以通过输入移动的距离值将对象按指定距离移动。首先在命令行中提示"指定基点或位移："时，使用鼠标在绘图区内指定移动的基点，命令行中将继续提示"指定位移的第二点或 <用第一点作位移>:"，此时，将鼠标移向要移动对象的方向，在输入移动的距离后，按下空格键进行确定即可。

### 问题2：如何使用MIRROR命令镜像对象？

答：在使用MIRROR命令镜像对象时，默认情况会保留源对象，如果只是将源对象镜像处理，而不再需要源对象，可以在提示"是否删除源对象？[是（Y）/否（N）] <N>:"时，输入Y，然后按下空格键进行确定，即可删除源对象。

### 问题3：可以对多线对象进行圆角吗？

答：使用圆角命令不能直接对多线对象进行圆角处理，如果要对多线进行圆角处理，首先应该使用EXPLODE（分解）命令将多线进行分解，然后即可对其进行圆角处理。

# 知识与能力测试

通过前面的章节，讲解了AutoCAD修改图形的命令及操作。为对知识进行巩固和考核，布置相应的练习题。

## 笔试题

### 一、填空题

（1）使用_____命令可以将直线、弧和多段线等图元对象的端点延伸到指定的边界。

（2）使用_____命令可以将多个组合实体分解为单独的图元对象。

（3）对图形进行阵列操作的方式包括_____、_____和_____的排列复制。

### 二、选择题

（1）偏移的命令是（　　）。

A. M            B. CO            C. O            D. S

（2）修剪的命令是（　　）。

A. C            B. TR            C. RO            D. MI

## 上机题

本章课程已经学完，请完成以下操作题，加深对知识点的理解并巩固所学的技能技巧。

### （1）镜像复制椅子图形

打开光盘中的素材"4-06.dwg"文件，如图4-145所示。然后使用"镜像"命令对两张椅子图形进行镜像复制，镜像线为矩形的对角线，镜像复制后的效果如图4-146所示。

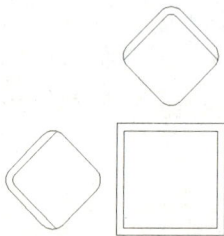

图4-145　打开素材

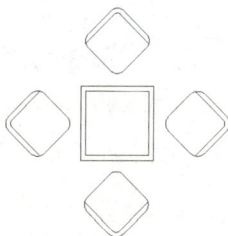

图4-146　镜像复制椅子

### （2）阵列椅子图形

打开光盘中的素材"4-07.dwg"文件，如图4-147所示。然后使用"阵列"命令对椅子图形进行阵列复制，设置阵列的方式为"极轴"，阵列的项目数为6，阵列椅子后的效果如图4-148所示。

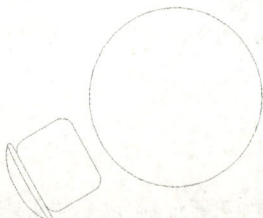

图4-147　打开素材

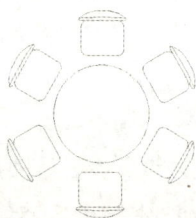

图4-148　阵列椅子

# Chapter 05

# 运用块对象

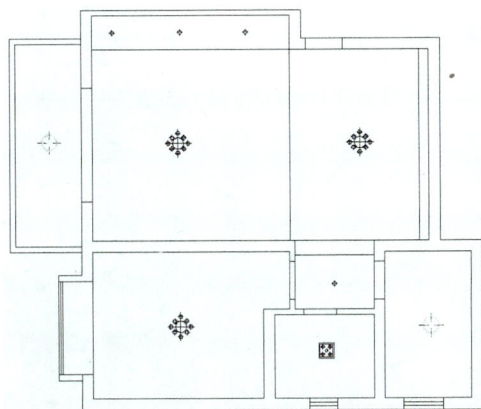

## 本章导读

在使用AutoCAD制图的过程中经常会多次使用相同的对象，如果每次都进行重新绘制，将花费大量的时间和精力。因此，用户可以使用定义块和插入块的方法来提高绘图效率。

本章主要介绍在AutoCAD中应用块对象的方法，用户可以在图形中直接插入块对象，或者通过应用设计中心插入块对象。

## 重点知识

- 定义块
- 插入块
- 属性定义及编辑
- 应用AutoCAD的设计中心

## 难点知识

- 阵列插入块
- 创建带属性的块
- 应用AutoCAD设计中心

# 5.1 定义块

　　块是多个不同颜色、线型和线宽特性的对象的组合，使用块命令可以将这些单独的对象组合在一起，储存在当前图形文件内部，还可以对其进行移动、复制、缩放或旋转等操作。任意对象和对象集合都可以创建成块。

## 5.1.1 定义内部块

　　执行"块"命令的常用方法有如下3种。

**方法一**：执行"绘图"→"块"→"创建"命令。

**方法二**：单击"块"面板中的"创建"按钮 ，如图5-1所示。

**方法三**：输入BLOCK（B）命令并确定。

　　执行BLOCK（B）命令后，将打开"块定义"对话框，如图5-2所示，在该对话框中可以进行定义内部块的操作。

图5-1　单击"创建"按钮

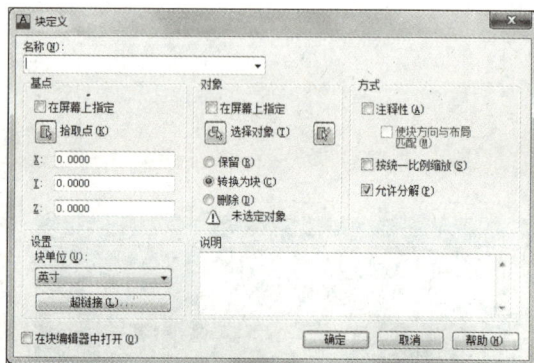

图5-2　"块定义"对话框

　　"块定义"对话框中常用选项的含义如下。

- **名称**：在该框中输入将要定义的图块名。单击其右侧的下拉按钮 ，将显示图形中已定义的图块名。
- **拾取点**：在绘图中拾取一点作为图块插入基点。
- **选择对象**：选取组成块的实体。
- **保留**：创建块以后，将选定对象保留在图形中。用户选择此方式可以对各实体进行单独编辑、修改，而不会影响其他实体。
- **转换为块**：创建块以后，将选定对象转换成图形中的块引用。
- **删除**：生成块后将删除源实体。
- **按统一比例缩放**：勾选该项，在对块进行缩放时将按统一的比例进行缩放。
- **允许分解**：勾选该项，可以对创建的块进行分解；如果取消勾选该项，则不能对创建的块进行分解。

例如，将沙发图形创建为块对象的具体操作如下。

**步骤 01** 打开本书配套光盘中的"5-01.dwg"素材文件，如图5-3所示。

**步骤 02** 执行B命令，打开"块定义"对话框，在"名称"文本框中输入"沙发"，单击"选择对象"按钮进入绘图区，如图5-4所示。

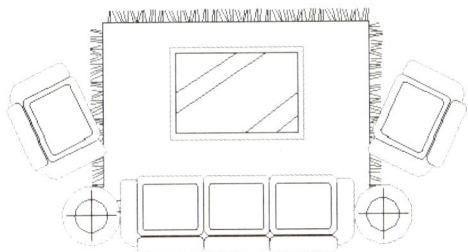

图5-3 打开素材

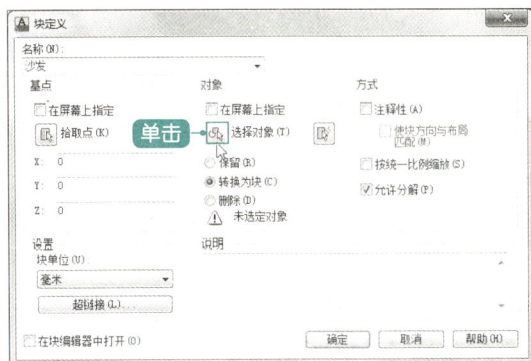

图5-4 输入块名称

**步骤 03** 使用窗口选择方式选取要组成块的沙发图形，如图5-5所示。

**步骤 04** 按下空格键返回"块定义"对话框，可以预览块的效果，然后单击"拾取点"按钮，如图5-6所示。

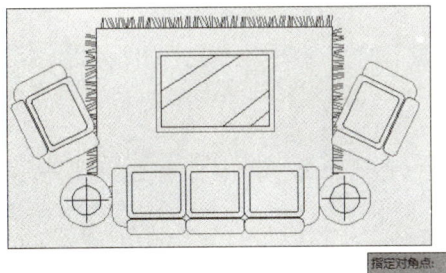

图5-5 选择图形

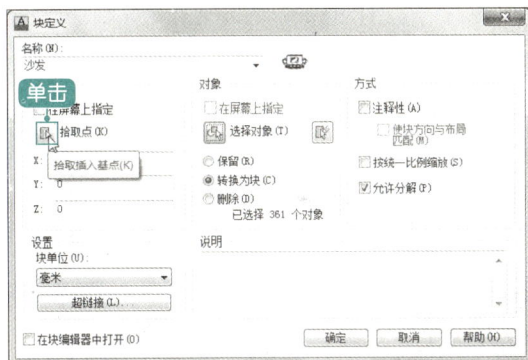

图5-6 块定义完成

**步骤 05** 进入绘图区指定块的基点位置，如图5-7所示，然后返回"块定义"对话框中单击"确定"按钮，完成定义块的操作，如图5-8所示。

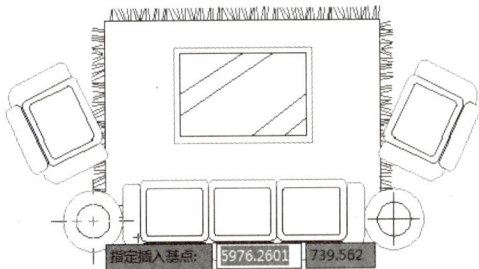

图5-7 指定基点

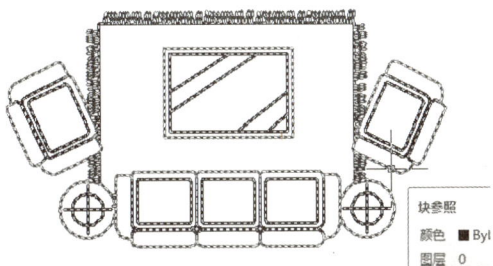

图5-8 块定义完成

## 5.1.2 定义外部块

使用"写块"命令可以创建图形文件，并将此文件保存为块对象插入到其他图形中。单个图形文件作为块定义源，容易创建块和管理块，AutoCAD的符号集也可以作为单独的图形文件存储并编组到文件夹中。

使用"写块"命令定义的图块是一个独立存在的图形文件，因此该图块将被称为外部块。

选择"插入"标签，单击"块定义"面板中的"创建块"下拉按钮，然后选择"写块"命令，如图5-9所示，或者输入WBLOCK（简化命令W）命令并确定，将打开"写块"对话框，如图5-10所示。

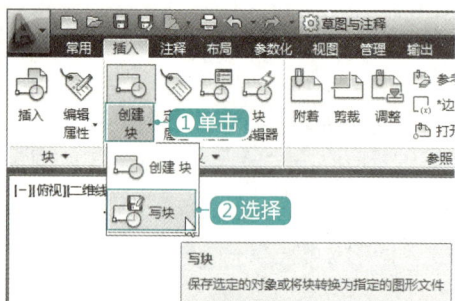

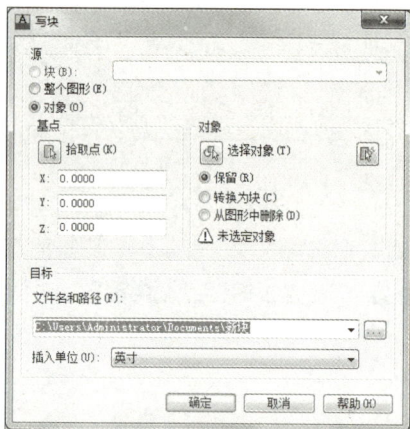

图5-9 选择命令          图5-10 "写块"对话框

"写块"对话框中的"源"区域用于指定块和对象，并将该图块保存为文件并指定插入点，其中常用选项的含义如下。

- **块**：指定要存为文件的现有图块。
- **整个图形**：将整个图形写入外部块文件。
- **对象**：指定存为文件的对象。
- **保留**：将选定对象存为文件后，在当前图形中仍将其保留。
- **转换为块**：将选定对象存为文件后，在当前图形中将其转换为块。
- **从图形中删除**：将选定对象存为文件后，在当前图形中将其删除。
- **选择对象**：选择一个或多个保存至该文件的对象。
- **快速选择**：单击该按钮，可以打开"快速选择"对话框，进行过滤选择集。
- **文件名和路径**：在列表框中可以指定保存块或对象的文件名。单击列表框右侧的"浏览"按钮，在打开的"浏览图形文件"对话框中，可以选择合适的文件路径。
- **插入单位**：可在其下拉列表中指定新文件插入块时所使用的单位值。

将已定义的内部块写入外部块文件时，需要指定一个块文件名及路径，再指定要写入的块。将所选的实体写入外部块文件，需要先执行WBLOCK命令，再选取实体，确定图块插入基点，然后再写入到新建文件，根据需要设置是否删除或转换块属性。创建外部块的具体操作如下。

**步骤 01** 打开光盘中的素材文件"5-02.dwg"，如图5-11所示。

**步骤 02** 输入W命令并确定，在打开的"写块"对话框中单击"选择对象"按钮，如图5-12所示。

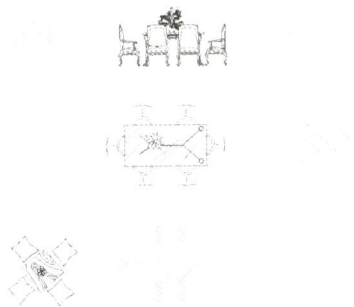

图5-11 打开素材

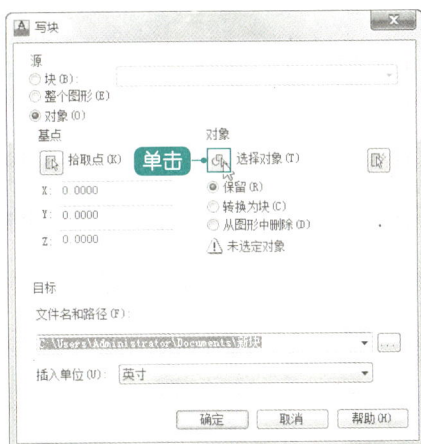

图5-12 单击"选择对象"按钮

**步骤 03** 在图形中选择要创建为外部块的餐桌对象，如图5-13所示，然后按下空格键返回"写块"对话框。

**步骤 04** 单击"文件名和路径"文本框后的＿按钮，然后在"浏览图形文件"对话框中设置保存块的位置和名称，最后再单击"保存"按钮，如图5-14所示。

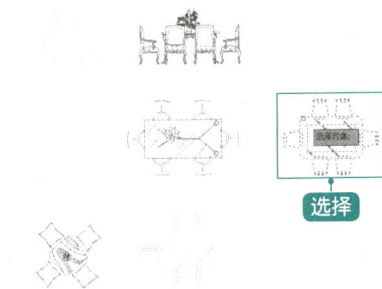

图5-13 选择对象

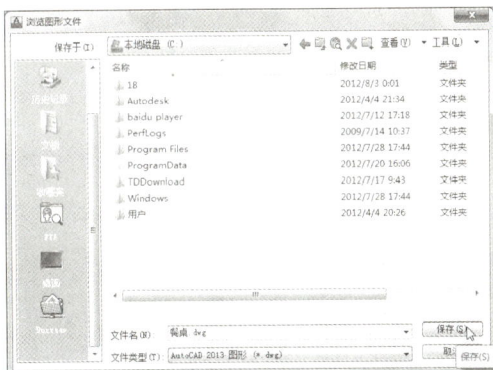

图5-14 设置块保存位置和名称

**步骤 05** 返回"写块"对话框中设置块的插入单位，然后单击"确定"按钮，如图5-15所示。

**步骤 06** 在保存块对象的位置即可找到创建的块对象，如图5-16所示。

图5-15 设置单位并确定

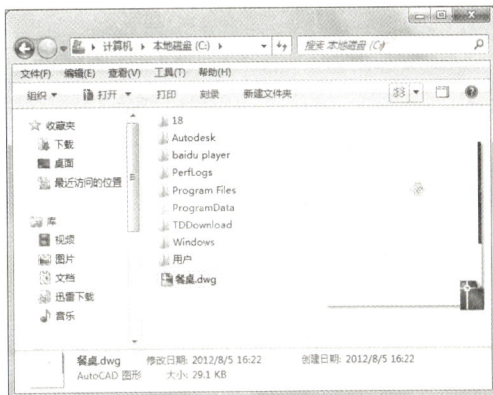

图5-16 创建的外部块

# 5.2　插入块

　　将图块作为一个实体插入当前图形的过程中，AutoCAD将其作为一个整体的对象来操作，其中的实体，如线、面、三维实体等均具有相同的图层、线型等。AutoCAD只保存图块的特征参数，而不需要保存图块中每一实体的特征参数，因此，在绘制相对复杂的图形时，使用插入块的方法能节省大量的时间。

## 5.2.1　直接插入块

　　使用"插入（INSERT）"命令可以一次插入一个块对象。用户可以根据需要，按照一定比例和角度将图块插入到任意一个指定位置。

　　执行"插入"命令的操作有如下3种常用方法。

　　**方法一：** 执行"绘图"→"块"命令。

　　**方法二：** 选择"插入"标签，单击"块"面板中的"插入"按钮，如图5-17所示。

　　**方法三：** 输入"INSERT（I）"命令并确定。

　　执行插入块的操作后，将打开"插入"对话框，用户可在该对话框中选择要插入的外部块文件，如图5-18所示。

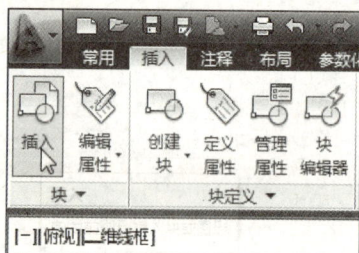

图5-17　单击"插入"按钮

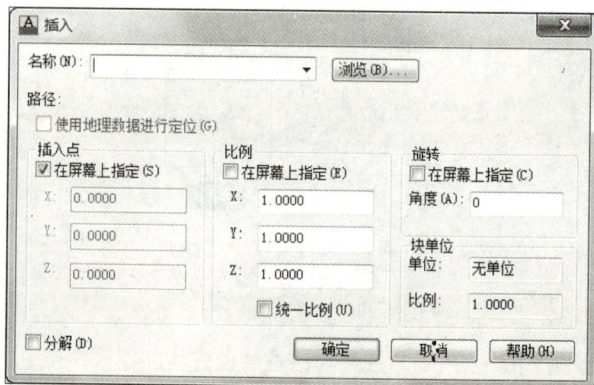

图5-18　"插入"对话框

　　"插入"对话框中常用选项的含义如下。

- **名称：** 在该文本框中可以输入要插入的块名，或者在其下拉列表框中选择要插入的块对象的名称。
- **浏览：** 用于浏览文件。单击该按钮，将打开"选择图形文件"对话框，从而选择需要插入的文件。
- **分解：** 该项用于确定是否将图块在插入时分解成原有组成实体。

　　使用INSERT命令插入块对象的操作步骤如下。

**步骤01** 打开光盘中的素材文件"5-03.dwg"，如图5-19所示。

**步骤02** 输入I命令并确定，在打开的"插入"对话框中单击"浏览"按钮，如图5-20所示。

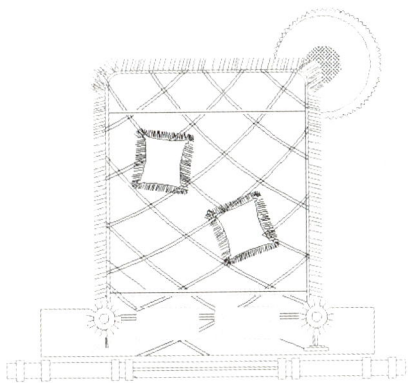

图5-19 打开素材

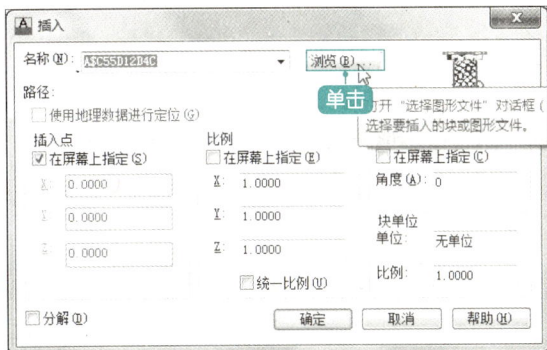

图5-20 单击"浏览"按钮

**步骤 03** 选择光盘中的素材文件"5-04.dwg",然后单击"打开"按钮,如图5-21所示。单击

**步骤 04** 返回"插入"对话框中单击"确定"按钮,如图5-22所示。

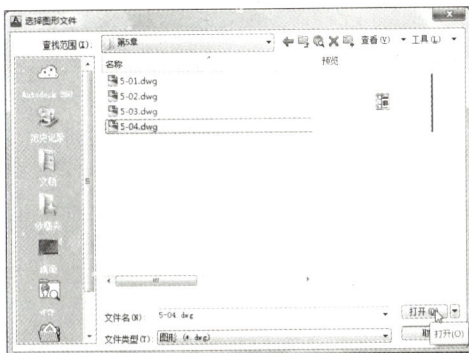

图5-21 选择并打开文件

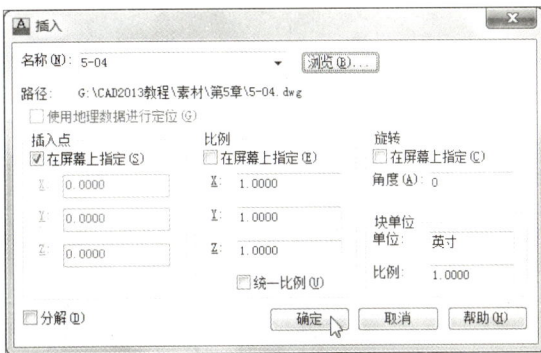

图5-22 单击"确定"按钮

**步骤 05** 指定插入块对象的插入点位置,如图5-23所示,完成插入图块对象后的效果如图5-24所示。

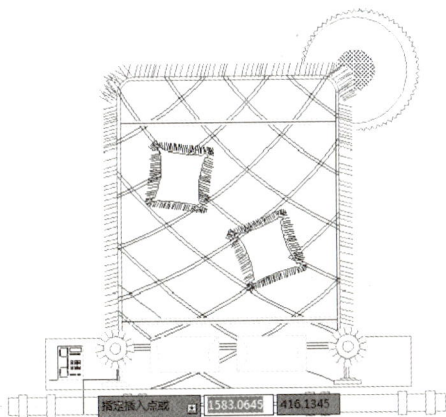

图5-23 指定插入点

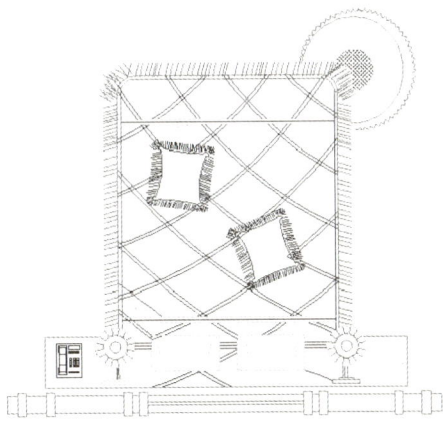

图5-24 插入图块对象

## 5.2.2 阵列插入块

使用MINSERT命令可以将图块以矩阵复制方式插入当前图形中,并将插入的矩阵视为一个实体。在建筑设计中常用此命令插入室内柱子和灯具等对象。

执行MINSERT命令后，系统将提示用户输入要插入块的名称，在指定插入的块对象后，系统将提示"指定插入点或 [基点 （B）/比例 （S）/X/Y/Z/旋转 （R）]"，其中各选项的作用如下。

- **指定插入点**：指定以阵列方式插入图块的插入点。
- **基点**：指定以阵列方式插入图块的基点。
- **比例**：输入X、Y、Z轴方向的图块缩放比例因子。
- **旋转**：指定插入图块的旋转角度，控制每个图块的插入方向，同时也控制所有矩形阵列的旋转方向。

确定插入点、比例和旋转后，系统将继续提示"输入行数（———）"和"输入列数（|||）"的信息。

- **输入行数（———）**：指定矩阵的行数。
- **输入列数（|||）**：指定矩阵的列数。

在图形中进行阵列插入块的操作步骤如下。

**步骤 01** 绘制一个长为10的正方形，然后将其命名为"1"的块，如图5-25所示。

**步骤 02** 输入MINSERT命令并确定，在系统提示下输入要阵列插入块的名称"1"，如图5-26所示。

图5-25 创建块对象

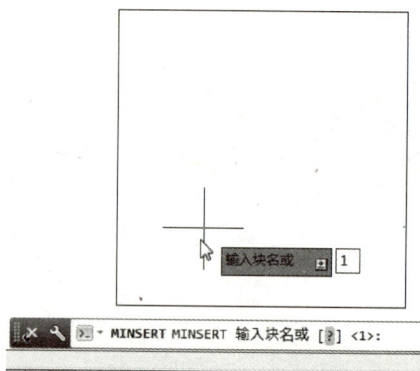

图5-26 输入图块名

**步骤 03** 按下Enter键进行确定，然后指定插入点的位置，并指定X的比例因子为1，如图5-27所示。

**步骤 04** 指定Y的比例因子和X相同，指定旋转角度为0，然后输入插入块的行数（如3）并确定，如图5-28所示。

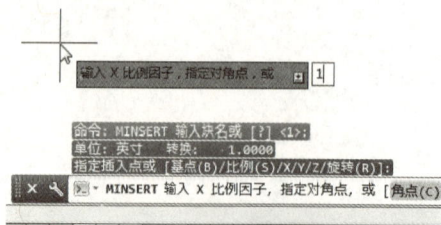

图5-27 指定X的比例因子

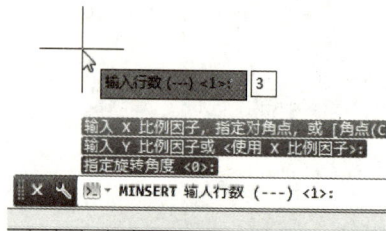

图5-28 输入行数

**步骤 05** 指定插入的列数（如4），如图5-29所示。

**步骤 06** 指定插入对象的行间距（如30），如图5-30所示。

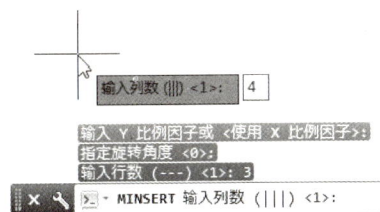

图5-29 指定列数

图5-30 指定行间距

**步骤 07** 指定插入对象的列间距（如25），如图5-31所示，然后按下空格键进行确定，得到阵列插入块的效果如图5-32所示。

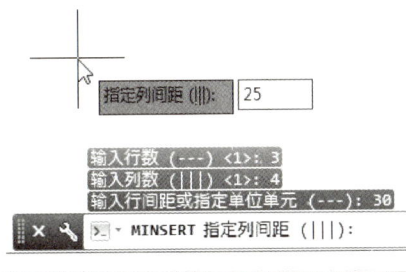

图5-31 指定列间距

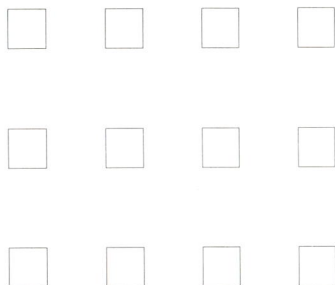

图5-32 阵列块效果

> **技巧**
> 执行"DIVIDE"和"MEASURE"命令，在选择等分的对象后，输入要插入的块名称，可以使用指定的块对象将选择的对象进行定数等分或定距等分。

# 5.3 定义及编辑块属性

为了增强图块的通用性，可以为图块增加一些文本信息，这些文本信息被称之为属性。属性是包含文本信息的特殊实体，不能独立存在及使用，在块插入时才会出现。要使用具有属性的块，必须先对属性进行定义。

## 5.3.1 创建带属性的块

在创建块属性之前，需要创建描述属性特征的定义，包括标记、插入块时的提示值的信息，以及位置和可选模式等。

用户可以通过如下3种常用方法执行创建属性的命令。

**方法一：** 选择"绘图"→"块"→"属性定义"命令。

**方法二：** 单击"块"面板中的"定义属性"按钮🗹，如图5-33所示。

**方法三：** 输入ATTDEF命令并确定。

执行以上操作后，将打开"属性定义"对话框，用户可以在该对话框中设置对象的属性，如图5-34所示。

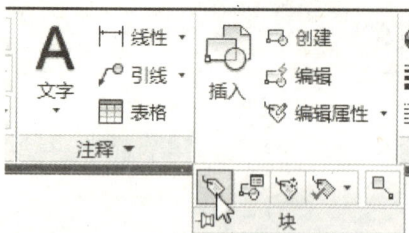

图5-33　单击"定义属性"按钮　　　　　　图5-34　"属性定义"对话框

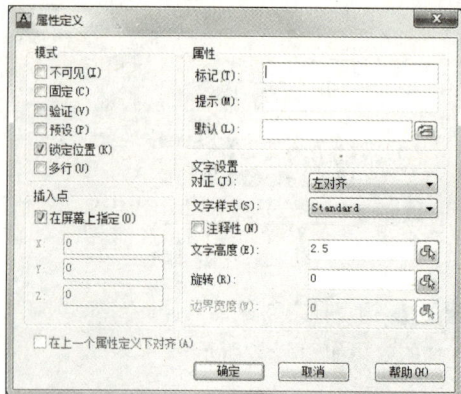

"属性定义"对话框中包括模式、属性、插入点和文字选项4大区域，其中常用选项的含义如下。

- **标记：** 可以输入所定义属性的标志。
- **提示：** 可以在该文本框中输入插入属性块时要提示的内容。
- **对正：** 在该下拉列表框中设置文本的对齐方式。
- **文字样式：** 在该下拉列表框中选择块文本的字体。
- **文字高度：** 单击后面的按钮可以指定文本的高度，也可在右侧的文本框中输入高度值。
- **旋转：** 单击该按钮在绘图区中指定文本的旋转角度，也可在右侧的文本框中输入旋转角度值。

定义属性是在没有生成块之前进行的，其属性标记只是文本文字，可用编辑文本的所有命令对其进行修改、编辑。当一个图形符号具有多个属性时，可重复执行"属性定义"命令，当系统提示"指定起点："时，直接按下空格键，即可将增加的属性标记写在已存在的标签下方。

创建带属性块的操作步骤如下。

**步骤 01** 使用"圆弧（A）"和"直线（L）"命令绘制一个建筑平开门图形，如图5-35所示。

**步骤 02** 选择"绘图"→"块"→"属性定义"命令，在打开的"属性定义"对话框中设置标记值为800，在"提示"文本框中输入"平开门"，设置文字高度为50，然后单击"确定"按钮，如图5-36所示。

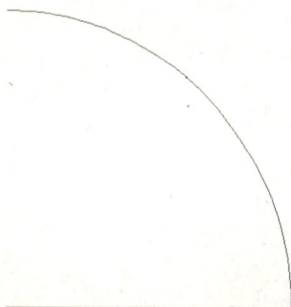

图5-35　绘制平开门图形　　　　　　图5-36　"属性定义"对话框

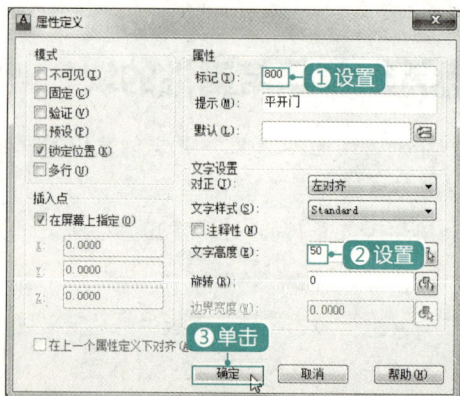

**步骤 03** 在绘图区中指定插入属性的位置，如图5-37所示。

**步骤 04** 执行"块（B）"命令，在打开的"块定义"对话框中设置块的名称为"平开门"，然后单击"选择对象"按钮，如图5-38所示。

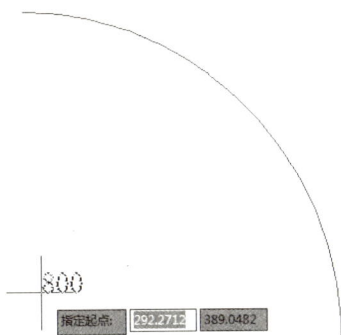

图5-37 指定插入属性的位置

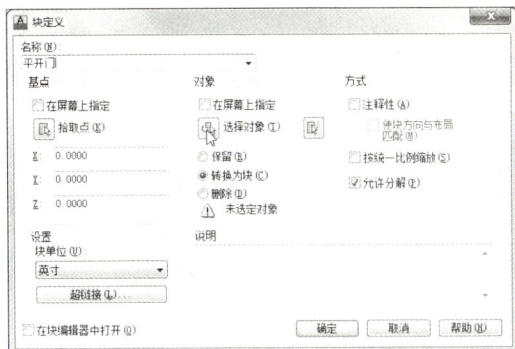

图5-38 "块定义"对话框

**步骤 05** 在绘图区中选择绘制平开门图形作为要创建为块的对象并确定，如图5-39所示。

**步骤 06** 返回"块定义"对话框中进行确定，然后在打开的"编辑属性"对话框中单击"确定"按钮，即可完成属性块的创建，如图5-40所示。

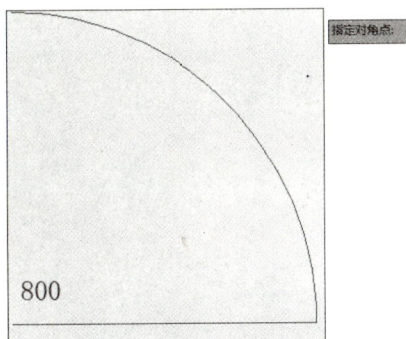

图5-39 选择平开门图形

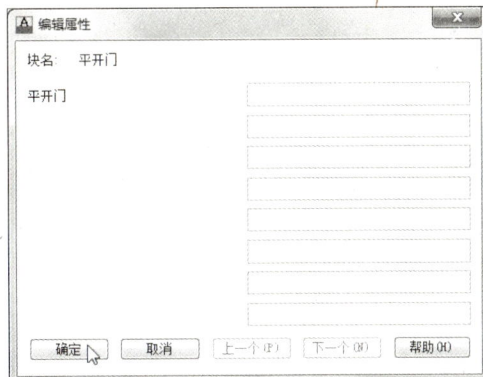

图5-40 单击"确定"按钮

> **提示**
> 只有使用BLOCK或WBLOCK命令将属性定义为块后，才能将其以指定的属性值插入到图形中。

## 5.3.2 显示块属性

使用ATTDISP命令可以控制属性的显示状态。选择"视图"→"显示"→"属性显示"命令，或者输入ATTDISP命令并确定，系统将提示"输入属性的可见性设置［普通（N）/开（ON）/关（OFF）］"，其中，普通选项用于恢复属性定义时设置的可见性；ON/OFF用于使属性暂时可见或不可见。

## 5.3.3 编辑块属性

使用块属性的编辑功能，可以对图块进行再定义。在AutoCAD中，每个图块都有自己的属性，如颜色、线型、线宽和层特性。在AutoCAD绘图区内将图块分解，然后修改其属性，完成后再次定义图块，这时产生的图块将替换原来的图块。

使用EATTEDIT命令可以编辑块中的属性定义，可以通过"增强属性编辑器"修改属性值。使用EATTEDIT命令编辑图块属性值的操作步骤如下。

**步骤 01** 输入DDATTE命令并确定，选择前面创建好的属性块，然后在打开的"增强属性编辑器"对话框中修改标记值为900，如图5-41所示。

**步骤 02** 单击打开"文字选项"选项卡，然后修改文字的高度为60，如图5-42所示。

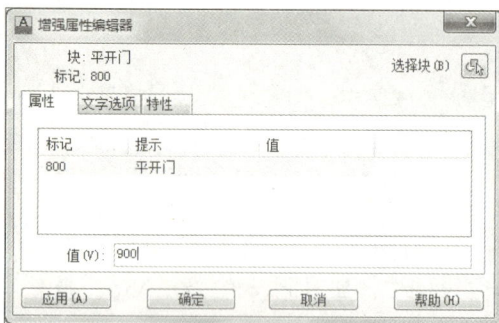

图5-41　修改标记值

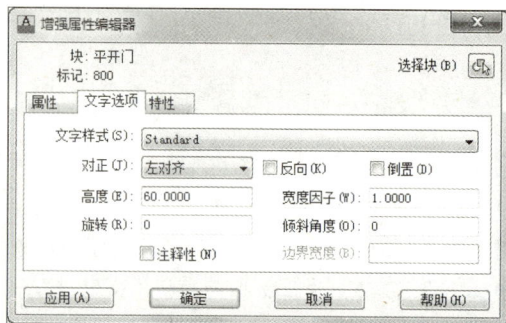

图5-42　修改文字高度

**步骤 03** 单击打开"特性"选项卡，设置颜色为红色，然后单击"确定"按钮，如图5-43所示，修改块属性后的效果如图5-44所示。

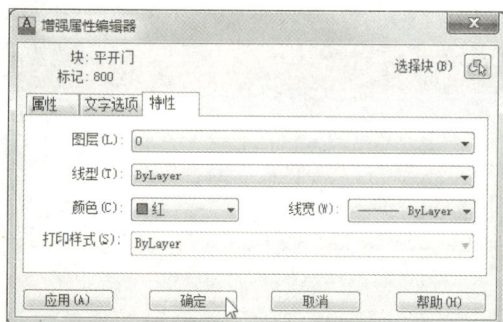

图5-43　设置颜色

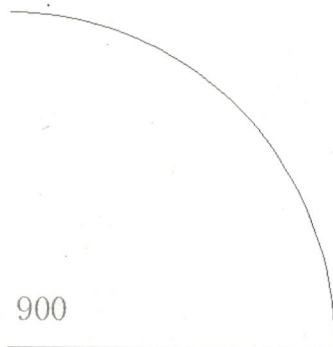

图5-44　修改块属性

# 5.4　AutoCAD的设计中心

通过设计中心可以方便地浏览计算机或网络上任何图形文件中的内容，包括图块、标注样式、图层、布局、线型、文字样式、外部参照等。另外，可以使用设计中心从任意图形中选择图块，或从AutoCAD图元文件中选择填充图案，然后将其置于工具选项板中以便以后使用。

## 5.4.1　初识AutoCAD设计中心

应用AutoCAD设计中心不仅可以搜索需要的文件，还可以向图形中添加内容。打开"设计中心"选项板有如下3种常用方法。

**方法一：** 执行"工具"→"选项板"→"设计中心"命令，如图5-45所示。

**方法二：** 输入ADC命令并确定。

**方法三：** 按下"Ctrl+2"组合键。

执行"设计中心"命令后，即可打开"设计中心"选项板，如图5-46所示。在树状视图窗口中显示了图形源的层次结构，右边控制板用于查看图形文件的内容。展开文件夹标签，选择指定文件的块选项，在右边控制板中便会显示该文件中的图块文件。

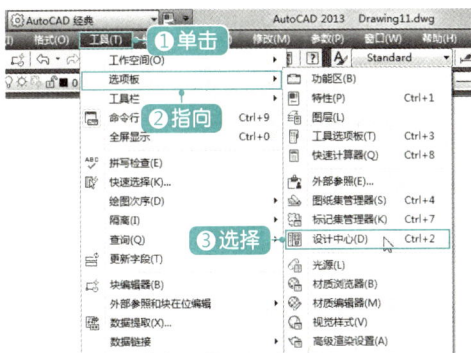

图5-45 执行"设计中心"命令

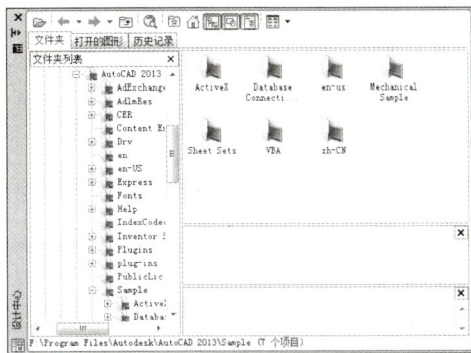

图5-46 "设计中心"选项板

在"设计中心"选项板上方有一系列工具栏按钮，选取任意图标，即可显示相关的内容，其主要工具的作用如下。

- **加载：** 向控制板中加载内容。
- **上一页：** 单击该按钮进入上一次浏览的页面。
- **下一页：** 在选择浏览上一页操作后，可以单击该按钮返回到后来浏览的页面。
- **上一级目录：** 回到上级目录。
- **搜索：** 搜索文件内容。
- **显示：** 控制图标显示形式，单击下拉按钮可调出4种方式：大图标、小图标、列表、详细内容。

在树状图中选择图形文件，就可以通过双击该图形文件在控制板中加载内容，另外，也可以通过"加载"按钮向控制板中加载内容。

单击"加载"按钮，将打开"加载"对话框，在列表中选择要加载的项目内容，在预览框中会显示选定的内容，如图5-47所示。确定加载的内容后，单击"打开"按钮，即可加载该文件的内容，如图5-48所示。

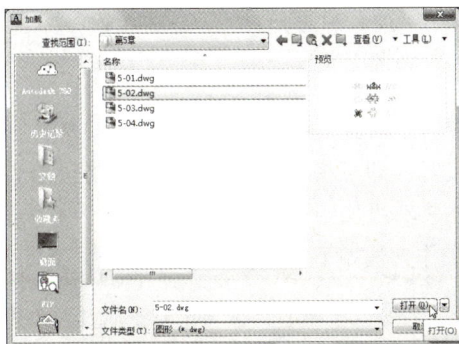

图5-47 "加载"对话框

图5-48 加载文件

## 5.4.2 搜索需要的文件

使用AutoCAD设计中心的"搜索"功能，可以搜索文件、图形、块和图层定义等。在AutoCAD设计中心的工具栏中单击"搜索"按钮🔍，打开"搜索"对话框。在该对话框的"搜索"框中选择要查找的内容类型，包括标注样式、布局、块、填充图案、图层、图形等类型，如图5-49所示。

选定要搜索的内容后，在"搜索"输入框输入路径，或者单击"浏览"按钮指定搜索的位置，如图5-50所示。

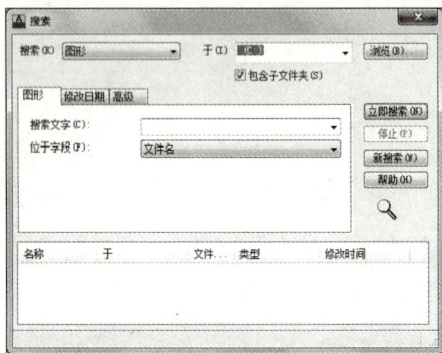

图5-49 "搜索"对话框

图5-50 指定搜索的位置

单击"立即搜索"按钮即可开始进行搜索，其结果显示在对话框下方的列表中，如图5-51所示。如果在完成全部搜索前就已找到所要的内容，可单击"停止"按钮停止搜索。搜索到所需的内容，选定后用鼠标双击就可以直接将其加载到控制板选项板中，如图5-52所示。

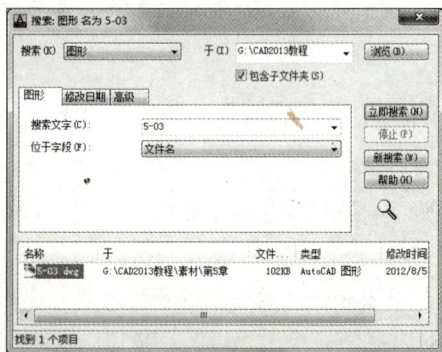

图5-51 显示搜索对象

图5-52 加载搜索的对象

## 5.4.3 向图形中添加对象

在AutoCAD设计中心中，将"搜索"对话框中搜索的对象拖放到打开的图形中，然后根据提示设置图形的插入点、图形的比例因子及旋转角度等，即可将选择的对象加载到图形中，也可以双击设计中心的块对象，然后以插入对象的方法将其添加到当前的图形中。

使用"设计中心"选项板向图形中添加对象的操作方法如下。

**步骤 01** 输入ADC命令并确定，在打开的"设计中心"选项板左侧的资源管理器中展开光盘中的素材文件"5-05.dwg"，如图5-53所示。

**步骤 02** 双击"设计中心"选项板右侧窗格中的"块"选项，展开该素材中的块对象，如图5-54所示。

图5-53 展开素材文件

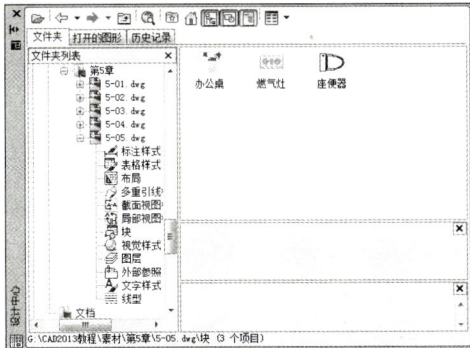

图5-54 展开块对象

**步骤 03** 选择并拖动需要添加到当前图形中的块对象，即可将其添加到当前图形中，如图5-55所示的办公桌图块。

**步骤 04** 在"设计中心"选项板中双击需要添加到当前图形中的块对象，将打开"插入"对话框，然后单击"确定"按钮，如图5-56所示，即可将指定的块对象插入到当前图形中。

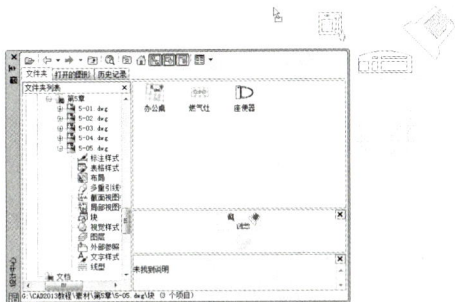

图5-55 拖动块对象

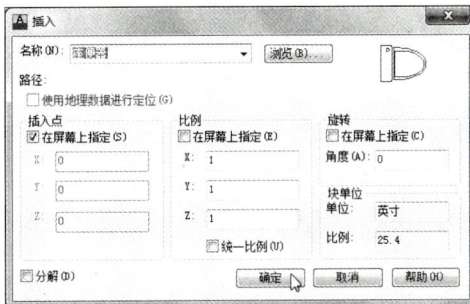

图5-56 "插入"对话框

# 技能实训——插入灯具图块

在本实例中，将通过在顶面图中插入灯具图块（见图5-57）的应用，练习"块"和"插入"命令的应用方法。

**→ 效果展示**

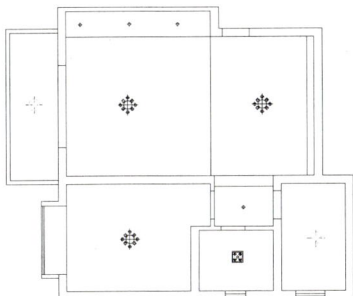

图5-57 插入灯具图块

**→ 操作分析**

在本实例中，首先插入需要的素材文件，并将插入的图块进行分解，再将其中的各个元素创建为相应的图块，然后放在相应的位置，并使用"插入"命令将各个图块插入到对应的位置。

→ **制作步骤**

| | | |
|---|---|---|
| 原始文件 | 光盘\素材文件\第5章\5-06.dwg、5-07.dwg | |
| 结果文件 | 光盘\结果文件\第5章\插入灯块图块.dwg | |
| 同步视频文件 | 光盘\同步教学文件\第5章\插入灯块图块.mp4 | |

**步骤 01** 打开光盘中的素材文件"5-06. dwg"，效果如图5-58所示。

**步骤 02** 执行"插入（I）"命令，打开"插入"对话框，单击"浏览"按钮，如图5-59所示。

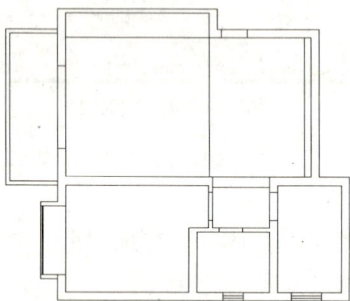

图5-58 打开素材

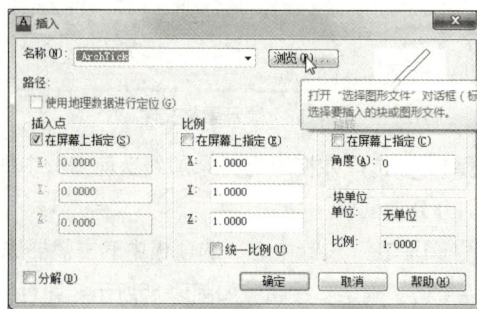

图5-59 "插入"对话框

**步骤 03** 在打开的"选择图形文件"对话框中选择并打开"5-07.dwg"文件，如图5-60所示，然后返回到"插入"对话框中单击"确定"按钮，如图5-61所示。

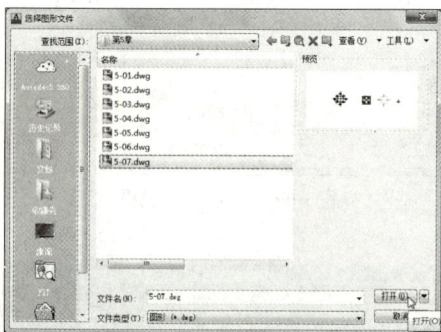

图5-60 选择文件

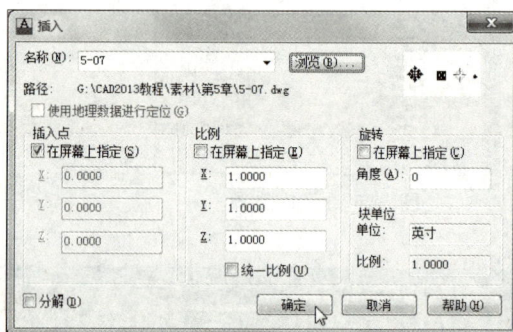

图5-61 单击"确定"按钮

**步骤 04** 在绘图区指定插入块的插入位置，插入块后的效果如图5-62所示，然后使用"分解（X）"命令将插入的图块分解。

**步骤 05** 执行"块（B）"命令，打开"块定义"对话框，在"名称"文本框中输入"花灯"名称，然后单击"选择对象"按钮，如图5-63所示。

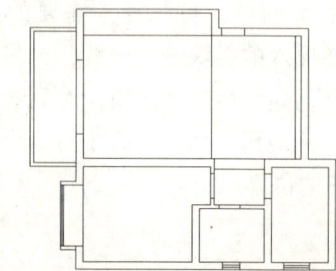

图5-62 插入图块

图5-63 输入块名称

**步骤 06** 在绘图区中使用交叉选择方式选取花灯图形作为要组成块的对象，如图5-64所示。

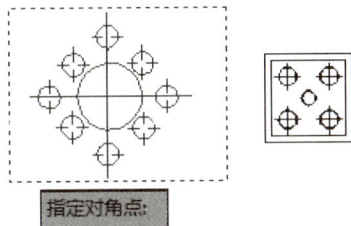

图5-64 选择图形

**步骤 07** 按下空格键返回"块定义"对话框，可以预览块的效果，然后单击"拾取点"按钮，如图5-65所示。

图5-65 单击"拾取点"按钮

**步骤 08** 进入绘图区指定块的插入基点，如图5-66所示，然后返回"块定义"对话框中单击"确定"按钮，完成定义块的操作。

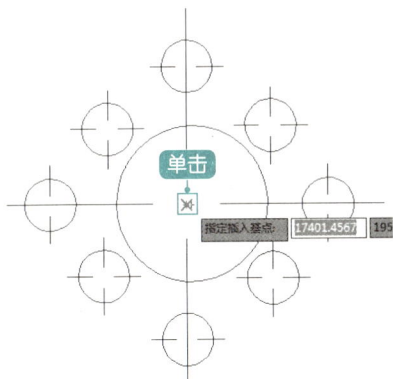

图5-66 指定插入基点

**步骤 09** 继续创建"浴霸"、"吸顶灯"和"射灯"图块，然后参照如图5-67所示的效果，使用"移动"命令将各个图块移动到对应的位置。

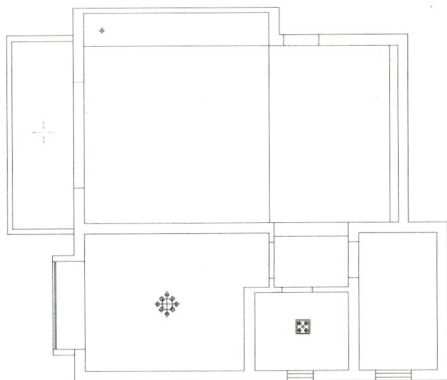

图5-67 创建并移动图块

**步骤 10** 执行"插入（I）"命令，打开"插入"对话框，然后在"名称"下拉列表中选择"花灯"图块，再单击"确定"按钮，如图5-68所示。

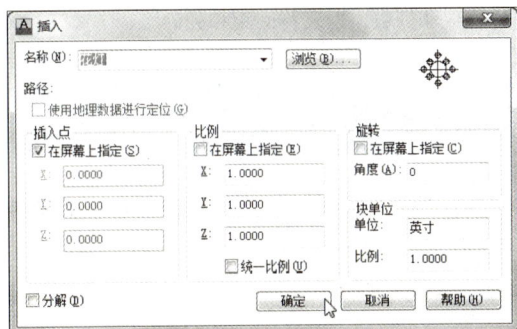

图5-68 单击"确定"按钮

**步骤 11** 在图形左上方的客厅中指定插入图块的位置，效果如图5-69所示。

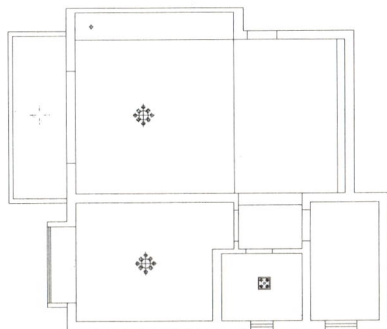

图5-69 插入"花灯"图块

**步骤 12** 继续执行"插入（I）"命令，将"花灯"图块插入到图形右上方的餐厅中，效果如图5-70所示。

**步骤 13** 使用同样的操作方法，将"吸顶灯"和"射灯"图块插入到对应的位置，效果如图5-71所示。

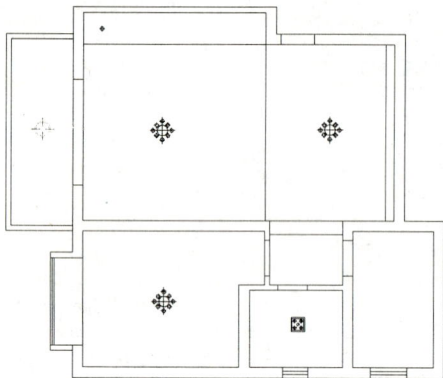

图5-70 插入"花灯"图块

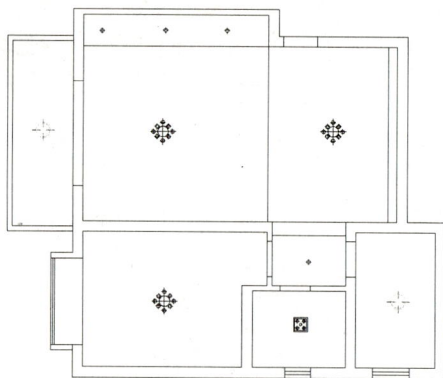

图5-71 插入其他图块

# 课堂问答

通过对前面知识的讲解，我们对AutoCAD 2013块对象的应用有了一定的了解，下面列出一些常见的问题供读者思考。

### 问题1：将图形创建为块后，其特性会改变吗？

答：由于块对象可以是多个不同颜色、线型和线宽特性的对象的组合，因此，将图形创建为块后，将保存该块中对象的有关原图层、颜色和线型特性的信息。另外，用户也可以根据需要，对块中的对象是保留其原特性还是继承当前的图层、颜色、线型、线宽进行设置。

### 问题2：使用WBLOCK命令定义的外部块文件与普通的DWG图形有何不同？

答：所有的DWG图形文件都可以视为外部块插入到其他的图形文件中，不同的是，使用WBLOCK命令定义的外部块文件的插入基点是用户设置好的，而用NEW命令创建的图形文件，在插入其他图形中时将以坐标原点(0,0,0)作为其插入点。

### 问题3：可以将MINSERT命令插入的阵列块分解吗？

答：使用MINSERT命令插入的块阵列是一个整体，不能被分解；但可以用CH命令修改整个矩阵的插入点，X、Y、Z轴向上的比例因子，旋转角度，阵列的行数和列数，以及行间距和列间距。

# 知识与能力测试

通过前面的章节，讲解了AutoCAD中块对象的创建和插入等操作。为对知识进行巩固和考核，布置相应的练习题。

## 笔试题

### 一、填空题

（1）使用_____命令可将单独的对象组合在一起，并储存在当前图形文件内部。

（2）使用_____命令可以创建图形文件，并将此文件保存为块对象插入到其他图形中。

（3）使用_____命令可以将图块以矩阵复制方式插入当前图形中，并将插入的矩阵视为一个实体。

### 二、选择题

（1）创建块的命令是（　　）。

A. B　　　　　　B. CO　　　　　　C. H　　　　　　D. S

（2）插入对象的命令是（　　）。

A. O　　　　　　B. AT　　　　　　C. I　　　　　　D. M

## 上机题

本章课程已经学完，请完成以下操作题，以加深对知识点的理解，巩固所学的技能技巧。

### （1）创建椅子图块

打开光盘中的素材文件"5-08.dwg"，如图5-72所示。然后执行"块（B）"命令，在打开的"块定义"对话框中设置块的名称，再单击"选择对象"按钮，如图5-73所示，选择椅子素材并将其创建为块对象。

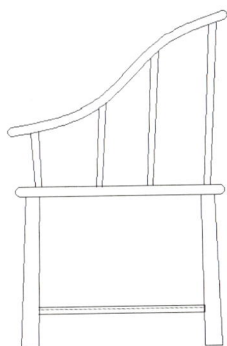

图5-72　打开素材

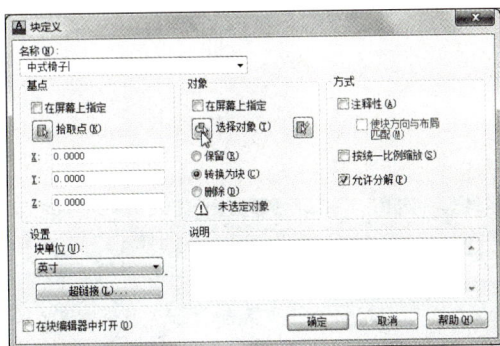

图5-73　"块定义"对话框

### （2）插入植物素材

打开光盘中的沙发素材文件"5-09.dwg"，如图5-74所示。然后使用"插入"命令将植物素材文件"4-10.dwg"插入到当前图形中，效果如图5-75所示。

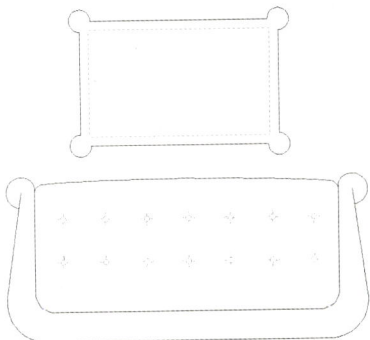

图5-74　打开素材

图5-75　插入植物素材

# Chapter 06

# 填充图案与渐变色

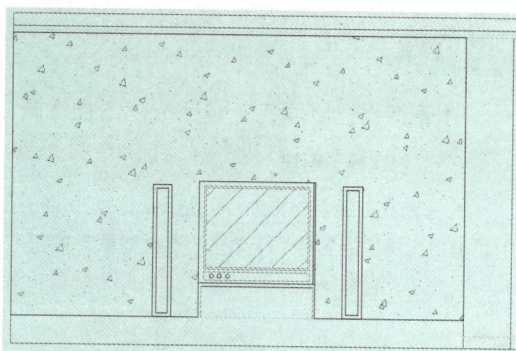

## 本章导读

　　在使用AutoCAD进行绘图的过程中，为了区别不同形体的各个组成部分，我们经常需要用到图案填充，使用AutoCAD的图案填充功能，可以方便地进行图案填充。

　　本章主要介绍AutoCAD中进行图案填充和渐变色填充的应用，用户可以对图形进行图案填充，还可以对填充的图案进行编辑。

## 重点知识

- 填充图案
- 填充渐变色
- 编辑填充对象

## 难点知识

- 控制填充图案的可见性
- 夹点编辑关联图案填充

# 6.1 填充图案

图案与渐变色填充通常用来表现组成对象的材质或区分工程的部件，使图形看起来更加清晰，更加具有表现力。在图案填充的过程中，用户可以根据实际的需要选用不同的填充方式和图案进行填充，也可以对填充图案进行编辑。

## 6.1.1 认识图案填充参数

对图形进行图案的填充，可以使用预定义的填充图案，也可以使用当前的线型定义简单的直线图案，或者创建更加复杂的填充图案。

在"AutoCAD经典"工作空间下输入HATCH（简化命令H）命令并确定，将打开"图案填充和渐变色"对话框，该对话框中包括"图案填充"和"渐变色"两个选项卡，如图6-1所示，单击对话框右下角的"更多选项"按钮 。可以展开隐藏的部分选项内容，如图6-2所示。

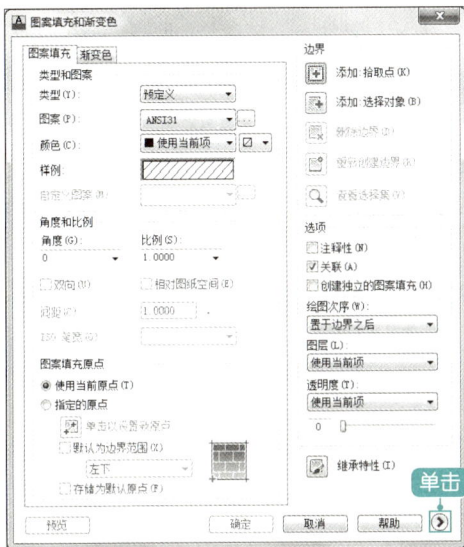

图6-1 "图案填充和渐变色"对话框

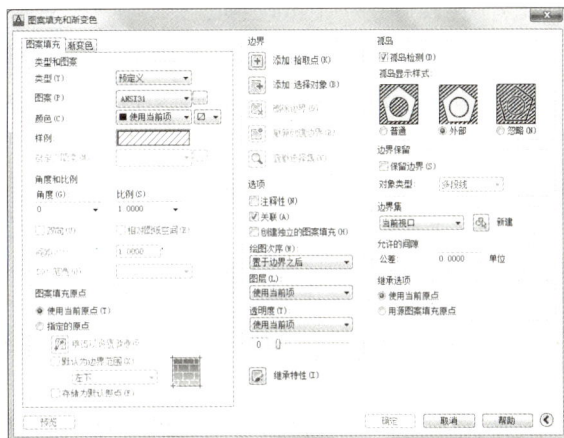

图6-2 展开更多选项

在"图案填充和渐变色"对话框中有很多参数，下面将对常用的参数进行介绍。在"类型和图案"区域中可以指定图案填充的类型和图案，其中常用选项的含义如下。

- **类型**：在该下拉列表中可以选择图案的类型，如图6-3所示。其中，用户定义的图案基于图形中的当前线型。自定义图案是在任何自定义PAT文件中定义的图案，这些文件已添加到搜索路径中，可以控制任何图案的角度和比例。
- **图案**：在该下拉列表中可以选择需要的图案。
- **样例**：在该显示框中显示了当前使用的图案效果。
- **■按钮**：用于打开"填充图案选项板"对话框，从中可以同时查看所有预定义图案的预览图像，这将有助于用户做出选择，如图6-4所示。

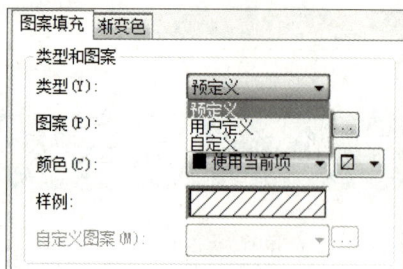

图6-3　选择图案类型

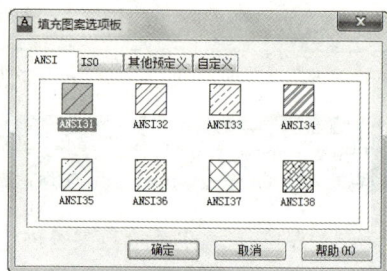

图6-4　填充图案选项板

在"角度和比例"区域可以设置选定填充图案的角度和比例，其中各选项的含义如下。

● **角度**：在该下拉列表中可以设置图案填充的角度，如图6-5和图6-6所示分别是将DOLMIT图案设置为0°和90°时的效果。

图6-5　0°图案效果

图6-6　90°图案效果

● **比例**：在该下拉列表中可以设置图案填充的比例。

● **双向**：当使用"用户定义"方式填充图案时，此选项才可用，选择该项可自动创建两个方向相反并互成90°的图样。

● **间距**：指定用户定义图案中的直线间距。AutoCAD将间距存储在HPSPACE系统变量中。只有将填充类型设置为"用户定义"方式，此选项才可用。

在"边界"区域中常用选项的含义如下。

● **添加**："拾取点"按钮📇：在一个封闭区域内部任意拾取一点，AutoCAD将自动搜索包含该点的区域边界，如图6-7所示。

● **添加**："选择对象"按钮📇：用于选择实体，单击该按钮可选择组成区域边界的实体，如图6-8所示。

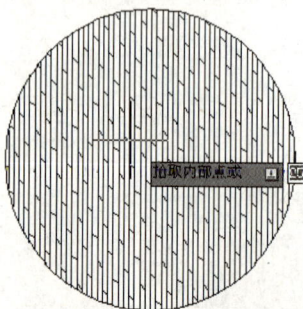

图6-7　拾取内部点

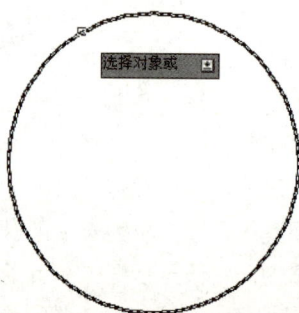

图6-8　选择对象

- **"删除边界"按钮**：用于取消边界，边界即为在一个大的封闭区域内存在的一个独立的小区域。
- **重新创建边界**：围绕选定的图案填充或填充对象创建多段线或者面域，并使其与图案填充对象相关联。

在"选项"区域可以设置填充图案是否具有关联性。

- **关联**：关联填充是指当用于定义区域边界的实体发生移动或修改时，该区域内的填充图样将自动更新，重新填充新的边界。
- **创建独立的图案填充**：区域内的填充图样不受边界变化的影响。

在"孤岛"区域中包含"孤岛检测"和"孤岛显示样式"两个选项，下面以填充图6-9所示的图形为例，对选项的含义进行解释。

- **普通**：用普通填充方式填充图形时，是从最外层的外边界向内边界填充，即第一层填充，第二层则不填充，如此交替进行填充，直到选定边界填充完毕，如图6-10所示。

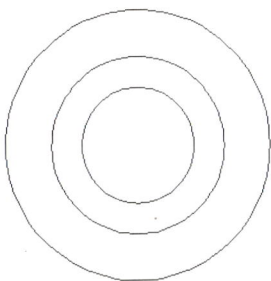

图6-9 原图

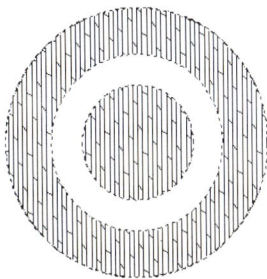

图6-10 普通填充方式

- **外部**：该方式只填充从最外边界向内第一边界之间的区域，如图6-11所示。
- **忽略**：该方式将忽略最外层边界包含的其他任何边界，从最外层边界向内填充全部图形，如图6-12所示。

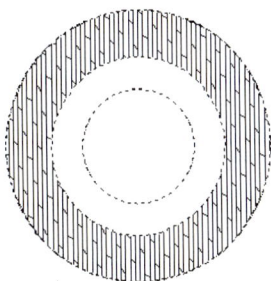

图6-11 外部填充方式

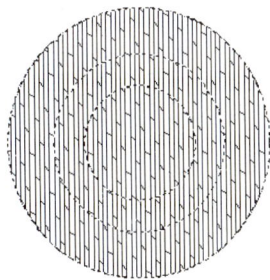

图6-12 忽略填充方式

单击"预览"按钮将关闭对话框，并使用当前图案填充设置显示当前定义的边界。单击图形或按Esc键返回对话框，按下Enter键接受图案填充或填充。

## 6.1.2 执行"图案填充"命令

在AutoCAD 2013中，用户可以使用菜单命令、命令语句和工具按钮3种方法执行"图案填充"命令。

**方法一：** 在"AutoCAD经典"工作空间状态下，执行"绘图"→"图案填充"命令，可以打开"图案填充和渐变色"对话框进行图案填充的操作，如图6-13所示。

**方法二：** 在"草图与注释"工作空间状态下，单击"绘图"面板中的"图案填充"按钮▨可以进行图案填充的操作，如图6-14所示。

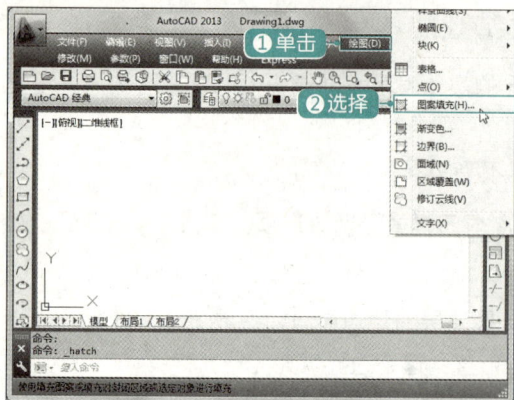

图6-13 执行"图案填充"命令

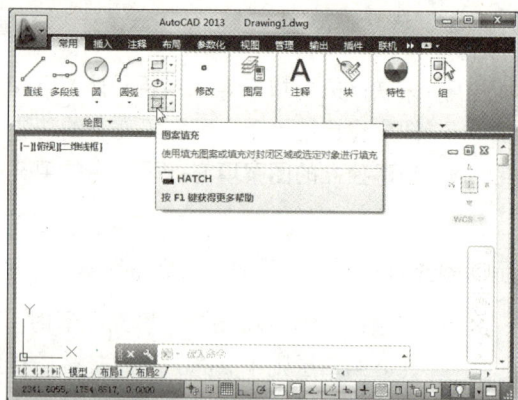

图6-14 单击"图案填充"按钮

**方法三：** 输入BHATCH（简化命令H或BH）命令并确定。

在"AutoCAD经典"工作空间状态下执行"图案填充"命令，将打开"图案填充和渐变色"对话框；在"草图与注释"工作空间状态下执行"图案填充"命令，将打开"图案填充创建"功能面板，如图6-15所示，其中各个工具按钮的功能与"图案填充和渐变色"对话框所对应的选项相同。

图6-15 "图案填充创建"功能面板

## 6.1.3 进行图案填充

在填充图案的过程中，用户可以选择需要填充的图案，在默认情况下，这些图案的颜色和线型将使用当前图层的颜色和线型。用户也可以在后面的操作中，重新设置填充图案的颜色和线型。

### 1. 指定填充区域

用于定义填充图案的边界必须是一个或几个封闭区域，单击"图案填充和渐变色"对话框中的"选择对象"按钮▨，然后在绘图区中选择一个或若干个对象。

用户还可以单击"图案填充和渐变色"对话框中的"拾取点"按钮▨，在需要填充图案的图形区域内拾取一个点，如图6-16所示，由系统自动分析图案填充边界，此时填充边界将呈虚线显示，如图6-17所示。结束边界定义后；按下空格键进行确定，系统将返回"图案填充和渐变色"对话框。

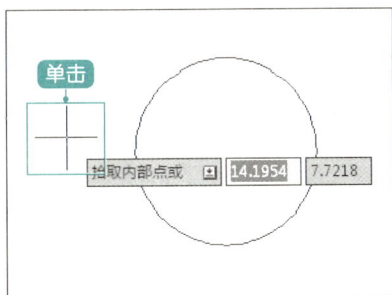

图6-16 指定填充区域

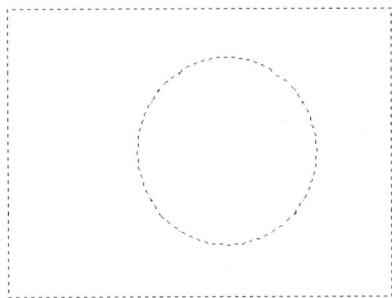

图6-17 显示填充区域

### 2. 设置填充图案

在"图案填充和渐变色"对话框中，提供了如下3种类型的图案。

- **预定义**：选用在文件ACAD.PAT中定义的图案。
- **自定义**：选用在其他PAT文件中定义的图案。
- **用户定义**：用户根据实际需要创建图案样式。

定义填充图案的区域后，返回到"图案填充和渐变色"对话框中，单击"图案"下拉列表右方的□按钮，或单击"样例"预览框，将打开"填充图案选项板"对话框，在该对话框中可以选择不同的图案样式，并预览图案的效果，如图6-18所示。

在"填充图案选项板"对话框中显示了所有预定义和自定义图案的预览图像，其中包含4个选项卡，分别为ANSI、ISO、其他预定义和自定义，每个选项卡上的预览图像均按字母顺序排列。首先单击要选择的填充图案，然后单击"确定"按钮即可。

- **ANSI**：显示产品附带的所有 ANSI 图案。
- **ISO**：显示产品附带的所有 ISO 图案，如图6-19所示。

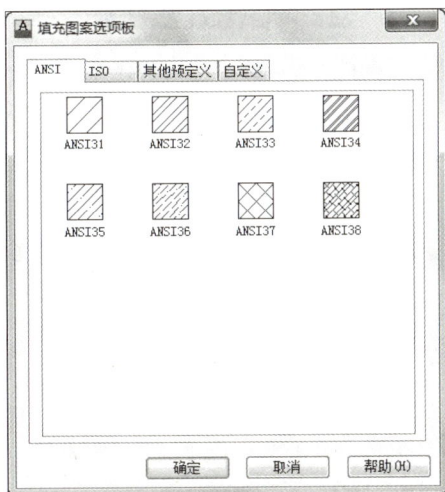

图6-18 ANSI选项卡

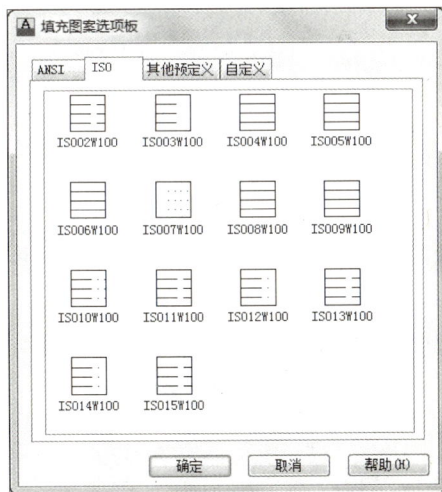

图6-19 ISO选项卡

- **其他预定义**：显示产品附带的除 ISO 和 ANSI 之外的所有其他图案，如图6-20所示。
- **自定义**：显示已添加到搜索路径（在"选项"对话框的"文件"选项卡上设置）中的自定义的PAT 文件列表，如图6-21所示。

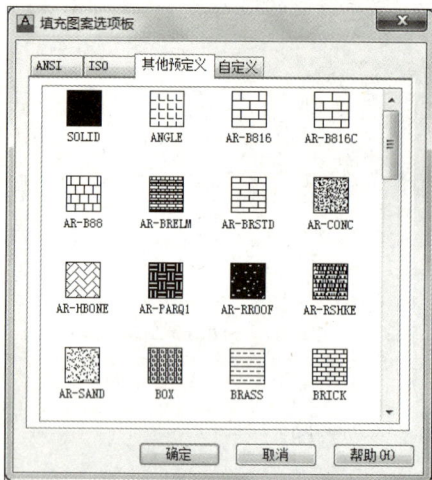

图6-20 "其他预定义"选项卡

图6-21 "自定义"选项卡

### 3. 预览及应用图案

如果在选定图案填充区域、图案及相关参数后，希望预览图案的填充效果，可以在"图案填充和渐变色"对话框中单击"预览"按钮，此时将暂时隐藏"图案填充和渐变色"对话框，并对填充的图案进行预览。

对填充图案的效果进行预览后，可以按下"Enter"键返回"图案填充和渐变色"对话框，然后根据需要对图案参数进行调整，最后再单击"确定"按钮结束图案填充。

例如，使用"图案填充"命令对图形进行图案填充的具体操作如下。

**步骤 01** 使用"矩形"命令绘制一个边长为1000的正方形，如图6-22所示。

**步骤 02** 单击"绘图"面板中的"图案填充，按钮，如图6-23所示。

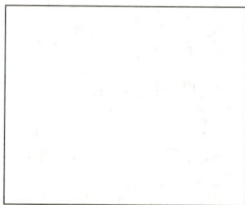

图6-22 绘制正方形

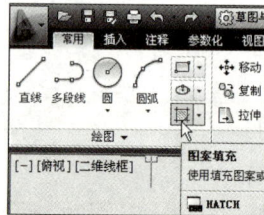

图6-23 单击工具按钮

**步骤 03** 在打开的"图案填充创建"标签中单击"图案填充"按钮，在展开的列表中选择"AR-B816C"图案，如图6-24所示。

**步骤 04** 在绘制的矩形中指点填充的内部点，如图6-25所示。

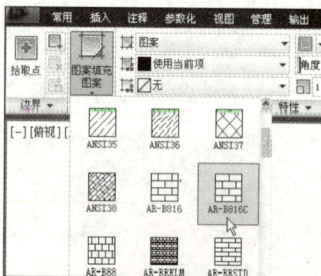

图6-24 选择图案

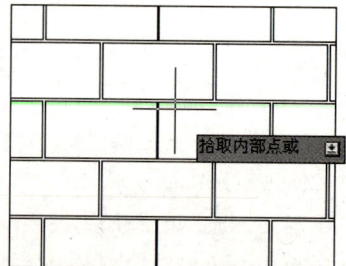

图6-25 指定内部点

**步骤 05** 在“特性”面板中设置角度为90，填充图案比例为0.5，如图6-26所示。然后按下Enter键进行确定，完成图案填充操作，效果如图6-27所示。

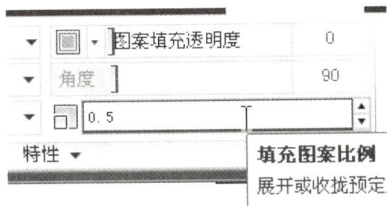

图6-26 设置参数

图6-27 填充图案效果

> **提示**
> 使用图案填充创建的对象使用了当前层的颜色和线型。用户也可以重新指定填充图案所使用的颜色和线型，其方法是，选择填充的图案后，在特性栏中修改图案的颜色。

# 6.2 填充渐变色

在AutoCAD中，使用渐变色填充操作可以创建一种或两种颜色间的平滑转场，常用于填充具有丰富颜色的图形。

## 6.2.1 认识渐变色填充参数

执行“绘图”→“渐变色”命令，如图6-28所示，在打开的“图案填充和渐变色”对话框中单击“更多选项”按钮 ⊙ ，将显示“渐变色”选项卡中的全部内容，如图6-29所示。

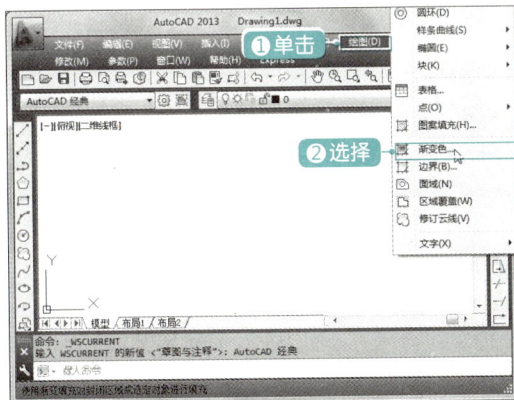

图6-28 执行命令

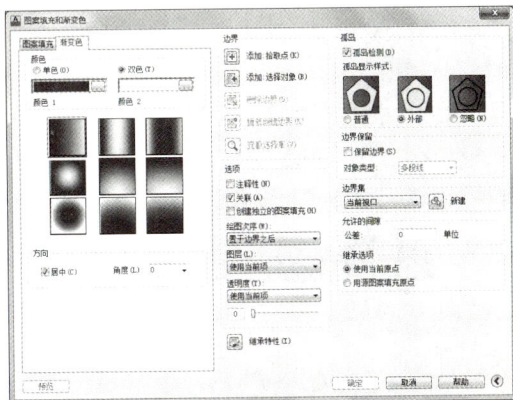

图6-29 渐变色填充参数

在“渐变色”选项卡中除了“颜色”和“方向”选项区域中的选项属于渐变色填充特有的选项外，其他选项与“图案填充”选项卡中的参数相同。“渐变色”选项卡中常用选项的含义如下。

- **单色**：选择此选项，渐变的颜色将从单色到透明进行过渡，如图6-30所示。
- **双色**：选择此选项，渐变的颜色将从第一种色到第二种色进行过渡，如图6-31所示。

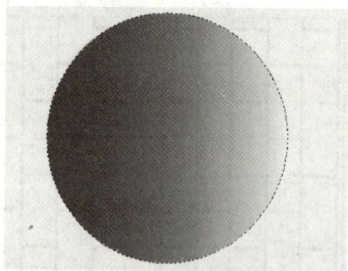

图6-30　单色填充效果

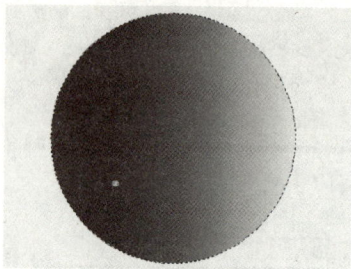

图6-31　双色填充效果

- **颜色样本**：用于指定渐变填充的颜色。
- **居中**：选择该选项，颜色将从中心开始渐变，如图6-32所示，取消选择该选项，颜色将呈不对称渐变，如图6-33所示。
- **角度**：用于设置渐变色填充的角度。

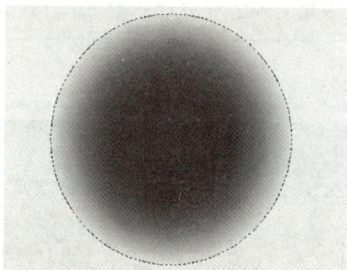

图6-32　居中填充效果

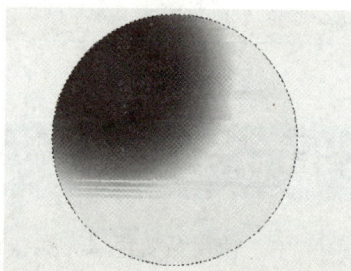

图6-33　不对称填充效果

## 6.2.2 执行"渐变色填充"命令

在AutoCAD 2013中，可以使用对话框或工具面板对渐变色进行填充，用户可以使用如下3种方法执行"渐变色填充"命令。

**方法一**：执行"绘图"→"渐变色"命令，可以打开"图案填充和渐变色"对话框进行渐变色填充的操作。

**方法二**：在"草图与注释"工作空间中单击"绘图"面板中的"图案填充"下拉按钮，在弹出的下拉列表中选择"渐变色"工具，如图6-34所示，可以在打开的"图案填充创建"功能标签中对渐变色参数进行设置，如图6-35所示。

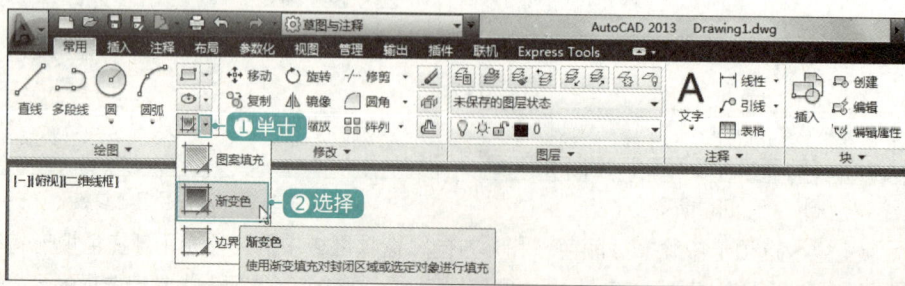

图6-34　选择"渐变色"工具

图6-35　设置渐变色参数

**方法三：** 输入BHATCH（简化命令H或BH）命令并确定，然后在打开的"图案填充和渐变色"对话框中选择"渐变色"选项卡，即可进行渐变色填充的设置。

## 6.2.3　填充渐变色的方法

填充渐变色的操作与填充图案的操作相似，只是在填充渐变色的过程中需要对填充的颜色进行设置，填充渐变色的具体操作如下。

**步骤 01** 打开本书配套光盘中的"6-01.dwg"素材文件，如图6-36所示。

**步骤 02** 执行"绘图"→"渐变色"命令，在打开的"图案填充和渐变色"对话框中选择"单色"单选项，然后单击"单色"选项下方的按钮，如图6-37所示。

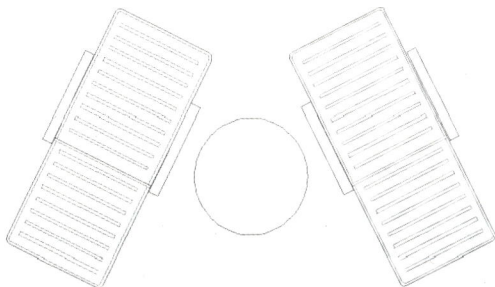

图6-36　打开素材文件

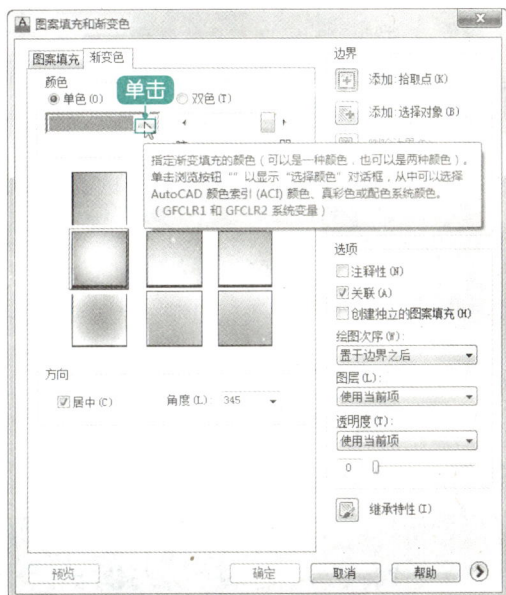

图6-37　选中"单色"单选项

**步骤 03** 在打开的"选择颜色"对话框中选择"真彩色"选项卡，然后设置颜色如图6-38所示。

**步骤 04** 返回"图案填充和渐变色"对话框中选择径向渐变样式，设置"角度"为345后单击"添加：拾取点"按钮，如图6-39所示。

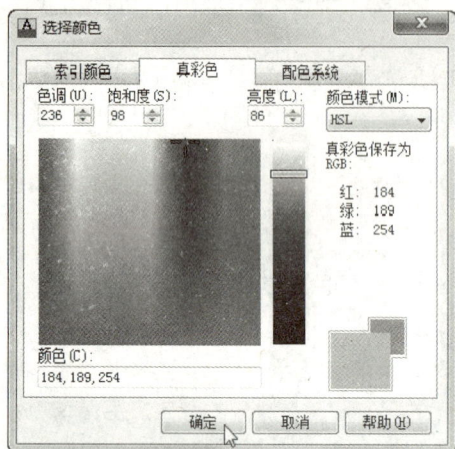

图6-38　设置颜色

图6-39　设置参数

**步骤 05** 进入绘制区在茶几的圆形上单击鼠标指定填充渐变色的区域，如图6-40所示，确定后返回"图案填充和渐变色"对话框，然后单击"确定"按钮，填充渐变色的效果如图6-41所示。

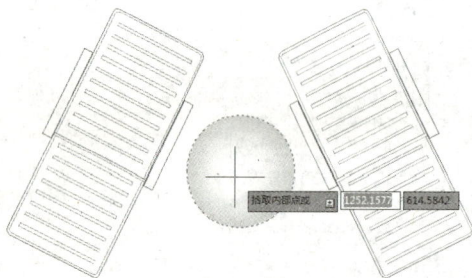

图6-40　指定填充区域

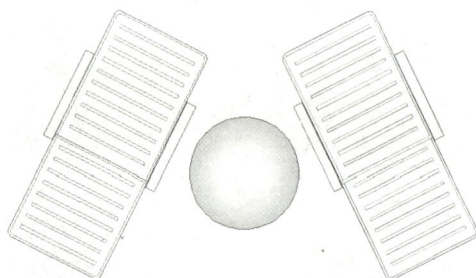

图6-41　渐变色填充效果

# 6.3　编辑填充对象

　　填充好图形图案后，还可以对图案进行编辑，例如，修改填充的图案、控制填充图案的可见性。

## 6.3.1　修改填充的图案

　　无论是关联填充图案还是非关联填充图案，都可以在"图案填充编辑"对话框中修改填充的图案。

　　执行HATCHEDIT命令，然后选择图案对象，即可打开"图案填充编辑"对话框，用户即可在图案列表中重新选择需要的图案，如图6-42所示。

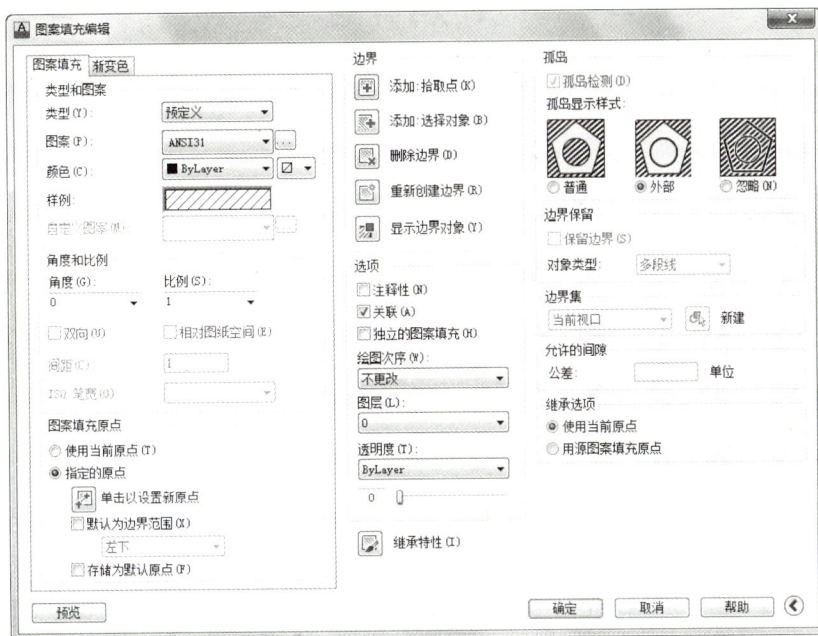

图6-42 "图案填充编辑"对话框

> **提示**
> 使用"编辑"命令修改填充边界后，如果其填充边界继续保持封闭，则图案填充区域自动更新，并保持关联性；如果边界不再保持封闭，则取消其关联性。

## 6.3.2 控制填充图案的可见性

使用"FILL"命令可以控制填充图案的可见性。当"FILL"命令设为"开（ON）"时，填充图案可见，设为"关（OFF）"时，则填充图案不可见。更改"FILL"命令设置后，需要执行"重生成（REGEN）"命令重新生成图形，才能更新填充图案的可见性。

> **提示**
> 当填充图案不可见时，对它的填充边界进行编辑，且编辑后填充边界仍然保持封闭，则仍然保持它们的关联性；编辑后如果填充边界不再封闭，则会取消其关联性。

## 6.3.3 夹点编辑关联图案填充

AutoCAD将关联图案填充对象作为一个块处理，它的夹点只有一个，位于填充区域的外接矩形的中心点上。如果要对图案填充本身的边界轮廓直接进行夹点编辑，则要执行DDGRIPS命令，从弹出的"选项"对话框中勾选"在块中显示夹点"选项，如图6-43所示，然后就可以选择边界进行编辑。

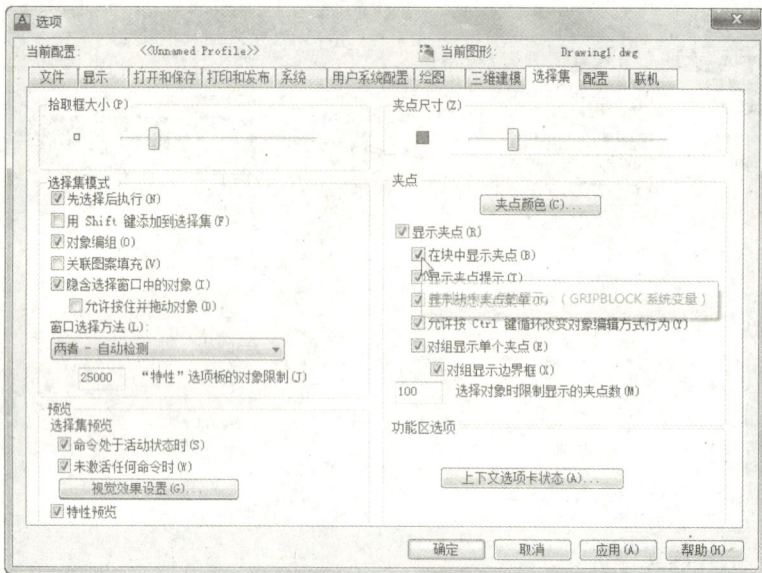

图6-43　勾选"在块中显示夹点"选项

---

**提示**

填充的图案是一种特殊的块。无论图案的形状多么复杂，它都可以作为一个单独的对象。使用EXPLODE命令，即可分解填充的图案。由于分解后的图案不再是单一的对象，而是一组组成图案的线条。因而分解后的图案就不再具有关联了，也无法使用HATCHEDIT命令来编辑它。

---

# 技能实训——填充电视墙立面图

在本实例中，将通过填充电视墙立面图的应用（见图6-44），练习"图案填充"命令的应用方法，以及设置图案参数的操作。

**效果展示**

图6-44　填充电视墙立面图

**操作分析**

在本实例中，首先执行"图案填充"命令，并根据需要选择填充图案的类型，并对图案的比例进行设置，然后再指定填充图案的区域，最后进行确定即可。

**→ 制作步骤**

| | | |
|---|---|---|
| 原始文件 | 光盘\素材文件\第6章\6-02.dwg | |
| 结果文件 | 光盘\结果文件\第6章\电视墙立面图.dwg | |
| 同步视频文件 | 光盘\同步教学文件\第6章\填充电视墙立面图.mp4 | |

**步骤 01** 打开本书配套光盘中的"6-02.dwg"素材文件，如图6-45所示，然后执行"绘图"→"图案填充"命令，如图6-46所示。

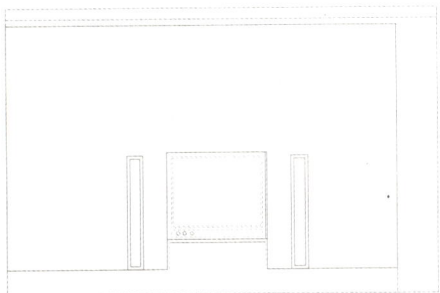

图6-45　打开素材文件

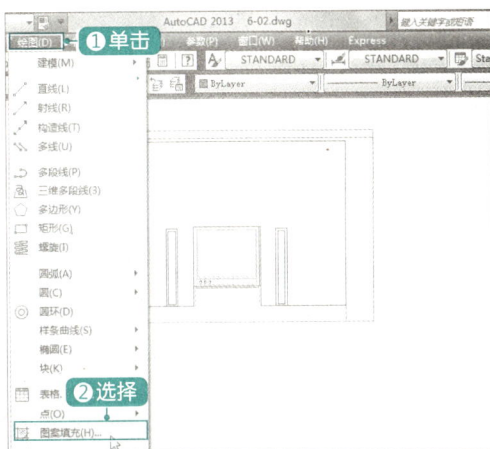

图6-46　选择"图案填充"命令

**步骤 02** 在打开的"图案填充和渐变色"对话框中单击"图案"右方的下拉按钮，然后选择AR-CONC图案，如图6-47所示。

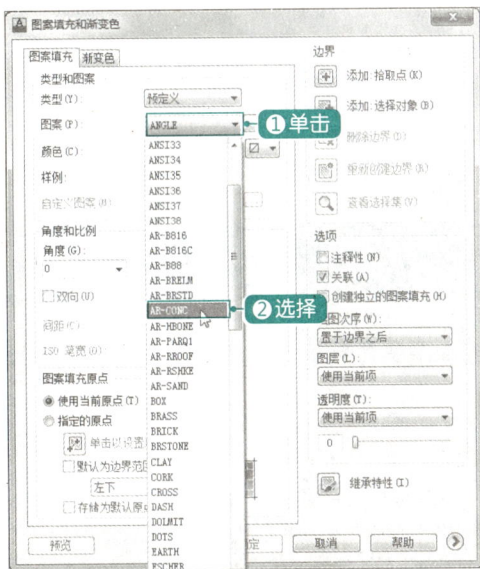

图6-47　选择图案

**步骤 03** 设置图案的比例为2.5，然后单击"添加：拾取点"按钮，如图6-48所示。

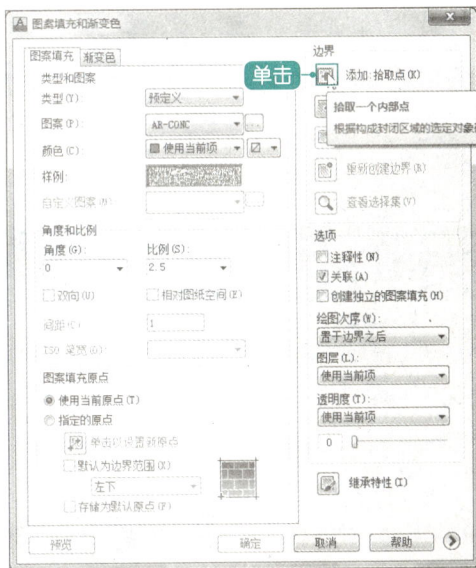

图6-48　设置图案参数

**步骤 04** 在电视墙区域内指定填充图案的区域，如图6-49所示，按下空格键返回"图案填充和渐变色"对话框，然后单击"确定"按钮，填充图案后的效果如图6-50所示。

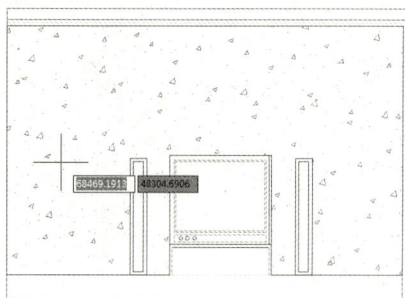

图6-49　指定填充区域

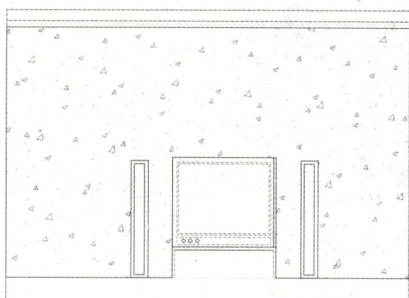

图6-50　填充效果

**步骤 05** 执行H命令,在打开的"图案填充和渐变色"对话框中选择"外部"图案,设置图案的比例为50,然后单击"添加:拾取点"按钮█,如图6-51所示。

**步骤 06** 在电视屏幕中指定填充图案的区域,然后进行确定,图案填充效果如图6-52所示。

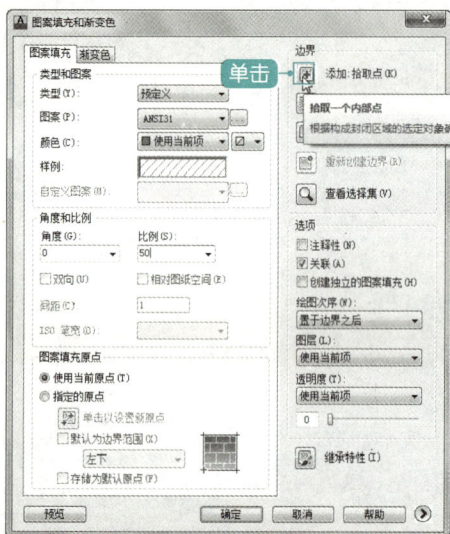

图6-51　设置图案参数

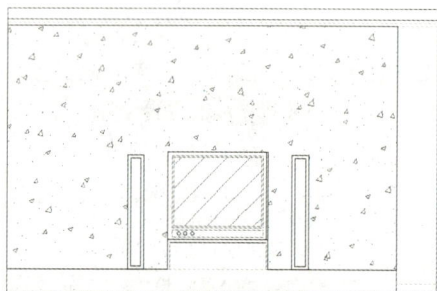

图6-52　图案填充效果

# 课堂问答

通过前面知识的讲解,我们对AutoCAD 2013的图案填充有了一定的了解,下面列出一些常见的问题供读者思考。

### 问题1:图案填充的作用是什么?

**答:** 为了区别不同形体的各个组成部分,在绘图过程中经常需要用到图案填充。使用AutoCAD的图案填充功能,可以方便地进行图案填充及填充边界的设置。

### 问题2:图案填充创建的对象是什么颜色?

**答:** 使用图案填充创建的对象使用了当前层的颜色和线型。用户也可以重新指定填充图案所使用的颜色和线型,其方法是,选择填充的图案后,在特性栏修改图案的颜色。

**问题3：怎样对填充的图案进行编辑？**

答：填充的图案是一种特殊的块。无论图案的形状多么复杂，它都可以作为一个单独的对象。使用EXPLODE命令即可分解填充的图案。由于分解后的图案不再是单一的对象，而是一组组成图案的线条。因而分解后的图案就不再具有关联了，也无法使用HATCHEDIT命令来编辑它。

# 知识与能力测试

通过前面的章节，讲解了AutoCAD中图案填充和渐变色填充的操作。为对知识进行巩固和考核，布置相应的练习题。

## 笔试题

### 一、填空题

（1）在"图案填充和渐变色"对话框中包括"图案填充"和_____两个选项卡。

（2）在_____工作空间中，执行"图案填充（H）"命令，将打开"图案填充和渐变色"对话框。

### 二、选择题

（1）填充图案的命令是（　　）。

A. TR　　　　　　B. CO　　　　　　C. H　　　　　　D. S

（2）执行（　　）命令，然后选择图案对象，即可打开"图案填充编辑"对话框。

A. O　　　　　　B. EDIT　　　　　　C. HATCH　　　　　　D. HATCHEDIT

## 上机题

本章课程已经学完，请完成以下操作题，加深对知识点的理解并巩固所学的技能技巧。

### （1）填充椅子靠背图案

打开光盘中的素材文件"6-03.dwg"，执行"图案填充（H）"命令，在打开的"图案填充和渐变色"对话框，选择"CROSS"图案，设置比例为8，如图6-53所示，然后对椅子靠背图形进行图案填充，效果如图6-54所示。

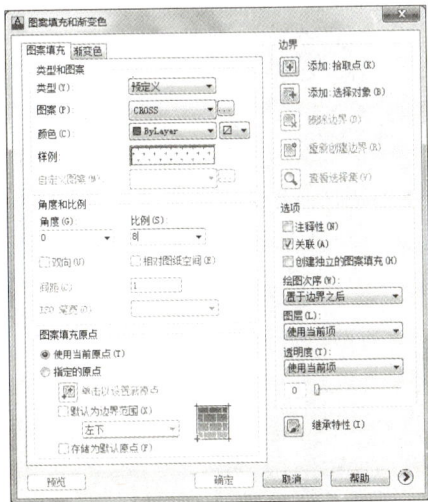

图6-53　设置填充参数

图6-54　图案填充效果

（2）填充渐变色

打开光盘中的素材文件"6-04.dwg"，执行"绘图"→"渐变色"命令，在打开的"图案填充和渐变色"对话框中设置填充颜色为"单色"、颜色为棕色，然后选择对称渐变，并设置角度为45°，设置绘图次序为"后置"，如图6-55所示，然后对立面门图形进行渐变色填充，效果如图6-56所示。

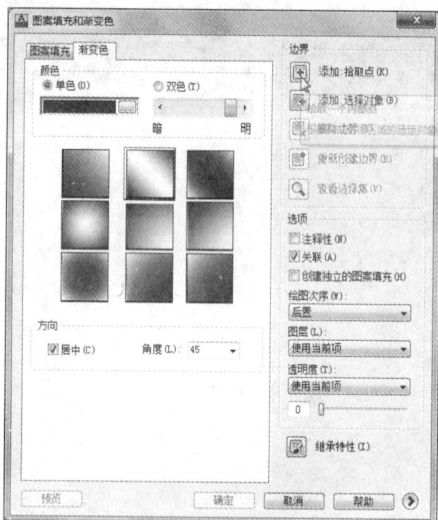

图6-55 设置渐变色参数

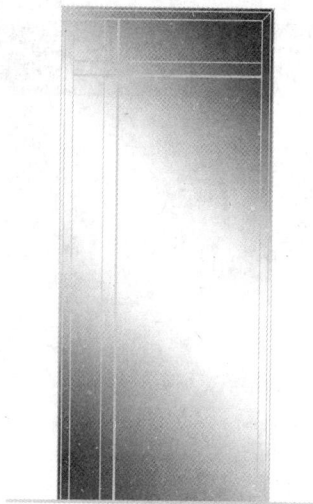

图6-56 渐变色填充效果

# Chapter 07

# 标注图形尺寸

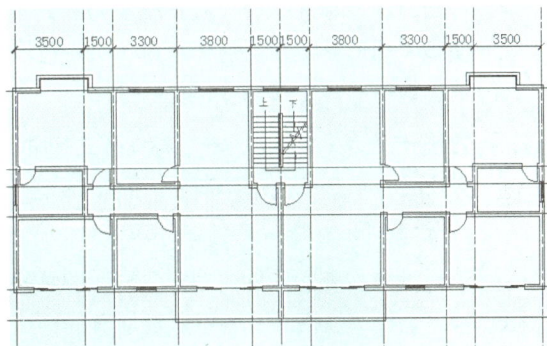

## 本章导读

　　图形标注是绘图中非常重要的一个内容。图形的尺寸和角度能准确地反映物体的形状、大小和相互关系，是识别图形和现场施工的主要依据。

　　本章将介绍标注的相关知识与应用，包括标注样式的创建和修改、对象的标注方法，以及标注图形的技巧等。

## 重点知识

- 设置标注样式
- 标注图形
- 修改标注
- 测量图形

## 难点知识

- 设置标注样式
- 修改标注
- 测量面积和周长

# 7.1 标注样式

尺寸标注样式是指尺寸各组成部分的外观形式。尺寸标注是一个复合对象，在类型和外观上多种多样。在没有改变尺寸标注格式时，当前的尺寸标注格式将作为预设的标注格式。系统预设标注格式为STANDARD，有时可根据实际情况重新设置尺寸标注格式。

## 7.1.1 认识标注样式管理器

在进行尺寸标注之前，应该根据需要先创建标注样式。标注样式可以控制标注的格式和外观，使整体图形更容易识别和理解。用户可以在标注样式管理器中设置尺寸的标注样式。打开标注样式管理器有如下3种常用的方法。

**方法一**：选择"格式"→"标注样式"命令。

**方法二**：选择"注释"标签，单击"标注"面板中的"标注样式"按钮，如图7-1所示。

**方法三**：输入DIMSTYLE（简化命令D）命令并确定。

执行设置尺寸标注样式的命令后，即可打开"标注样式管理器"对话框。在此对话框中，可以新建一种标注格式，也可以对原有的标注格式进行修改，如图7-2所示。

图7-1 单击按钮

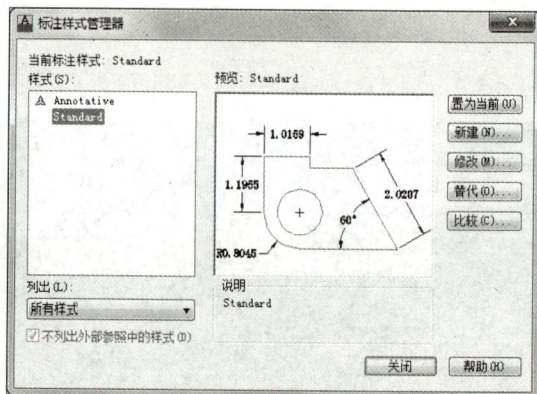

图7-2 标注样式管理器

"标注样式管理器"对话框中常用选项的功能如下。

- **置为当前**：单击该按钮，可以将选定的标注样式设置为当前标注样式。
- **新建**：单击该按钮，将打开"创建新标注样式"对话框，在该对话框中可以创建新的标注样式。
- **修改**：单击该按钮，将打开"修改当前样式"对话框，在该对话框中可以修改标注样式。
- **替代**：单击该按钮，将打开"替代当前样式"对话框，在该对话框中可以设置标注样式的临时替代。

## 7.1.2 新建标注样式

在"标注样式管理器"对话框中单击"新建"按钮后，打开"创建新标注样式"对话框，在该对话框中输入新样式名，然后单击"继续"按钮即可创建新的标注样式，如图7-3所示。在"创建新标注样式"对话框中常用各选项的含义如下。

- **新样式名**：在该文本框中可以设置新样式的名称。
- **基础样式**：在该下拉列表中，可以选择一种基础样式，在该样式的基础上进行修改，从而建立新样式，如图7-4所示。
- **继续**：单击此按钮，可以打开"新标注样式"对话框。
- **取消**：单击此按钮，将退出创建新标注样式的操作。

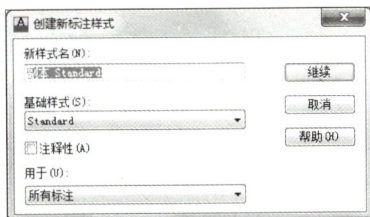

图7-3 创建新的标注样式　　　　图7-4 选择基础样式

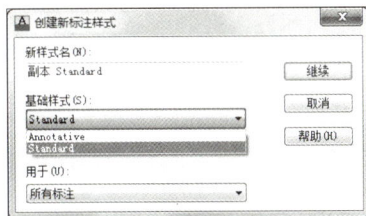

## 7.1.3 设置标注样式

在"创建新标注样式"对话框中单击"继续"按钮，可以打开"新建标注样式"对话框，在该对话框中可以设置新的尺寸标注格式。设置的内容包括线、符号和箭头、文字、调整、主单位、换算单位和公差等，如图7-5所示。

### 1. 设置标注尺寸线

选择"线"选项卡，在该选项中可以设置尺寸线和尺寸界线的颜色、线型、线宽，以及超出尺寸线的距离、起点偏移量的距离等，其中各选项的含义如下。

- **颜色**：单击"颜色"列表框右侧的下拉按钮，可以在打开的列表中选择尺寸线的颜色，如图7-6所示。

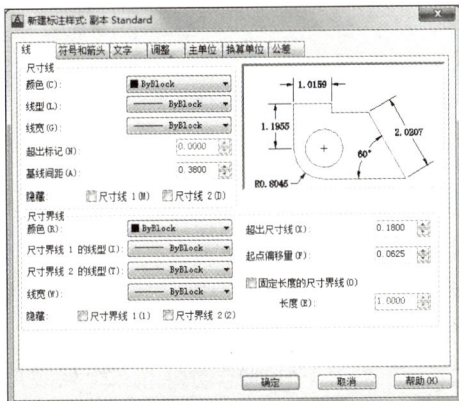

图7-5 "新建标注样式"对话框　　　　图7-6 选择颜色

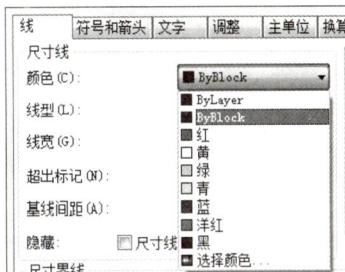

- **线型**：在相应的下拉列表中，可以选择尺寸线的线型样式，如图7-7所示。
- **线宽**：在相应的下拉列表中，可以选择尺寸线的线宽，如图7-8所示。

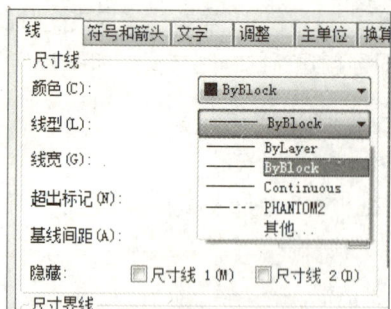

图7-7 选择尺寸线的线型

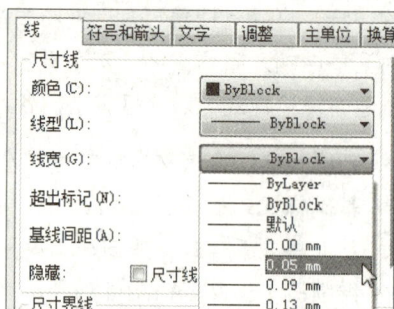

图7-8 选择尺寸线的线宽

- **超出标记**：当使用箭头倾斜、建筑标记、积分标记或无箭头标记时，使用该文本框可以设置尺寸线超出尺寸界线的长度，如图7-9所示是没有超出标记的样式，如图7-10所示是超出标记长度为3个单位的样式。

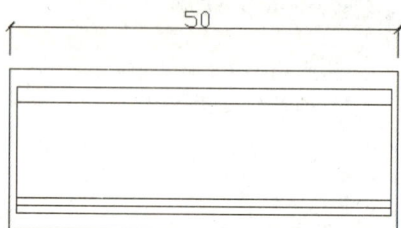

图7-9 没超出标记

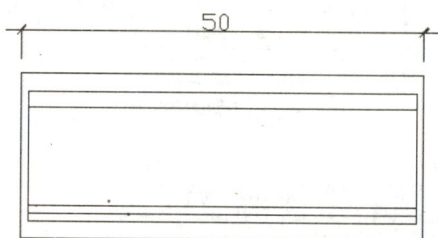

图7-10 超出标记

- **基线间距**：设置在进行基线标注时尺寸线之间的间距。
- **隐藏尺寸线**：用于控制第一条和第二条尺寸线的隐藏状态。如图7-11所示是隐藏尺寸线1的样式；如图7-12所示是隐藏所有尺寸线的样式。

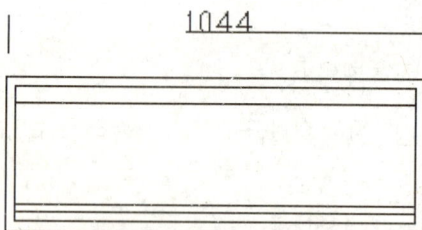

图7-11 隐藏尺寸线1

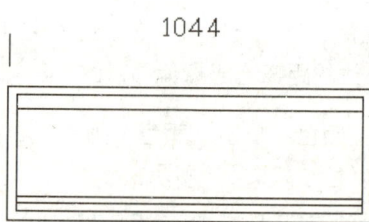

图7-12 隐藏所有尺寸线

在"尺寸界线"区域可以设置延伸线的颜色、线型和线宽等，也可以隐藏某条延伸线，其中各选项的含义如下。

- **颜色**：在该下拉列表中可以选择尺寸界线的颜色。
- **尺寸界线1的线型**：可以在相应下拉列表中选择第1条尺寸界线的线型。
- **尺寸界线2的线型**：可以在相应下拉列表中选择第2条尺寸界线的线型。
- **线宽**：在该下拉列表中，可以选择尺寸界线的线宽。
- **超出尺寸线**：用于设置尺寸界线伸出尺寸的长度。如图7-13所示是超出尺寸线长度为20个单位的情况，如图7-14所示是超出尺寸线长度为50个单位的情况。

图7-13　超出尺寸线长度为20

图7-14　超出尺寸线长度为50

- **起点偏移量**：设置标注点到尺寸界线起点的偏移距离。如图7-15所示起点偏移量为20个单位，如图7-16所示起点偏移量为50个单位。

图7-15　起点偏移量为20

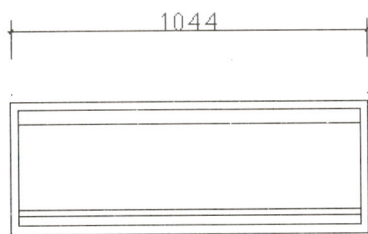

图7-16　起点偏移量为50

- **固定长度的尺寸界线**：勾选该复选框后，可以在下方的"长度"文本框中设置尺寸界线的固定长度。
- **隐藏尺寸界线**：用于控制第一条和第二条尺寸界线的隐藏状态。如图7-17所示是隐藏尺寸界线1的样式，如图7-18所示是隐藏两条尺寸界线的样式。

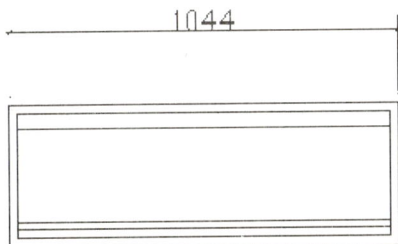

图7-17　隐藏尺寸界线1

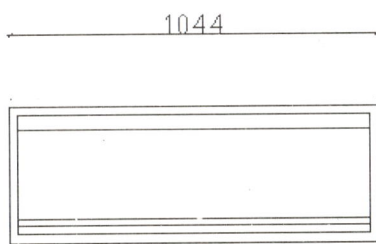

图7-18　隐藏两条尺寸界线

### 2．设置标注符号和箭头

选择"符号和箭头"选项卡，在该选项卡中可以设置符号和箭头样式与大小、圆心标记的大小、弧长符号、半径与线性折弯标注等，如图7-19所示。其中常用选项的含义如下。

- **第一个**：在下拉列表中选择第一条尺寸线的箭头样式，如图7-20所示。在改变第一个箭头的样式时，第二个箭头将自动改变成与第一个箭头相匹配。
- **第二个**：在该下拉列表中，选择第二条尺寸线的箭头。
- **引线**：在该下拉列表中，可以选择引线的箭头样式。
- **箭头大小**：用于设置箭头的大小。

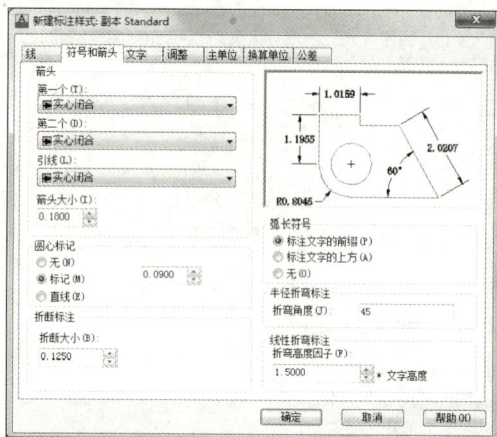

图7-19　"符号和箭头"选项卡

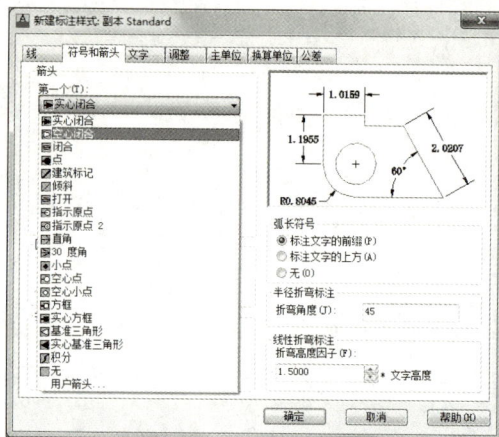

图7-20　选择箭头样式

### 3. 设置标注文字

选择"文字"选项卡，在该选项卡中可以设置文字外观、文字位置、文字对齐的方式，如图7-21所示，其中常用选项的含义如下。

- **文字样式**：在该下拉列表中，可以选择标注文字的样式。单击后面的　　按钮，可以在打开的"文字样式"对话框中设置文字样式，如图12-22所示。
- **文字颜色**：在该下拉列表中，可以选择标注文字的颜色。
- **文字高度**：设置标注文字的高度。

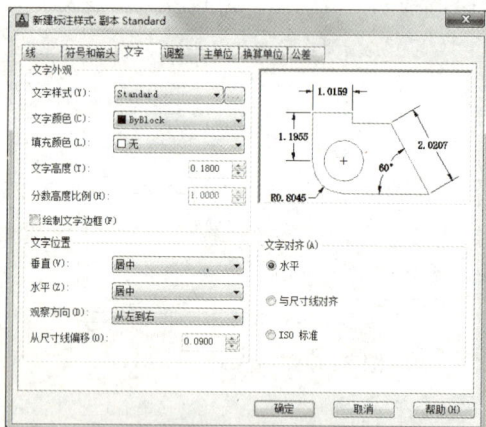

图7-21　"文字"选项卡

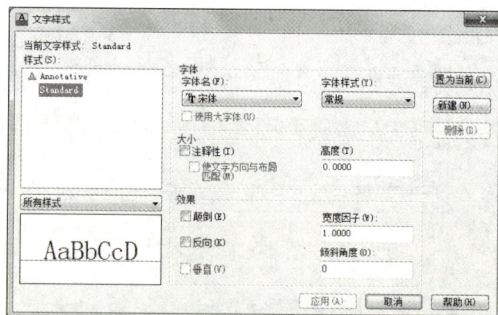

图7-22　设置文字样式

- **垂直**：在该下拉列表中，可以选择标注文字相对尺寸线的垂直位置，如图7-23所示。
- **水平**：在下拉列表中，可以选择标注文字相对于尺寸线和尺寸界线的水平位置，如图7-24所示。

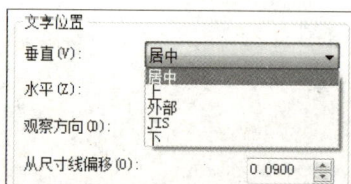

图7-23　设置垂直位置

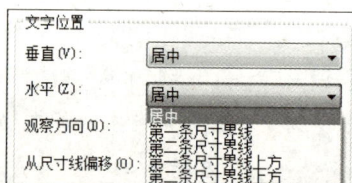

图7-24　设置水平位置

● **从尺寸线偏移**：设置标注文字与尺寸线的距离。如图7-25所示是文字从尺寸线偏移10个单位的样式，如图7-26所示是文字从尺寸线偏移40个单位的样式。

图7-25  偏移10个单位

图7-26  偏移40个单位

### 4. 调整尺寸样式

选择"调整"选项卡，在该选项卡中可以设置尺寸的尺寸线与箭头的位置、尺寸线与文字的位置、标注特征比例以及优化等关系，如图7-27所示，其中常用选项的含义如下。

● **文字或箭头（最佳效果）**：按照最佳布局移动文字或箭头，包括当尺寸界线间的距离足够放置文字和箭头时、当尺寸界线间的距离仅够容纳文字时、当尺寸界线间的距离仅够容纳箭头时和当尺寸界线间的距离既不够放文字又不够放箭头时的4种布局情况，各种情况布局如下。

◆ 当尺寸界线间的距离足够放置文字和箭头时，文字和箭头都将放在尺寸界线内，如图7-28所示。

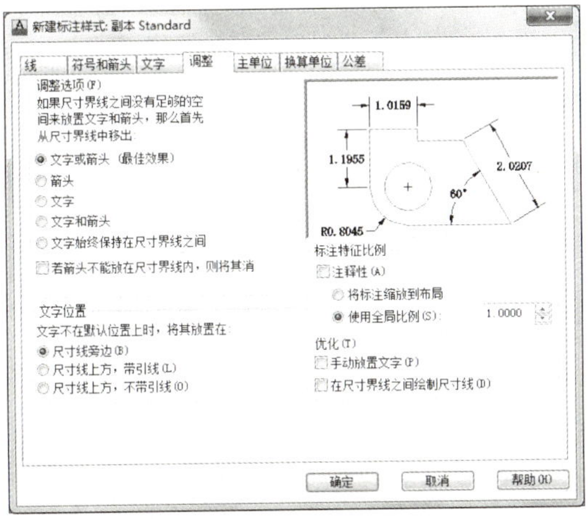

图7-27  "调整"选项卡

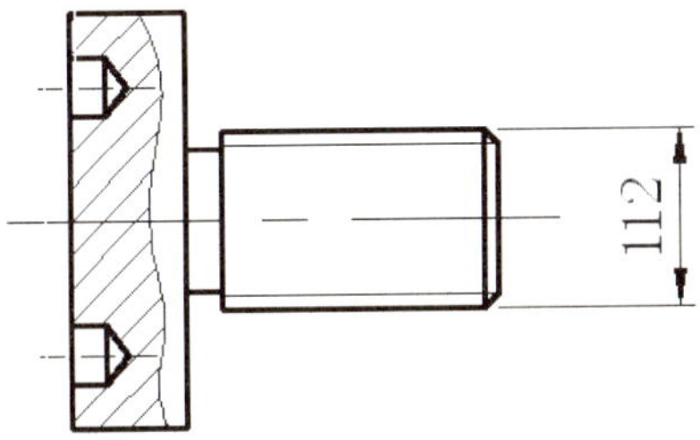

图7-28  文字和箭头在界线内

◆ 当尺寸界线间的距离仅够容纳文字时，则将文字放在尺寸界线内，而将箭头放在尺寸界线外。

◆ 当尺寸界线间的距离仅够容纳箭头时，则将箭头放在尺寸界线内，而将文字放在尺寸界线外。

◆ 当尺寸界线间的距离既不够放文字又不够放箭头时，文字和箭头将全部放在尺寸界线外。

● **箭头**：指定当尺寸界线间距离不足以放下箭头时，箭头都放在尺寸界线外。

● **文字**：指定当尺寸界线间距离不足以放下文字时，文字都放在尺寸界线外。

● **文字和箭头**：当尺寸界线间距离不足以放下文字和箭头时，文字和箭头都放在尺寸界线外。

- **文字始终保持在尺寸界线之间：** 始终将文字放在延伸线之间。
- **若箭头不能放在尺寸界线内，则将其消除：** 当尺寸界线内没有足够空间时，将自动隐藏箭头。

"标注特征比例"区域用于设置尺寸标注的比例因子。所设置的比例因子将影响整个尺寸标注所包含的内容。选择"使用全局比例"单选项，可以设置标注样式的比例值。

### 5．设置尺寸主单位

选择"主单位"选项卡，在该选项卡中可以设置线性标注与角度标注，如图7-29所示，其中常用选项的含义如下。

- **单位格式：** 在该下拉列表中，可以选择标注的单位格式，如图7-30所示。

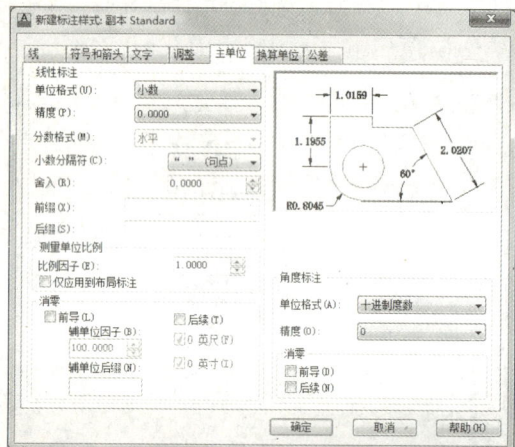

图7-29 "主单位"选项卡

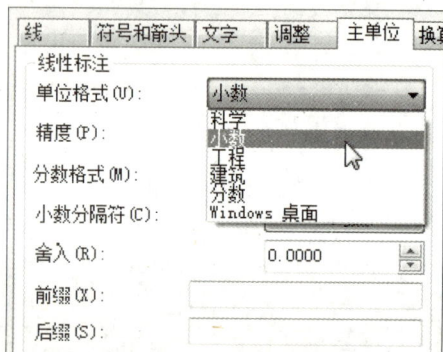

图7-30 选择单位格式

- **精度：** 在该下拉列表中，可以选择标注文字中的小数位数，如图7-31所示。
- **分数格式：** 当单位格式设置为分数时，在该下拉列表中可以选择分数标注的格式，包括"水平"、"对角"和"非堆叠"选项，如图7-32所示。

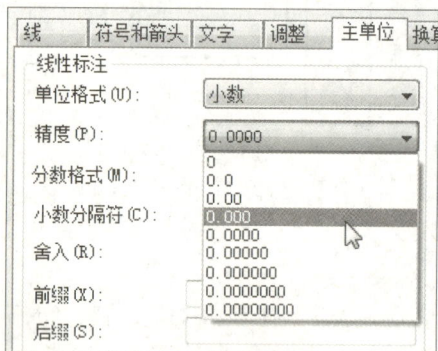

图7-31 选择小数位数

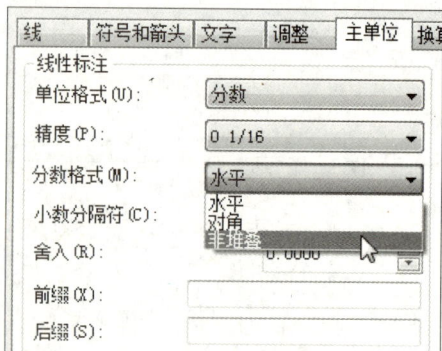

图7-32 选择分数格式

完成尺寸标注样式各个选项卡中的特性参数设置后进行确定，用户便可以建立一个新的尺寸标注样式，并显示在"标注样式管理器"对话框中，如图7-33所示。创建好标注样式后，单击"标注"面板中"标注样式"列表框左方的下拉按钮，可以在列表框中查看并选择创建的标注样式，如图7-34所示。

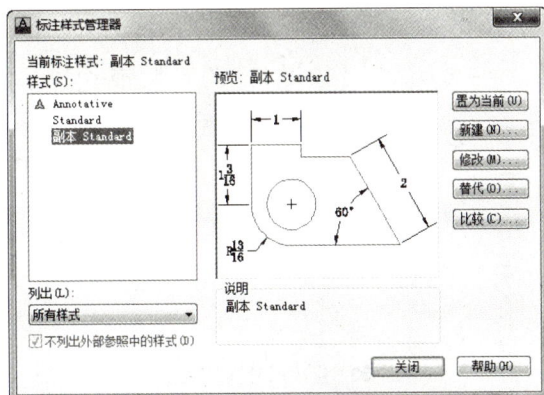

图7-33 创建标注样式

图7-34 选择标注样式

# 7.2 标注图形

在AutoCAD中，用户可以使用各种标注命令对图形进行尺寸、角度、半径等标注。下面我们将介绍线性标注、角度标注、半径标注、直径标注等常用标注操作的应用。

## 7.2.1 线性标注

使用"线性"标注命令可以标注长度类型的尺寸，用于标注垂直、水平和旋转的线性尺寸，线性标注可以水平、垂直或对齐放置。创建线性标注时，可以修改文字内容、文字角度或尺寸线的角度。

执行线性标注的方法有如下3种。

方法一：执行"标注"→"线性"命令，如图7-35所示。

方法二：单击"标注"面板中的"线性"按钮 ⊢ ，如图7-36所示。

方法三：输入DIMLINEAR（DLI）命令并确定。

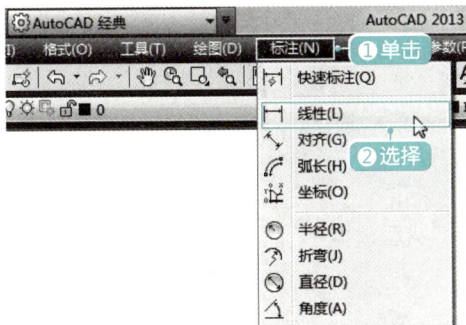

图7-35 选择命令

图7-36 单击按钮

对图形线性标注的具体操作步骤如下。

步骤 01 绘制一个矩形，然后执行"标注"→"线性"命令，在标注的对象上选择第一个原点，如图7-37所示。

**步骤 02** 指定标注对象的第二个原点，如图7-38所示。

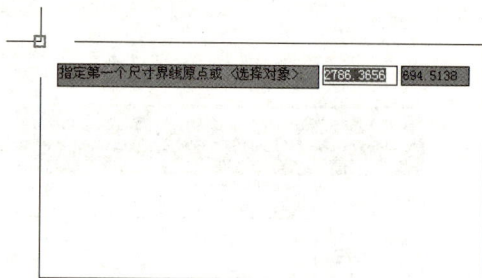

图7-37　指定尺寸界线原点

图7-38　指定尺寸界线第二点

**步骤 03** 拖动鼠标指定尺寸标注线的位置，如图7-39所示，然后单击鼠标左键，即可完成线性标注，效果如图7-40所示。

图7-39　指定尺寸标注线位置

图7-40　线性标注效果

## 7.2.2 半径标注

　　"半径"标注用于标注圆或圆弧的半径，半径标注是由一条具有指向圆或圆弧的箭头的半径尺寸线组成。如果系统变量DIMCEN未设置为零，AutoCAD将绘制一个圆心标记。

　　使用"半径"标注命令可以根据圆和圆弧的大小，标注样式的选项设置以及光标的位置来绘制不同类型的半径标注。标注样式控制圆心标记和中心线。

　　执行半径标注的方法有如下3种。

　　**方法一：** 选择"标注"→"半径"命令。

　　**方法二：** 单击"标注"面板中的"半径"按钮 。

　　**方法三：** 输入DIMRADIUS（DRA）命令并确定。

　　执行"半径"标注命令后，选择要标注的图形，然后根据系统提示即可对图形进行半径标注，其具体操作步骤如下。

**步骤 01** 绘制一段圆弧，然后单击"标注"面板上的"标注"下拉按钮，在展开的列表中单击"半径"按钮 ，如图7-41所示。

**步骤 02** 选择圆弧作为需要标注半径的对象，如图7-42所示。

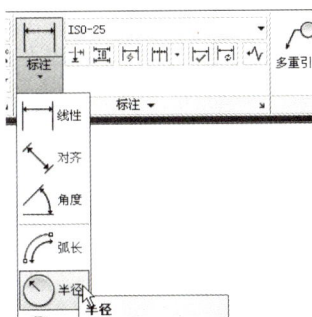

图7-41 单击"半径"按钮

图7-42 选择对象

**步骤 03** 指定尺寸标注线的位置，如图7-43所示，系统将根据测量值自动标注对象，效果如图7-44所示。

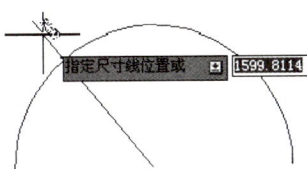

图7-43 指定尺寸标注线

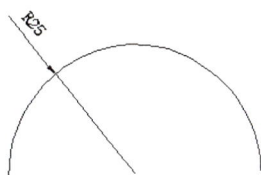

图7-44 创建半径标注

## 7.2.3 直径标注

"直径"标注用于标注圆或圆弧的直径，直径标注是由一条具有指向圆或圆弧的箭头的直径尺寸线组成。如果系统变量DIMCEN未设置为零，AutoCAD将绘制一个圆心标记。

执行直径标注的方法有如下3种。

**方法一**：选择"标注"→"直径"命令。

**方法二**：单击"标注"面板中的"直径"按钮◎。

**方法三**：输入DIMDIAMETER命令并确定。

执行DIMDIAMETER（直径标注）命令后，选择要标注的图形，然后根据系统提示即可对图形进行直径标注，其具体操作步骤与半径标注相同。

## 7.2.4 角度标注

使用"角度"标注命令可以准确地标注对象之间的夹角或者圆弧的夹角，如图7-45和图7-46所示。

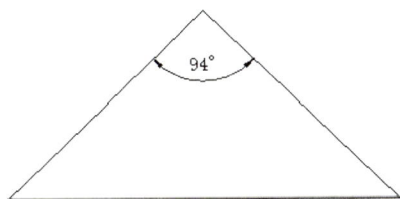

图7-45 标注夹角

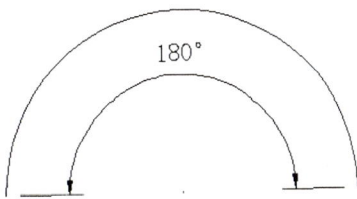

图7-46 标注弧度

执行角度标注的方法有如下3种。

**方法一：** 执行"标注"→"角度"命令。

**方法二：** 单击"标注"面板中的"角度"按钮△。

**方法三：** 输入DIMANGULAR（简化命令DAN）命令并确定。

例如，使用DIMANGULAR命令标注多边形夹角角度的具体操作步骤如下。

**步骤 01** 绘制一个正六边形，然后执行DAN命令，选择需要标注角度的第一条直线，如图7-47所示。

**步骤 02** 选择需要标注角度的第二条直线，如图7-48所示。

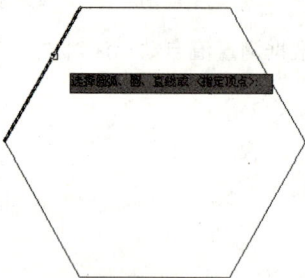

图7-47 选择第一条直线

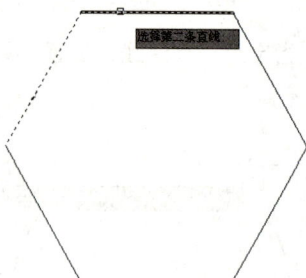

图7-48 选择第二条直线

**步骤 03** 指定标注弧线的位置，如图7-49所示，系统将根据测量值自动标注对象，效果如图7-50所示。

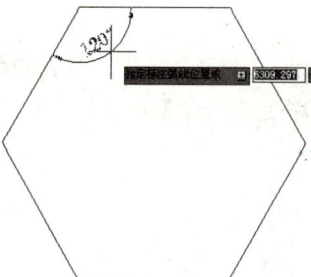

图7-49 指定弧线位置

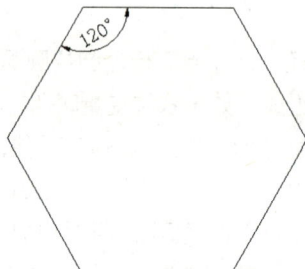

图7-50 标注弧度

## 7.2.5 连续标注

连续标注用于标注在同一方向上连续的线型或角度尺寸，该命令用于从上一个或选定标注的第二尺寸界线处创建线性、角度或坐标的连续标注。

执行连续标注的方法有如下3种。

**方法一：** 执行"标注"→"连续"命令。

**方法二：** 单击"标注"面板中的"连续"按钮。

**方法三：** 输入DIMCONTINUE（简化命令DCO）命令并确定。

对图形进行连续标注的具体操作步骤如下。

**步骤 01** 使用"直线（L）"命令绘制如图7-51所示的线段。

**步骤 02** 单击"标注"面板上的"标注"下拉按钮，在展开的列表中单击"角度"按钮，如图7-52所示。

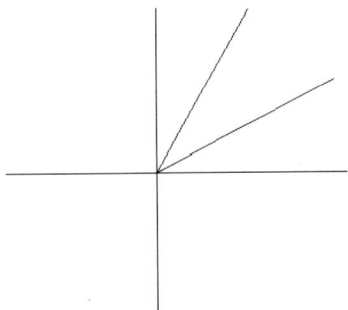

图7-51　绘制线段

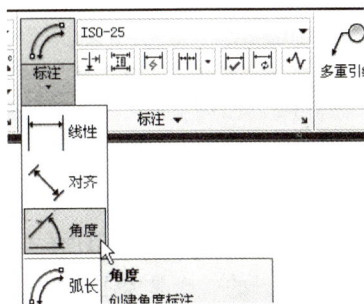

图7-52　单击"角度"按钮

**步骤 03** 根据系统提示对图形的其中一个夹角进行角度标注，如图7-53所示。

**步骤 04** 单击"标注"面板中的"连续"按钮，如图7-54所示。

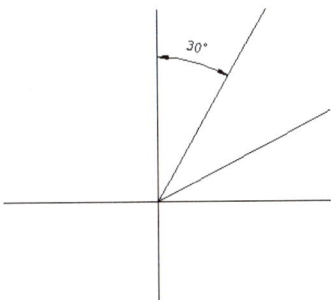

图7-53　标注夹角

图7-54　单击"连续"按钮

**步骤 05** 根据系统提示指定第二条尺寸界线原点，如图7-55所示，再继续指定其他第二条尺寸界线原点，完成连续标注后进行确定，连续标注的效果如图7-56所示。

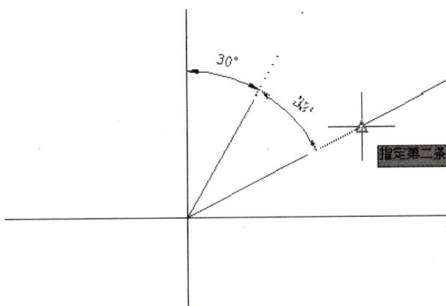

图7-55　指定尺寸界线原点

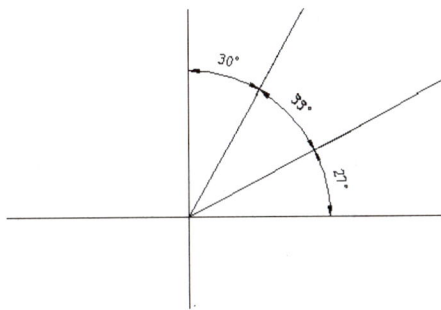

图7-56　连续标注的效果

> **提示**
> 在进行连续标注之前，需要对图形进行一次尺寸标注操作，以确定连续标注的参考对象，否则无法进行连续标注。

# 7.3　修改标注

　　当创建尺寸标注后，如果需要对其进行修改，可以在"标注样式管理器"对话框中对所有标注样式进行修改，也可以单独修改图形中的部分标注对象。

## 7.3.1 修改标注样式

如果在进行尺寸标注时，发现标注的样式不适合当前的图形，则可以对当前的标注样式进行修改，修改标注样式的操作如下。

**步骤 01** 输入DIMSTYLE（简化命令D）命令，然后按下空格键进行确定，在打开的"标注样式管理器"对话框中选择要修改的标注样式，单击"修改"按钮，如图7-57所示。

**步骤 02** 在打开的"修改标注样式"对话框中对标注的各部分的样式进行修改，然后单击"确定"按钮即可，如图7-58所示。

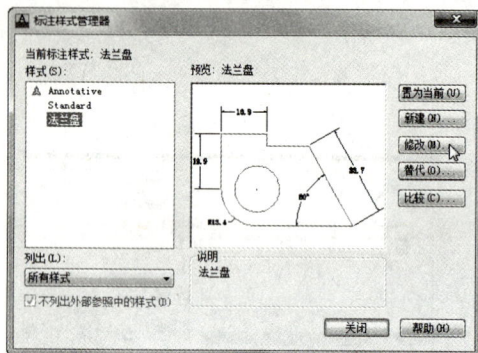

图7-57　单击"修改"按钮

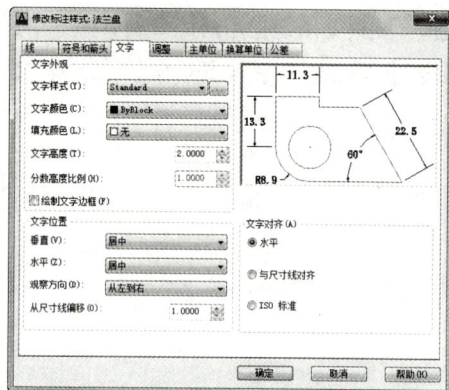

图7-58　修改标注样式

## 7.3.2 修改标注尺寸

使用DIMEDIT命令可以修改一个或多个标注对象上的文字标注和尺寸界线。执行DIMEDIT命令后，系统将提示"输入标注编辑类型 [默认（H）／新建（N）／旋转（R）／倾斜（O）] ＜默认＞："，其中各选项的含义如下。

- **默认（H）**：将旋转标注文字移回默认位置。
- **新建（N）**：使用"多行文字编辑器"修改编辑标注文字。
- **旋转（R）**：旋转标注文字。
- **倾斜（O）**：调整线性标注尺寸界线的倾斜角度。

例如，修改尺寸线的具体操作步骤如下。

**步骤 01** 使用"矩形（REC）"命令绘制一个矩形，然后对其进行线性标注，如图7-59所示。

**步骤 02** 输入DIMEDIT命令并确定，在弹出的菜单中选择"倾斜"选项，如图7-60所示。

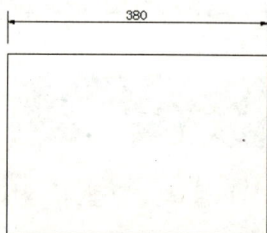

图7-59　线性标注图形

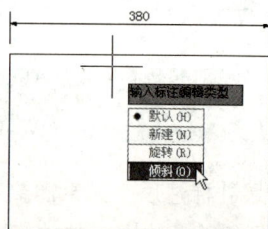

图7-60　选择"倾斜"选项

**步骤 03** 选择线性标注作为要倾斜的对象，然后输入倾斜的角度（如45），如图7-61所示，然后按下空格键进行确定，倾斜尺寸线的效果如图7-62所示。

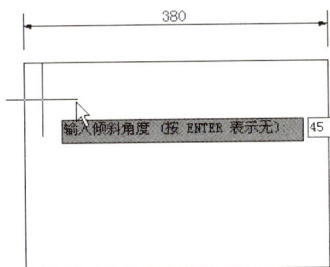

图7-61　输入倾斜的角度

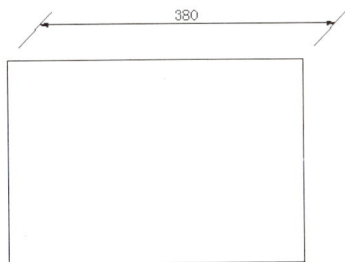

图7-62　尺寸倾斜效果

## 7.3.3　修改标注文字

使用DIMTEDIT命令可以移动和旋转标注文字。执行DIMTEDIT命令后，系统将提示"指定标注文字的新位置或［左（L）/右（R）/中心（C）/默认（H）/角度（A）］："，其中常用选项的含义如下。

- **新位置**：拖曳时动态更新标注文字的位置。
- **左（L）**：沿尺寸线左对正标注文字。
- **右（R）**：沿尺寸线右对正标注文字。
- **中心（C）**：将标注文字放在尺寸线的中间。
- **角度（A）**：修改标注文字的角度。

编辑标注文字的操作步骤如下。

**步骤 01** 使用"矩形（REC）"命令绘制一个矩形，然后对其进行线性标注，如图7-63所示。

**步骤 02** 输入DIMTEDIT命令并确定，选择线性标注作为要编辑文字的对象，如图7-64所示。

图7-63　创建线性标注

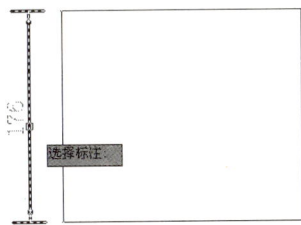

图7-64　选择标注

**步骤 03** 为标注文字指定新的位置，如图7-65所示，即可改变标注文字的位置，如图7-66所示。

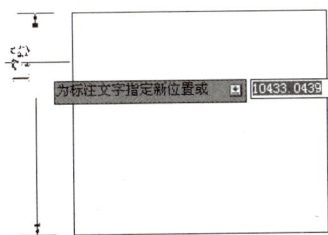

图7-65　指定新的位置

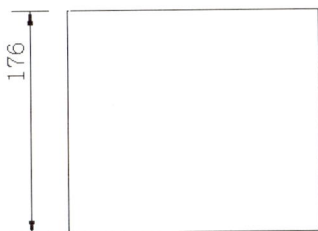

图7-66　修改标注位置

# 7.4 测量图形

使用AutoCAD中的查询功能可以测量两点之间的距离、图形的面积与周长以及线段间的角度等。

## 7.4.1 测量两点间的距离

使用"距离"命令可以计算AutoCAD中真实的三维距离。XY平面中的倾角相对于当前X轴，XY平面的夹角相对于当前ZY平面。如果忽略Z轴的坐标值，用"距离"命令计算的距离将采用第一点或第二点的当前距离。

启用"距离"命令有如下3种常用方法。

**方法一：** 执行"工具"→"查询"→"距离"命令，如图7-67所示。

**方法二：** 单击"实用工具"面板中的"测量"下拉按钮，在弹出的列表中选择"距离"工具，如图7-68所示。

**方法三：** 输入DIST命令并确定。

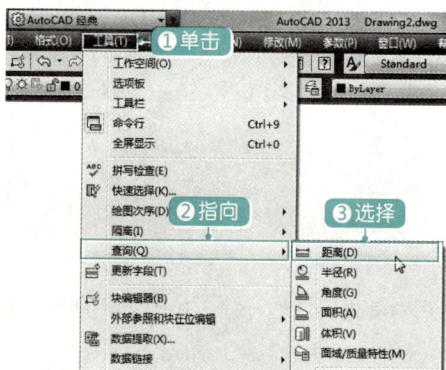

图7-67 选择命令

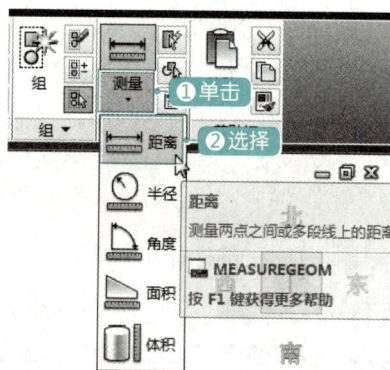

图7-68 选择"距离"工具

测量两点间距离的具体操作如下。

**步骤 01** 使用"矩形（REC）"命令绘制一个矩形，执行DIST命令，在测量对象的起点处单击鼠标，如图7-69所示，然后指定测量对象的终点，如图7-70所示。

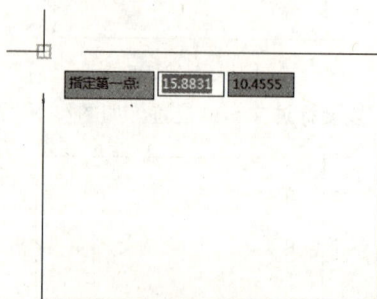

图7-69 指定起点

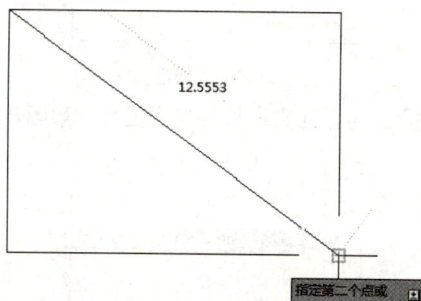

图7-70 指定终点

**步骤 02** 测量完成后，系统将显示测量的结果，如图7-71所示，同时也会在命令窗口中显示操作命令与测量结果，如图7-72所示。

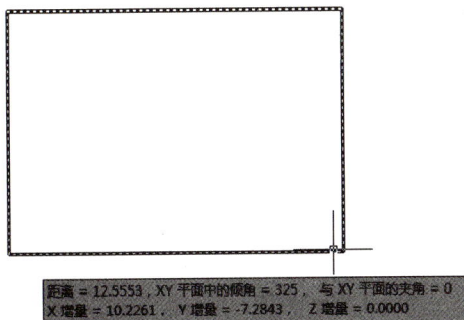

图7-71 测量结果

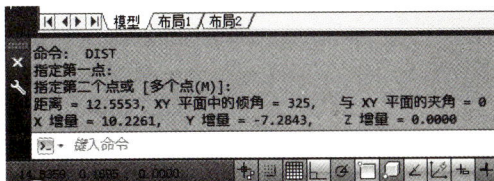

图7-72 命令行中信息

## 7.4.2 测量图形的半径

使用"半径"命令可以测量圆或圆弧的半径值，启用"半径"命令有如下3种常用方法。

**方法一：** 执行"工具"→"查询"→"半径"命令。

**方法二：** 单击"实用工具"面板中的"测量"下拉按钮，在弹出的列表中选择"半径"工具。

**方法三：** 输入MEASUREGEOM命令并确定。

测量图形半径的具体操作如下。

**步骤 01** 使用"圆（C）"命令绘制一个圆形，然后输入MEASUREGEOM命令并确定，在弹出的列表中选择"半径"选项，如图7-73所示。

**步骤 02** 选择圆形作为测量对象，即可测量出圆的半径，如图7-74所示，然后选择"退出（X）"选项结束操作。

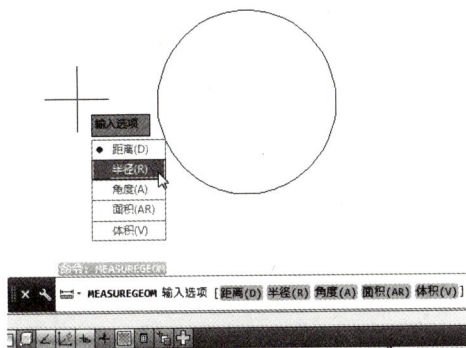

图7-73 选择"半径"选项

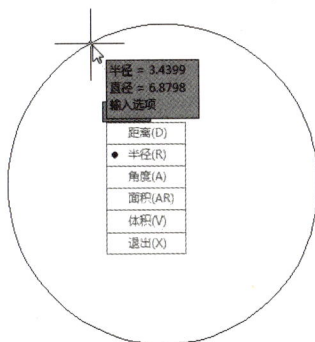

图7-74 测量半径

## 7.4.3 测量图形的角度

使用"角度"命令可以测量出对象的夹角，还可以测量出对象的弧度，启用"角度"命令有如下3种常用方法。

**方法一：** 执行"工具"→"查询"→"角度"命令。

**方法二：** 单击"实用工具"面板中的"测量"下拉按钮，在弹出的列表中选择"角度"工具。

**方法三：** 输入MEASUREGEOM命令并确定。

测量图形夹角角度的具体操作如下。

**步骤 01** 使用"直线（L）"命令绘制一个三角形，如图7-75所示。

**步骤 02** 选择"工具"→"查询"→"角度"命令，选择三角形的一个边，如图7-76所示。

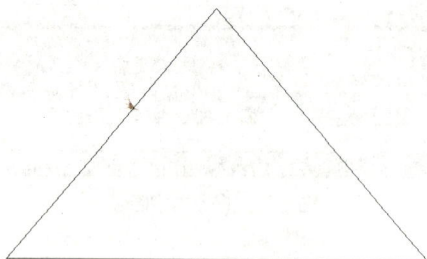

图7-75 绘制三角形

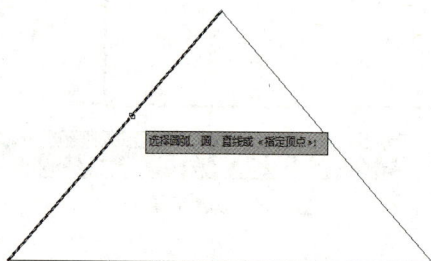

图7-76 选择第一条线段

**步骤 03** 根据提示指定测量的第二条线段，如图7-77所示，即可显示测量的结果，然后在弹出的菜单中选择"退出（X）"选项，结束操作，如图7-78所示。

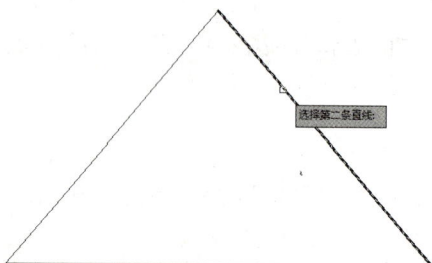

图7-77 选择第二条线段

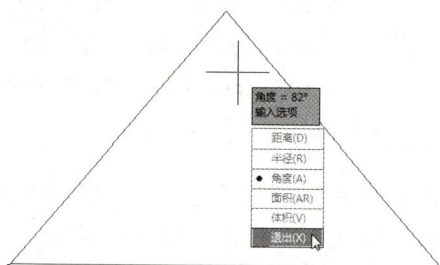

图7-78 测量结果

测量圆弧弧度的具体操作如下。

**步骤 01** 使用"圆弧（A）"命令绘制一段圆弧，如图7-79所示。

**步骤 02** 输入MEASUREGEOM命令并确定，在弹出的列表中选择"角度"选项，如图7-80所示。

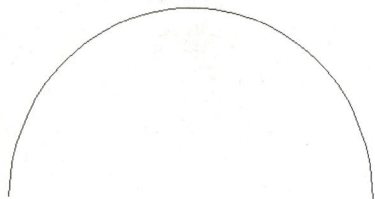

图7-79 绘制圆弧

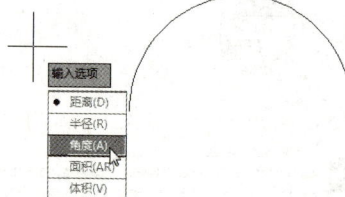

图7-80 选择"角度"选项

**步骤 03** 选择绘制的圆弧，即可测量出圆弧的弧度，如图7-81所示，然后在弹出的菜单中选择"退出（X）"选项，结束操作，在命令窗口中可以查询测量的结果，如图7-82所示。

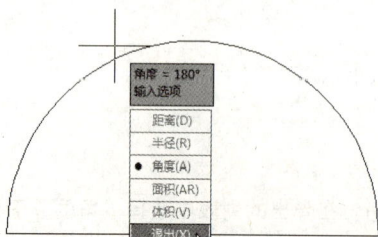

图7-81 测量圆弧弧度

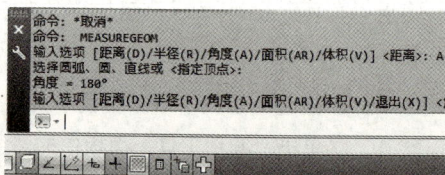

图7-82 测量结果

## 7.4.4 测量图形的面积和周长

使用"面积"命令可以测量出对象或某区域的面积或周长，启用"面积"命令有如下3种常用方法。

**方法一：**执行"工具"→"查询"→"面积"命令。

**方法二：**单击"实用工具"面板中的"测量"下拉按钮，在弹出的列表中选择"面积"工具。

**方法三：**输入AREA命令并确定。

测量图形区域面积和周长的具体操作如下。

**步骤01** 使用"多边形（POL）"命令绘制一个六边形，如图7-83所示。

**步骤02** 选择"工具"→"查询"→"面积"命令，然后在六边形的左端点处指定测量的起点，如图7-84所示。

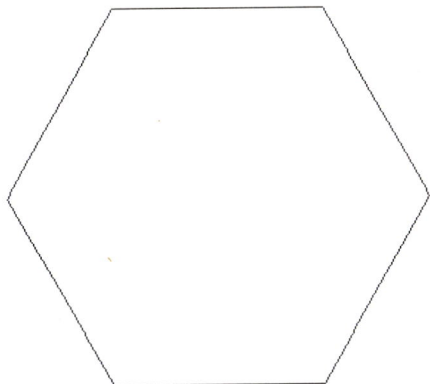

图7-83 绘制六边形　　　　图7-84 指定测量起点

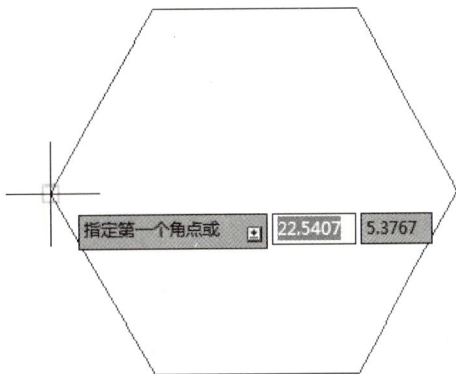

**步骤03** 依次在六边形上半部分区域指定测量对象的其他点，如图7-85所示，然后按下空格键进行确定，完成测量的操作，测量结果如图7-86所示。

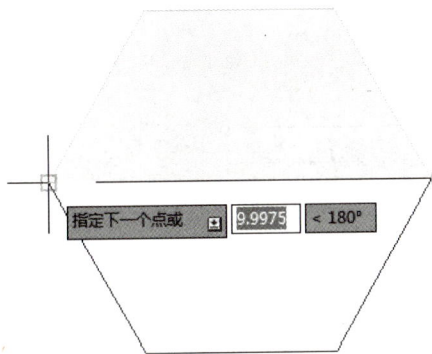

图7-85 指定其他点　　　　图7-86 测量结果

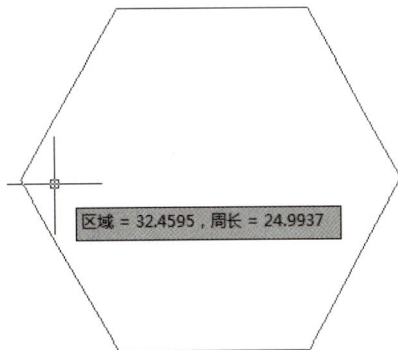

测量对象面积和周长的具体操作如下。

**步骤01** 使用"多边形（POL）"命令绘制一个六边形，如图7-87所示。

**步骤02** 输入"面积（AREA）"命令并确定。然后输入O并确定，启用"对象（O）"选项，如图7-88所示。

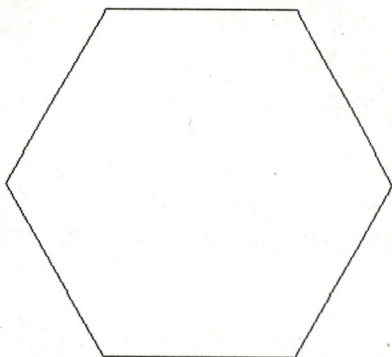

图7-87　绘制六边形

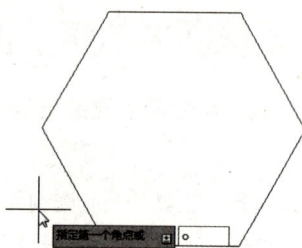

图7-88　执行命令

**步骤 03** 选择六边形作为要测量的对象，如图7-89所示，即可显示测量的结果，如图7-90所示。

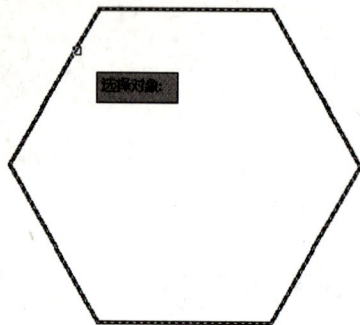

图7-89　选择测量对象

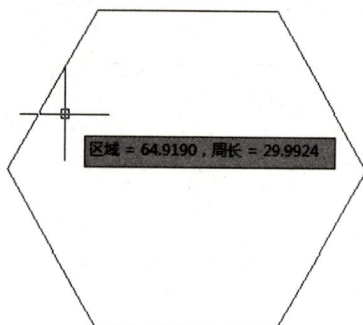

图7-90　测量结果

# 技能实训——标注平面图尺寸

在本实例中，将通过标注平面图的应用（见图7-91），练习"标注样式"、"线性"标注和"连续"标注命令的应用方法。

## ➜ 效果展示

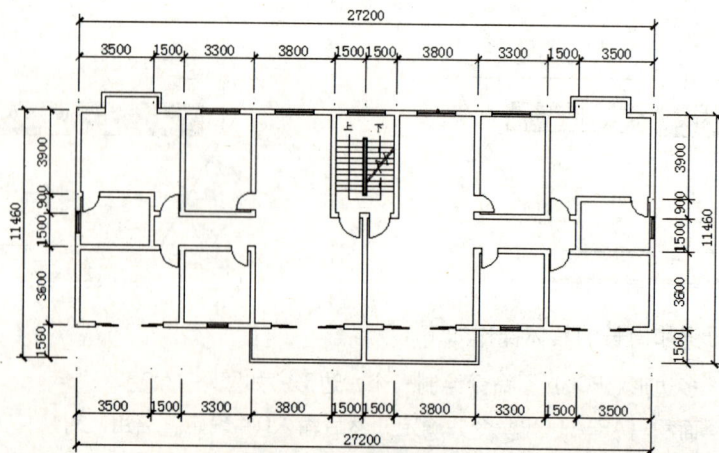

图7-91　标注平面图

## 操作分析

本实例在标注建筑平面图尺寸的过程中，首先需要设置好标注的样式，然后使用"线性"标注和"连续"标注命令对图形进行尺寸标注。

## 制作步骤

| 原始文件 | 光盘\素材文件\第7章\7-01.dwg |
|---|---|
| 结果文件 | 光盘\结果文件\第7章\平面图.dwg |
| 同步视频文件 | 光盘\同步教学文件\第7章\标注平面图尺寸.mp4 |

**步骤 01** 根据素材路径打开"7-01.dwg"素材文件，如图7-92所示。

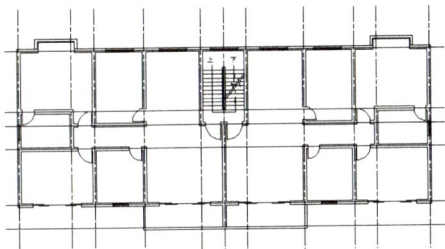

图7-92 打开素材图形

**步骤 02** 输入D命令并确定，打开"标注样式管理器"对话框，单击"新建"按钮，如图7-93所示。

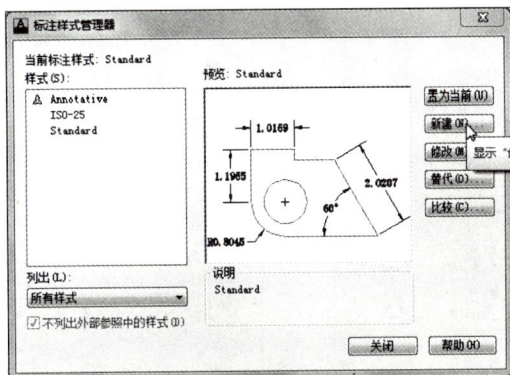

图7-93 单击"新建"按钮

**步骤 03** 在打开的"创建新标注样式"对话框的"新样式名"文本框中输入样式名"建筑"，然后单击"继续"按钮，如图7-94所示。

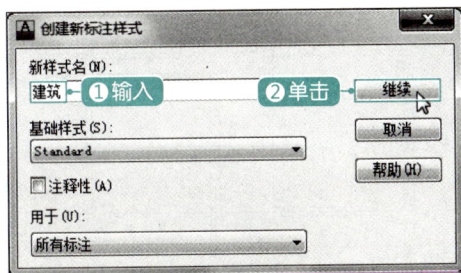

图7-94 创建新标注样式

**步骤 04** 在打开的"新建标注样式"对话框中选择"线"选项卡，设置"超出尺寸线"的值为300，"起点偏移量"的值为500，如图7-95所示。

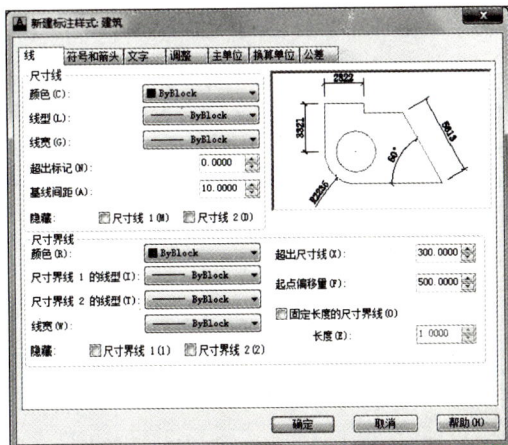

图7-95 设置线参数

**步骤 05** 选择"符号和箭头"选项卡，设置"箭头"为"建筑标记"，设置"箭头大小"为300，如图7-96所示。

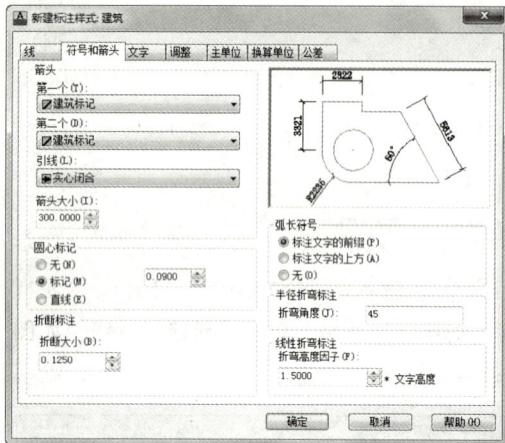

图7-96 设置箭头参数

**步骤 06** 选择"文字"选项卡，设置"文字高度"为500，文字的垂直对齐方式为"上"，"从尺寸线偏移"的值为150，如图7-97所示。

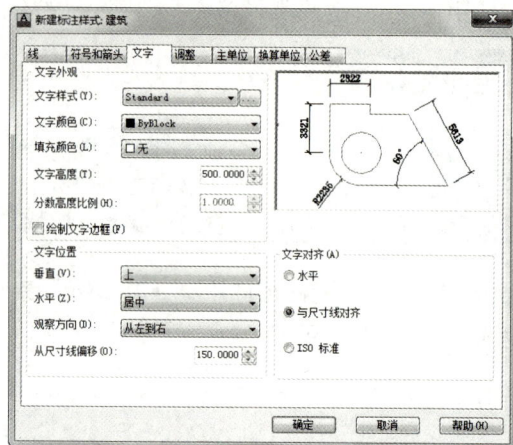

图7-97 设置文字参数

**步骤 07** 选择"主单位"选项卡，设置"精度"值为0，如图7-98所示。

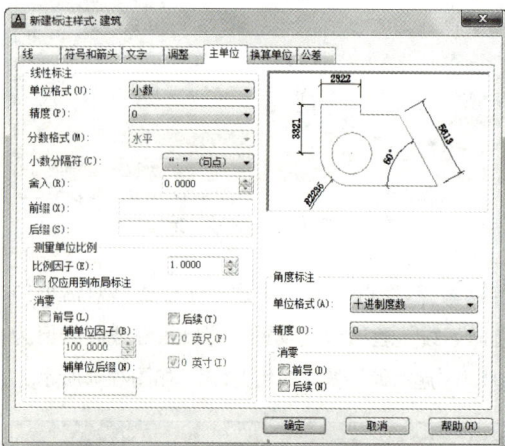

图7-98 设置精度

**步骤 08** 单击"确定"按钮后返回"标注样式管理器"对话框中，单击"关闭"按钮关闭"标注样式管理器"，如图7-99所示。

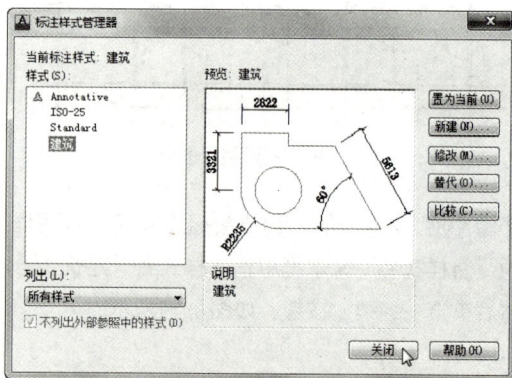

图7-99 关闭标注样式管理器

**步骤 09** 执行DLI命令，然后指定尺寸标注的第一个原点，如图7-100所示，继续指定标注的第二个原点，如图7-101所示。

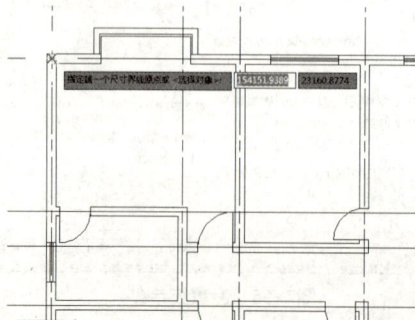

图7-100 指定第一个点

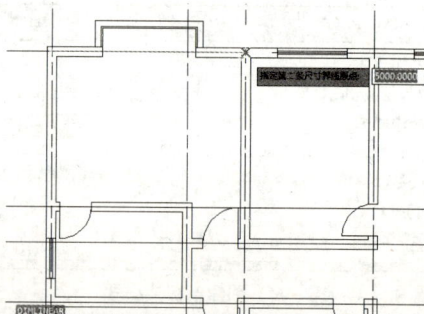

图7-101 指定第二个点

**步骤 10** 根据系统提示指定尺寸线的位置，如图7-102所示，然后单击鼠标左键即可完成线性标注，效果如图7-103所示。

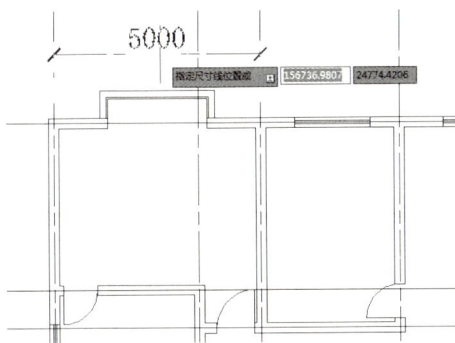

图7-102 指定尺寸线位置

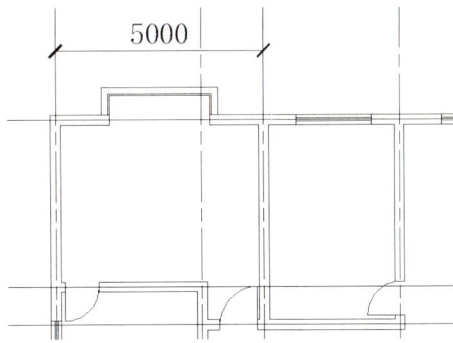

图7-103 线性标注效果

**步骤 11** 执行DCO命令，对图形进行连续标注，如图7-104所示。

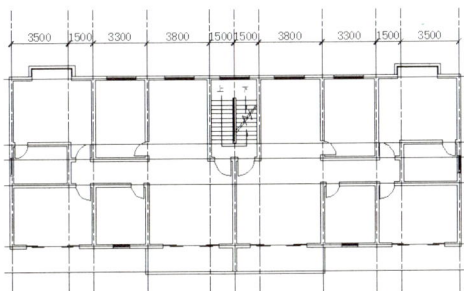

图7-104 连续标注尺寸

**步骤 12** 继续使用DLI命令和DCO命令对图形进行标注，完成建筑平面的尺寸标注，然后隐藏"轴线"图层，如图7-105所示。

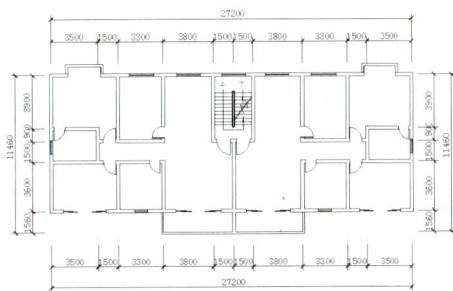

图7-105 尺寸标注效果

# 课堂问答

通过前面知识的讲解，我们对AutoCAD 2013的尺寸标注应用有了一定的了解，下面列出一些常见的问题供读者思考。

### 问题1：标注尺寸在AutoCAD中有什么作用？

答：标注尺寸是AutoCAD中非常重要的内容。通过对图形进行尺寸标注，可以准确地反映图形中各对象的大小和位置。尺寸标注给出了图形的真实尺寸并为生产加工提供了依据，因此具有非常重要的作用。

### 问题2：使用"线性"标注工具可以标注倾斜的图形吗？

答：使用"线性"标注工具可以标注倾斜的标注文字，但一般只用它标注垂直和水平方向的线性对象。如果在标注倾斜的图形时，要使尺寸线与标注对象保持平行，则应该使用"对齐"标注。

### 问题3：连续标注适用于什么情况？

答：连续标注用于标注在同一方向上连续的线型或角度尺寸。

# 知识与能力测试

通过前面的章节，讲解了在AutoCAD中设置标注样式和标注图形的操作。为对知识进行巩固和考核，布置相应的练习题。

## 笔试题

### 一、填空题

（1）标注样式设置的内容包括线、符号和箭头、_____、调整、主单位、换算单位和公差等。

（2）_____用于标注在同一方向上连续的线型或角度尺寸，该命令用于从上一个或选定标注的第二尺寸界线处创建线性、角度或坐标的连续标注。

### 二、选择题

（1）设置标注样式的命令是（    ）。

A. DLI          B. T          C. DCO          D. D

（2）测量两点间距离的命令是（    ）。

A. DIM          B. DI          C. CI          D. ADC

## 上机题

本章课程已经学完，请完成以下操作题，以加深对知识点的理解，巩固所学的技能技巧。

### （1）标注衣柜尺寸

打开光盘中的素材文件"7-02.dwg"，如图7-106所示。使用DLI命令对图形进行线性标注，然后使用DCO命令连续标注尺寸，对图形进行标注的最终效果如图7-107所示。

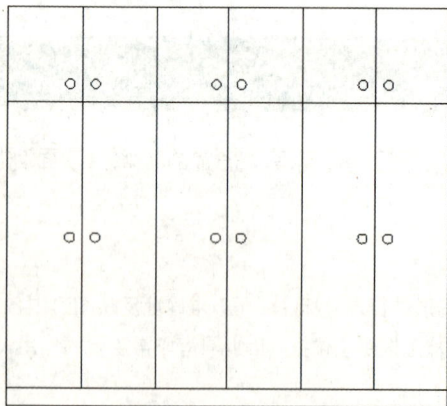

图7-106　打开素材

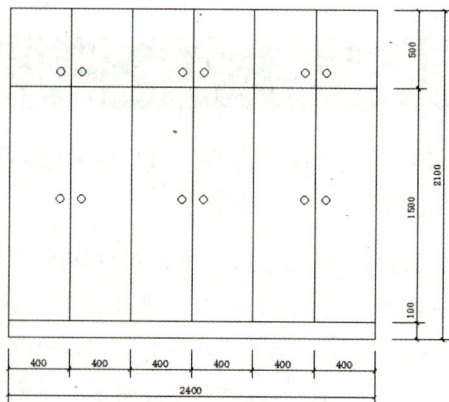

图7-107　标注图形尺寸

### （2）标注客厅立面图尺寸

打开光盘中的素材文件"7-03.dwg"，如图7-108所示。执行D命令，创建一个适合本实例的标注样式，然后使用DLI和DCO命令对图形进行尺寸标注，标注效果如图7-109所示。

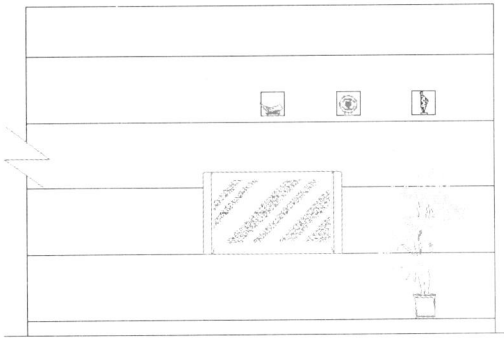

图7-108　打开素材

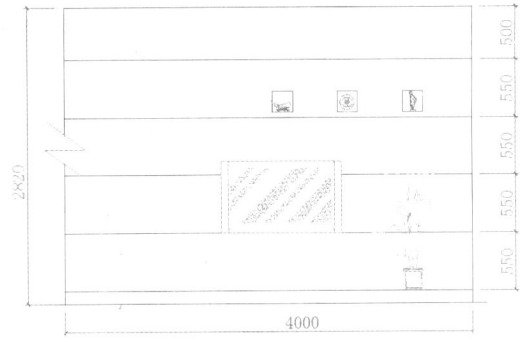

图7-109　标注图形尺寸

# Chapter 08

# 创建文字和表格

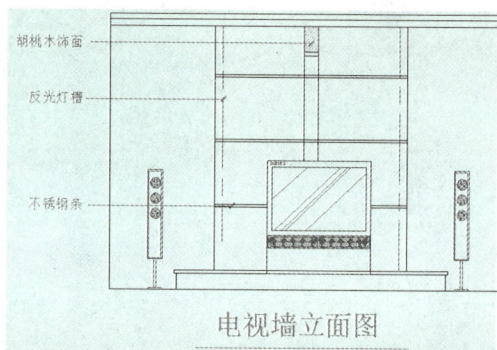
电视墙立面图

在工程绘图设计中，通常需要对工程图中的结构、技术要求等使用文字进行标注说明，如机械的加工要求、零部件名称，以及建筑结构的说明、建筑体的空间标注等。AutoCAD从文字样式、文本输入到文本编辑、修改属性等方面，提供了一系列的文本标注及编辑命令。

本章将介绍文字和表格的相关知识与应用，包括设置文字样式、创建多行文字和单行文字、编辑文字和引线等内容。

## 重点知识

- 设置文字样式
- 创建文字
- 编辑文字
- 创建引线
- 创建表格

## 难点知识

- 创建多重引线
- 应用表格

# 8.1 文字样式

AutoCAD的文字拥有相应的文字样式，文字样式是用来控制文字基本形状的一组设置。当输入文字对象时，AutoCAD将使用默认的文字样式。用户除了可以使用AutoCAD默认的样式设置外，也可以修改已有样式或定义自己需要的文字样式。

在AutoCAD中进行文本标注的操作时，可以先设置字形或字体。字体是具有一定固有形状，由若干个单词组成的描述库。字形是具有字体、字的大小、倾斜度、文本方向等特性的文本样式。在使用AutoCAD绘图时，所有的文本标注都需要定义文本的样式，即需要预先设定文本的字形，只有在设置文本字形之后才能决定在标注文本时使用的字体、字符大小、字符倾斜度、文本方向等文本特性。

## 8.1.1 创建文字样式

在AutoCAD中除了自带的文字样式外，还可以在"文字样式"对话框中创建新的文字样式。打开"文字样式"对话框的方法有如下3种。

**方法一：** 执行"格式"→"文字样式"命令。

**方法二：** 选择"注释"面板，然后单击"文字"面板中的"文字样式"按钮 ，如图8-1所示。

**方法三：** 输入DDSTYLE命令并确定。

创建文字样式的具体操作如下。

**步骤 01** 选择"注释"面板，然后单击"文字"面板中的"文字样式"按钮 ，执行DDSTYLE命令，打开"文字样式"对话框，如图8-2所示。

图8-1 单击"文字样式"按钮

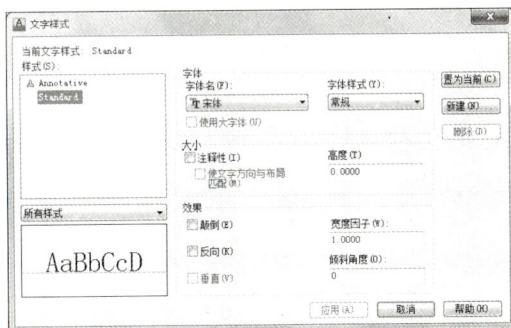

图8-2 "文字样式"对话框

**步骤 02** 单击"文字样式"对话框右侧的"新建"按钮，将打开"新建文字样式"对话框，在"样式名"文本框中输入新建文字样式的名称，如图8-3所示。

**步骤 03** 单击"确定"按钮即可创建新的文字样式。在样式列表框中将显示新建的文字样式，如图8-4所示。

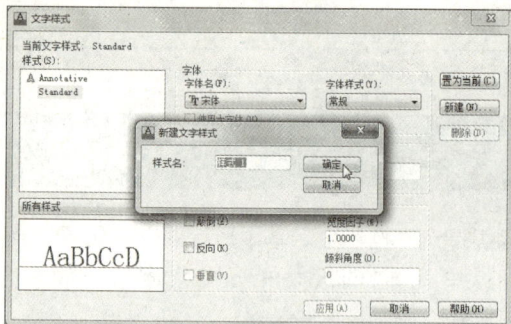

图8-3　输入文字样式名称

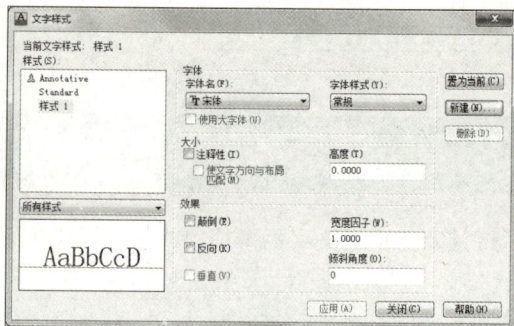

图8-4　创建文字样式

## 8.1.2　设置文字样式

在"文字样式"对话框中的"字体"区域中列出了字体名和字体样式，在"大小"区域可以设置文字的大小，在"效果"区域中可以修改字体的特性，如高度、宽度因子、倾斜角以及是否颠倒显示、反向或垂直对齐。

设置文字样式的具体操作如下。

**步骤 01** 执行DDSTYLE命令，打开"文字样式"对话框，选择要修改的文字样式，然后单击"字体名"列表框，在弹出的下拉列表中选择文字的字体，如图8-5所示。

**步骤 02** 在"大小"区域的"高度"文本框中输入文字的高度，如图8-6所示。

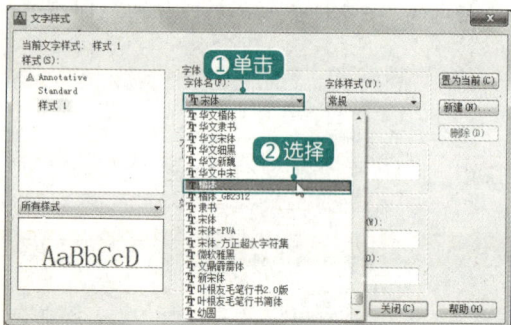

图8-5　设置文字字体

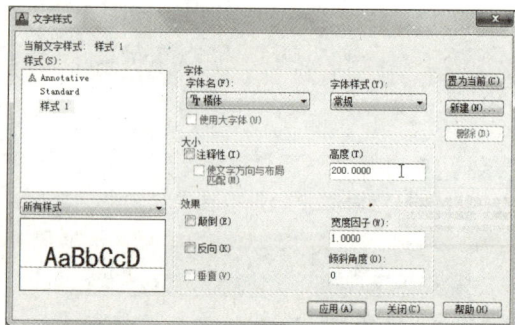

图8-6　设置文字高度

**步骤 03** 在"效果"区域中设置字体的效果、宽度因子、倾斜角度，然后单击"应用"按钮，如图8-7所示。

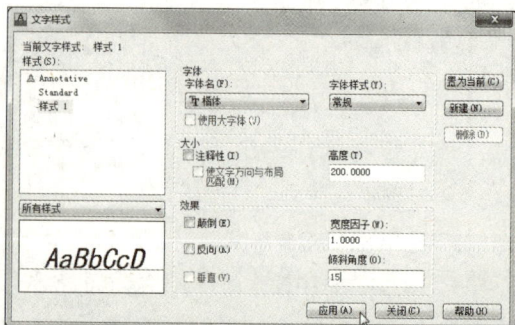

图8-7　设置文字效果

在"效果"区域中各选项的含义如下：

● **颠倒**：勾选此复选框，在用该文字样式来标注文字时，文字将被垂直翻转，如图8-8所示。

● **反向**：勾选此复选框，可以将文字水平翻转，使其呈镜像显示，如图8-9所示。

● **垂直**：勾选此复选框，标注文字将沿竖直方向显示，如图8-10所示。

● **宽度因子**：在该文本框中可以输入作为文字宽度与高度的比例值。系统在标注文字时，会以该文字样式的高度值与宽度因子相乘来确定文字的高度。当宽度因子为1时，文字的高度与宽度相等；当宽度因子小于1时，文字将变得细长；当宽度因子大于1时，文字将变得粗短。

● **倾斜角度**：在"倾斜角度"文本框中输入的数值将作为文字旋转的角度，如图8-11所示。设置此数值为0时，文字将处于水平方向。文字的旋转方向为顺时针方向，也就是说当输入一个正值时，文字将会向右侧倾斜。

图8-8　颠倒文字

图8-9　反向显示文字

图8-10　垂直排列文字

图8-11　倾斜文字

当设置好文本的标注样式后，可以在"预览"区域中预览到文字的效果，新建或修改好文字样式后，单击"文字样式"对话框中的"应用"按钮，该文字样式即可生效。

## 8.1.3 删除文字样式

如果要删除某种文字样式，可以在选中该文字样式后，单击"删除"按钮，如图8-12所示，将打开"acad警告"对话框，单击"确定"按钮，即可将所选的文字样式删除，如图8-13所示。

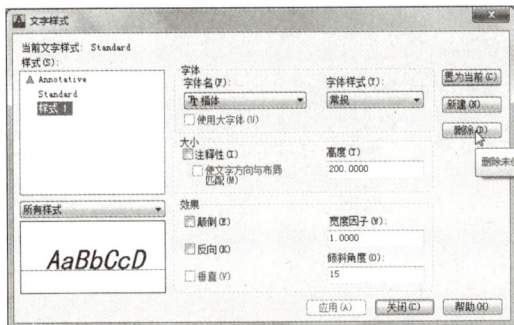

图8-12　单击"删除"按钮

图8-13　单击"确定"按钮

# 8.2 创建文字

在AutoCAD中，通常可以创建两种类型的文字，一种是单行文字，一种是多行文字。单行文字主要用于制作不需要使用多种字体的简短内容；多行文字主要用于制作一些复杂的说明性文字。

## 8.2.1 创建单行文字

"单行文字（DTEXT）"命令用于对图形进行简单的标注，并且可以对文本进行字体、大小、倾斜、镜像、对齐和文字间隔调整等设置。启动"单行文字"命令有如下3种方法。

**方法一：** 执行"绘图"→"文字"→"单行文字"命令，如图8-14所示。

**方法二：** 单击"文字"面板中的"多行文字"下拉按钮，然后选择"单行文字"工具，如图8-15所示。

**方法三：** 输入DTEXT（DT）命令并确定。

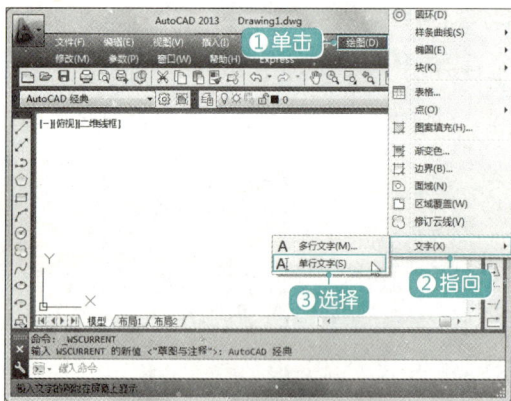

图8-14 执行"单行文字"命令　　　　　图8-15 选择"单行文字"工具

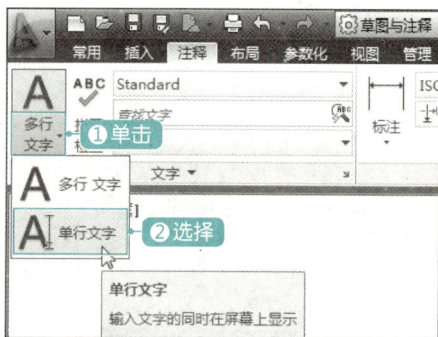

执行DTEXT命令后，输入一个坐标点作为标注文本的起始点，并默认为左对齐方式。系统将提示"指定文字的起点或[对正（J）/样式（S）]："。

选择"对正"选项后，系统将提示"[对齐（A）/调整（F）中心（C）/中间（M）右（R）/左上（TL）中上（TC）/右上（TR）/左中（ML）/正中（MC）/右中（MR）左下（BL）/中下（BC）右下（BR）]："，用户可以根据需要选择文字的对正方式。

选择"样式"选项后，系统将提示"输入样式名或[？]<>："，用户可以在提示后输入定义的样式名，然后根据系统提示进行操作。

使用单行文字标注图形文字的具体操作如下。

**步骤 01** 绘制一个半径为80的圆形，再执行"绘图"→"文字"→"单行文字"命令，然后在绘图区单击鼠标指定输入文字的起点，如图8-16所示。

**步骤 02** 当系统提示"指定高度 <当前>："时，输入文字的高度并确定，如图8-17所示。

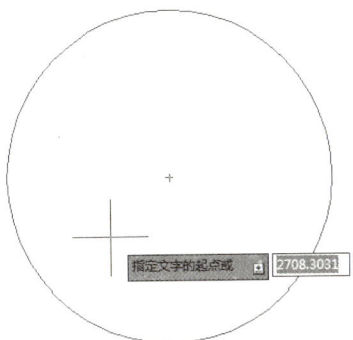

图8-16 指定文字的起点

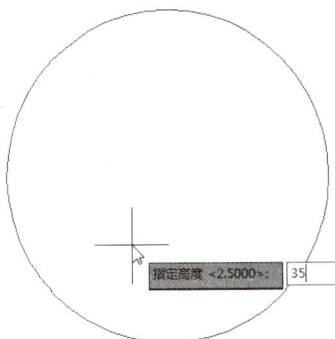

图8-17 输入文字的高度

**步骤 03** 当系统将提示"指定文字的旋转角度 <>:"时,输入文字的旋转角度并确定,如图8-18所示。此时将出现闪烁的光标,如图8-19所示。

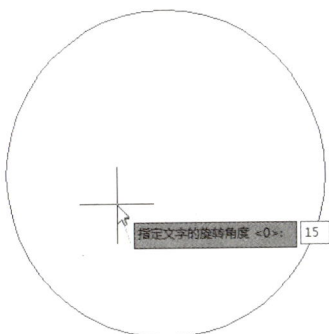

图8-18 指定文字角度

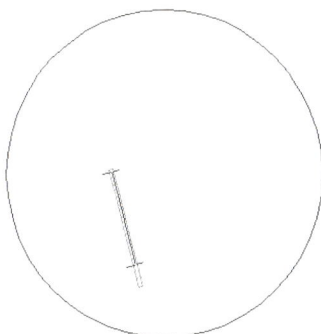

图8-19 出现闪烁的光标

**步骤 04** 输入单行文字内容,如图8-20所示,然后连续两次按下"Enter"键,或在文字区域外单击鼠标,即可完成单行文字的创建,如图8-21所示。

图8-20 输入文字

图8-21 创建单行文字

## 8.2.2 创建多行文字

在AutoCAD中,多行文字是由沿垂直方向任意数目的文字行或段落构成,可以指定文字行段落的水平宽度。用户可以对其进行移动、旋转、删除、复制、镜像或缩放操作。

启动"多行文字"命令有如下3种方法。

**方法一：** 执行"绘图"→"文字"→"多行文字"命令。

**方法二：** 单击"文字"面板中的"多行文字"按钮 A 。

**方法三：** 输入MTEXT（MT）命令并确定。

在"草图与注释"工作空间中执行"多行文字"命令，然后在绘图区指定一个区域，系统将弹出设置文字格式的文字编辑器，其中包括"样式"、"格式"、"段落"、"插入"、"拼写检查"、"工具"、"选项"和"关闭"等面板，如图8-22所示。

图8-22　文字编辑器

在文字编辑器中列出了设置文字格式的多个选项，下面将学习主要选项的作用。

在"样式"面板中可以选择一种已设置好的文本样式作为当前样式，也可以在"文字高度"文本框中设置文字的高度。

在"格式"面板中可以设置文字的格式，其中常用选项的作用如下。

● **B**、*I*、U、Ō：用于设置标注文本是否加粗、倾斜、加下划线、加上划线。反复单击这些按钮，可以在打开与关闭相应功能之间进行切换。

● 宋体：在该下拉列表中可以选择当前使用的字体类型，如图8-23所示。

● ByLayer：在该下拉列表中可以选择当前使用的文字颜色，如图8-24所示。

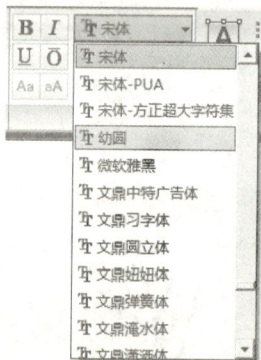

图8-23　选择字体

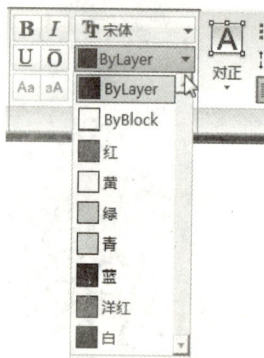

图8-24　选择文字颜色

● A：单击该按钮，可以在选定的文字上添加一条横线。

● Aa：将选定文字更改为小写，单击右方的下拉按钮，在弹出的下拉列表中选择"大写"按钮，可以将选定文字更改为大写。

在"段落"面板中可以设置文字的段落格式，其中常用选项的作用如下。

● A：显示"多行文字对正"菜单，并且有9个对齐选项可用，"左上"为默认对正方式，如图8-25所示。

● ：显示"项目符号和编号"菜单，显示用于创建列表的选项，如图8-26所示。

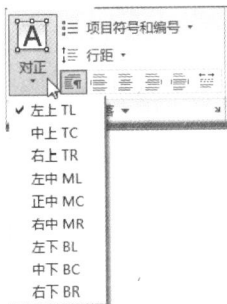

图8-25 "对正"菜单

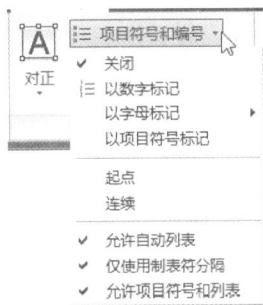

图8-26 项目符号和编号菜单

- 🔢：显示建议的行距选项，如图8-27所示，用于在当前段落或选定段落中设置行距。

- 🔢、🔢、🔢、🔢、🔢和🔢：设置当前段落或选定段落的默认、左、中或右文字边界的对正和对齐方式。包含在一行的末尾输入的空格，并且这些空格会影响行的对正。

- 🔢：单击该按钮将打开用于设置段落参数的"段落"对话框，如图8-28所示。

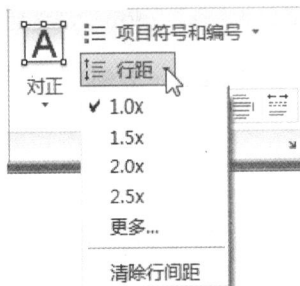

图8-27 选择行距

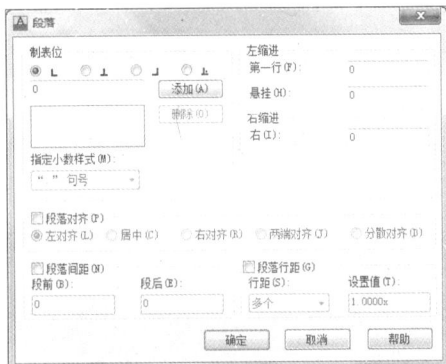

图8-28 "段落"对话框

在"插入"面板中可以设置文字的分栏，以及插入需要的文字符号，其中常用选项的作用如下。

- 📑 分栏：单击该按钮，在弹出的分栏菜单中提供了不分栏、动态栏、静态栏、插入分栏符和分栏设置5个选项，如图8-29所示。

- @ 符号：单击该按钮，将弹出各种符号供用户选择，如图8-30所示。

图8-29 分栏菜单

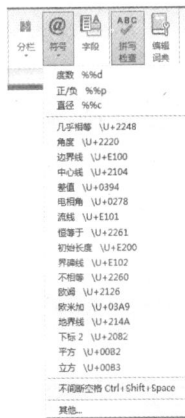

图8-30 各种符号

设置好文字的格式，然后输入文字内容，最后单击"关闭"面板中的"关闭文字编辑器"按钮，关闭文字编辑器，结束文字的编辑操作。

创建多行文字的具体操作如下。

**步骤 01** 单击"文字"面板中的"多行文字"按钮 A，如图8-31所示。

**步骤 02** 在绘图区拖动鼠标确定创建文字的区域，如图8-32所示。

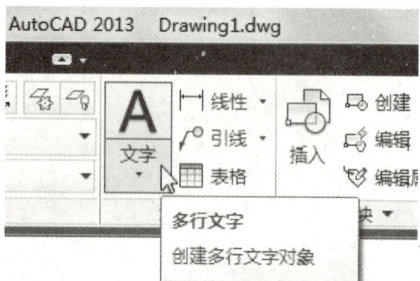

图8-31　单击"多行文字"按钮

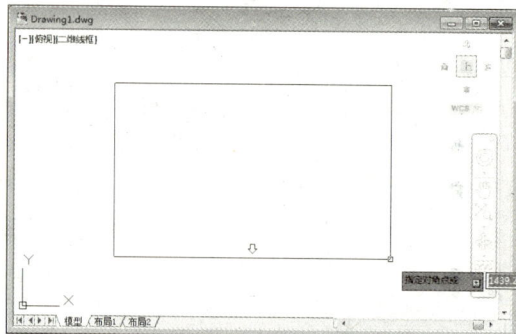

图8-32　指定输入文字区域

**步骤 03** 在弹出的文字编辑器中设置好文字的高度、文字的字体等参数，如图8-33所示。

图8-33　设置字体样式

**步骤 04** 在文字输入窗口中输入文字内容，如图8-34所示，然后单击文字编辑器中的"关闭"按钮，完成多行文字的创建，效果如图8-35所示。

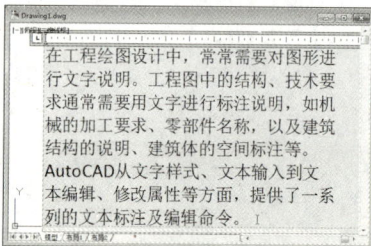

图8-34　输入文字内容

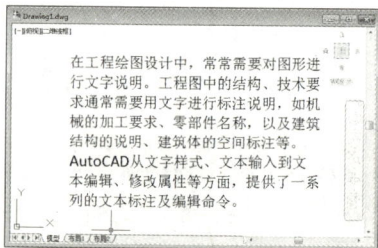

图8-35　创建多行文字

# 8.3　编辑文字

如果标注的文本不符合绘图的要求，就需要在原有的基础上进行修改。下面将着重讲解一下修改文本内容、修改文本特性、缩放文字、查找和替换文字的方法。

## 8.3.1　修改文本内容

在修改文本内容时，如果是针对个别文字进行修改，可以使用修改文本命令对其进行修改，以便删除、修改或替换文字内容，实现修改文本内容的目的。

执行修改文本内容的命令有如下两种方法。

**方法一**：执行"修改"→"对象"→"文字"命令。

**方法二**：输入DDEDIT命令并确定。

例如，使用DDEDIT命令将"灯带"改为"射灯"的操作步骤如下。

**步骤 01** 首先创建"灯带"文字内容，然后输入DDEDIT命令并确定，选择"灯带"文字作为要修改的文字，如图8-36所示。

**步骤 02** 在打开的文字编辑器中将文字修改为"射灯"，即可修改文字内容，如图8-37所示，然后接下"Enter"键进行确定。

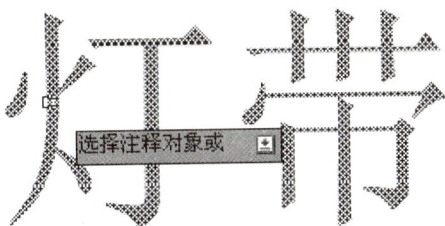

图8-36　选择对象

图8-37　修改文字内容

## 8.3.2 修改文本特性

要修改多行文字的特性，可以执行DDEDIT（ED）命令，然后在打开的文字编辑器中修改文字的特性。

要修改单行文字的特性，可在"特性"选项板中进行修改。选择"修改"→"特性"命令，或者执行PROPERTIES（PR）命令，打开"特性"选项板，如图8-38所示。在"常规"卷展栏中，可以修改文字的图层、颜色、线型、线型比例和线宽等特性；在"文字"卷展栏中，可以修改文字的内容、样式、对正方式和文字高度等特性。

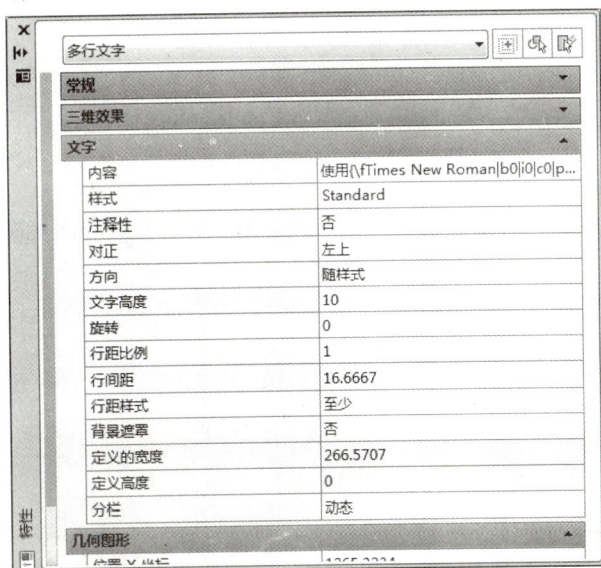

图8-38　"特性"选项板

### 8.3.3　缩放文字

执行"修改"→"对象"→"文字"→"比例"命令，或者执行SCALETEXT命令，然后选择要缩放比例的文字，再根据系统提示对文字进行缩放操作，具体的操作步骤如下。

**步骤 01** 使用DT命令创建两行文字，文字的高度为5，如图8-39所示。

**步骤 02** 执行SCALETEXT命令，选择下方的文字对象，在系统提示时选择"居中（C）"选项，如图8-40所示。

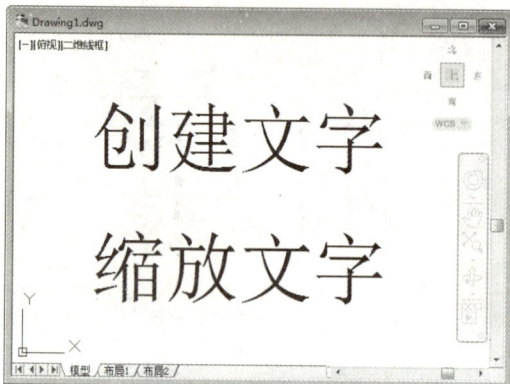

图8-39　创建文字内容

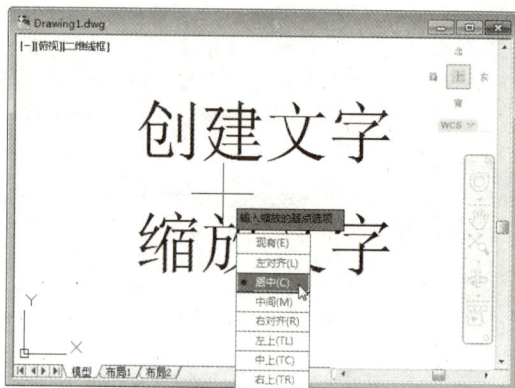

图8-40　选择选项

**步骤 03** 当系统提示"指定新模型高度或［图纸高度（P）/匹配对象（M）/比例因子（S）］<当前>："时，输入新的文字高度（如3），如图8-41所示，然后进行确定，缩放文字后的效果如图8-42所示。

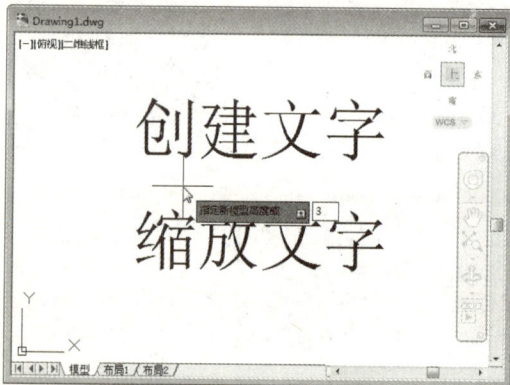

图8-41　指定文字高度

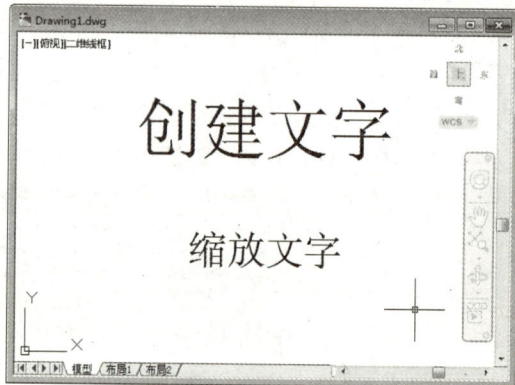

图8-42　缩放后的效果

### 8.3.4　查找和替换文字

在AutoCAD中，可以使用"查找"命令对标注的文本进行查找和替换操作。启动"查找"命令有如下两种方法。

**方法一：** 执行"编辑"→"查找"命令。

**方法二：** 输入FIND命令并确定。

执行FIND命令后，将打开"查找和替换"对话框，单击"更多"按钮，将展示更多的选项内容，如图8-43所示。"查找和替换"对话框中常用选项的含义如下。

- **查找内容**：用于输入要查找的内容，也可以在下拉列表框中选取已有的内容。
- **替换为**：用于输入一个字符串，也可以在列出的字符串中选择需要的内容，用以替换找到的内容。
- **查找位置**：用于确定是在整个图形中还是在当前选择中查找内容。
- **选择对象**：单击此按钮会暂时关闭"查找和替换"对话框，然后进入绘图区选择实体，按下空格键可返回"查找和替换"对话框。
- **替换**：单击该按钮，在"替换为"框中输入的内容将替换找到的字符。
- **全部替换**：找到所有符合要求的字符串后，单击该按钮，可以在"替换为"框中的文本框输入新的字符串。
- **查找**：单击该按钮，开始查找在"查找字符串"框中输入的字符串。
- **列出结果**：选择该选项，将列出查找和替换的内容，如图8-44所示。

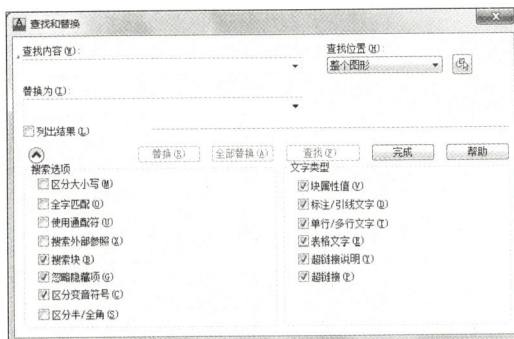

图8-43 显示更多选项

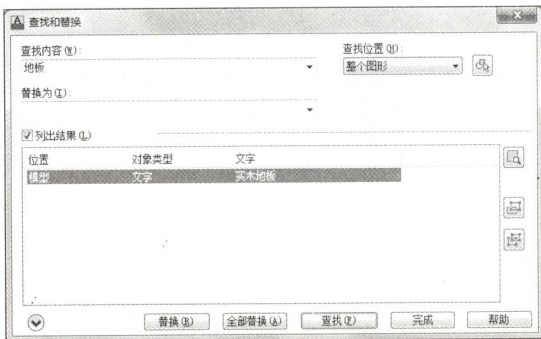

图8-44 列出查找和替换内容

使用"查找"命令对文字进行替换的具体操作如下。

**步骤 01** 使用"多行文字（MT）"命令创建一段文字内容，如图8-45所示。

**步骤 02** 执行"FIND"命令，打开"查找和替换"对话框，在"查找内容"文本框中输入"土建"，然后在"替换为"文本框中输入"建筑结构"，然后单击"全部替换"按钮，如图8-46所示。

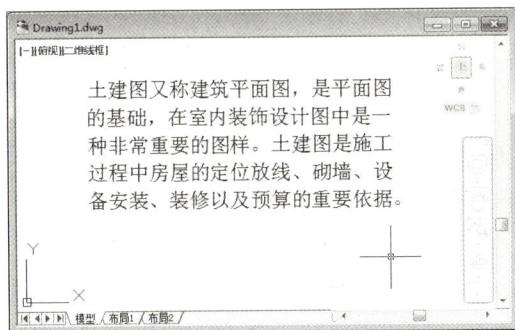

图8-45 创建文字内容

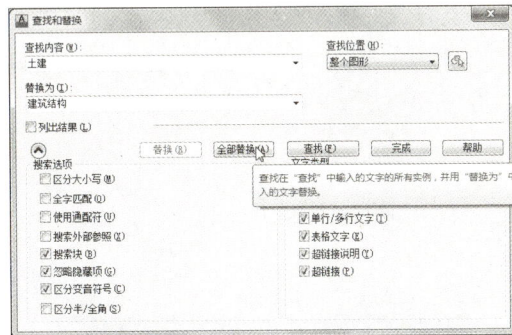

图8-46 输入查找与替换的内容

**步骤 03** 在弹出的对话框中单击"确定"按钮，如图8-47所示。

**步骤 04** 返回"查找和替换"对话框中单击"完成"按钮，即可将文字"土建"替换为"建筑结构"，如图8-48所示。

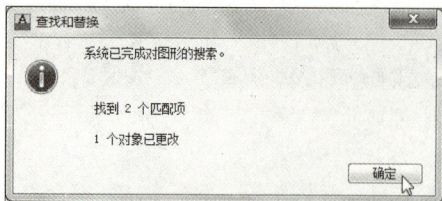

图8-47　选择对象

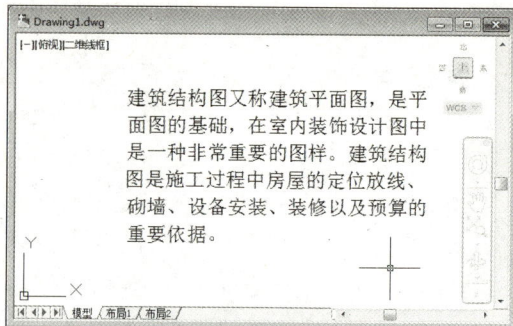

图8-48　替换后的文字

# 8.4　创建引线

引线标注是由样条曲线或直线段连着箭头组成的对象，通常由一条水平线将文字和特征控制框连接到引线上。

## 8.4.1　创建多重引线

选择"注释"面板，在"引线"面板中选择相应的工具可以创建多重引线对象，或进行多重引线样式的设置。

### 1. 多重引线样式

使用"多重引线样式管理器"可以设置当前多重引线样式，以及创建、修改和删除多重引线样式。用户可以通过如下3种方法打开"多重引线样式管理器"对话框。

**方法一：** 执行"格式"→"多重引线样式"命令。

**方法二：** 选择"注释"标签，单击"引线"面板中的"多重引线样式管理器"按钮，如图8-49所示。

**方法三：** 输入MLEADERSTYLE命令并确定。

执行"格式"→"多重引线样式"命令，将打开"多重引线样式管理器"对话框，如图8-50所示。

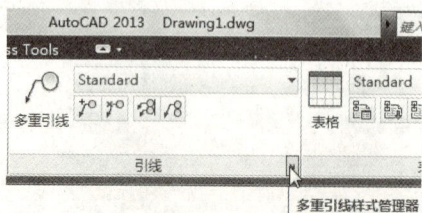

图8-49　单击"多重引线管理器"按钮

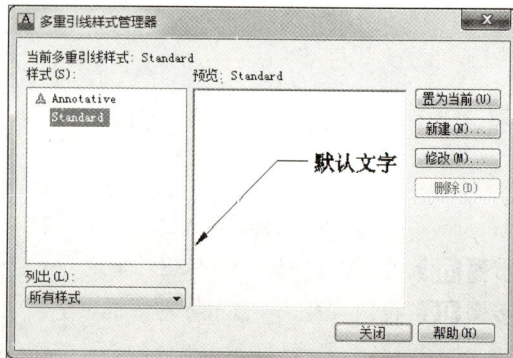

图8-50　"多重引线样式管理器"对话框

单击"多重引线样式管理器"对话框中的"新建"按钮,在打开的"创建新多重引线样式"对话框中可以创建新的多重引线样式,如图8-51所示,在"新样式名"文本框中输入样式名,然后单击"继续"按钮,打开"修改多重引线样式"对话框,在此可以修改该样式的属性,如图8-52所示。

图8-51 创建新的多重引线样式

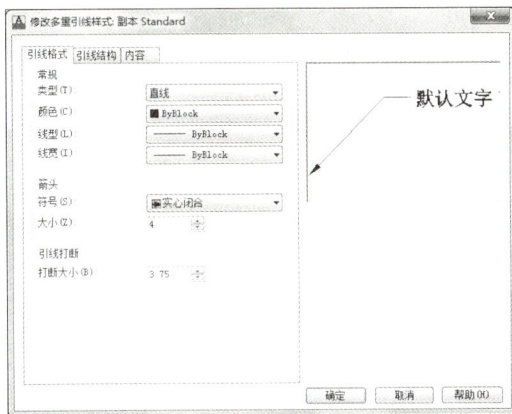

图8-52 修改多重引线样式

在"修改多重引线样式"对话框中包括"引线格式"选项卡、"引线结构"选项卡和"内容"选项卡3个部分。

在"引线格式"选项卡中,"常规"区域用于控制多重引线的基本外观,"箭头"区域用于控制多重引线箭头的外观。"引线打断"区域用于控制将折断标注添加到多重引线时使用的设置。

选择"引线结构"选项卡,在此可以设置引线的结构,如图8-53所示。选择"内容"选项卡,在此可以设置引线的文字属性引线的连接位置,如图8-54所示。

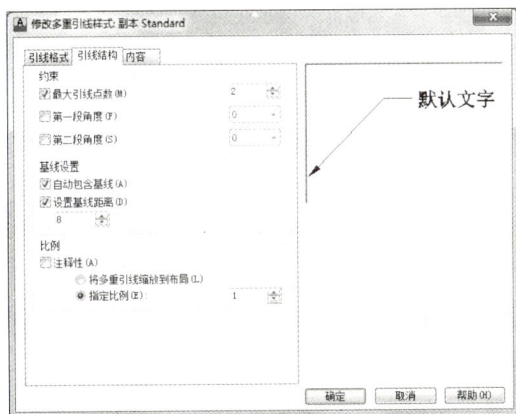

图8-53 "引线结构"选项卡

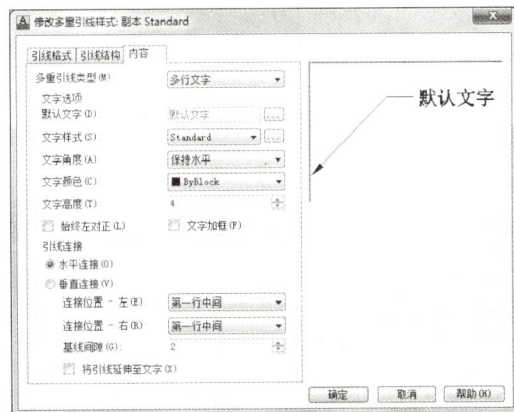

图8-54 "内容"选项卡

### 2.创建引线

单击"多重引线"按钮 可以创建连接注释与几何特征的引线。创建多重引线的具体操作如下。

**步骤 01** 打开本书配套光盘中的素材文件"8-01.dwg",如图8-55所示。

**步骤 02** 执行MLEADERSTYLE命令,打开"多重引线样式管理器"对话框,单击"修改"按钮,如图8-56所示。

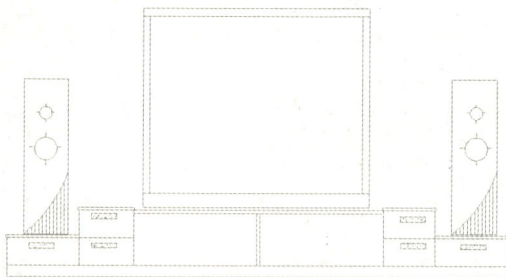

图8-55 打开素材

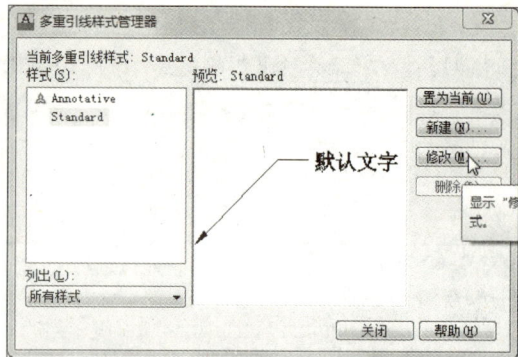

图8-56 单击"修改"按钮

**步骤 03** 在打开的"修改多重引线样式"对话框中设置箭头符号为"点"，大小为50，如图8-57所示。

**步骤 04** 切换至"引线结构"选项卡，设置最大引线点数为2，如图8-58所示。

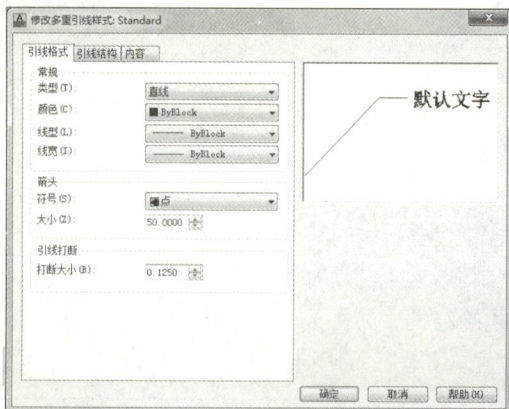

图8-57 设置箭头样式

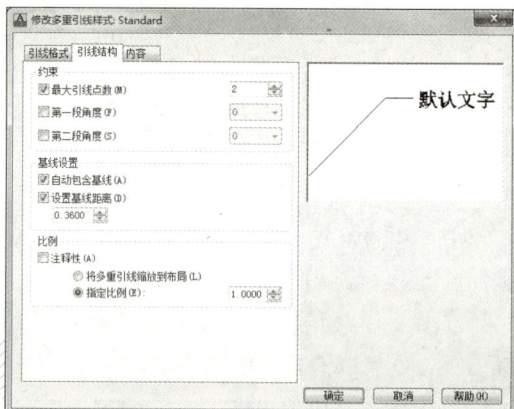

图8-58 设置最大引线点数

**步骤 05** 选择"内容"选项卡，设置文字高度为80，设置引线接连方式如图8-59所示，然后进行确定。

**步骤 06** 执行MLEADER命令，当系统提示"指定引线箭头的位置或［引线基线优先（L）／内容优先（C）／选项（O）］"时，在图形中指定引线箭头的位置，如图8-60所示。

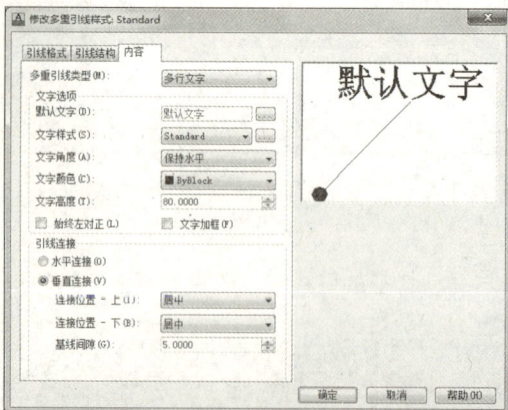

图8-59 设置引线连接方式

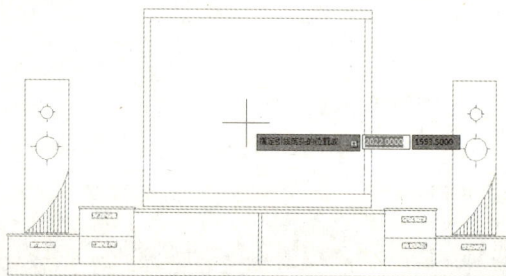

图8-60 指定引线箭头位置

**步骤 07** 当系统提示"指定引线基线的位置:"时,在图形中指定引线基线的位置,如图8-61所示。

**步骤 08** 在指定引线基线的位置后,系统将要求用户输入引线的文字内容,此时可以输入标注的文字,如图8-62所示。

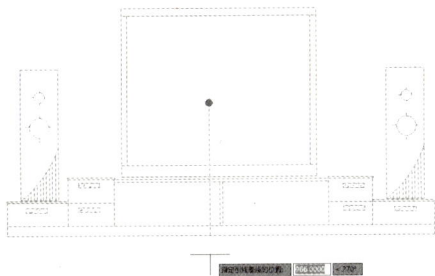

图8-61 指定引线基线位置　　　　　图8-62 输入标注文字

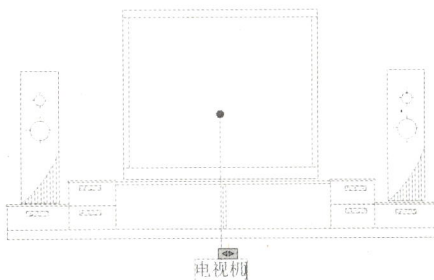

**步骤 09** 在弹出的"文字编辑器"标签面板中单击"关闭文字编辑器"按钮,完成多重引线的标注,效果如图8-63所示。

**步骤 10** 使用同样的方法,创建其他的多重引线的标注,效果如图8-64所示。

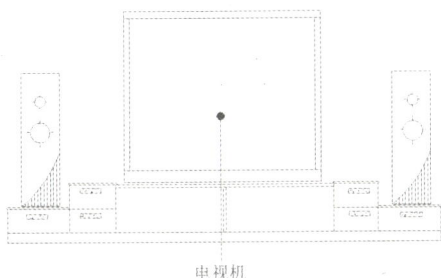

图8-63 引线标注效果　　　　　图8-64 创建其他的多重引线

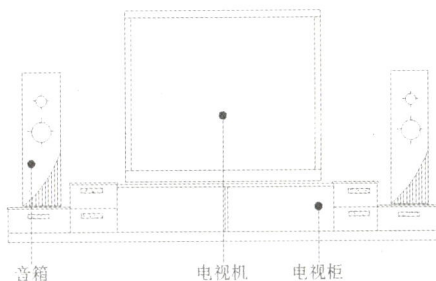

## 8.4.2 创建快速引线

使用"快速引线(QLEADER)"命令可以快速创建引线和引线注释。执行"QLEADER(QLE)"命令,输入"S"并确定,将打开"引线设置"对话框,在该对话框中可以设置引线的格式。在"注释"选项卡中可以设置注释的类型和使用方式,如图8-65所示。单击"引线和箭头"选项卡,可以在该选项卡中设置引线和箭头格式,如图8-66所示。

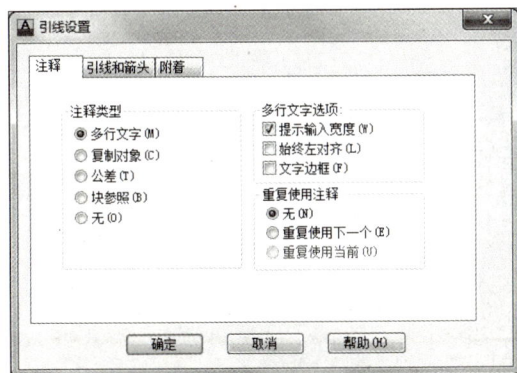

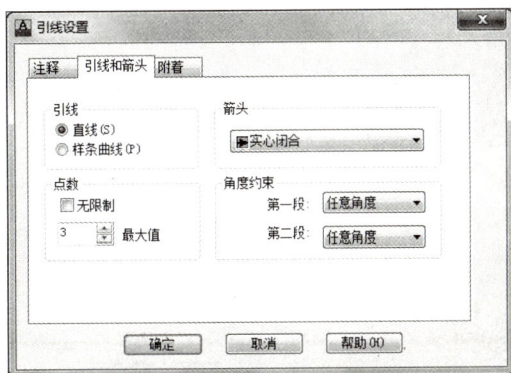

图8-65 "注释"选项卡　　　　　图8-66 "引线和箭头"选项卡

使用"快速引线（QLEADER）"命令创建引线的具体操作如下。

**步骤 01** 打开本书配套光盘中的素材文件"8-02.dwg"，如图8-67所示。

**步骤 02** 执行"快速引线（QLEADER）"命令，然后输入"S"并确定，打开"引线设置"对话框，设置注释类型为"多行文字"，如图8-68所示。

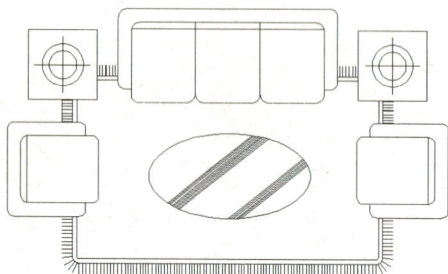

图8-67 打开素材

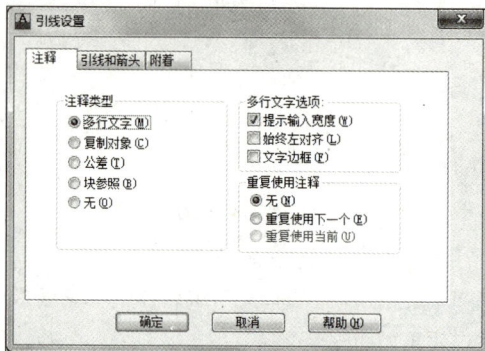

图8-68 "引线设置"对话框

**步骤 03** 切换至"引线和箭头"选项卡，设置点数为2、箭头样式为点，如图8-69所示。

**步骤 04** 当系统继续提示"指定第一个引线点或 [设置(S)] <设置>:"时，在图形中指定引线的第一个点，如图8-70所示。

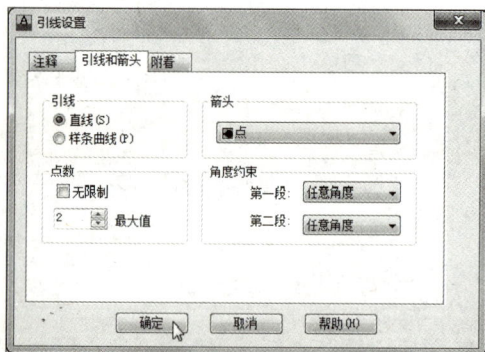

图8-69 设置引线

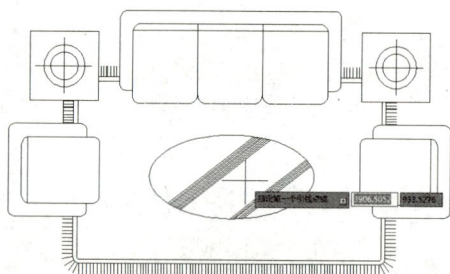

图8-70 指定第一个点

**步骤 05** 当系统提示"指定下一点:"时，向右上方移动鼠标指定引线的下一个点，如图8-71所示。

**步骤 06** 当系统提示"输入注释文字的第一行 <多行文字(M)>:"时，输入快速引线的文字内容，如图8-72所示。

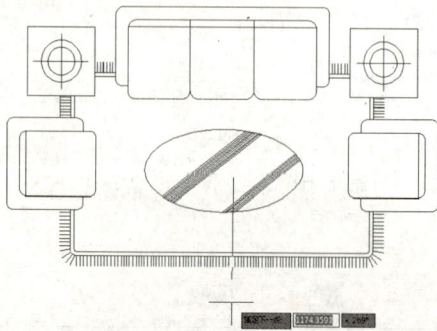

图8-71 指定下一点

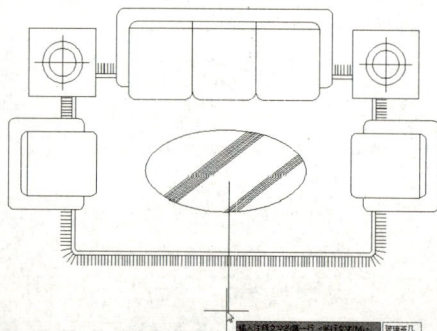

图8-72 输入文字

**步骤 07** 输入好文字内容后，连续两次按下"Enter"键完成快速引线的绘制，效果如图8-73所示。

**步骤 08** 使用同样的方法，创建其他的快速引线的标注，效果如图8-74所示。

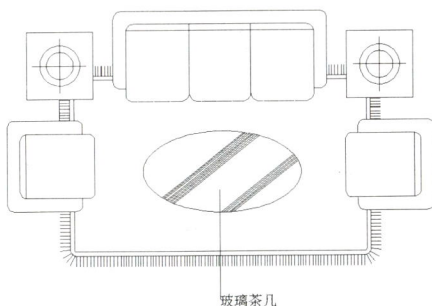

图8-73　创建快速引线效果

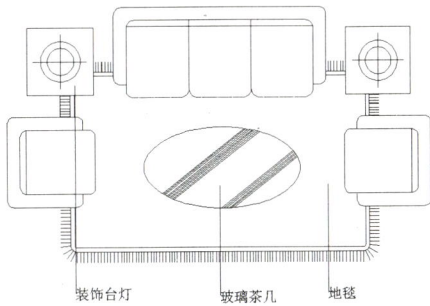

图8-74　创建其他快速引线

# 8.5　创建表格

在AutoCAD中，表格是在行和列中包含数据的复合对象。用户可以通过空的表格或表格样式创建表格对象。

## 8.5.1　设置表格样式

在创建表格之前可以先设置好表格的样式。设置表格的样式需要在"表格样式"对话框中进行，打开"表格样式"对话框的常用方法有如下3种。

**方法一：** 选择"格式"→"表格样式"命令。

**方法二：** 选择"注释"标签，单击"表格"面板中的"表格样式"按钮，如图8-75所示。

**方法三：** 输入TABLESTYLE命令并确定。

执行TABLESTYLE命令，打开"表格样式"对话框，在该对话框中可以修改当前的表格样式，也可以新建或删除表格样式，如图8-76所示。

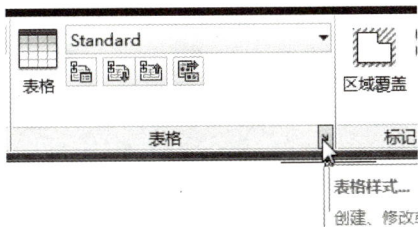

图8-75　单击"表格样式"按钮

图8-76　"表格样式"对话框

创建新表格样式的具体操作如下。

**步骤 01** 选择"格式"→"表格样式"命令，在打开的"表格样式"对话框中单击"新建"按钮，打开"创建新的表格样式"对话框，在"新样式名"文本框中输入新的表格样式名称，然后单

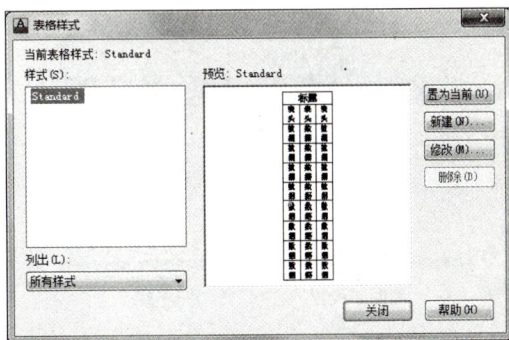

击"继续"按钮，如图8-77所示。

**步骤 02** 在打开的"新建表格样式"对话框中设置新表格样式的参数，如图8-78所示，设置好新样式的参数后，单击"确定"按钮，即可创建新的表格样式。

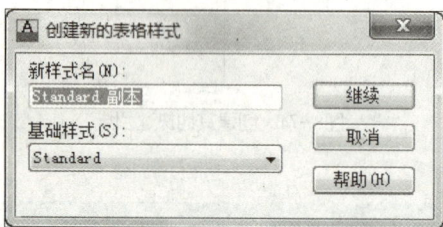

图8-77  新建表格样式

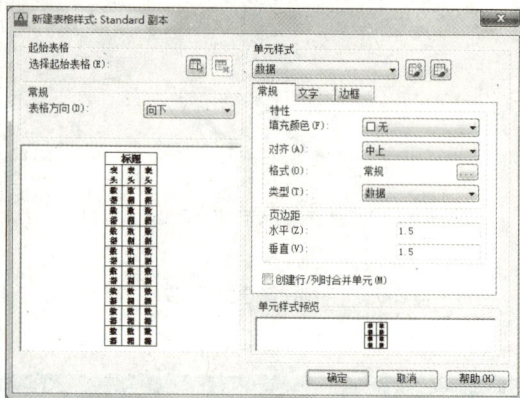

图8-78  设置新样式参数

## 8.5.2 创建表格的常用方法

在AutoCAD中可以通过多种方法创建表格对象。完成表格的创建后，可以单击该表格上的任意网格线选中该表格，然后通过"特性"选项板或夹点编辑修改该表格对象。执行"表格"命令通常有如下3种常用方法。

**方法一：** 选择"绘图"→"表格"命令。

**方法二：** 选择"注释"标签，单击"表格"面板中的"表格"按钮，如图8-79所示。

**方法三：** 输入TABLE命令并确定。

执行TABLE命令，将打开"插入表格"对话框，用户可以在此设置创建表格的参数，如图8-80所示。

图8-79  单击"表格"按钮

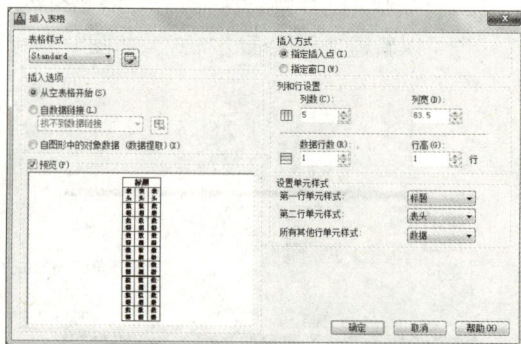

图8-80  "插入表格"对话框

创建表格的具体操作步骤如下。

**步骤 01** 选择"绘图"→"表格"命令，打开"插入表格"对话框，设置列数为2、行数为3，然后单击"确定"按钮，如图8-81所示。

**步骤 02** 在绘图区指定插入表格的位置，即可创建一个表格，如图8-82所示。

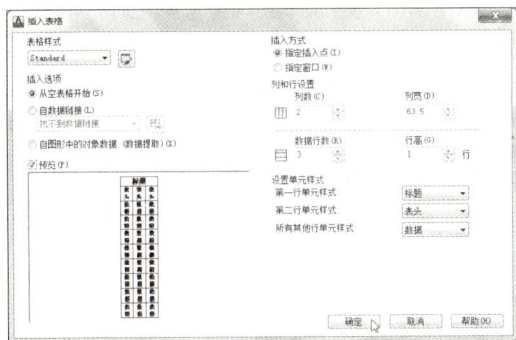

图8-81 设置表格参数

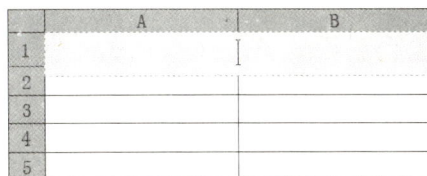

图8-82 创建表格

**步骤 03** 输入标题内容（如标题文字），然后在表格以外的区域单击鼠标，完成插入表格的操作，效果如图8-83所示。

**步骤 04** 单击表格中的单元格将其选中，如图8-84所示。

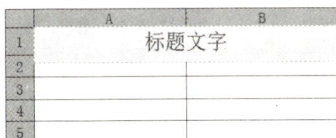

图8-83 输入标题内容

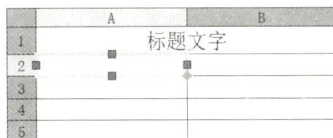

图8-84 选中单元格

**步骤 05** 选中单元格后直接输入需要的文字（如表格文字），如图8-85所示，然后在表格以外的地方单击鼠标，即可结束表格文字的输入操作，如图8-86所示。

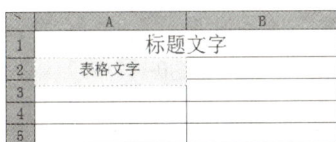

图8-85 输入数据内容

图8-86 创建数据

# 技能实训——标注图形材质

在本实例中，将通过标注图形材质的应用（见图8-87），练习"快速引线"和"多行文字"的应用方法。

## ➡ 效果展示

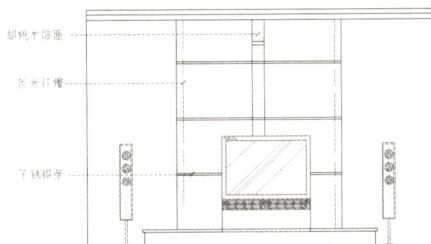

电视墙立面图

图8-87 标注平面图

## ➡ 操作分析

本实例在标注图形材质的过程中，首先执行"快速引线"命令，然后设置引线的参数，再绘制引线对象，最后再使用"多行文字"命令标注文字内容。

→ **制作步骤**

| 原始文件 | 光盘\素材文件\第8章\8-03.dwg |
|---|---|
| 结果文件 | 光盘\结果文件\第8章\立面图.dwg |
| 同步视频文件 | 光盘\同步教学文件\第8章\标注图形材质.mp4 |

**步骤 01** 根据素材路径打开"8-03.dwg"素材文件，如图8-88所示。

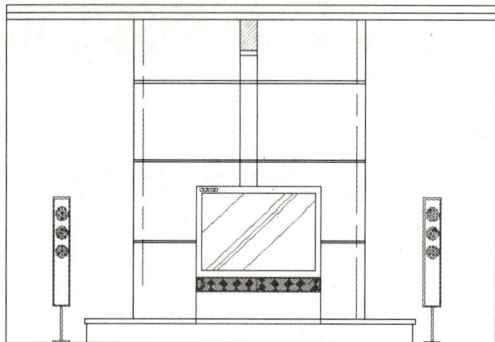

图8-88 打开素材

**步骤 02** 执行"快速引线（QLEADER）"命令，然后输入"S"并确定，打开"引线设置"对话框，设置注释类型为"多行文字"，如图8-89所示。

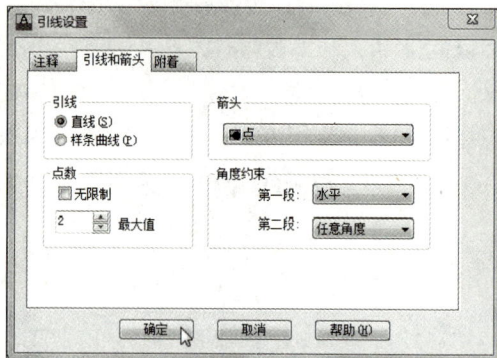

图8-89 "引线设置"对话框

**步骤 03** 选择"引线和箭头"选项卡，设置点数为2、箭头样式为点、第一段的角度为水平并确定，如图8-90所示。

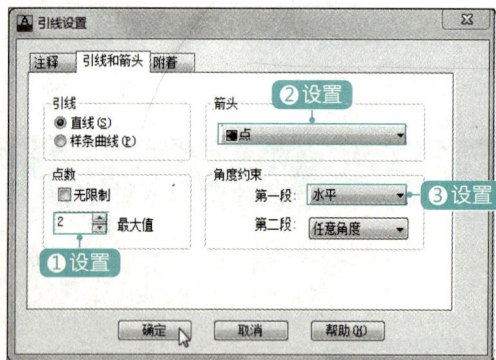

图8-90 设置引线

**步骤 04** 当系统继续提示"指定第一个引线点或［设置(S)］＜设置＞："时，在立面图中指定引线的第一个点，如图8-91所示。

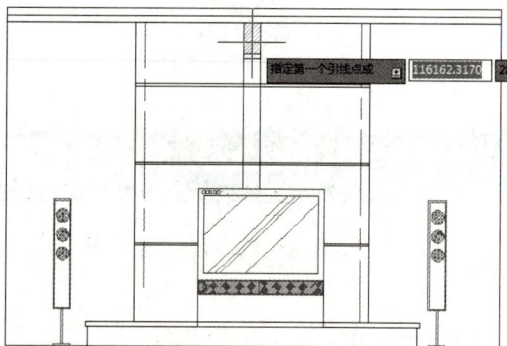

图8-91 指定第一个点

**步骤 05** 当系统提示"指定下一点："时，向右上方移动鼠标指定引线的下一个点，如图8-92所示。

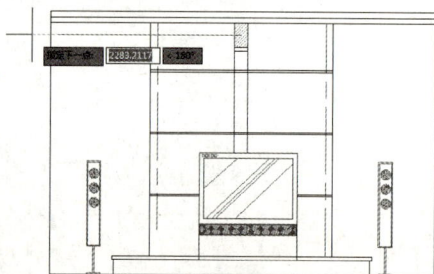

图8-92 指定下一点

**步骤 06** 当系统提示"输入注释文字的第一行<多行文字(M)>:"时,输入快速引线的文字内容,如图8-93所示。

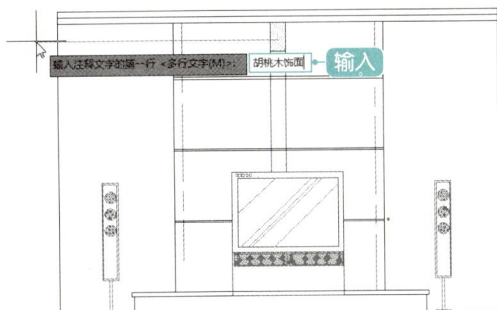

输入注释文字的第一行 <多行文字(M)>: 胡桃木饰面 ◄━ 输入

图8-93　输入文字

**步骤 07** 输入好文字内容后,连续两次按下"Enter"键完成快速引线的绘制,效果如图8-94所示。

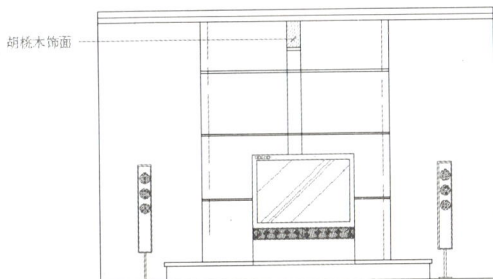

图8-94　创建快速引线效果

**步骤 08** 使用同样的方法,创建其他的快速引线的标注,效果如图8-95所示。

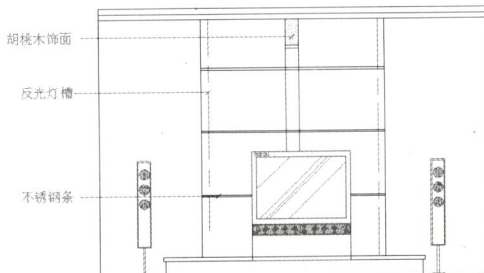

图8-95　创建其他快速引线

**步骤 09** 执行"多行文字(MT)"命令,在图形下方创建文字内容"电视墙立面图",设置文字的高度为200,效果如图8-96所示。

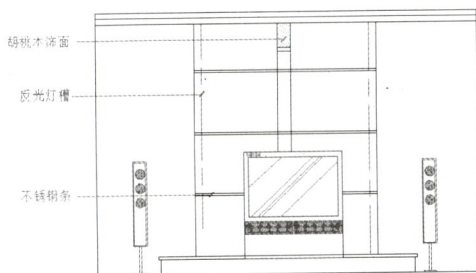

电视墙立面图

图8-96　创建文字

**步骤 10** 执行"直线(L)"命令,在文字下方创建三条线段,完成实例的制作,效果如图8-97所示。

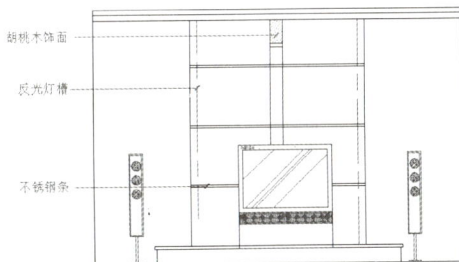

电视墙立面图

图8-97　创建线段

# 课堂问答

通过前面知识的讲解,我们对AutoCAD 2013的文字、引线和表格应用有了一定的了解,下面列出一些常见的问题供读者思考。

**问题1：单行文字和多行文字有何区别？**

答：单行文字适用于那些不需要多种字体或多行的内容。可以对单行文字进行字体、大小、倾斜、镜像、对齐和文字间隔调整等设置，其命令是DTEXT；多行文字由沿垂直方向任意数目的文字行或段落构成，可以指定文字行段落的水平宽度。用户可以对其进行移动、旋转、删除、复制、镜像或缩放操作，其命令是MTEXT。

**问题2：在什么情况下可以使用"文字样式"对话框中的"垂直"选项？**

答："垂直"选项只有当字体支持双重定向时才可用，并且不能用于TrueType类型的字体。

**问题3：图形中不能识别在标注和单行文本中输入的文字该怎么办？**

答：在"文字类型"设置中，在"字体样式"选项中选择能同时接受中文和西文的样式类型，如"常规"样式，在"字体"栏中，选中"使用大字体"项，同时在"大字体"项中选择中文字体，在"字高"项中输入一个默认字高，然后单击"应用"、"关闭"按钮后，即可解决标注和单行文本中输入汉字不能识别的问题。

# 知识与能力测试

通过前面的章节，讲解了AutoCAD创建文字、引线和表格的操作。为对知识进行巩固和考核，布置相应的练习题。

## 笔试题

### 一、填空题

（1）创建快速引线的简化命令语句是＿＿＿＿。

（2）创建表格的命令语句是＿＿＿＿。

### 二、选择题

（1）单行文字的命令是（　　）。

A. REC   B. DT   C. D   D. S

（2）多行文字的命令是（　　）。

A. A   B. C   C. MT   D. M

## 上机题

本章课程已经学完，请完成以下操作题，以加深对知识点的理解，巩固所学的技能技巧。

### （1）标注门材质

打开光盘中的素材文件"8-04.dwg"，如图8-98所示。使用"多重引线"命令对图形进行材质标注，设置文字的高度为80，对图形进行标注的效果如图8-99所示。

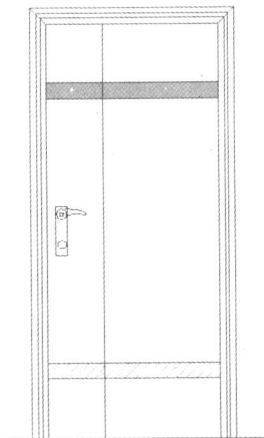

图8-98　打开素材

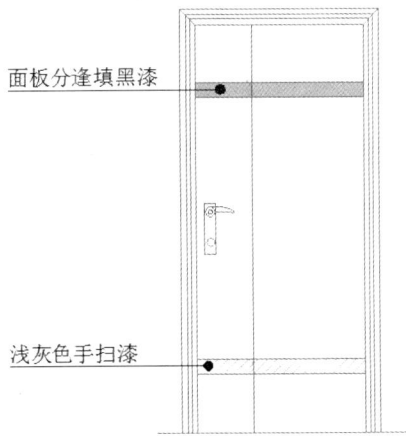

图8-99　标注图形材质

**（2）创建设计说明**

打开光盘中的素材文件"8-05.dwg"，如图8-100所示。然后使用"多行文字（MT）"和"单行文字（DT）"命令创建其中的说明文字，效果如图8-101所示。

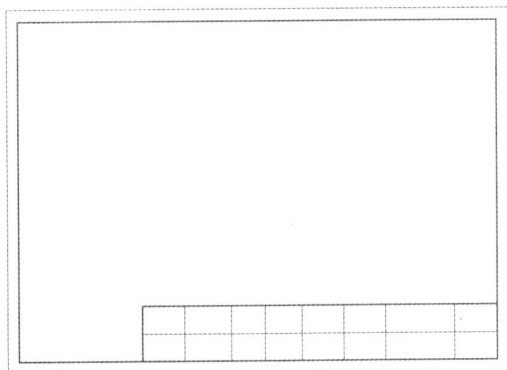

图8-100　打开素材

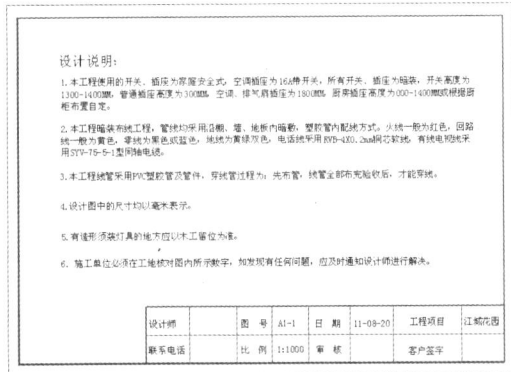

图8-101　创建文字内容

# Chapter 09

# 创建三维图形

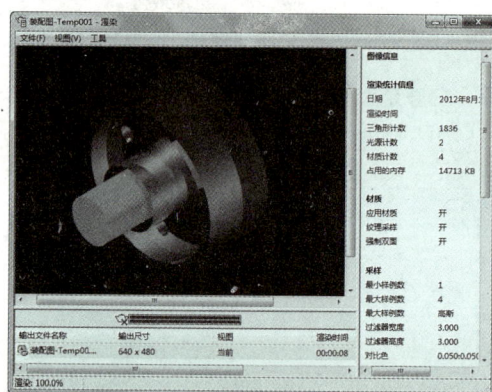

## 重点知识

- 创建基本几何体
- 转换三维实体
- 编辑三维实体
- 调整实体状态
- 实体的显示

## 难点知识

- 编辑三维实体
- 调整实体状态

**知识讲解**

# 9.1 创建基本几何体

实体对象表示整体对象的体积。在各类三维建模中，实体的信息最完整，歧义最少，复杂实体形比线框和网格更容易构造和编辑。

## 9.1.1 绘制长方体

长方体是最基本的实体对象，使用"长方体（BOX）"命令可以创建三维长方体或立方体，绘制效果如图9-1和图9-2所示。

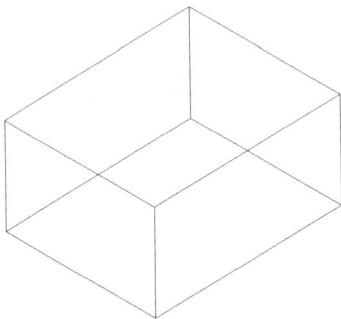

图9-1 长方体

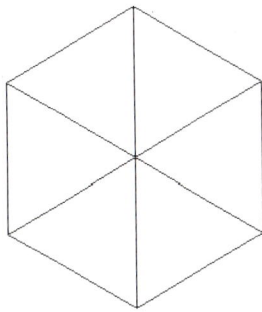

图9-2 正方体

启动"长方体"命令有如下3种常用方法。

**方法一：** 执行"绘图"→"建模"→"长方体"命令，如图9-3所示。

**方法二：** 在"三维建模"工作空间中单击"长方体"按钮 ，如图9-4所示。

**方法三：** 输入BOX命令并确定。

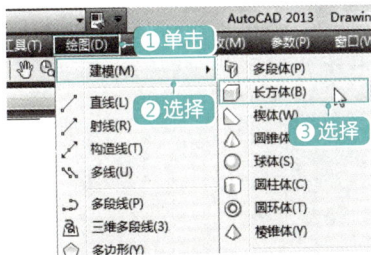

图9-3 选择命令

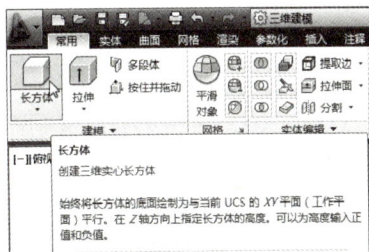

图9-4 单击"长方体"按钮

执行BOX命令后，系统将提示"指定长方体的角点或［中心点（CE）］<0,0,0>"。确定立方体底面角点位置或底面中心，缺省值为<0,0,0>。指定长方体的角点后，系统将提示"指定角点或［立方体（C）/长度（L）］"，其中各项含义如下。

- **立方体（C）：** 使用该项创建立方体。
- **长度（L）：** 使用该项创建长方体，创建时先输入长方体底面X方向的长度，然后继续输入长方体Y方向的宽度，最后输入正方体的高度值。

## 9.1.2 绘制球体

使用"球体（SPHERE）"命令可创建三维实心球体，该实体是通过半径或直径及球心来定义的，效果如图9-5所示。启动"球体"命令有如下3种常用方法。

**方法一**：执行"绘图"→"建模"→"球体"命令。

**方法二**：在"三维建模"工作空间中单击"长方体"下拉按钮，然后在弹出的列表中单击"球体"按钮，如图9-6所示。

**方法三**：输入SPHERE命令并确定。

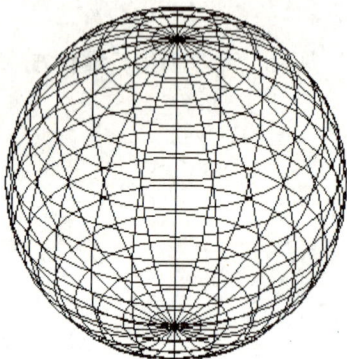

图9-5 球体

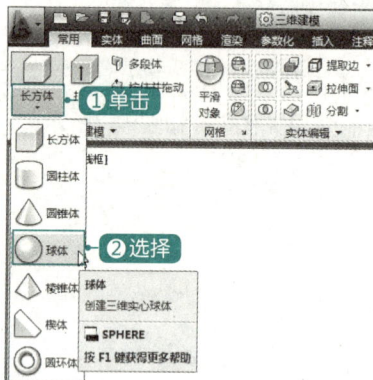

图9-6 单击"球体"按钮

---

**提示**
球体等基本几何体的线框密度由"线框密度（ISOLINES）"决定，默认线框密度为4。线框密度值越大，几何体越精细。

---

## 9.1.3 绘制圆柱体

使用"圆柱体（CYLINDER）"命令可以创建圆柱体或椭圆柱体，如图9-7和图9-8所示。该实体与圆或椭圆被执行拉伸操作的结果类似。圆柱体是在三维空间中，由圆的高度创建与拉伸圆或椭圆相似的实体原型。

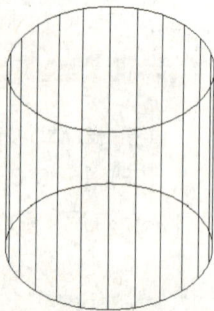

图9-7 圆柱体

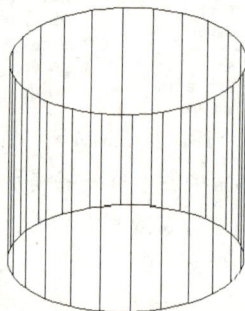

图9-8 椭圆柱体

启动"圆柱体"命令有如下3种常用方法。

**方法一**：执行"绘图"→"建模"→"圆柱体"命令。

方法二：在"三维建模"工作空间中单击"长方体"下拉按钮，然后在弹出的列表中单击"圆柱体"按钮。

方法三：输入CYLINDER命令并确定。

## 9.1.4 绘制圆锥体

使用"圆锥体（CONE）"命令可以创建实心圆锥体或圆台体的三维实体，该命令以圆或椭圆为底，垂直向上对称地变细直至一点。在创建圆锥体的过程中，如果设置圆锥体的顶面半径为大于零的值，创建的对象将是一个圆台体。如图9-9和图9-10所示分别为圆锥体和圆台实体。

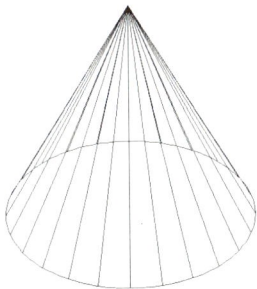

图9-9 圆锥体

图9-10 圆锥台

启动"圆锥体"命令有如下3种常用方法。

方法一：执行"绘图"→"建模"→"圆锥体"命令。

方法二：在"三维建模"工作空间中单击"长方体"下拉按钮，然后在弹出的列表中单击"圆锥体"按钮。

方法三：输入CONE命令并确定。

## 9.1.5 绘制圆环体

使用"圆环体（TORUS）"命令可以创建圆环体对象，该命令也可以创建自交圆环体，效果如图9-11所示。

如果圆管半径和圆环体半径都是正值，且圆管半径大于圆环体半径，结果就像一个两极凹陷的球体。如果圆环体半径为负值，圆管半径为正值，且大于圆环体半径的绝对值，则结果就像一个两极尖锐突出的球体，如图9-12所示。

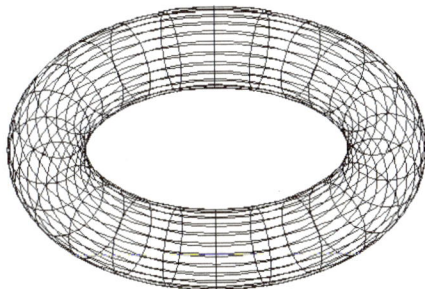

图9-11 圆环体

图9-12 特殊圆环体

启动"圆环体"命令有如下3种常用方法。

**方法一：** 执行"绘图"→"建模"→"圆环体"命令。

**方法二：** 在"三维建模"工作空间中单击"长方体"下拉按钮，然后在弹出的列表中单击"圆环体"按钮。

**方法三：** 输入TORUS（TOR）命令并确定。

# 9.2 由二维图形创建三维实体

用户可以直接创建三维基本体，也可以通过对二维图形进行三维拉伸、三维旋转、放样等方法来创建三维实体。

## 9.2.1 拉伸创建三维实体

使用"拉伸（EXTRUDE）"命令可以沿指定路径拉伸对象或按指定高度值和倾斜角度拉伸对象，从而将二维图形拉伸为三维实体。

使用二维图形拉伸为三维实体的方法可以方便地创建外形不规则的实体。使用该方法，需要先用二维绘图命令绘制不规则的截面，然后将其拉伸即可创建出三维实体。启动"拉伸"命令有如下3种常用方法。

**方法一：** 执行"绘图"→"建模"→"拉伸"命令。

**方法二：** 在"三维建模"工作空间中单击"拉伸"按钮。

**方法三：** 输入EXTRUDE命令并确定。

使用"拉伸（EXTRUDE）"命令将二维图形拉伸为三维实体的操作如下。

**步骤 01** 执行"视图"→"三维视图"→"西南等轴测视图"命令，然后执行ISOLINES命令，设置网格密度为24，如图9-13所示。

**步骤 02** 使用"圆（C）"命令绘制一个半径为500的椭圆，如图9-14所示。

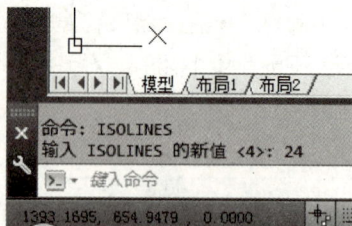

图9-13 设置网格密度

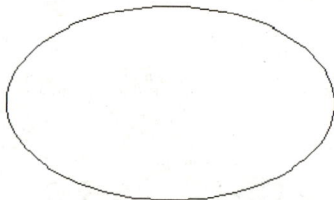

图9-14 绘制椭圆

**步骤 03** 执行EXTRUDE命令，选择椭圆作为要拉伸的对象，然后输入拉伸的高度为700，如图9-15所示。

**步骤 04** 按下空格键进行确定，完成拉伸操作，效果如图9-16所示。

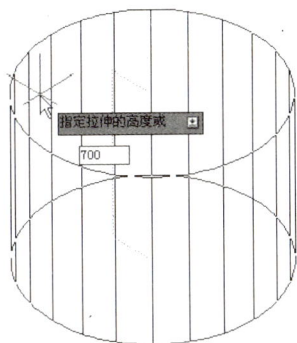

图9-15　输入拉伸的高度

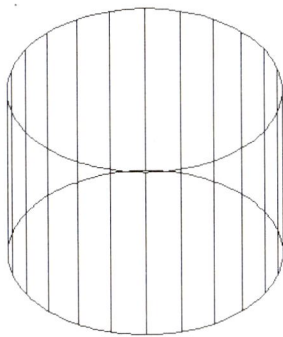

图9-16　创建拉伸实体

## 9.2.2 旋转创建三维实体

使用"旋转（REVOLVE）"命令可以通过绕轴旋转开放或闭合的平面曲线来创建新的实体或曲面，并且可以旋转多个对象。启动"旋转"命令有如下3种方法。

**方法一**：执行"绘图"→"建模"→"旋转"命令。

**方法二**：在"三维建模"工作空间中单击"拉伸"下拉按钮，然后在下拉列表中单击"旋转"按钮。

**方法三**：输入REVOLVE命令并确定。

执行REVOLVE命令，在对二维图形进行旋转的操作过程中，其命令提示及操作如下。

命令：REVOLVE↙　　　　　　　　　　　　　　　　//执行命令
当前线框密度：ISOLINES=4，闭合轮廓创建模式 = 实体
选择要旋转的对象或 [模式(MO)]:　　　　　　　　　//选择对象
指定轴起点或根据以下选项之一定义轴 [对象(O)/X/Y/Z]:　//单击鼠标指定轴起点或输入选项
指定轴端点：　　　　　　　　　　　　　　　　　//单击鼠标轴端点
指定旋转角度或 [起点角度(ST)/反转(R)/表达式(EX)]:　//输入旋转角度或输入选项

- **轴起点**：指定旋转轴的第一点和第二点，轴的正方向从第一点指向第二点。
- **对象**：使用户可以选择现有的对象，此对象定义了旋转选定对象时所绕的轴。轴的正方向从该对象的最近端点指向最远端点。可用作轴的对象包括直线、多段线、实体或曲面的线性边。
- **X（轴）**：使用当前 UCS 的正向 X 轴作为轴的正方向。
- **Y（轴）**：使用当前 UCS 的正向 Y 轴作为轴的正方向。
- **Z（轴）**：使用当前 UCS 的正向 Z 轴作为轴的正方向。
- **指定旋转角度**：旋转对象时将以指定的角度旋转对象，使用正角度将按逆时针方向旋转对象，使用负角度将按顺时针方向旋转对象。
- **起点角度（ST）**：指定从旋转对象所在平面开始的旋转偏移。

## 9.2.3 放样创建三维实体

使用"放样（LOFT）"命令可以通过对包含两条或两条以上横截面曲线的一组曲线进行放样来创建三维实体或曲面。其中横截面决定了放样生成实体或曲面的形状，它可以是开放的

线或直线，也可以是闭合的图形，如圆，椭圆、多边形和矩形等。启动"放样"命令有如下3种方法。

**方法一：** 执行"绘图"→"建模"→"放样"命令。

**方法二：** 在"三维建模"工作空间中单击"拉伸"下拉按钮，然后在下拉列表中单击"放样"按钮。

**方法三：** 输入LOFT命令并确定。

使用"放样（LOFT）"命令将二维图形放样为三维实体的操作方法如下。

**步骤 01** 将视图转换为西南等轴测视图，然后设置"网格密度"为24，再绘制两个圆形和一条线段，如图9-17所示。

**步骤 02** 执行LOFT命令，选择作为放样截面的两个圆形，在弹出的下拉菜单中选择"路径"选项，如图9-18所示。

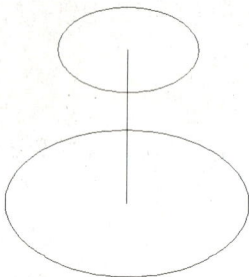

图9-17　绘制图形

图9-18　选择"路径"选项

**步骤 03** 选择线段作为放样的路径，如图9-19所示，放样的效果如图9-20所示。

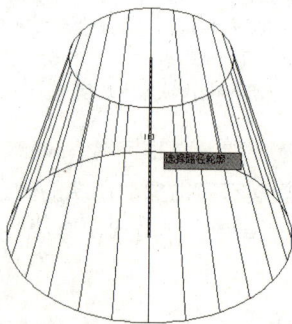

图9-19　选择路径

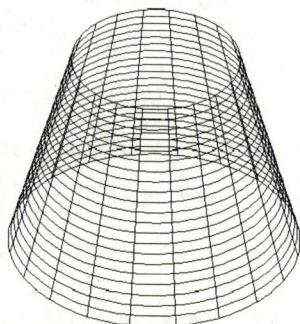

图9-20　放样实体

## 9.2.4　创建旋转网格

旋转网格是通过将路径曲线或轮廓（包括直线、圆、圆弧、椭圆、椭圆弧、闭合多段线、多边形、闭合样条曲线或圆环）绕指定的轴旋转构造一个近似于旋转网格的多边形网格。

使用"旋转网格（REVSURF）"命令可以将形体截面的外轮廓线围绕某一指定轴旋转一定的角度生成一个网格。启动"旋转网格"命令通常有如下两种方法。

**方法一：** 执行"绘图"→"建模"→"网格"→"旋转网格"命令。

**方法二：** 输入REVSURF（REV）命令并确定。

执行REVSURF命令，在创建旋转网格的操作过程中，系统提示及其操作如下。

命令: REVSURF↙                                                          //执行命令
当前线框密度: SURFTAB1=24 SURFTAB2=24                                    //显示当前网格密度值
选择要旋转的对象: //选择旋转对象，可以是直线、圆弧、圆或二维、三维多段线
选择定义旋转轴的对象: //选择旋转轴，可以是直线或开放的二维、三维多段线
指定起点角度 <0>:                                                        //指定旋转的起点角度
指定包含角 (+=逆时针, -=顺时针) <360>:                                    //指定旋转包含角度

> **提示**
> 网格密度用SURFTAB1和SURFTAB2命令确定，其预设值为6，网格密度值越大，生成的面越光滑。

## 9.2.5 创建平移网格

创建平移网格时，拉伸向量线必须是直线、二维多段线或三维多段线，路径轨迹线可以是直线、圆弧、圆、二维多段线或三维多段线。拉伸向量线选取多段线拉伸方向为两端点连线，且拉伸面的拉伸长度为向量线长度。启动"平移网格"命令通常有如下两种方法。

**方法一：** 执行"绘图"→"建模"→"网格"→"平移网格"命令。

**方法二：** 输入TABSURF命令并确定。

使用"平移网格（TABSURF）"命令创建平移网格的操作如下。

**步骤 01** 在西南等轴测视图中绘制一个圆形和一条线段，如图9-21所示。

**步骤 02** 执行SURFTAB1命令，设置网格密度1为24，执行SURFTAB2命令，设置网格密度2为24，然后执行TABSURF命令，如图9-22所示。

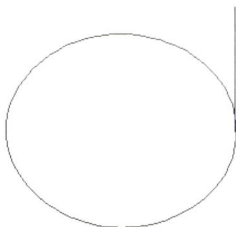

图9-21　绘制图形

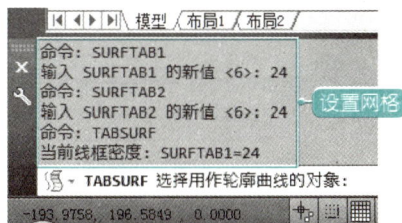

图9-22　执行命令

**步骤 03** 选择圆形作为轮廓曲线的对象，如图9-23所示。

**步骤 04** 选择线段作为方向矢量的对象，平移网格的效果如图9-24所示。

图9-23　选择轮廓曲线

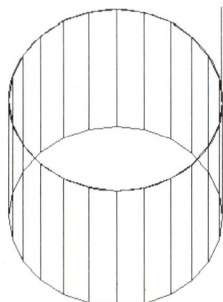

图9-24　创建平移网格

## 9.2.6 创建直纹网格

使用"直纹网格（RULESURF）"命令可以在两条曲线之间构造一个表示直纹网格的多边形网格，使用"直纹网格（RULESURF）"命令所选择的对象用于定义直纹网格的边。启动"直纹网格"命令通常有如下两种方法。

**方法一：** 执行"绘图"→"建模"→"网格"→"直纹网格"命令。

**方法二：** 输入RULESURF命令并确定。

使用"直纹网格（RULESURF）"命令创建直纹网格的具体操作如下。

**步骤 01** 在西南等轴测视图中绘制一条线段和一段圆弧，如图9-25所示。

**步骤 02** 执行RULESURF命令，选择圆弧作为第一条定义曲线，如图9-26所示。

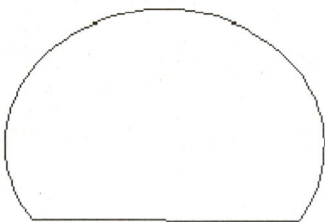

图9-25 绘制图形　　　　　　　　图9-26 选择定义曲线

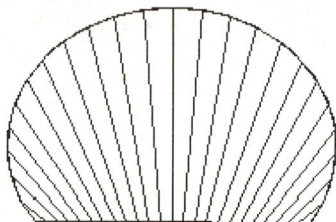

**步骤 03** 选择线段作为第二条定义曲线，如图9-27所示，创建的直纹网格效果如图9-28所示。

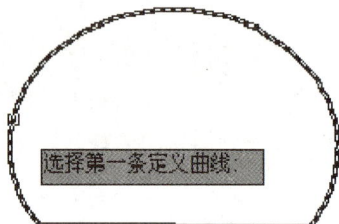

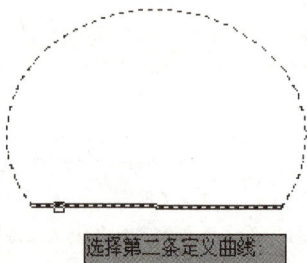

图9-27 选择定义曲线　　　　　　图9-28 创建直纹网格

## 9.2.7 创建边界网格

使用"边界网格（EDGESURF）"命令可以创建一个三维多边形网格，此多边形网格近似于一个由四条邻接边定义的孔斯曲面片网格。孔斯曲面片网格是一个在四条邻接边（这些边可以是普通的空间曲线）之间插入的双三次曲面。启动"边界网格"命令通常有如下两种方法。

**方法一：** 执行"绘图"→"建模"→"网格"→"边界网格"命令。

**方法二：** 输入EDGESURF命令并确定。

使用"边界网格（EDGESURF）"命令创建网格时，选择定义的网格片必须是四条邻接边。使用"边界网格（EDGESURF）"命令创建边界网格对象的具体操作如下。

**步骤 01** 在西南等轴测视图中使用"直线（L）"命令绘制一个四边形，如图9-29所示。

**步骤 02** 执行EDGESURF命令，选择其中的一条线段作为曲面边界的对象 1，如图9-30所示。

图9-29 绘制图形

图9-30 选择曲面边界1

**步骤 03** 依次选择其他三条线段作为曲面边界的对象 2、3、4，如图9-31所示，创建的边界网格效果如图9-32所示。

图9-31 选择曲面边界

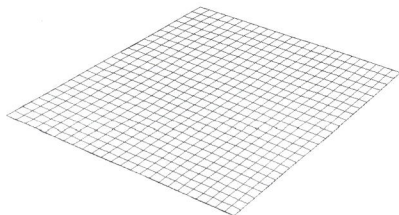

图9-32 创建边界网格

# 9.3 编辑三维实体

在三维模型的编辑过程中，常用的实体编辑命令包括并集、交集和差集等。用户也可以使用三维镜像、三维对齐等命令对模型进行编辑调整。

## 9.3.1 并集实体

使用"并集（UNION）"命令可以将选定的两个或以上的实体对象合并成为一个新的整体。例如，将如图9-33所示的球体和圆柱体并集在一起的效果如图9-34所示。

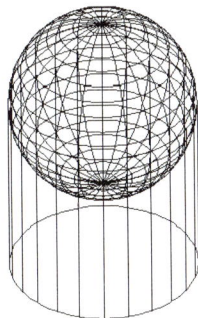

图9-33 原图

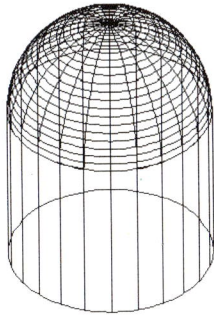

图9-34 并集实体

启动"并集（UNION）"命令有如下3种常用方法。

**方法一**：执行"修改"→"实体编辑"→"并集"命令，如图9-35所示。
**方法二**：在"三维建模"工作空间中单击"实体编辑"面板中的"并集"按钮⊙，如图9-36所示。
**方法三**：输入UNION（UNI）命令并确定。

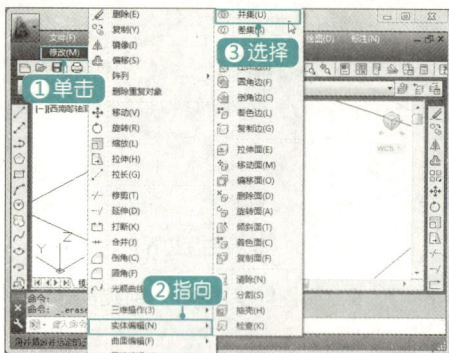

图9-35　执行命令

图9-36　单击"并集"按钮

## 9.3.2　差集实体

使用"差集（SUBTRACT）"命令可以将选定的组合实体相减得到一个差集整体。例如，在如图9-37所示的图形中，使用长方体减去球体的效果如图9-38所示。

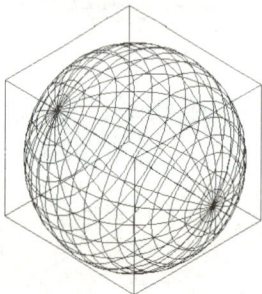

图9-37　原图

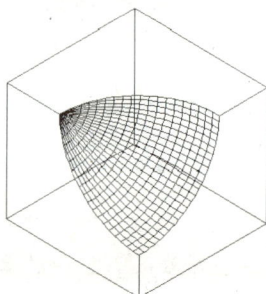

图9-38　差集效果

启动"差集（SUBTRACT）"命令有如下3种常用方法。

**方法一：** 执行"修改"→"实体编辑"→"差集"命令。

**方法二：** 在"三维建模"工作空间中单击"实体编辑"面板中的"差集"按钮 ◎◎ 。

**方法三：** 输入SUBTRACT（SU）命令并确定。

## 9.3.3　交集实体

使用"交集（INTERSECT）"命令可以从两个或多个实体的交集中创建组合实体，并删除交集外面的区域。例如，对如图9-39所示的图形进行交集处理后的效果如图9-40所示。

图9-39　原图

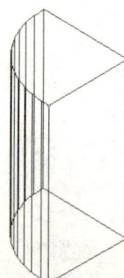

图9-40　交集效果

启动"交集（INTERSECT）"命令有如下3种常用方法。

**方法一：** 执行"修改"→"实体编辑"→"交集"命令。

**方法二：** 在"三维建模"工作空间中单击"实体编辑"面板中的"交集"按钮◎◎。

**方法三：** 输入INTERSECT（IN）命令并确定。

# 9.4 调整实体状态

同二维图形一样，用户可以对三维实体进行镜像、移动、旋转和阵列等操作，只是执行命令和操作方法有所不同而已。

## 9.4.1 三维移动

使用"三维移动（3DMOVE）"命令可以将实体按钮指定距离在三维空间中进行移动，以改变对象的位置。启动"三维移动"命令有如下3种常用方法。

**方法一：** 执行"修改"→"三维操作"→"三维移动"命令，如图9-41所示。

**方法二：** 在"三维建模"工作空间中单击"修改"面板中的"三维移动"按钮⊕，如图9-42所示。

**方法三：** 输入3DMOVE命令并确定。

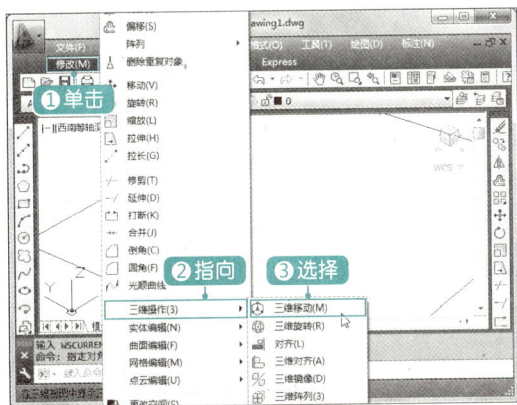

图9-41 执行命令

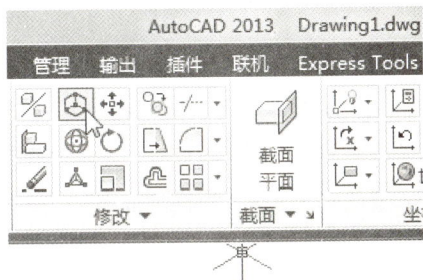

图9-42 单击"三维移动"按钮

执行3DMOVE命令，在对实体进行三维移动的过程中，系统提示及操作如下。

命令: **3DMOVE**↙                    //执行三维移动对象
选择对象:                           //选择需要移动的对象
指定基点或 [位移(D)] <位移>:          //指定移动的基点，或选择"位移(D)"选项
指定第二个点或 <使用第一个点作为位移>:   //指定移动的第二个点，或指定移动距离

## 9.4.2 三维旋转

使用"三维旋转（ROTATE3D）"命令可以将实体绕指定轴在三维空间中进行一定方向的旋转，以生成新的实体对象。启用"三维旋转"命令有如下3种常用方法。

**方法一：** 执行"修改"→"三维操作"→"三维旋转"命令。

**方法二：** 在"三维建模"工作空间中单击"修改"面板中的"三维旋转"按钮⊕。

**方法三：** 输入ROTATE3D 命令并确定。

执行ROTATE3D 命令，在对实体进行三维旋转的过程中，系统提示及操作如下。

| | |
|---|---|
| 命令: ROTATE3D↙ | //执行三维旋转对象 |
| 选择对象: | //选择需要旋转的对象 |
| 指定基点: | //指定旋转的基点 |
| 拾取旋转轴: | //选择旋转的轴 |
| 指定角的起点或键入角度: | //指定旋转时角的起点位置，单击鼠标即可对选择的对象进行旋转，或输入旋转的角度值 |

### 9.4.3　三维镜像

使用"三维镜像（MIRROR3D）"命令可以将三维实体按指定的三维平面作对称性复制。在三维建模中运用该命令，可以提高绘图效率。例如，将如图9-43所示的模型沿XY平面进行三维镜像后的效果如图9-44所示。

图9-43　原图

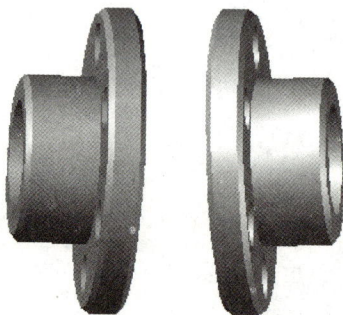

图9-44　三维镜像复制效果

启动"三维镜像（MIRROR3D）"命令有如下3种常用方法。

**方法一：** 执行"修改"→"三维操作"→"三维镜像"命令。

**方法二：** 在"三维建模"工作空间中单击"修改"面板中的"三维镜像"按钮%。

**方法三：** 输入MIRROR3D命令并确定。

执行MIRROR3D命令，在对实体进行三维镜像的过程中，系统提示及操作如下。

| | |
|---|---|
| 命令: MIRROR3D↙ | //执行镜像命令 |
| 选择对象: | //选择要镜像的对象 |
| 指定镜像平面 (三点) 的第一个点或[对象(O)/最近的(L)/Z 轴(Z)/视图(V)/XY 平面(XY)/YZ 平面(YZ)/ZX 平面(ZX)/三点(3)] <三点>: | //指定镜像第一个点或选择选项 |
| 在镜像平面上指定第二点: | //指定镜像第二个点 |
| 在镜像平面上指定第三点: | //指定镜像第三个点 |
| 是否删除源对象? [是(Y)/否(N)] <否>: | //选择镜像方式 |

### 9.4.4　三维阵列

使用"三维阵列（3DARRAY）"命令可以在三维空间中生成三维矩形或环形阵列。使用该命令，可以很方便地绘制大量相同形状的实体对象。例如，对如图9-45所示的模型进行三维阵列处理，设置阵列行数、列数和层数都为3，其效果如图9-46所示。

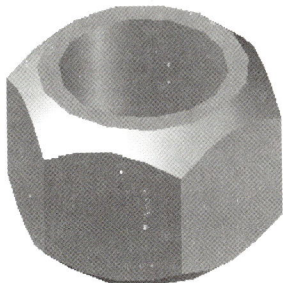

图9-45 原图

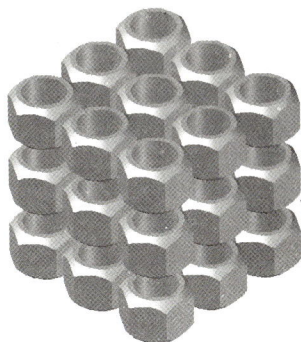

图9-46 三维阵列效果

启动"三维阵列（3DARRAY）"命令有如下3种常用方法。

**方法一：** 执行"修改"→"三维操作"→"三维阵列"命令。

**方法二：** 在"三维建模"工作空间中单击"修改"面板中的"矩形阵列"下拉按钮，然后在弹出的列表中单击需要的阵列类型，如图9-47所示。

**方法三：** 输入3DARRAY命令并确定。

执行"修改"→"三维操作"→"三维阵列"命令，选择阵列的对象后，将弹出用于选择阵列类型的列表，用户可以在此选择阵列对象的方式，如图9-48所示。

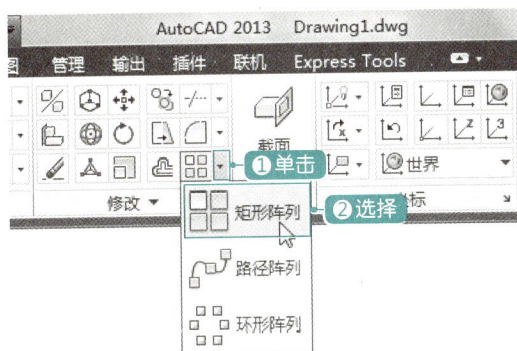

图9-47 单击按钮

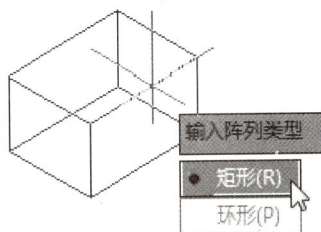

图9-48 选择阵列方式

执行3DARRAY命令，在对实体进行三维阵列的过程中，系统提示及操作如下。

命令: 3DARRAY↙                                          //执行阵列命令
选择对象:                                                //选择阵列对象
输入阵列类型 [矩形(R)/环形(P)] < >:                       //选择阵列方式
输入行数 (---) <>:                                       //指定阵列行数
输入列数 (|||) <>:                                       //指定阵列列数
输入层数 (...) <>:                                       //指定阵列层数
指定行间距 (---):                                        //指定阵列行间距
指定列间距 (|||):                                        //指定阵列列间距
指定层间距 (...):                                        //指定阵列层间距

在进行矩形阵列时，如果输入的间距值为正值，将沿X、Y、Z轴的正向生成阵列，间距值为负，将沿X、Y、Z轴的负向生成阵列。在阵列对象的过程中，如果选择"环形（P）"选项，则可以绕旋转轴复制对象。例如，将如图9-49所示的球体沿圆形进行三维阵列后的效果如图9-50所示。

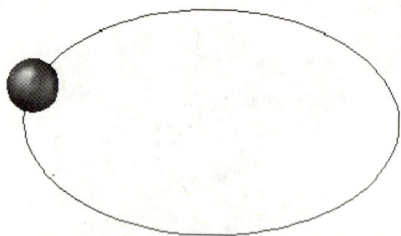

图9-49　原图

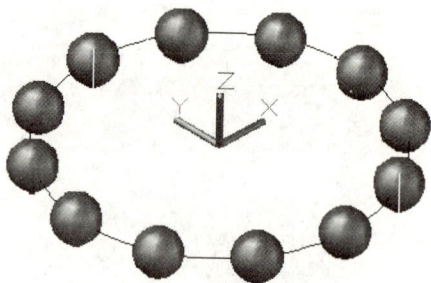

图9-50　环形阵列效果

### 9.4.5　三维对齐

使用"三维对齐（3DALIGN）"命令可以同时移动和改变三维空间中对象的位置、方向和大小，一次完成移动、旋转等操作，将指定对象与其他对象对齐。启动"三维对齐（3DALIGN）"命令有如下3种常用方法。

**方法一：**执行"修改"→"三维操作"→"三维对齐"命令。

**方法二：**在"三维建模"工作空间中单击"修改"面板中的"三维对齐"按钮 。

**方法三：**输入3DALIGN命令并确定。

执行3DALIGN命令，在对实体进行三维对齐的过程中，系统提示及操作如下。

命令: **3DALIGN**✓　　　　　　　　　　　　　//执行三维对齐命令
选择对象:　　　　　　　　　　　　　　　　//选择需要对齐的对象
指定源平面和方向 ...指定基点或 [复制(C)]:　　//指定对齐的基点
指定第二个点或 [继续(C)] <C>:　　　　　　　//指定对齐的第二个基点
指定第三个点或 [继续(C)] <C>:　　　　　　　//按下空格键进行确定
指定目标平面和方向 ... 指定第一个目标点:　　//指定旋转的第一个目标点
指定第二个目标点或 [退出(X)] <X>:　　　　　//指定旋转的第二个目标点
指定第三个目标点或 [退出(X)] <X>:　　　　　//按下空格键进行确定

# 9.5　实体图形的显示

在AutoCAD中，视觉样式决定了图形的显示效果，其中包括二维线框、真实、概念和着色等多种样式。

### 9.5.1　使用视觉样式

使用视觉样式可以对三维实体进行染色并赋予明暗光线。执行"视图"→"视觉样式"命令，其子菜单中包括"二维线框"、"线框"和"真实"等常用视觉样式，如图9-51所示，其中常用视觉样式的意义如下。

- **二维线框：** 显示用直线和曲线表示边界的对象，光栅和 OLE 对象、线型和线宽都是可见的，如图9-52所示。
- **线框：** 显示用直线和曲线表示边界对象，线框效果与二维线框相似，只是在线框效果中将显示一个已着色的三维UCS图标，选择此样式时，图形背景将变为黑色。

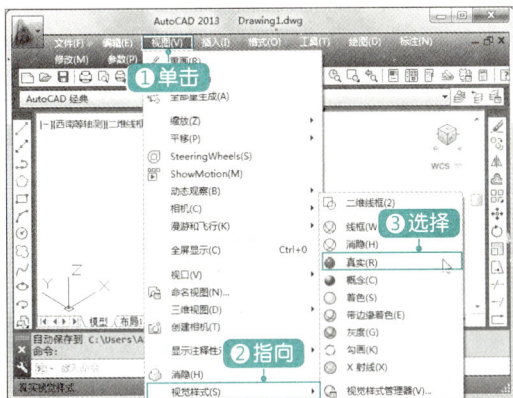

图9-51　选择视觉样式

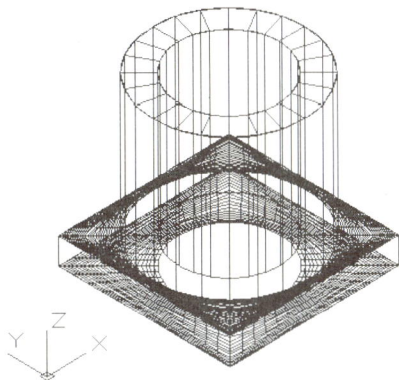

图9-52　二维线框效果

- **消隐：** 显示用三维线框表示的对象并隐藏表示后向面的直线，隐藏实际上被前景对象遮盖的背景对象，使图形的显示简洁明了，具有直观的立体感，如图9-53所示。
- **真实：** 着色多边形平面间的对象，并使对象的边平滑化，并显示对象的材质，如下图9-54所示。

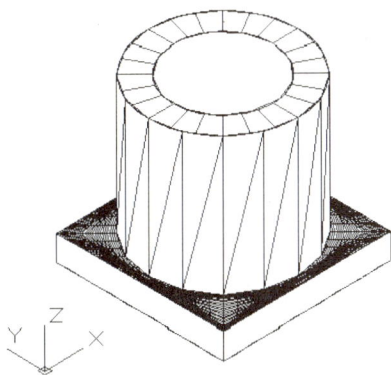

图9-53　消隐效果

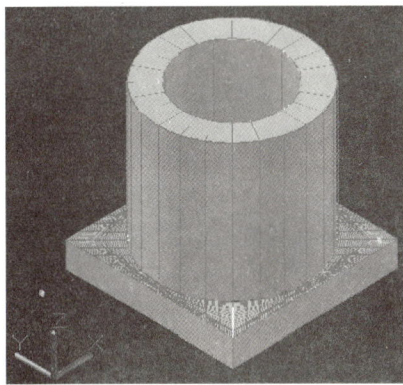

图9-54　真实效果

## 9.5.2　渲染图形对象

渲染是一种比较真实、清晰的三维效果显示方式。在AutoCAD中，可以为三维图形施加光线和材质，还可以添加背景效果。

执行"视图"→"渲染"→"渲染"命令，或者输入RENDER命令并确定，打开"渲染"对话框，即可看到三维模型的渲染效果，并在"渲染"对话框的右侧显示了图形的相关信息，如图9-55所示。

在"渲染"对话框中执行"文件"→"保存"命令，打开"渲染输出文件"对话框，在该对话框中可以设置渲染文件的保存路径、名称和类型，如图9-56所示。

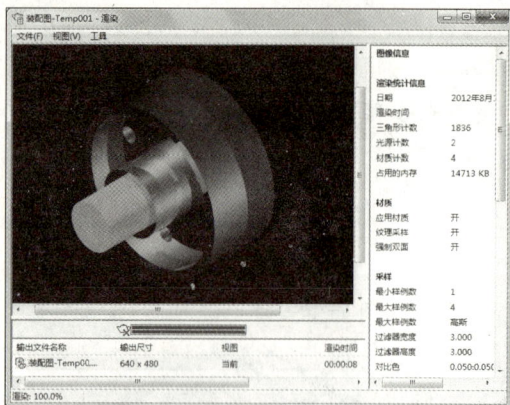

图9-55 "渲染"对话框

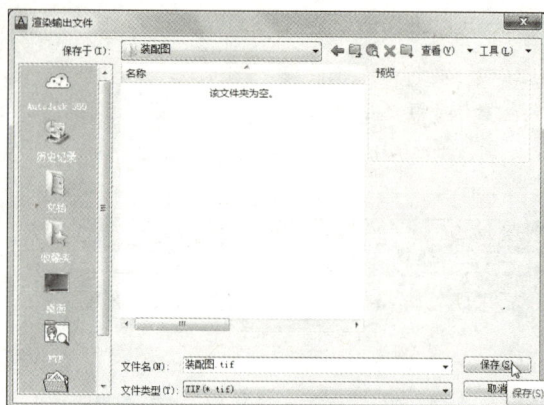

图9-56 保存渲染对象

# 技能实训——绘制弹片模型

在本实例中，将通过绘制弹片模型（见图9-57），练习视图的切换、模型的创建和视觉样式的应用。

### ➡ 效果展示

图9-57 弹片模型

### ➡ 操作分析

本实例在绘制模型的过程中，首先将视图切换到左视图中，然后绘制二维图形，并将其转换为多段线，再执行"拉伸"命令将多段线拉伸为三维实体，最后修改图形的视觉样式，并对模型进行渲染。

### ➡ 制作步骤

| 结果文件 | 光盘\结果文件\第9章\弹片模型.dwg |
| --- | --- |
| 同步视频文件 | 光盘\同步教学文件\第9章\绘制弹片模型.mp4 |

**步骤 01** 执行"视图"→"三维视图"→"左视"命令，然后执行LINE命令，绘制一条水平线段和一条垂直线段，效果如图9-58所示。

**步骤 02** 执行CIRCLE命令，以线段的交点为圆心，分别绘制半径为15和20的同心圆，效果如图9-59所示。

图9-58 绘制辅助线

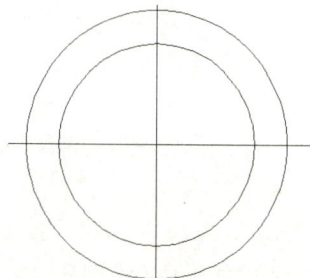

图9-59 绘制同心圆

**步骤 03** 执行OFFSET命令，将水平线段向下偏移23，将垂直线段分别向左和向右各偏移5、12，效果如图9-60所示。

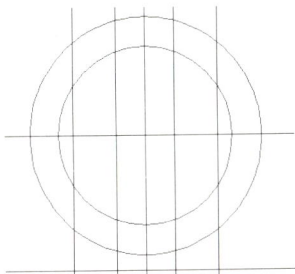

图9-60 偏移直线

**步骤 05** 执行PEDIT命令，输入参数M并确定，再选择图形中的所有圆弧与线段，将所选对象合并成一条多段线，再将视图切换到东南等轴测视图中，效果如图9-62所示。

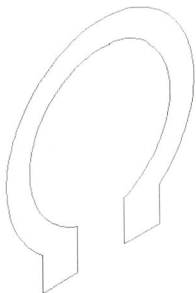

图9-62 合并线段和圆弧

**步骤 07** 执行"视图"→"视觉样式"→"真实"命令，进入真实视觉模式，效果如图9-64所示。

图9-64 真实视觉效果

**步骤 04** 执行TRIM命令，对图形进行修剪，然后使用ERASE命令将多余线段删除，效果如图9-61所示。

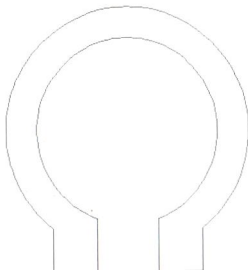

图9-61 修剪图形

**步骤 06** 执行EXTRUDE命令，选择合并的多段线作为拉伸对象，设置拉伸的厚度为3，拉伸效果如图9-63所示。

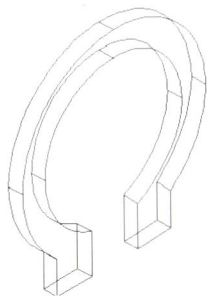

图9-63 拉伸图形

**步骤 08** 执行"视图"→"渲染"→"渲染"命令，对模型进行渲染，效果如图9-65所示，完成实例的制作。

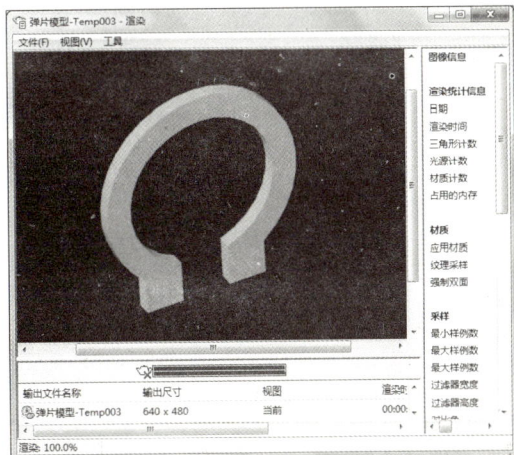

图9-65 渲染模型

# 课堂问答

通过前面知识的讲解，我们对AutoCAD 2013的三维实体应用有了一定的了解，下面列出一些常见的问题供读者思考。

### 问题1：使用REVSURF命令旋转曲线时有什么特点？

答：在旋转轴上指定点的位置会影响旋转方向。旋转后的旋转网格与旋转轴仍然分离，也可单独删去旋转轴或旋转网格。

### 问题2：平移网格（TABSURF）命令的作用是什么？

答：使用TABSURF命令可以创建以一条路径轨迹线沿着指定方向拉伸而成的网格，创建平移网格时，指定的方向将沿指定的轨迹曲线移动。

### 问题3：创建边界网格时应注意什么？

答：在选择的边界中，如果有一边界不能闭合，则另一边界也必须是开启的或成为一点。否则，系统将提示"无法混用闭合与打开的路径"，即封闭和开启的路径不匹配。如果两者都为圆或两边界闭合多段曲线则无须边界开启。

# 知识与能力测试

通过前面的章节，讲解了AutoCAD三维绘图的相关知识和操作。为对知识进行巩固和考核，布置相应的练习题。

## 笔试题

### 一、填空题

（1）使用_____命令可以沿指定路径拉伸对象或按指定高度值和倾斜角度拉伸对象，从而将二维图形拉伸为三维实体。

（2）使用CONE（圆锥体）命令可以创建实心圆锥体或_____的三维实体。

### 二、选择题

（1）平移网格的命令是（　　）。

A. RULESURF        B. EDGESURF        C. SPHERE        D. TABSURF

（2）创建长方体的命令是（　　）。

A. BOX        B. CYLINDER        C. CONE        D. TORUS

## 上机题

本章课程已经学完，请完成以下操作题，以加深对知识点的理解，巩固所学的技能技巧。

### （1）创建哑铃模型

使用"圆柱体"命令绘制一个圆柱体，如图9-66所示，然后使用"球体"命令在圆柱体的两端分别绘制一个球体，创建的哑铃模型效果如图9-67所示。

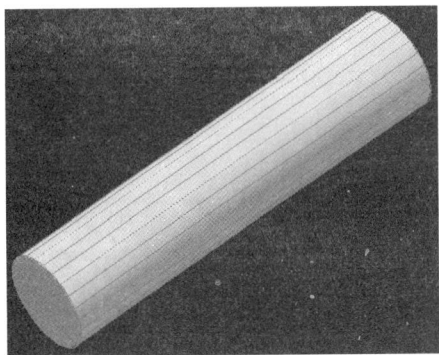

图9-66 绘制圆柱体

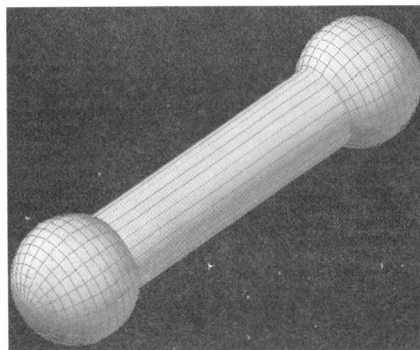

图9-67 创建哑铃模型

（2）创建L形管道模型

使用"多段线"和"圆"命令绘制一条多段线和一个圆形，如图9-68所示，然后使用"圆"命令对图形进行放样操作，创建的L型管道模型效果如图9-69所示。

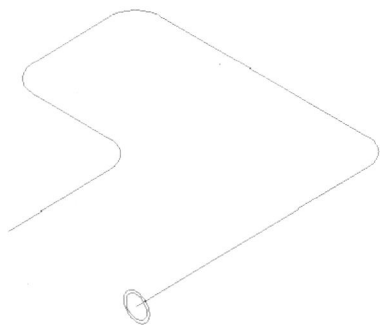

图9-68 绘制图形

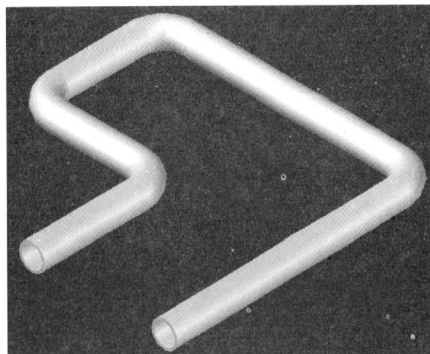

图9-69 创建L形管道模型

# Chapter 10

# 打印和输出图形

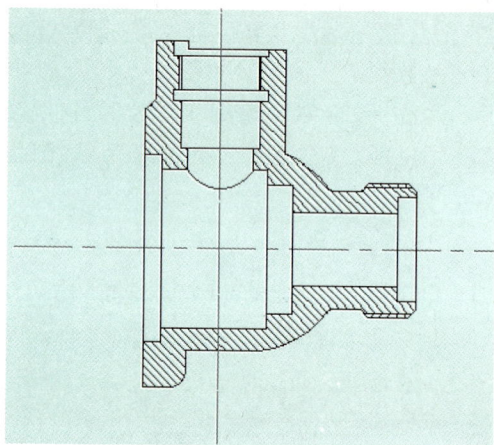

**本章导读**

使用AutoCAD强大的打印和输出功能，可以将图形打印到图纸上，也可以将图形输出为其他格式的文件，AutoCAD可以支持多种类型的绘图仪和打印机。

本章将介绍AutoCAD中打印和输出图形的操作，包括设置打印页面、打印纸张、打印范围、打印方向，以及输出图形等内容。

## 重点知识

- 打印文件
- 输出文件

## 难点知识

- 页面设置
- 设置打印范围

# 10.1 打印文件

在打印文件之前，可以先设置好打印的页面，然后在打印过程中选择设置好的页面进行打印，也可以直接在打印过程中设置打印参数。

## 10.1.1 页面设置

在页面设置管理器中，可以进行布局的控制和"模型"选项卡的设置；而在创建打印布局时，需要指定绘图仪并设置图纸尺寸和打印方向。

### 1. 执行"页面设置"命令

正确地设置页面参数，对确保最后打印出来的图形结果能够正确、规范，有着非常重要的作用。执行"页面设置"命令通常有如下3种方法。

**方法一：** 单击"菜单浏览器"按钮 ，然后执行"打印"→"页面设置"命令，如图10-1所示。

**方法二：** 执行"文件"→"页面设置管理器"命令。

**方法三：** 输入PAGESETUP命令并确定。

单击"菜单浏览器"按钮 ，执行"打印"→"页面设置"命令，可以打开"页面设置管理器"对话框，如图10-2所示。

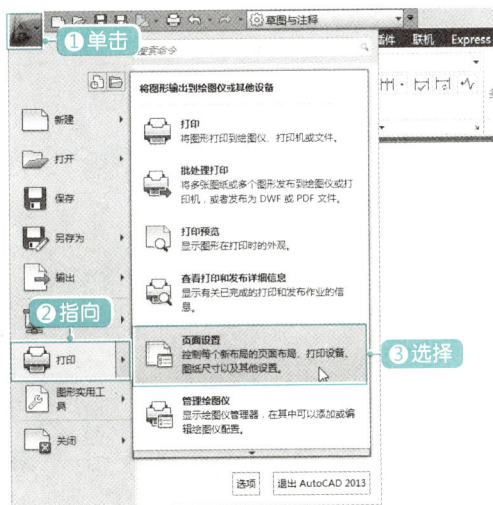

图10-1　选择命令

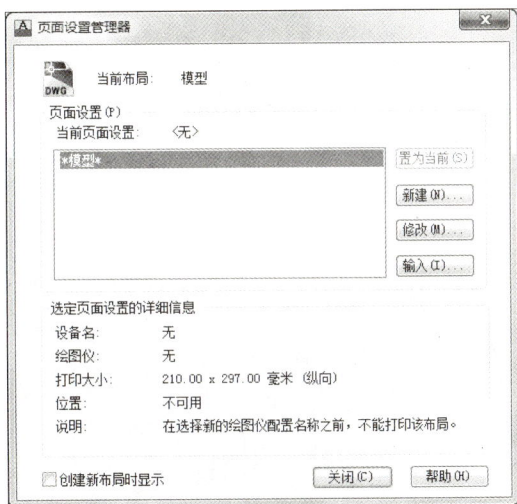

图10-2　"页面设置管理器"对话框

### 2. 设置图纸尺寸

在"页面设置管理器"对话框中单击"新建"按钮，可以打开"新建页面设置"对话框，在"新页面设置名"文本框中输入新页面的名称，如图10-3所示，然后单击"确定"按钮，即可创建一个新页面设置，并打开"页面设置－模型"对话框，在"图纸尺寸"下拉列表中可以选择不同的打印图纸，并根据需要设置图纸的打印尺寸，如图10-4所示。

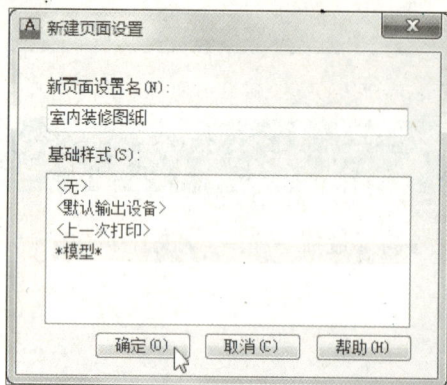

图10-3　新建页面

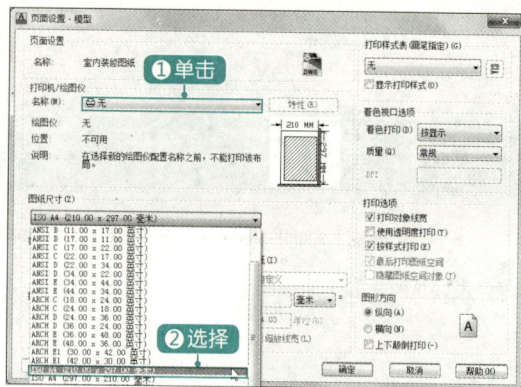

图10-4　选择图纸尺寸

### 3. 设置图纸比例

通常情况下，最终的工程图不可能按照1:1的比例绘出，图形输出到图纸上必须遵循一定的比例。所以，正确地设置图形的打印比例，能使图纸图形更加美观。设置合适的打印比例，可在出图时使图形更完整地显示出来。

在打印图形文件时，可以在"页面设置-模型"对话框中的"打印比例"区域中设置打印出图的比例，如图10-5所示。

### 4. 设置图形方向

在AutoCAD中打印图纸，分为横向和纵向两种方向打印。"页面设置"对话框中的图形方向区域即是用来设置图形横纵向的布局。

打印图纸时，可以根据自己的图形方向需要，调整图形的打印方向，在对话框的"图形方向"区域内，除了纵向、横向两个单选项外，还有一个"上下颠倒打印"复选项，选中该选项后，图形将上下倒置显示，如图10-6所示。

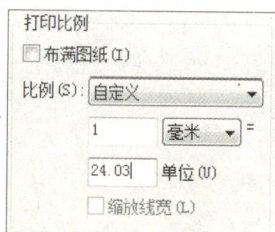

图10-5　设置打印比例

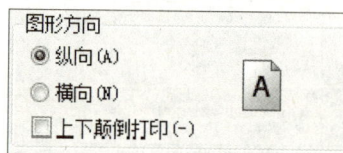

图10-6　设置打印方向

## 10.1.2 打印图形

由于不同的打印设备会影响图形的可打印区域，所以在打印图形时，首先需要选择相应的打印机或绘图仪等打印设备，然后设置打印参数并打印图形。

### 1. 执行"打印"命令

在打印图形的操作中，可以直接使用"打印"命令对图形进行打印，执行"打印"命令通常有如下4种方法。

**方法一：** 单击自定义快速访问工具栏中的"打印"按钮🖨。

**方法二：** 单击"菜单浏览器"按钮 ，然后选择"打印"命令。

**方法三：** 执行"文件"→"打印"命令。

**方法四：** 输入PLOT命令并确定。

### 2. 选择打印设备

执行"打印"命令，将打开"打印－模型"对话框，如图10-7所示。在"打印－模型"对话框中单击"打印机/绘图仪"区域的"名称"下拉按钮，在其列表中列出了已安装的打印机或AutoCAD内部打印机设备名称，用户可以在该下拉列表框中选择需要的输出设备，如图10-8所示。

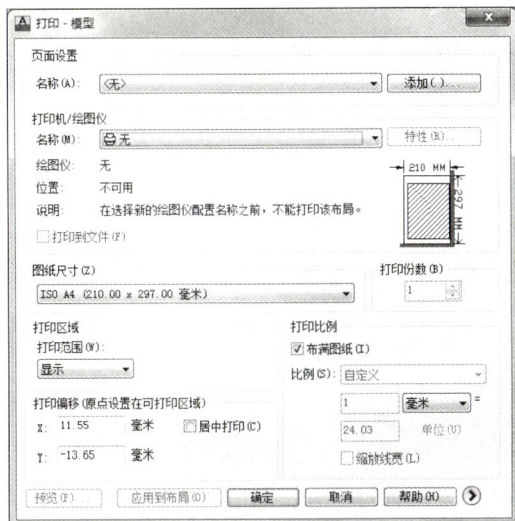

图10-7 "打印－模型"对话框

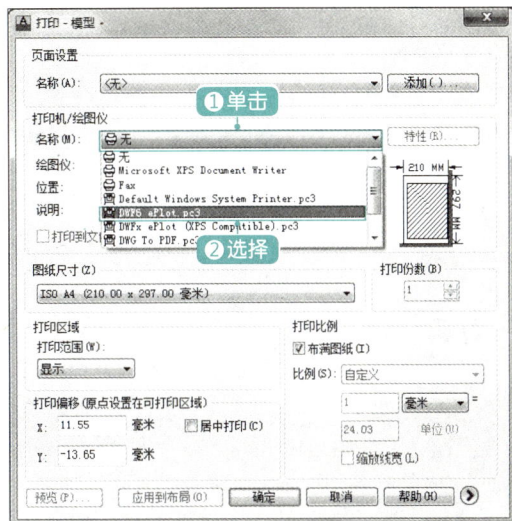

图10-8 选择打印设备

### 3. 打印图形

选择好打印设备后，在"打印范围"下拉列表中选择以何种方式选择打印图形的范围，如图10-9所示。如果选择"窗口"选项，即可在绘图区指定打印的窗口范围，如图10-10所示。

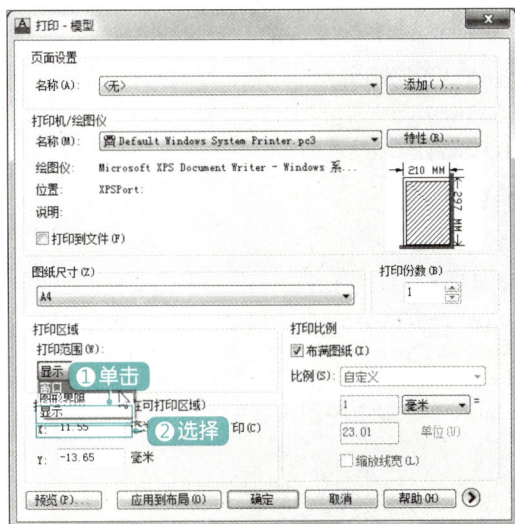

图10-9 选择打印范围的方式

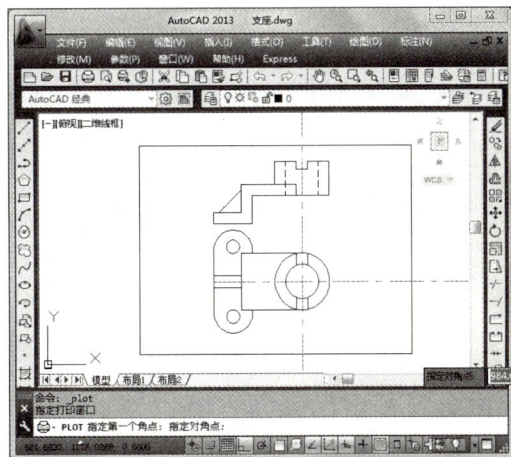

图10-10 选择打印范围

在打印过程中，用户可以参照页面设置中的方法，对图纸尺寸和打印比例进行设置。在确定打印的范围后，单击"确定"按钮即可开始打印图形。

# 10.2 输出文件

在AutoCAD 2013中，用户可以将AutoCAD文件输出为其他格式的文件，以适合在其他程序软件中编辑的需要。执行"文件"→"输出"命令，打开"输出数据"对话框，在该对话框中可以设置输出文件的路径和名称，如图10-11所示。单击"文件类型"下拉按钮，可以在弹出的下拉列表中选择输出文件的格式，如图10-12所示。

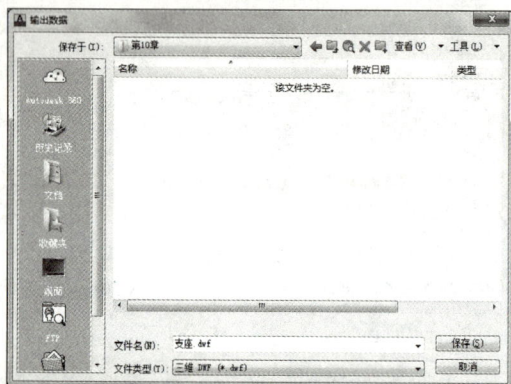

图10-11 输出文件          图10-12 选择输出格式

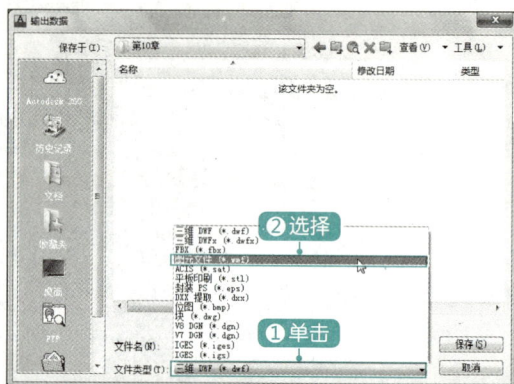

在AutoCAD 2013中，可以将图形输出为以下几种常用格式的文件。

- **DWF**：输出为3DStudio（MAX）可接受的格式文件。相关命令3DSOUT。
- **DWFX**：输出为3D类型可接受的格式文件。
- **FBX**：该文件格式是用于三维数据传输的开放式框架，它增强了Autodesk程序之间的互操作性。
- **WMF**：输出为Windows元文件，以供不同Windows软件调用，它的特点是在其他Windows软件中图元特性不变。相关命令WMFOUT。
- **SAT**：输出为ACIS实体对象文件。相关命令ACISOUT。
- **STL**：输出为实体对象立体图文件。相关命令STLOUT。
- **EPS**：输出为封装的PostScript文件。相关命令PSOUT。
- **DXX**：输出为DXX属性抽取文件。相关命令ATTEXT。
- **BMP**：输出为设备无关的位图文件，可供图像处理软件（如Photoshop软件）调用。相关命令BMPOUT。
- **DWG**：输出为AutoCAD图形块文件，可供不同版本CAD软件调用。相关命令WBLOCK。
- **DNG**：输出为DGN线型图形文件。
- **IGES**：可以将选定对象输出为新的 IGES（*.igs或*.iges）文件，该文件可以由其他CAD系统读取。

# 技能实训——输出位图文件

在本实例中，通过将AutoCAD文件输出为位图文件，练习输出文件及设置文件格式的应用方法，如图10-13所示。

## 效果展示

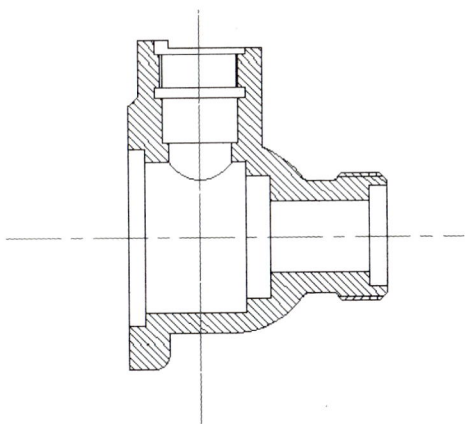

图10-13 输出位图文件

## 操作分析

本实例在输出位图文件的过程中，首先执行"输出"命令，然后在打开的对话框中设置输出文件的路径、名称和格式，再单击"保存"按钮即可。

## 制作步骤

| 原始文件 | 光盘\素材文件\第10章\10-01.dwg |
| 结果文件 | 光盘\结果文件\第10章\10-01.bmp |
| 同步视频文件 | 光盘\同步教学文件\第10章\输出位图文件.mp4 |

**步骤 01** 根据素材路径打开"10-01.dwg"素材文件，效果如图10-14所示。

**步骤 02** 执行"文件"→"输出"命令，打开"输出数据"对话框，设置输出文件的路径、名称和格式，然后单击"保存"按钮，如图10-15所示。

图10-14 打开素材

图10-15 设置输出参数

**步骤 03** 返回绘图区选择要输出的图形并确定，如图10-16所示。

**步骤 04** 在保存输出对象的文件夹中可以找到并查看图形的效果，如图10-17所示。

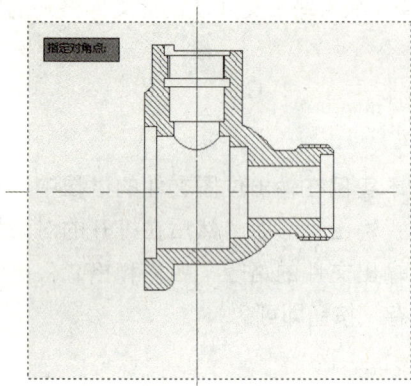

图10-16　选择图形

图10-17　查看输出图形

# 课堂问答

　　通过前面知识的讲解，我们对AutoCAD 2013的文件打印和输出有了一定的了解，下面列出一些常见的问题供读者思考。

### 问题1：设置打印比例会改变打印图形的形状吗？

　　打印比例是将图形按照一定的比例因子进行放大或缩小形状，因此打印比例并不改变图形形状，只是改变了图形在图纸上的大小，而在绘图空间内的图形尺寸并没有被更改。

### 问题2：怎样才能避免因打印效果不好而造成的资源浪费？

　　在打印图形之前，可以单击"打印-模型"对话框左下方的"预览"按钮，将打开"打印预览"窗口，在此可以观看到图形的打开效果，如果对设置的效果不满意可以进行重新设置打印参数，从而避免不必要的资源浪费。

### 问题3：在页面设置管理器中设置好图纸尺寸的作用是什么？

　　如果要修改已创建好的页面设置的图纸尺寸，可以在"页面设置管理器"对话框中选中要修改的页面设置，然后单击"修改"按钮，即可在打开的"页面设置-模型"对话框中对图纸尺寸进行修改。

# 知识与能力测试

　　通过前面的章节，讲解了AutoCAD中文件打印和输出的操作。为对知识进行巩固和考核，布置相应的练习题。

## 笔试题

### 一、填空题

（1）在_____中可以设置打印页面的参数。

（2）打印图纸的方向包括_____和_____。

### 二、选择题

（1）执行页面设置的命令是（　）。

A. PAGE　　　　B. SETUP　　　　C. SETUPPAGE　　　　D. PAGESETUP

（2）执行打印的命令是（　）。

A. PLOT　　　　B. SETUP　　　　C. SETUPPAGE　　　　D. PAGESETUP

## 上机题

本章课程已经学完，请完成以下操作题，以加深对知识点的理解，巩固所学的技能技巧。

打开光盘中的素材文件"10-02.dwg"，如图10-18所示。执行"文件"→"输出"命令，打开"输出数据"对话框，将图形输出为格式的图形，如图10-19所示。

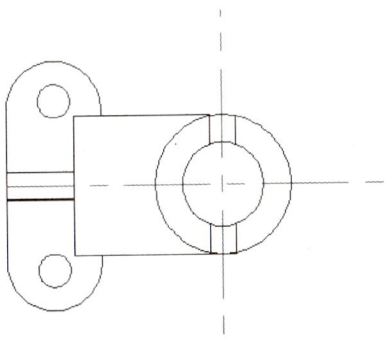

图10-18　打开素材

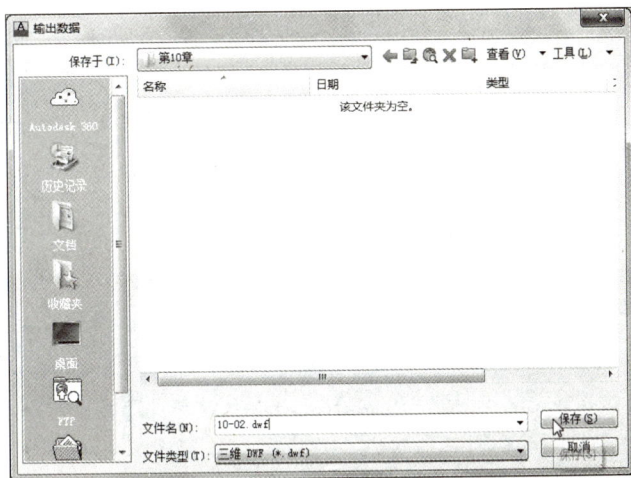

图10-19　设置输出参数

# Chapter 11

# 绘制土建图

建 筑 土 建 图

## 本章导读

　　建筑土建图是施工过程中房屋的定位放线、砌墙、设备安装、装修以及预算的重要依据，也是绘制平面布局图的基础。无论是绘制建筑施工图还是绘制建筑装修图，都必须从绘制土建图开始，只有明确了解土建图的功能，才能进行更深一步的空间设计。

## 重点知识

- 绘制建筑轴线
- 绘制建筑墙线
- 创建建筑门窗洞
- 标注土建图

## 难点知识

- 绘制墙体
- 标注图形

本实例通过对土建图的绘制，带领读者掌握AutoCAD中基本绘图工具的使用方法和技巧，了解建筑土建图的绘图规范和基本设计要求，本实例的完成效果如图11-1所示。

**效果展示**

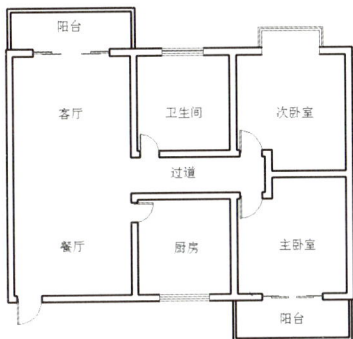

图11-1 绘制土建图

**操作分析**

在该实例的制作过程中，应用了多种工具和命令，首先需要设置好绘图环境，然后依次绘制出绘制建筑轴线、墙线和窗洞图形，最后再对土建图进行标注。

**制作步骤**

| 结果文件 | 光盘\结果文件\第11章\绘制土建图.dwg |
| --- | --- |
| 同步视频文件 | 光盘\同步教学文件\第11章\绘制土建图.mp4 |

本实例在绘制土建图的操作过程中，可以划分为设置绘图环境、绘制轴线、绘制墙线、创建门窗和标注图形等环节。

# 11.1 设置绘图环境

**步骤 01** 执行"设置（SE）"命令，在打开的"草图设置"对话框中设置对象的捕捉方式并确定，如图11-2所示。

**步骤 02** 执行"单位（UN）"命令，在打开的"图形单位"对话框中设置单位为毫米并确定，如图11-3所示。

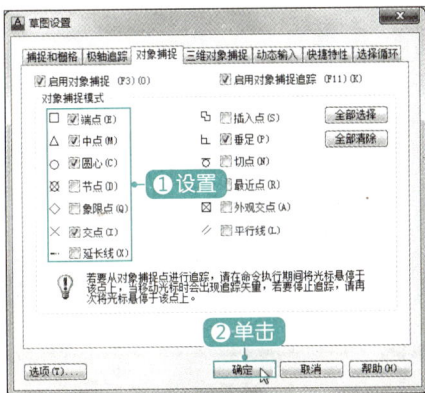

图11-2 设置对象捕捉方式

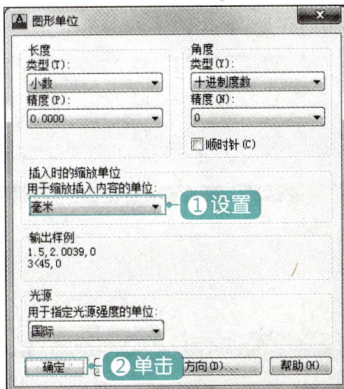

图11-3 设置图形单位

**步骤 03** 执行"格式"→"线型"命令，在打开的"线型管理器"对话框中设置全局比例因子为35并确定，如图11-4所示。

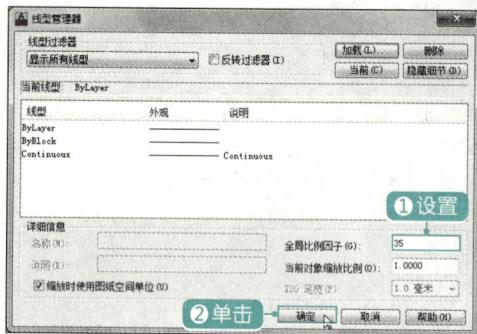

图11-4　设置全局比例因子

**步骤 04** 执行"格式"→"线宽"命令，在打开的"线宽设置"对话框中选中"显示线宽"选项并确定，如图11-5所示。

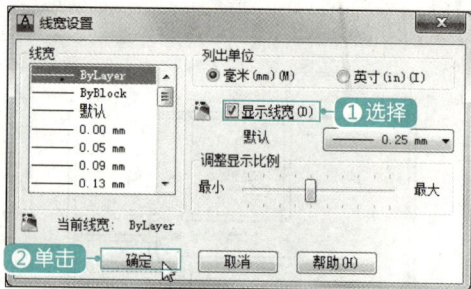

图11-5　选中"显示线宽"选项

# 11.2　创建图层

**步骤 01** 执行"格式"→"图层"命令，打开"图层特性管理器"对话框，单击"新建图层"按钮，新建一个名为"墙体"的图层并确定，如图11-6所示。

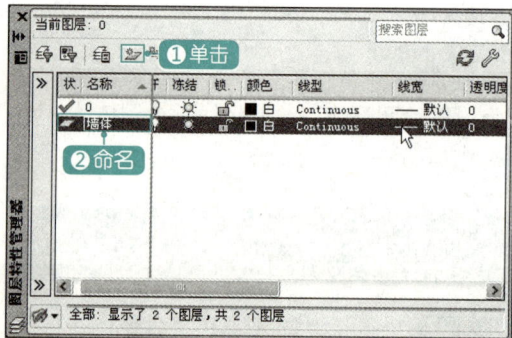

图11-6　新建"墙体"图层

**步骤 02** 单击"墙体"图层的线宽标记，在打开的"线宽"对话框中设置线宽值为0.3mm并确定，如图11-7所示。

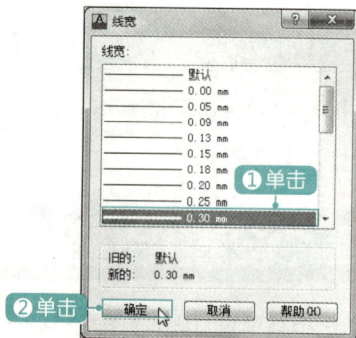

图11-7　设置线宽值

**步骤 03** 单击"新建图层"按钮，新建一个名为"轴线"的图层并确定，如图11-8所示。

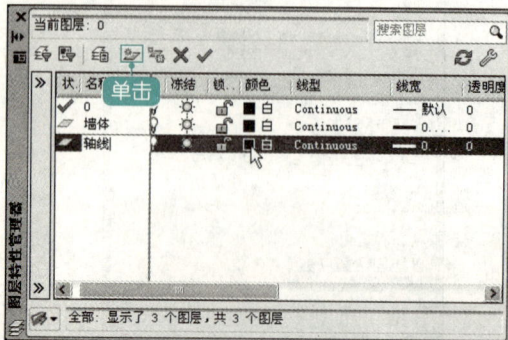

图11-8　新建"轴线"图层

**步骤 04** 单击图层的颜色标记，在"选择颜色"对话框中设置图层颜色为红色并确定，如图11-9所示。

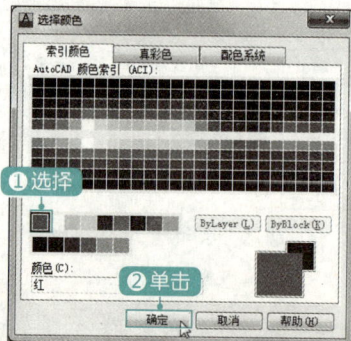

图11-9　设置图层颜色

**步骤 05** 单击"轴线"图层的线型图标，在打开的"选择线型"对话框中单击"加载"按钮，如图11-10所示。

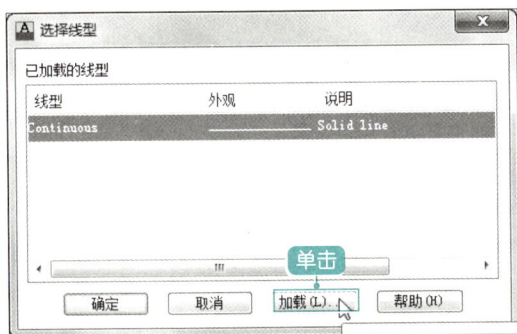

图11-10 单击"加载"按钮

**步骤 06** 在打开的"加载或重载线型"对话框中选择ACAD_ISO08W100选项并确定，如图11-11所示。

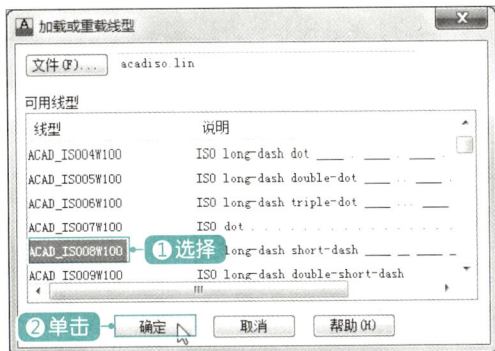

图11-11 选择线型

**步骤 07** 返回"选择线型"对话框，选择加载的ACAD_ISO08W100线型并确定，如图11-12所示。

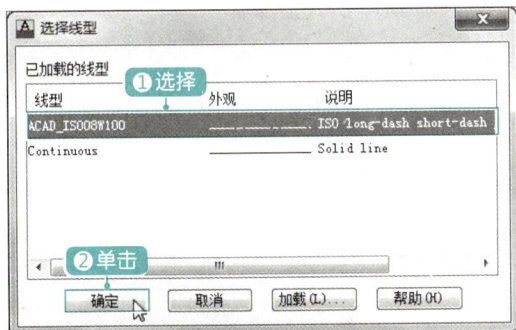

图11-12 选择加载的线型

**步骤 08** 单击"轴线"图层的线宽图标，在"线宽"对话框中选择默认线宽并确定，如图11-13所示，效果如图11-14所示。

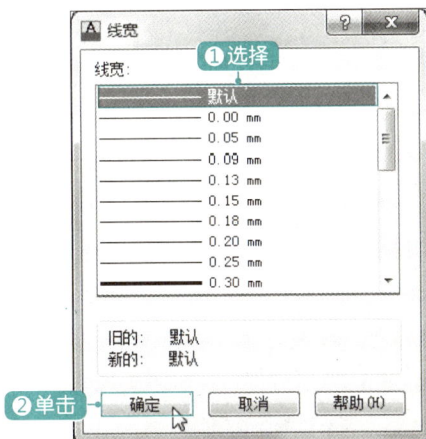

图11-13 选择默认线宽

**步骤 09** 使用同样的方法创建门窗、标注和文字说明图层，并设置好各图层的颜色和线型，然后将"轴线"图层设置为当前层，如图11-15所示。

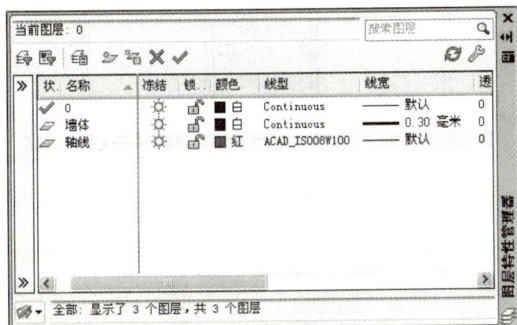

图11-14 修改"轴线"图层

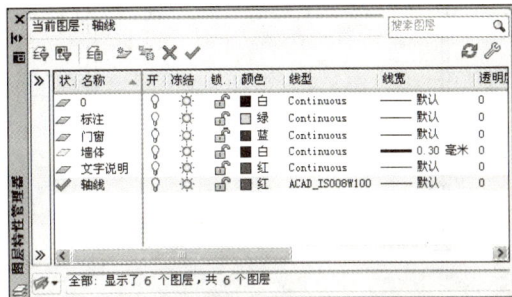

图11-15 创建其他图层

# 11.3 绘制墙体

**步骤 01** 使用"直线（L）"命令绘制一条长为12 300的水平线段和一条长为11 700的垂直线段，如图11-16所示。

图11-16 绘制线段

**步骤 02** 使用"偏移（O）"命令将垂直线段依次向右偏移，偏移距离依次为4500、3600、1260、2940，如图11-17所示。

图11-17 偏移线段

**步骤 03** 使用"偏移（O）"命令将水平线段依次向上偏移，偏移距离为1500、3600、1500、3600、1500，效果如图11-18所示。

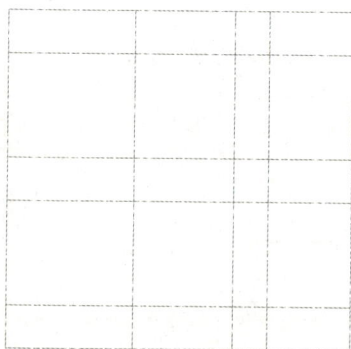

图11-18 偏移线段

**步骤 04** 将"墙体"图层设置为当前层，执行"多线（ML）"命令，设置多线比例为240、对正方式为"无"，然后在如图11-19所示的位置指定多线的起点。

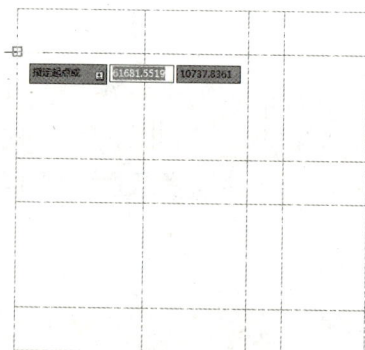

图11-19 指定起点

**步骤 05** 参照如图11-20所示的效果，指定多线的其他端点，绘制一条多线作为墙线。

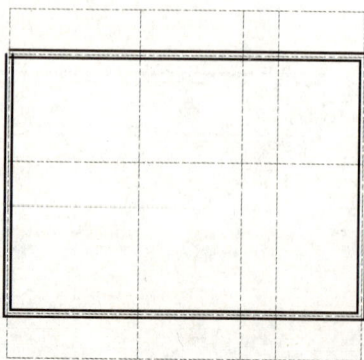

图11-20 绘制多线

**步骤 06** 继续使用"多线（ML）"命令绘制主墙体线的其他线段，如图11-21所示。

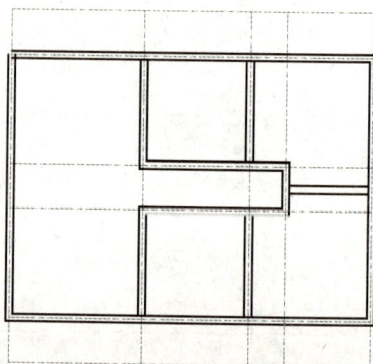

图11-21 绘制其他墙线

**步骤 07** 执行"多线（ML）"命令，设置比例为120，绘制阳台墙线，如图11-22所示。

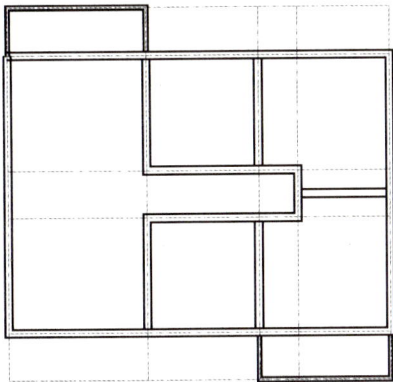

图11-22 绘制阳台墙线

**步骤 08** 在"图层"工具栏中单击"图层控制"下拉按钮，在下拉列表中将"轴线"图层关闭，如图11-23所示。

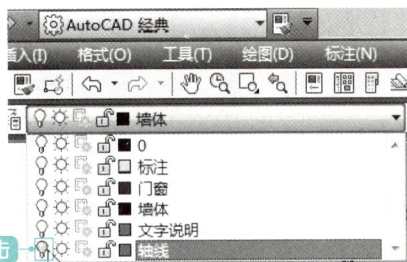

图11-23 关闭"轴线"图层

**步骤 09** 隐藏轴线后的效果如图11-24所示，然后使用"分解（X）"命令将多线分解。

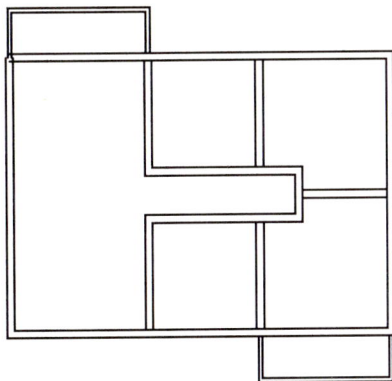

图11-24 图形效果

**步骤 10** 执行"圆角（F）"命令，设置圆角半径为0，选择如图11-25所示的线段作为圆角的第一条线。

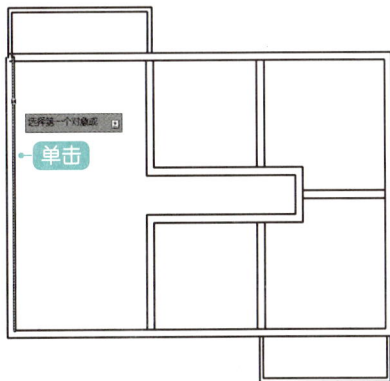

图11-25 选择线段

**步骤 11** 选择如图11-26所示的线段作为圆角的第二条线，圆角效果如图11-27所示。

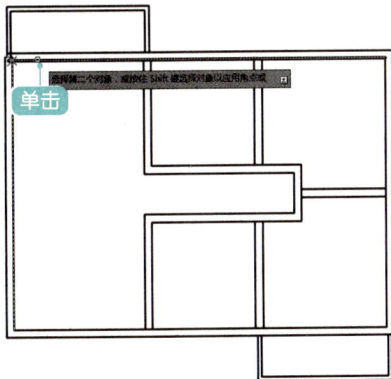

图11-26 选择线段

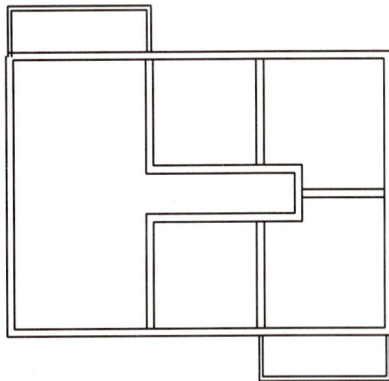

图11-27 圆角线段

**步骤 12** 使用同样的方法对左上角的另外两条线段进行圆角，然后使用"修剪（TR）"命令对墙体线段进行修剪，效果如图11-28所示。

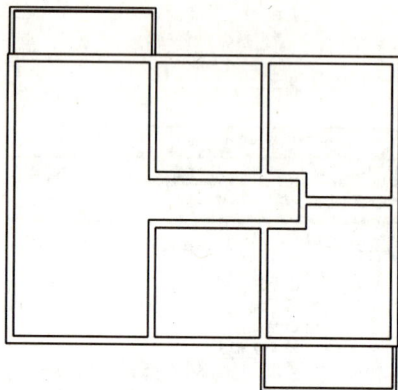

图11-28　修剪线段

**步骤 13** 执行"单行文字（DT）"命令，设置文字的高度为220，然后依次对各个房间的功能进行文字标注，效果如图11-29所示。

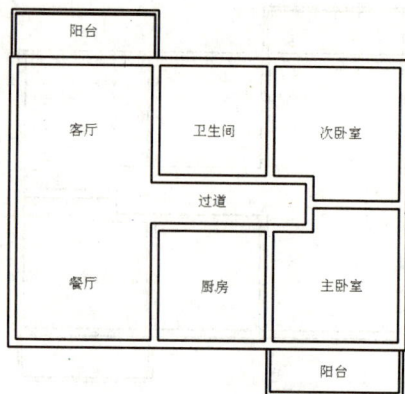

图11-29　标注房间功能

# 11.4　绘制推拉门

**步骤 01** 使用"直线（L）"命令在如图11-30所示的线段中点处绘制一条线段，效果如图11-31所示。

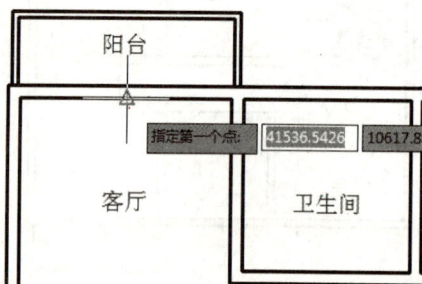

图11-30　指定线段起点

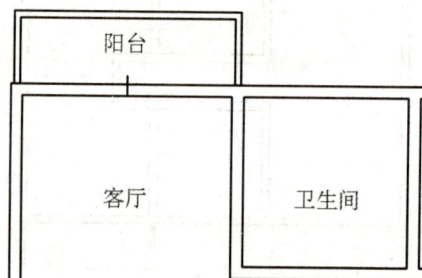

图11-31　绘制线段

**步骤 02** 执行"偏移（O）"命令，设置偏移的距离为1400，然后将绘制的线段分别向左和向右偏移一次，效果如图11-32所示。

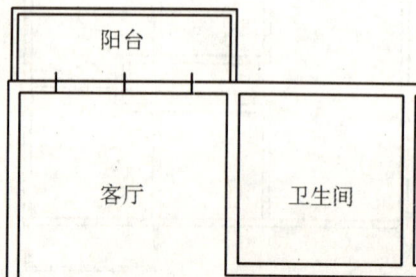

图11-32　偏移线段

**步骤 03** 执行"删除（E）"命令，将中间的线段删除，效果如图11-33所示。

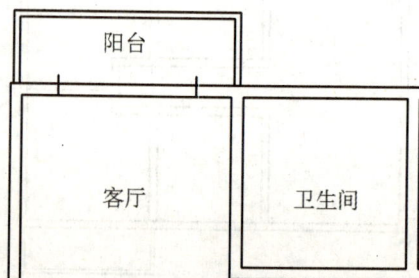

图11-33　删除线段

**步骤 04** 执行"修剪（TR）"命令，使用窗口选择方式选择如图11-34所示的两条线段作为修剪边界，然后将线段之间的线条修剪掉，创建出门洞效果，如图11-35所示。

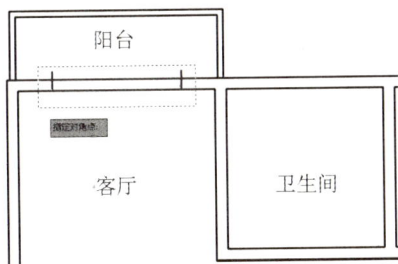

图11-34　选择线段

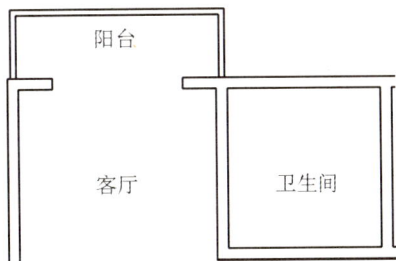

图11-35　修剪线段

**步骤 05** 将"门窗"图层设置为当前层，执行"矩形（REC）"命令，捕捉如图11-36所示的线段中点作为矩形的第一个角点，然后输入矩形的另一个角点为（@700,40），如图11-37所示。

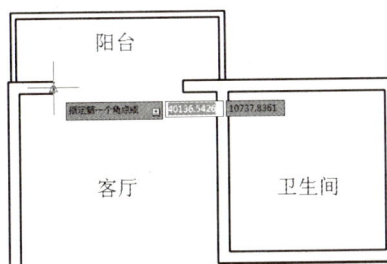

图11-36　指定第一个角点

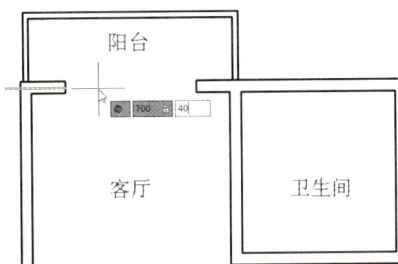

图11-37　指定第二个角点

**步骤 06** 按下"Enter"键进行确定后，创建的矩形如图11-38所示。然后使用"复制（CO）"命令对矩形进行复制，效果如图11-39所示。

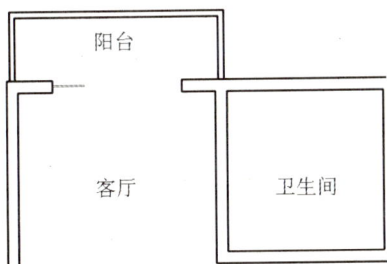

图11-38　创建矩形

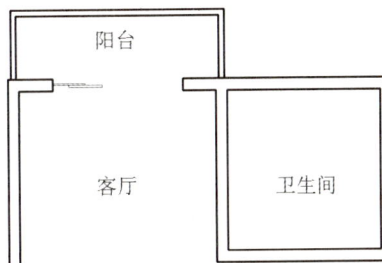

图11-39　复制矩形

**步骤 07** 执行"镜像（MI）"命令，使用交叉方式选择创建的两个矩形，如图11-40所示，然后在如图11-41所示的中点处指定镜像线的第一个点。

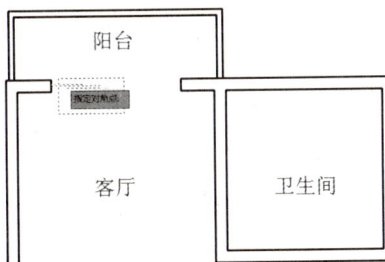

图11-40　选择图形

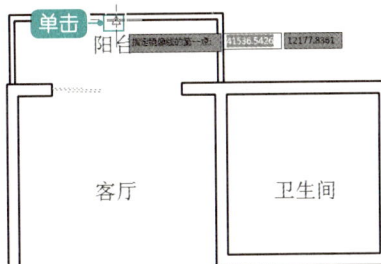

图11-41　指定镜像线的第一个点

**步骤 08** 向下移动鼠标，在垂直线上指定镜像线的第二个点，如图11-42所示，对选择的图形进行镜像复制，效果如图11-43所示。

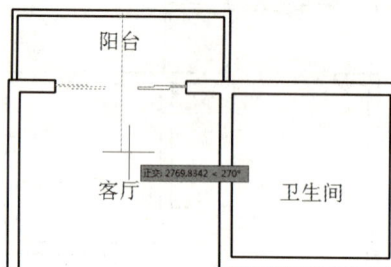

图11-42　指定镜像线的第二个点

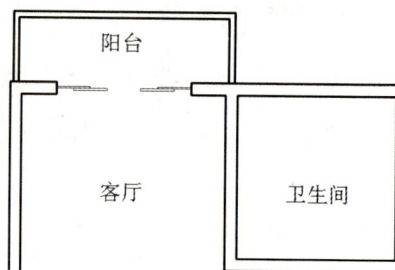

图11-43　镜像复制图形

**步骤 09** 使用创建客厅阳台门洞的方法，继续创建主卧室的门洞，门洞的尺寸为2200，效果如图11-44所示。

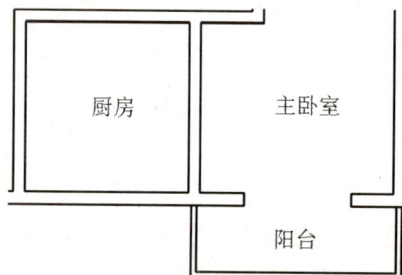

图11-44　创建主卧室门洞

**步骤 10** 在主卧室的阳台门洞处绘制一个长为600、宽为40的矩形，然后对矩形进行复制和镜像复制，创建出主卧室中的推拉门，效果如图11-45所示。

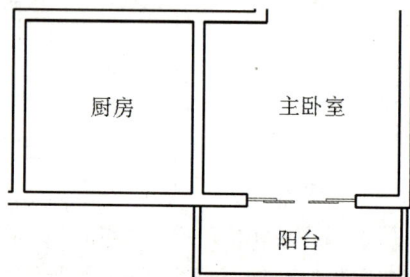

图11-45　创建推拉门

# 11.5　绘制平开门

**步骤 01** 执行"偏移（O）"命令，设置偏移的距离为340，选择如图11-46所示的线段作为偏移对象，然后将其向右偏移，效果如图11-47所示。

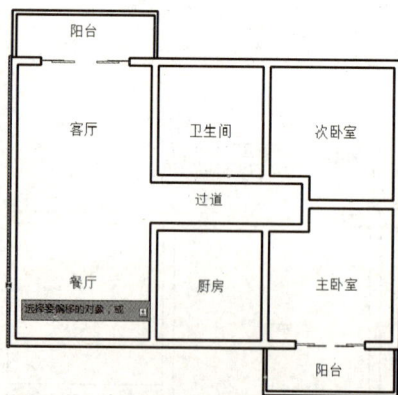

图11-46　选择偏移对象

图11-47　偏移线段

**步骤 02** 继续使用"偏移（O）"命令，将偏移得到的线段向右偏移900，效果如图11-48所示。

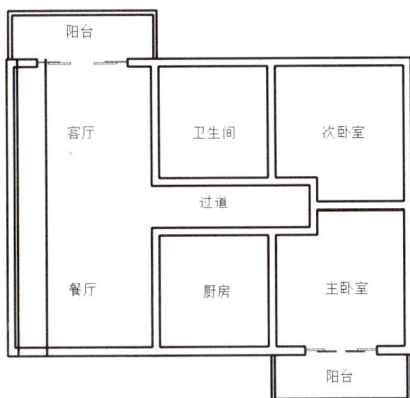

图11-48 偏移线段

**步骤 03** 执行"修剪（TR）"命令，对偏移后的图形进行修剪处理，创建门洞图形，效果如图11-49所示。

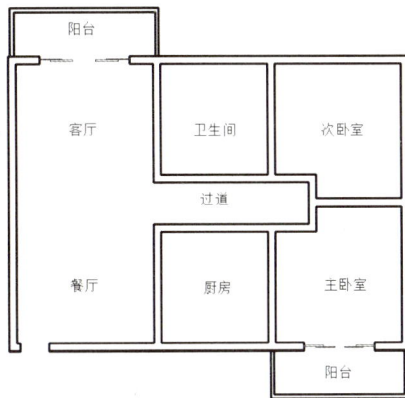

图11-49 修剪图形

**步骤 04** 使用相同的操作方法，创建卧室的门洞，门洞的尺寸均为800，效果如图11-50所示。

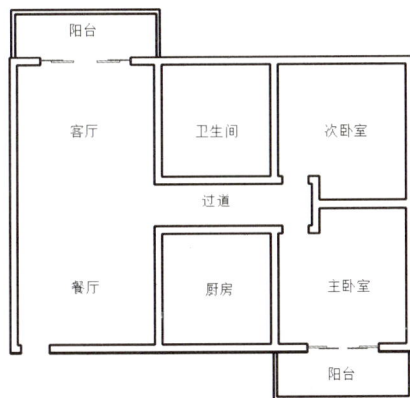

图11-50 创建卧室门洞

**步骤 05** 继续创建厨房和卫生间的门洞，门洞的尺寸均为700，效果如图11-51所示。

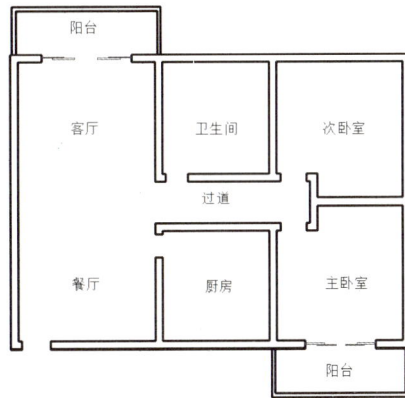

图11-51 创建厨卫门洞

**步骤 06** 执行"矩形（REC）"命令，在书房中捕捉如图11-52所示的角点作为矩形的第一个角点，然后输入另一个角点的相对坐标为（@40,800），如图11-53所示。

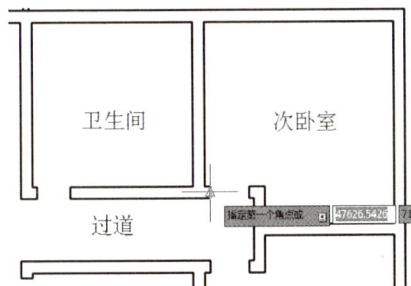

图11-52 指定第一个角点

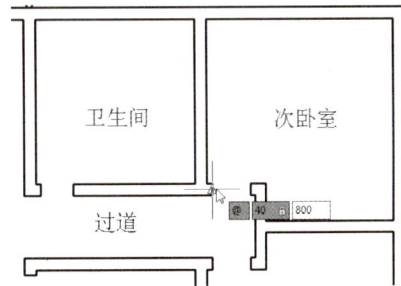

图11-53 指定另一个角点

**步骤 07** 按下"Enter"键进行确定后，创建的矩形如图11-54所示。

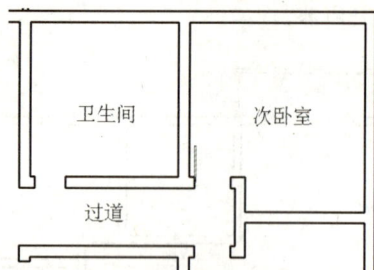

**步骤 08** 执行"圆弧（A）"命令，捕捉如图11-55所示的端点作为圆弧的起点。

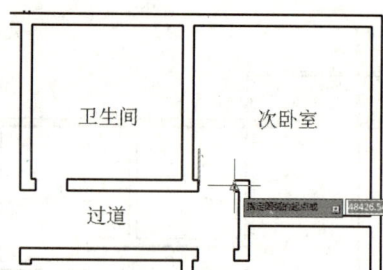

图11-54 创建矩形

图11-55 指定起点

**步骤 09** 当系统提示"指定圆弧的第二个点或［圆心(C)/端点(E)］："时，输入c并确定，如图11-56所示，然后捕捉如图11-57所示的点作为圆弧的圆心。

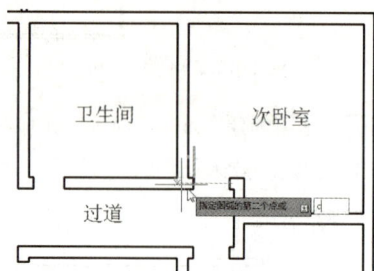

图11-56 选择"圆心"选项

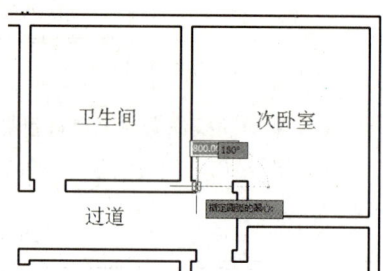

图11-57 指定圆心

**步骤 10** 当系统提示"指定圆弧的端点或［角度(A)/弦长(L)］："时，捕捉如图11-58所示的点作为圆弧的端点，完成平开门的绘制，效果如图11-59所示。

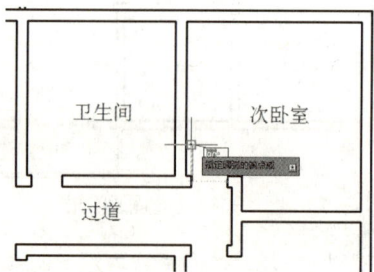

图11-58 指定端点

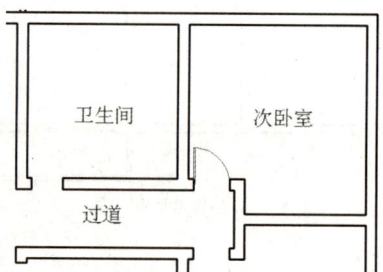

图11-59 创建平开门

**步骤 11** 执行"镜像（MI）"命令，选择绘制的平开门，如图11-60所示，然后捕捉如图11-61所示的中点作为镜像线的第一个点。

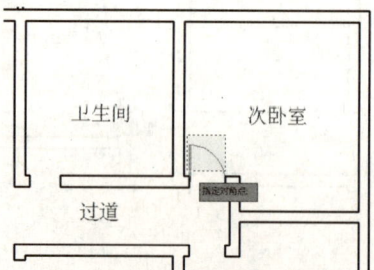

图11-60 选择镜像对象

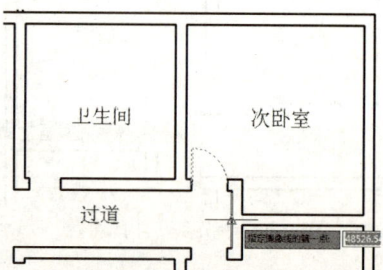

图11-61 指定镜像线第一点

**步骤 12** 向左移动鼠标,捕捉水平线上的点作为镜像线的第二个点,如图11-62所示,对平开门镜像复制后的效果如图11-63所示。

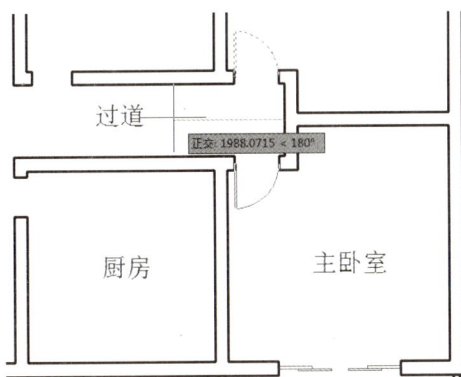

图11-62 指定镜像线第二点

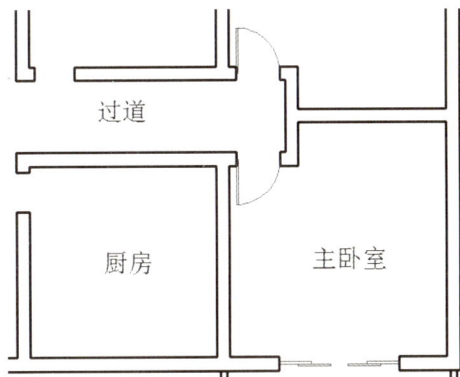

图11-63 镜像复制平开门

**步骤 13** 使用"矩形(REC)"和"圆弧(A)"命令在厨房中绘制一个门宽为700的平开门,如图11-64所示。

**步骤 14** 使用"复制(CO)"命令将厨房中的平开门复制到卫生间中,如图11-65所示。

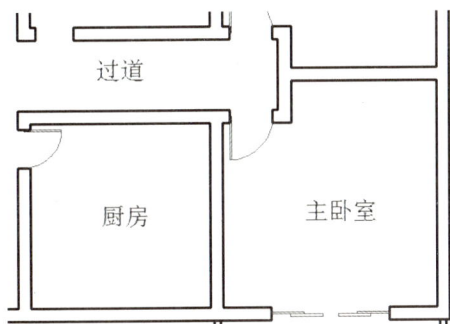

图11-64 绘制平开门

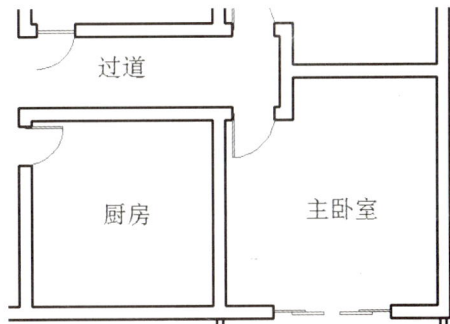

图11-65 复制厨房门

**步骤 15** 执行"旋转(RO)"命令,选择复制的平开门,在如图11-66所示的端点处指定旋转的基点,然后设置旋转的角度为90,如图11-67所示,旋转平开门的效果如图11-68所示。

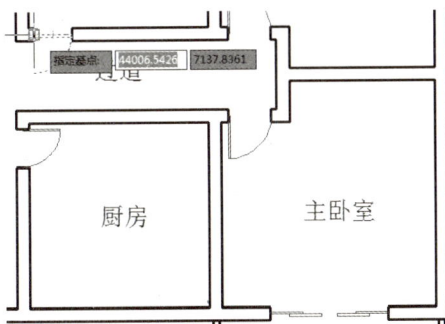

图11-66 指定旋转基点

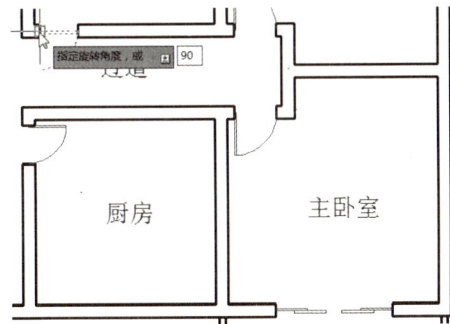

图11-67 设置旋转角度

**步骤 16** 使用"矩形（REC）"和"圆弧（A）"命令在餐厅中绘制一个门宽为900的平开门，如图11-69所示。

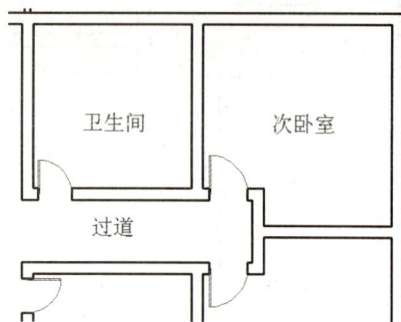
图11-68  旋转平开门

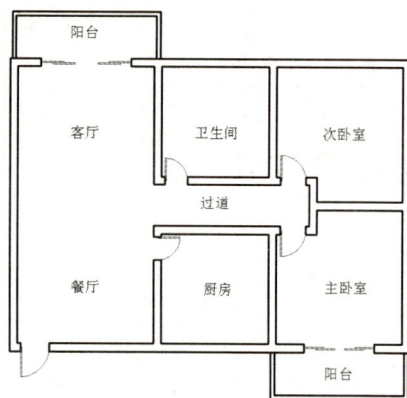
图11-69  绘制平开门

# 11.6  绘制窗户

**步骤 01** 执行"直线（L）"命令，捕捉卫生间上方线段的中点作为绘制线段的起点，如图11-70所示，然后向上绘制一条线段，效果如图11-71所示。

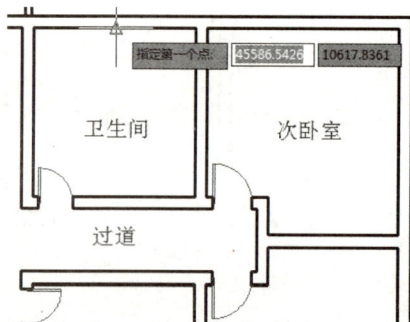
图11-70  指定线段起点

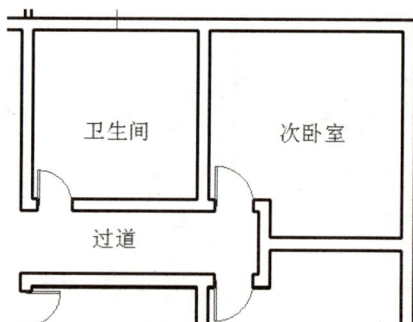
图11-71  绘制线段

**步骤 02** 执行"偏移（O）"命令，设置偏移距离为750，对绘制的线段分别向左和向右进行偏移，效果如图11-72所示。

**步骤 03** 使用"修剪（TR）"命令对偏移后的线段进行修剪，然后将多余的线段删除，效果如图11-73所示。

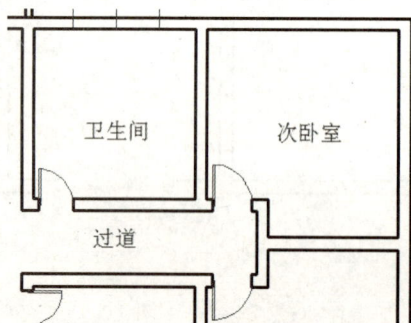
图11-72  偏移线段

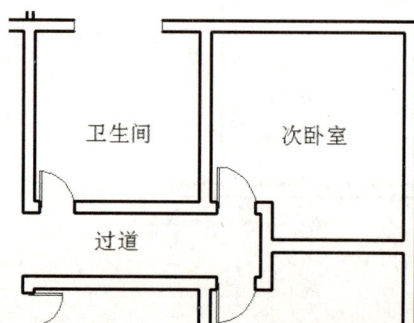
图11-73  修剪线段

**步骤 04** 执行"直线（L）"命令，绘制一条如图11-74所示的线段，然后使用"偏移（O）"命令将线段向上偏移三次，设置偏移距离为80，创建出窗户图形，如图11-75所示。

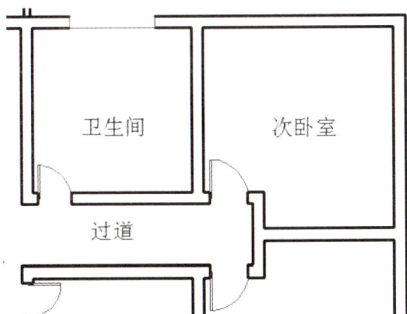

图11-74　绘制线段

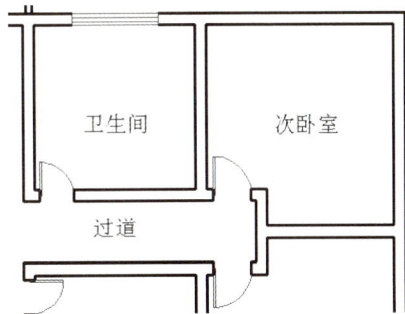

图11-75　创建窗户

**步骤 05** 使用相同的操作方法，创建出厨房中的推拉窗，窗户的宽度为1800，效果如图11-76所示。

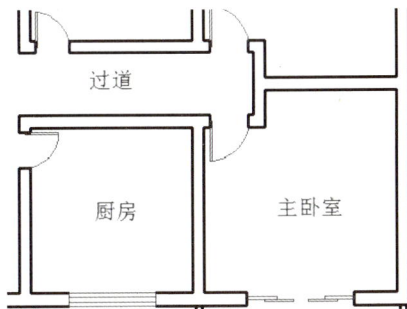

图11-76　创建厨房窗户

**步骤 06** 执行"直线（L）"命令，在次卧室上方捕捉线段的中点作为绘制线段的起点，然后向上绘制一条线段，效果如图11-77所示。

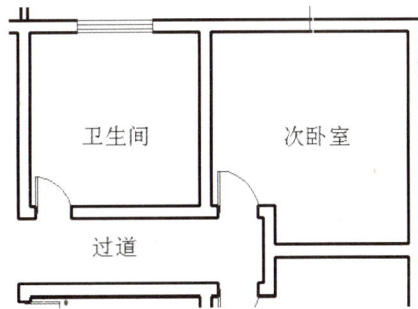

图11-77　绘制线段

**步骤 07** 使用"偏移（O）"命令对绘制的线段分别向左和向右进行偏移，设置偏移距离为1050，效果如图11-78所示。

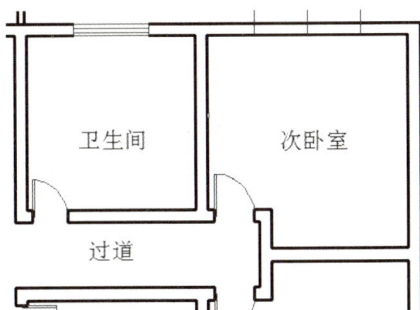

图11-78　偏移线段

**步骤 08** 使用"修剪（TR）"命令对偏移后的线段进行修剪，然后将多余的线段删除，效果如图11-79所示。

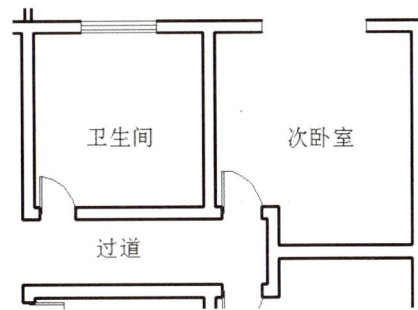

图11-79　修剪图形

**步骤 09** 执行"多线段（PL）"命令，然后捕捉如图11-80所示的端点作为多线段的起点，然后向上指定多线段的下一个点，设置距离为600，如图11-81所示。

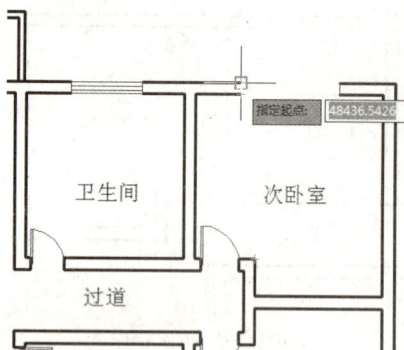

图11-80 指定起点

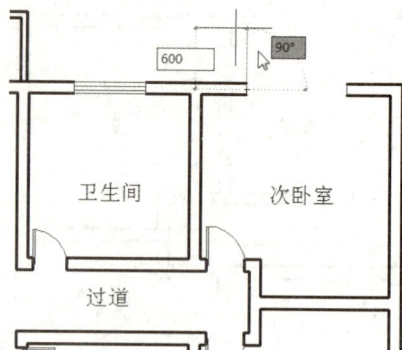

图11-81 指定下一个点

**步骤 10** 继续向右指定多线段的下一个点，设置距离为2100，如图11-82所示，然后向下指定多段线的端点，如图11-83所示，绘制的多段线如图11-84所示。

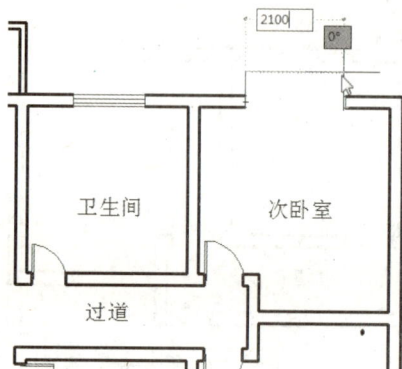

图11-82 指定下一个点

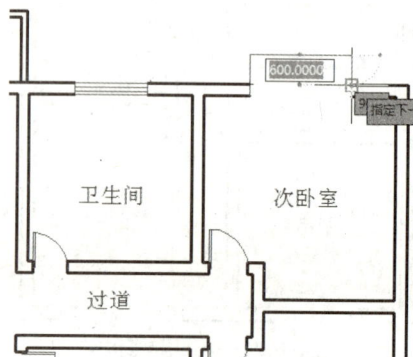

图11-83 指定端点

**步骤 11** 使用"偏移（O）"命令将绘制的多段线向外偏移两次，设置偏移距离为60，创建出飘窗图形，如图11-85所示。

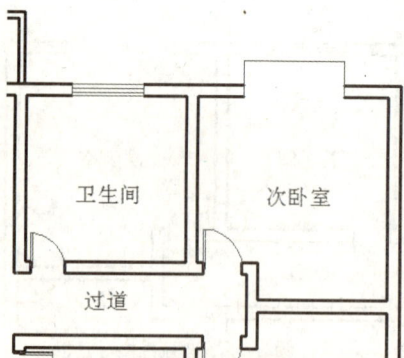

图11-84 创建多段线

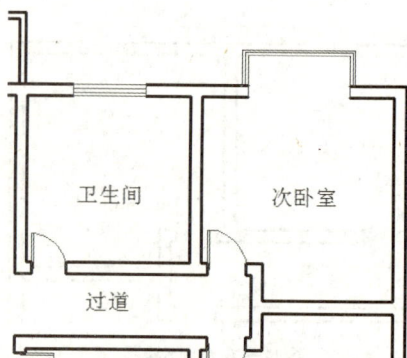

图11-85 创建飘窗

# 11.7 标注图形

**步骤 01** 将"标注"图层设置为当前层，然后执行"标注样式（D）"命令，在打开的"标注样式管理器"对话框中单击"新建"按钮，如图11-86所示。

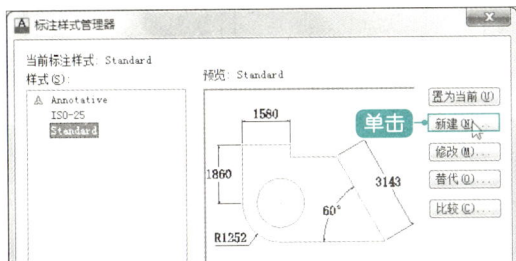

图11-86 "标注样式管理器"对话框

**步骤 02** 打开"创建新标注样式"对话框，在"新样式名"文本框中输入样式名"建筑"，然后单击"继续"按钮，如图11-87所示。

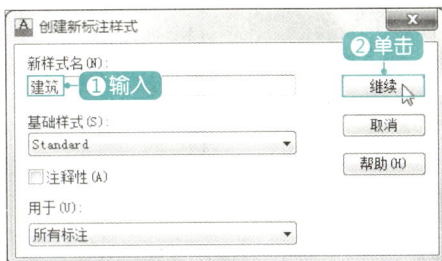

图11-87 输入样式名

**步骤 03** 打开"新建标注样式"对话框，在"线"选项卡中设置尺寸界线超出尺寸线的值为50，起点偏移量的值为80，如图11-88所示。

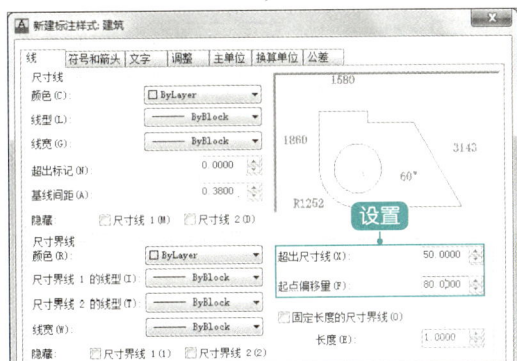

图11-88 设置参数

**步骤 04** 选择"符号和箭头"选项卡，设置箭头和引线为"建筑标记"，设置箭头大小为80，如图11-89所示。

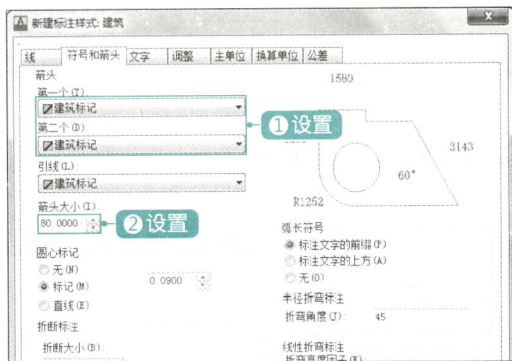

图11-89 "符号和箭头"选项卡

**步骤 05** 选择"文字"选项卡，设置高度为280，文字的垂直对齐方式为"上"，设置"从尺寸线偏移"的值为100，如图11-90所示。

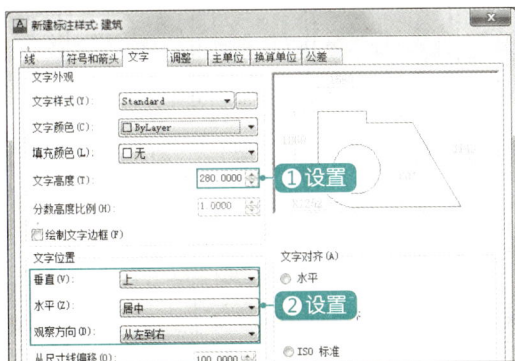

图11-90 设置文字参数

**步骤 06** 选择"主单位"选项卡，设置"精度"值为0，如图11-91所示。然后单击"确定"按钮，关闭"标注样式管理器"对话框。

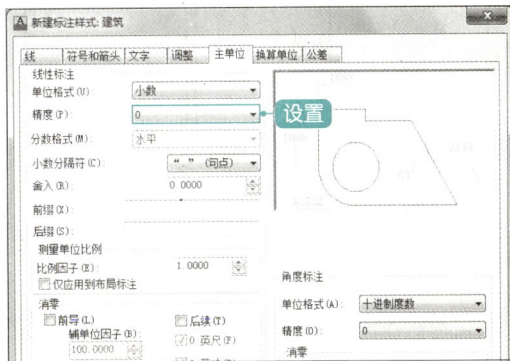

图11-91 设置精度

**步骤 07** 打开"轴线"图层，然后执行"线性（DLI）"命令，选择尺寸标注的第一个原点，如图 11-92所示，再选择尺寸标注的第二个原点，如图11-93所示。

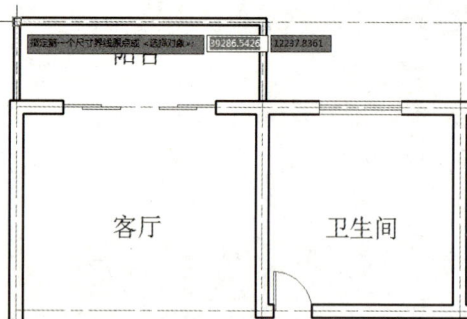

图11-92　捕捉第一个原点

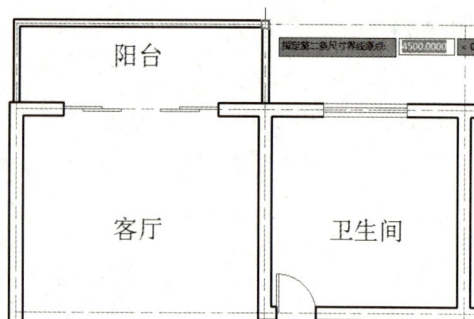

图11-93　捕捉第二个原点

**步骤 08** 移动鼠标指定尺寸线的位置，如图11-94所示，然后单击鼠标左键进行确定，效果如图 11-95所示。

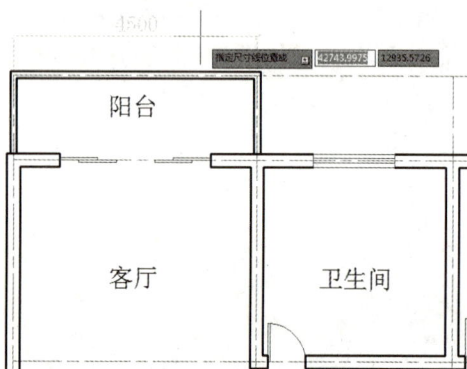

图11-94　指定尺寸线位置

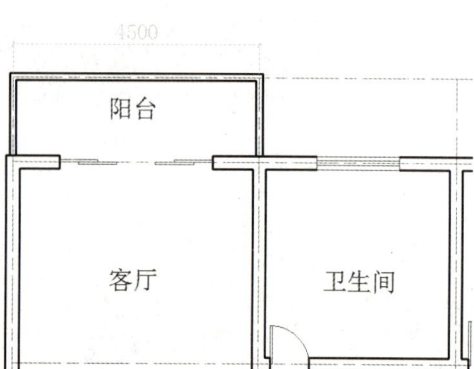

图11-95　标注尺寸

**步骤 09** 执行"连续标注（DCO）"命令，对图形上方的其余尺寸进行连续标注，如图11-96所示。

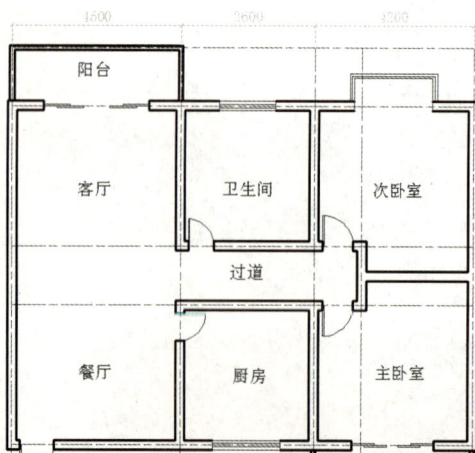

图11-96　连续标注

**步骤 10** 使用同样的方法，创建结构图的其他尺寸标注，然后隐藏"轴线"图层，效果如图 11-97所示。

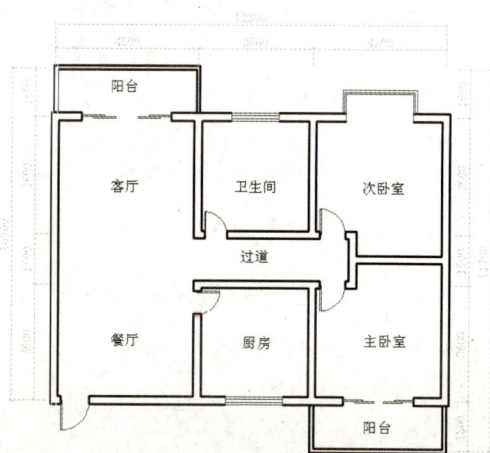

图11-97　尺寸标注效果

**步骤 11** 执行"单行文字（DT）"命令，设置文字的高度为350，然后对图形进行文字标注，效果如图11-98所示。

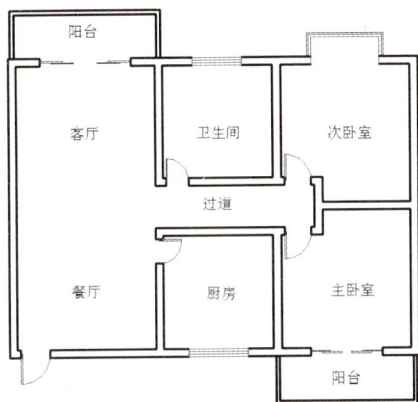

**步骤 12** 执行"直线（L）"命令，在图形下方绘制三条线段，完成实例的制作，效果如图11-99所示。

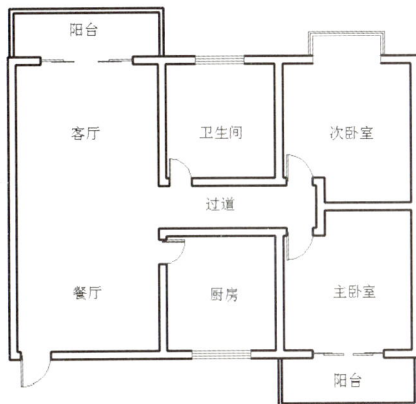

图11-98　标注文字

图11-99　实例效果

# Chapter 12

# 绘制装潢设计图

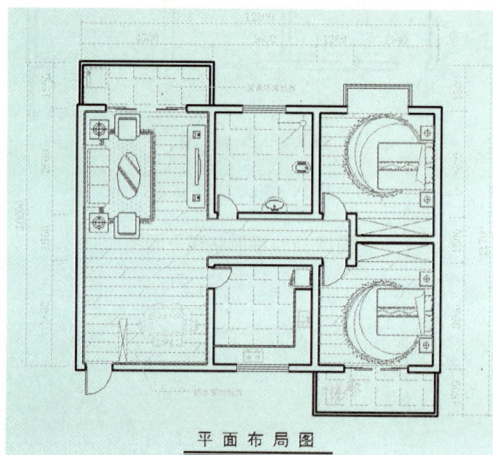

平 面 布 局 图

## 重点知识

- 绘制装潢平面图
- 绘制装潢顶面图
- 绘制装潢立面图

## 难点知识

- 绘制装潢顶面图
- 绘制装潢立面图

# 12.1 绘制装潢平面图

本实例通过绘制装潢平面图的操作，带领读者掌握AutoCAD中基本绘图工具的使用方法和技巧，了解装潢平面图的绘图规范和设计要求，本实例的完成效果如图12-1所示。

**→ 效果展示**

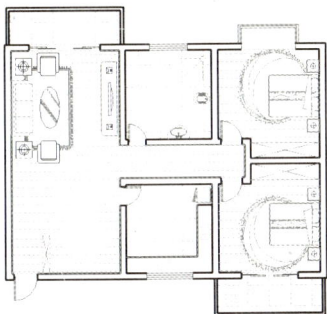

平面布局图

图12-1 绘制装潢平面图

**→ 操作分析**

在绘制装潢平面图的操作过程中，可以将创建好的建筑结构图作为平面布局图的绘制基础。然后隐藏影响绘图的图形，再根据设计要求依次绘制家具平面图、插入常见的室内图块、填充地面布局图案、标注图形。

**→ 制作步骤**

| | 原始文件 | 光盘\素材文件\第12章\平面图块.dwg |
|---|---|---|
| | 结果文件 | 光盘\结果文件\第12章\装潢平面图.dwg |
| | 同步视频文件 | 光盘\同步教学文件\第12章\绘制装潢平面图.mp4 |

本实例在绘制装潢平面图的操作过程中，可以分为绘制室内家具图形、插入常见图块、填充地面图案和标注图形等环节。

## 12.1.1 插入常用图块

**步骤 01** 打开"土建图.dwg"素材文件，如图12-2所示，然后将各个房间中的说明文字删除，效果如图12-3所示。

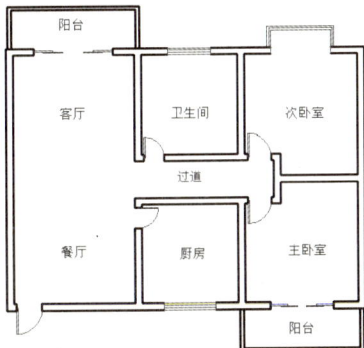

图12-2 打开素材

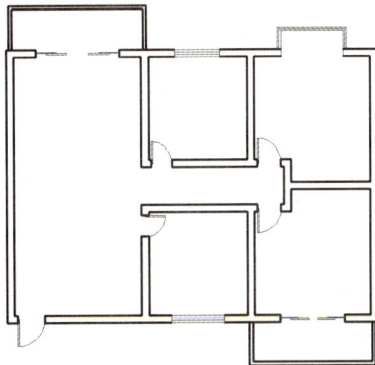

图12-3 删除文字

**步骤 02** 将"家具"图层设置为当前层，然后执行"设计中心（ADC）"命令，打开"设计中心"选项板，如图12-4所示。

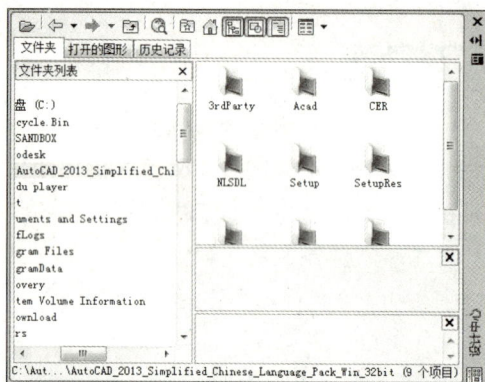

图12-4 设计中心

**步骤 03** 在"设计中心"选项板中选择本书配套光盘中\素材文件\第12章\平面图块.dwg文件，单击其中的"块"选项，展开块对象，然后双击要插入的"组合沙发"图块，如图12-5所示。

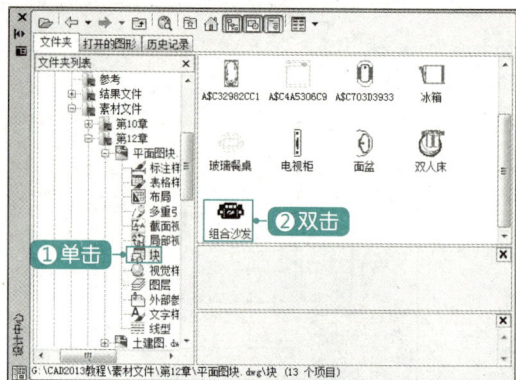

图12-5 展开块对象

**步骤 04** 在打开的"插入"对话框中单击"确定"按钮，如图12-6所示，然后在绘图区指定插入对象的位置，插入沙发图块后的效果如图12-7所示。

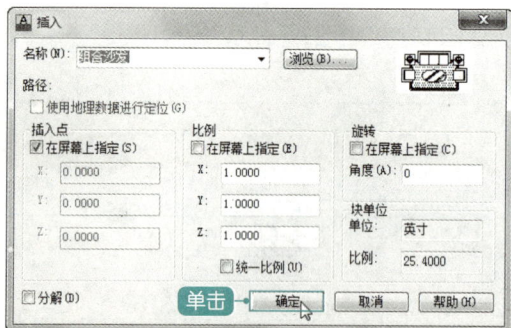

图12-6 "插入"对话框

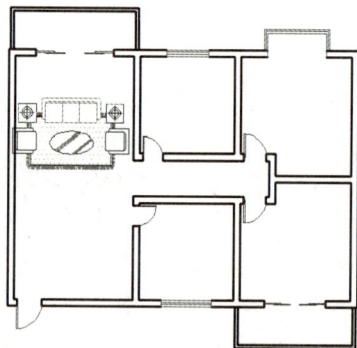

图12-7 插入沙发图块

**步骤 05** 执行"旋转（RO）"命令，将沙发图块逆时针旋转90°，然后将沙发适当进行移动，效果如图12-8所示。

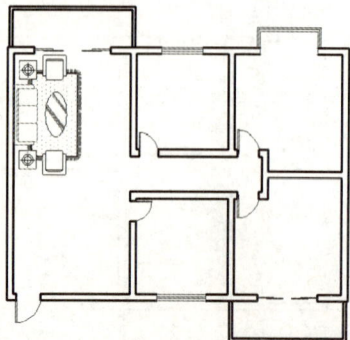

图12-8 调整素材

**步骤 06** 使用"偏移（O）"命令偏移厨房中的内墙线，偏移距离为600，如图12-9所示。

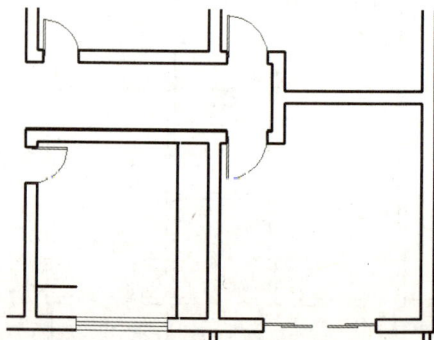

图12-9 偏移线段

**步骤 07** 执行"圆角（F）"命令，设置圆角半径为0，然后对偏移的线段进行圆角处理，效果如图12-10所示。

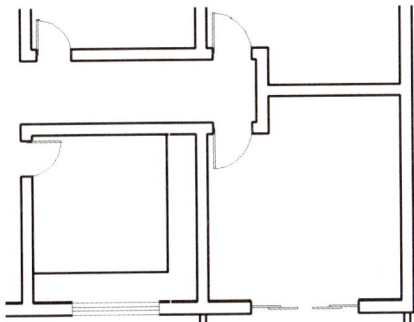

图12-10　圆角线段

**步骤 08** 使用"偏移（O）"命令将厨房上方的内墙线向下偏移800，如图12-11所示。

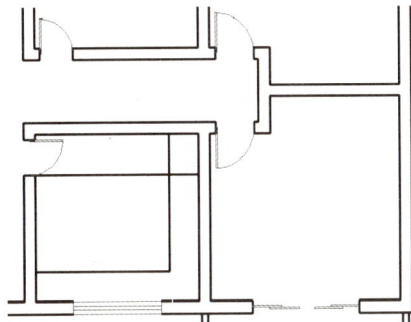

图12-11　偏移线段

**步骤 09** 执行"圆角（F）"命令，设置圆角半径为0，然后对偏移的线段进行圆角处理，效果如图12-12所示。

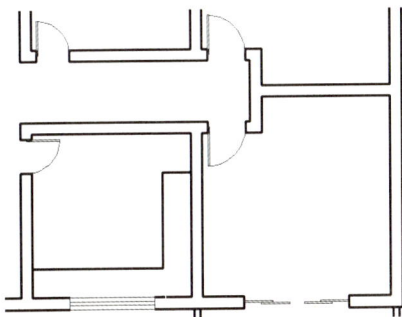

图12-12　圆角线段

**步骤 10** 使用"圆（C）"命令在卫生间中绘制一个半径为100的圆，如图12-13所示。

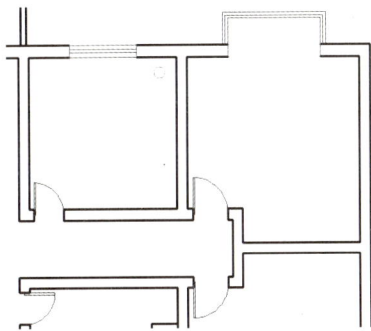

图12-13　绘制圆形

**步骤 11** 使用"直线（L）"命令在圆的周围绘制三条线段，创建出淋浴喷头图形，如图12-14所示。

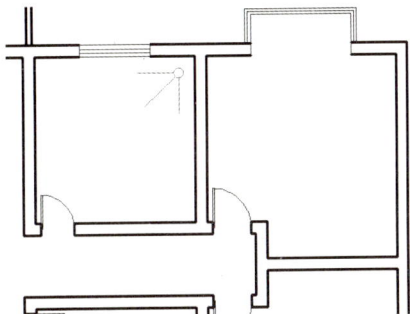

图12-14　绘制淋浴喷头

**步骤 12** 执行"设计中心（ADC）"命令，依次插入本书配套光盘\素材\第12章\平面图块.dwg文件中的其他图块，并对图块进行适当调整，效果如图12-15所示。

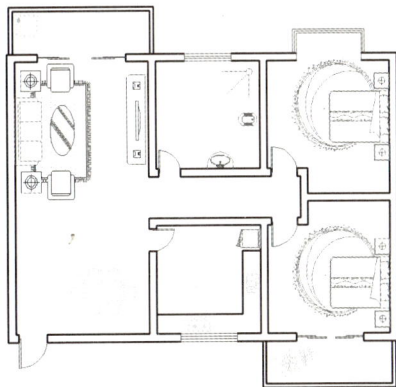

图12-15　插入其他图块

## 12.1.2 创建室内家具

**步骤 01** 使用"矩形（REC）"命令在门厅处绘制一个长为1500、宽为300的矩形，如图12-16所示。

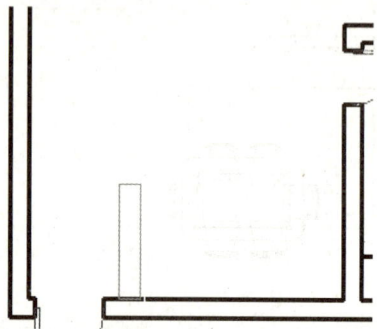

图12-16 绘制矩形

**步骤 02** 使用"直线（L）"命令在矩形中绘制两条对角线，创建鞋柜的图形，效果如图12-17所示。

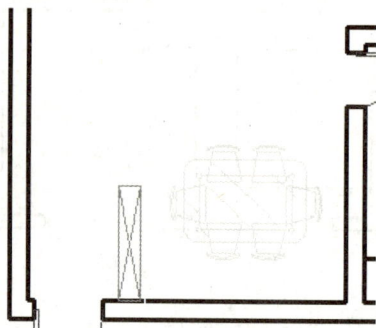

图12-17 绘制鞋柜

**步骤 03** 执行"偏移（O）"命令，设置偏移距离为600，然后将主卧室上方的内墙线向下偏移一次，并将偏移得到的线段放入"家具"图层中，如图12-18所示。

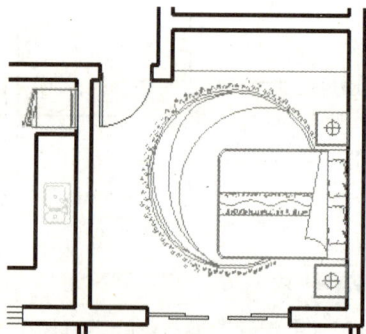

图12-18 偏移线段

**步骤 04** 执行"直线（L）"命令，在偏移得到的矩形框中绘制两条对角线，创建出衣柜平面图，效果如图12-19所示。

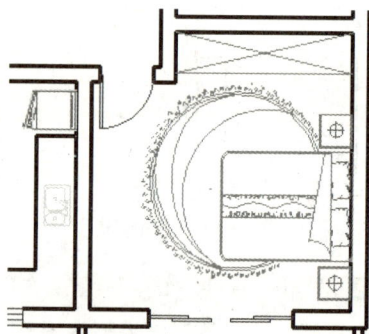

图12-19 绘制衣柜

**步骤 05** 使用"偏移（O）"命令将次卧室下方的内墙线向上偏移600，并将偏移得到的线段放入"家具"图层中，如图12-20所示。

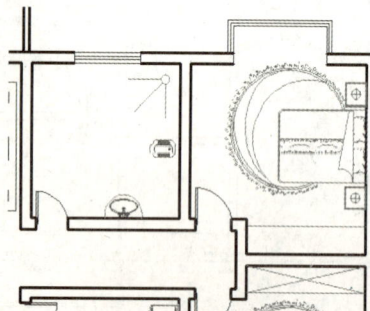

图12-20 偏移线段

**步骤 06** 使用"直线（L）"命令绘制两条对角线，完成衣柜平面图的绘制，效果如图12-21所示。

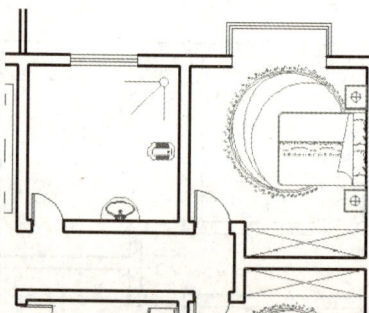

图12-21 绘制对角线

## 12.1.3 填充地面图案

**步骤 01** 将"填充"图层设为当前层，然后执行"多段线（PL）"命令，沿客厅、餐厅边缘绘制一条多段线，如图12-22所示。

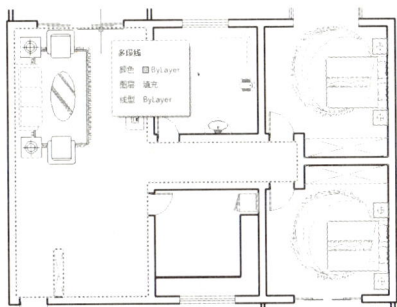

**步骤 02** 继续使用"多段线（PL）"命令通过绘制三条封闭的多段线，框选电视柜、沙发和餐桌对象，如图12-23所示。

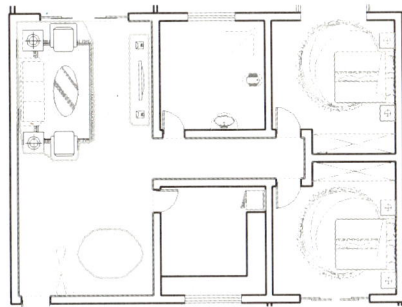

图12-22 绘制多段线1

图12-23 绘制多段线2

**步骤 03** 执行"图案填充（H）"命令，打开"图案填充和渐变色"对话框，单击"图案"右侧的下拉按钮，在弹出的下拉列表中选择"DOLMIT"选项，如图12-24所示，然后单击"添加：拾取点"按钮，如图12-25所示。

图12-24 创建面域

图12-25 设置填充参数

**步骤 04** 在客厅中单击鼠标指定填充图案的区域并确定，如图12-26所示，然后返回"图案填充和渐变色"对话框中单击"预览"按钮，预览填充的效果，如图12-27所示。

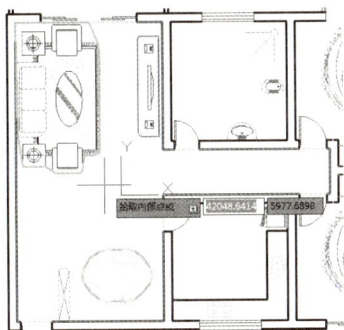

图12-26 指定填充区域

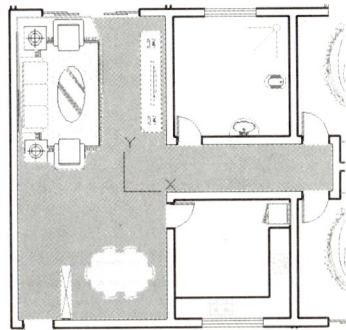

图12-27 预览填充效果

**步骤 05** 按下空格键进行确定，返回"图案填充和渐变色"对话框中重新设置图案的比例为50，然后单击"确定"按钮，如图12-28所示。

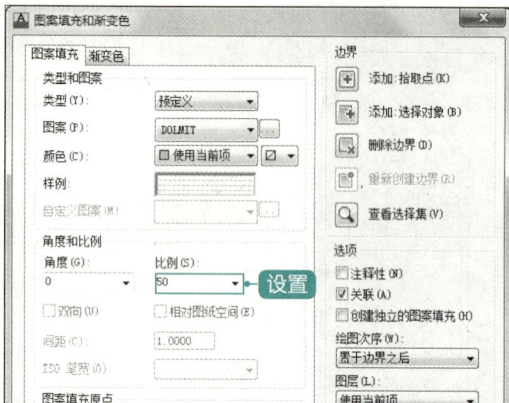

图12-28　修改比例

**步骤 06** 使用"删除（E）"命令将辅助多段线删除，填充的效果如图12-29所示。

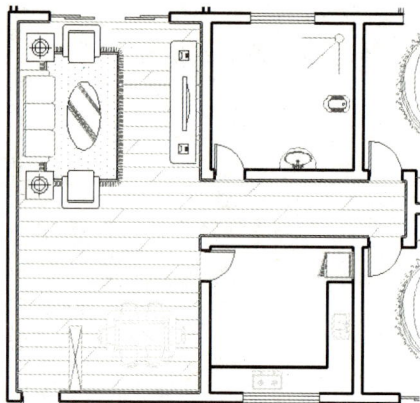

图12-29　填充效果

**步骤 07** 使用同样的操作方法对卧室地面进行填充，效果如图12-30所示。

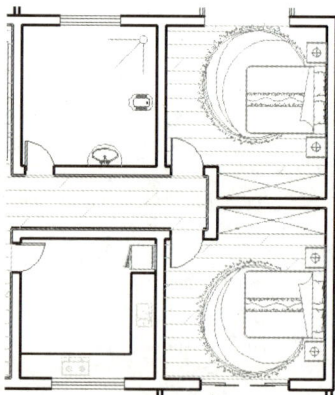

图12-30　填充卧室地面

**步骤 08** 使用"多段线（PL）"命令在厨房中绘制一条多段线，如图12-31所示。

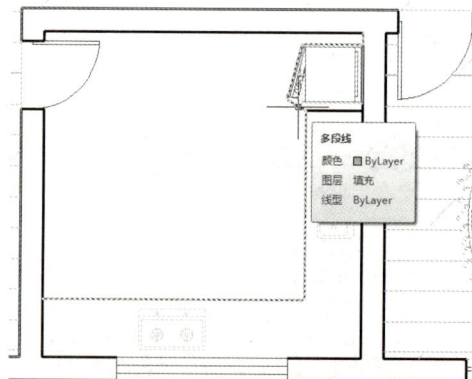

图12-31　绘制多段线

**步骤 09** 执行"图案填充（H）"命令，打开"图案填充和渐变色"对话框，选择ANGLE图案，如图12-32所示，然后设置图案比例为120，再单击"添加：拾取点"按钮，如图12-33所示。

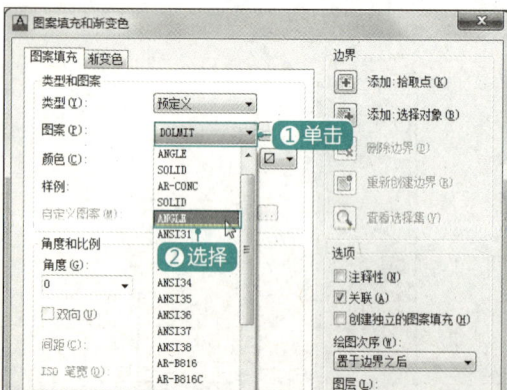

图12-32　选择图案

图12-33　设置填充参数

**步骤 10** 在厨房中单击鼠标指定填充图案的区域并确定，如图12-34所示，然后返回"图案填充和渐变色"对话框中单击"确定"按钮，填充的效果如图12-35所示。

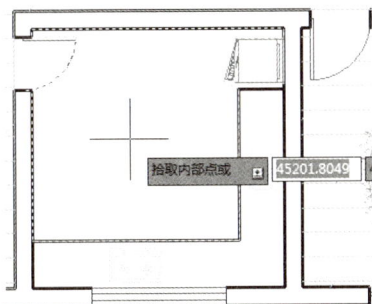

图12-34 指定填充区域

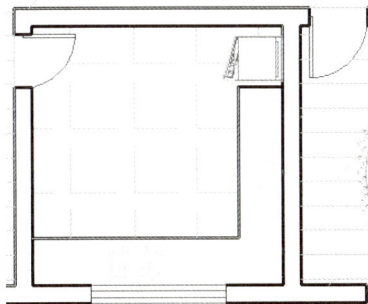

图12-35 填充效果

**步骤 11** 使用同样的方法对卫生间地面进行图案填充，设置填充图案为ANGLE，图案比例为120，效果如图12-36所示。

**步骤 12** 使用同样的方法对两个阳台地面进行图案填充，设置填充图案为ANGLE，图案比例为120，效果如图12-37所示。

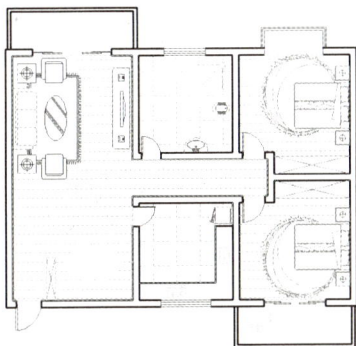

图12-36 填充卫生间地面

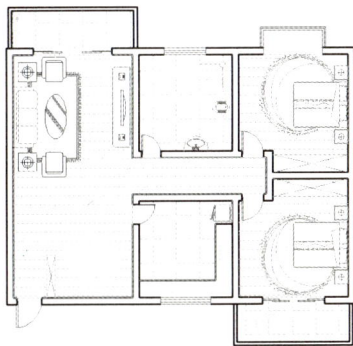

图12-37 填充阳台地面

# 12.1.4 标注材质文字

**步骤 01** 将"标注"图层设为当前层，执行"多重引线样式（MLEADERSTYLE）"命令，打开"多重引线样式管理器"对话框，然后选择Standard样式，单击"修改"按钮，如图12-38所示。

**步骤 02** 在打开的"修改多重引线样式"对话框中设置箭头符号为"建筑标记"、"大小"为50，如图12-39所示。

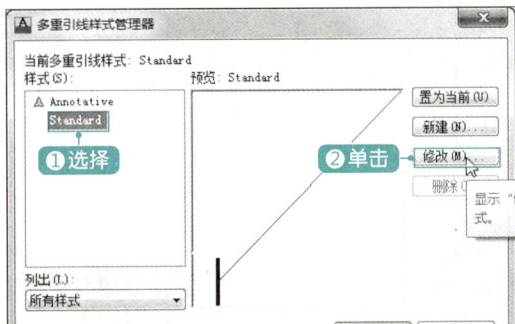

图12-38 多重引线样式管理器

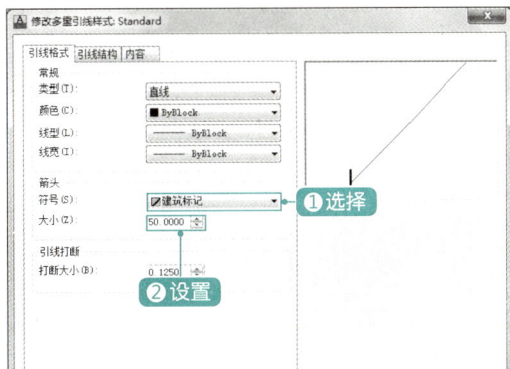

图12-39 设置箭头符号

**步骤 03** 选择"引线结构"选项卡，设置最大引线点数为3，如图12-40所示，然后选择"内容"选项卡，设置多重引线类型为"无"，再单击"确定"按钮，如图12-41所示。

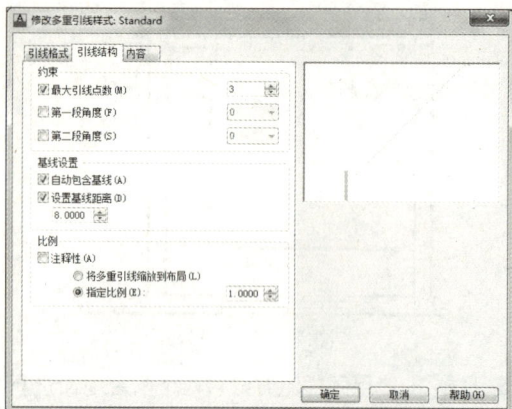

图12-40　设置最大引线点数

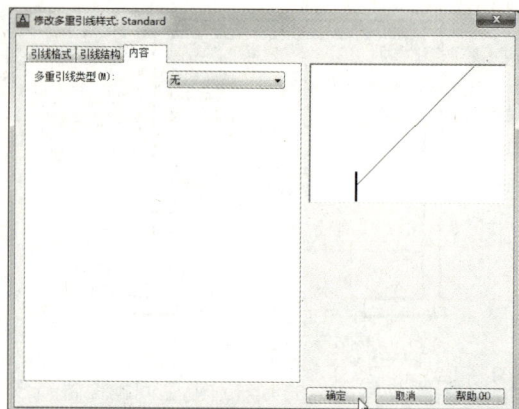

图12-41　设置多重引线类型

**步骤 04** 执行"多重引线（MLEADER）"命令，在客厅阳台处绘制一条引线，如图12-42所示。

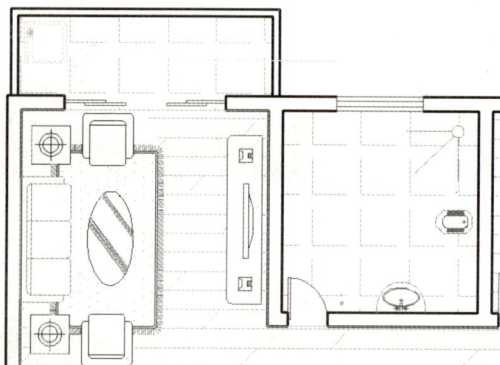

图12-42　绘制引线

**步骤 05** 执行"多行文字（MT）"命令，创建阳台地面材质说明内容，设置字体高度为200，效果如图12-43所示。

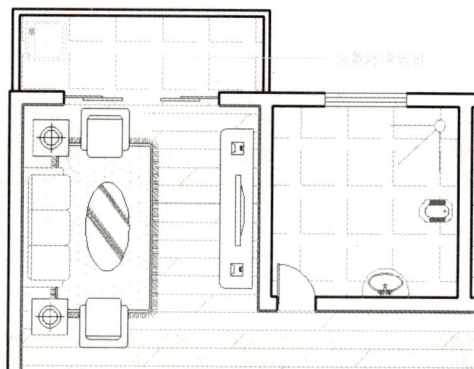

图12-43　创建文字

**步骤 06** 执行"多重引线（MLEADER）"命令，在餐厅中引出一条引线，如图12-44所示。

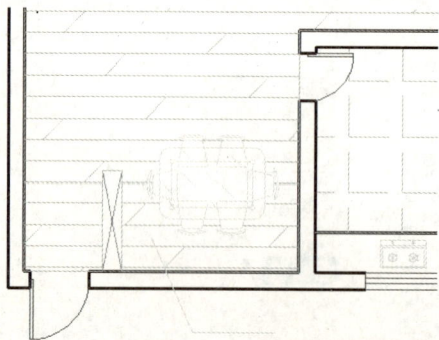

图12-44　绘制引线

**步骤 07** 执行"多行文字（MT）"命令，创建餐厅地面材质说明内容，设置字体高度为200，效果如图12-45所示。

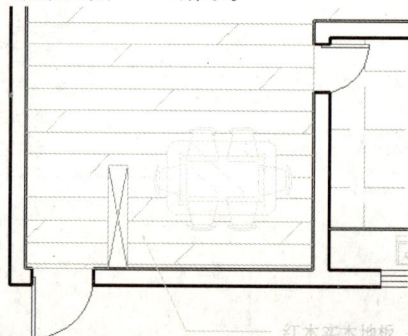

图12-45　创建文字

## 12.1.5 标注图形尺寸

**步骤 01** 执行"标注样式（D）"命令，在打开的"标注样式管理器"对话框中单击"新建"按钮，如图12-46所示。

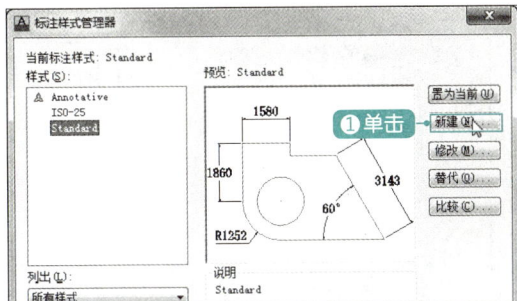

图12-46 标注样式管理器

**步骤 02** 打开"创建新标注样式"对话框，在"新样式名"文本框中输入样式名"室内装潢"，然后单击"继续"按钮，如图12-47所示。

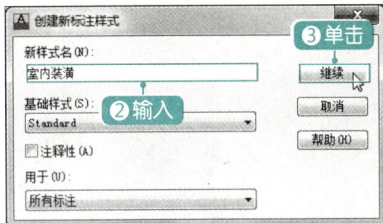

图12-47 输入样式名

**步骤 03** 打开"新建标注样式"对话框，在"线"选项卡中设置尺寸界线超出尺寸线的值为50，起点偏移量的值为80，如图12-48所示。

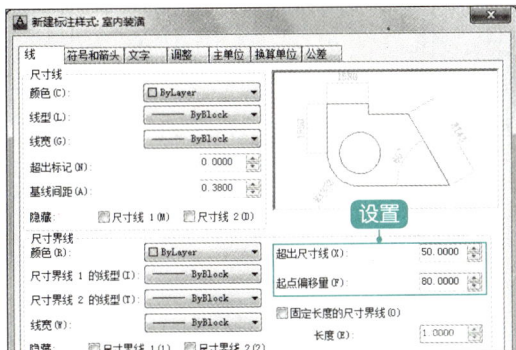

图12-48 设置参数

**步骤 04** 选择"符号和箭头"选项卡，设置箭头和引线为"建筑标记"，设置箭头大小为80，如图12-49所示。

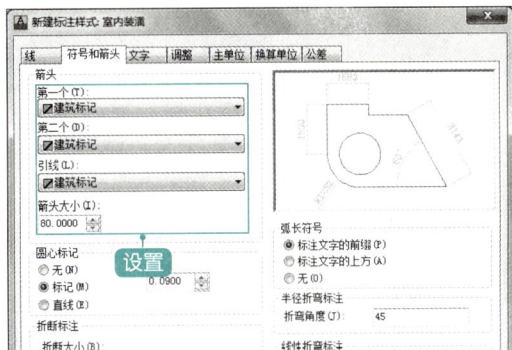

图12-49 "符号和箭头"选项卡

**步骤 05** 选择"文字"选项卡，设置高度为280，文字的垂直对齐方式为"上"，设置"从尺寸线偏移"的值为100，如图12-50所示。

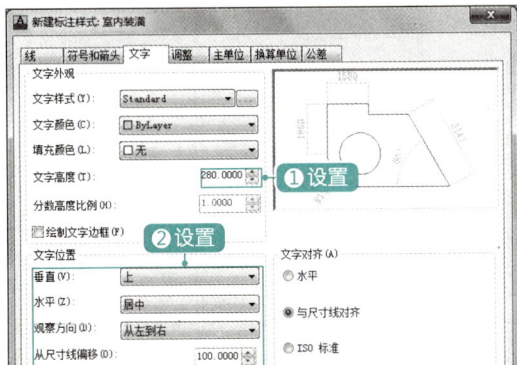

图12-50 设置文字参数

**步骤 06** 选择"主单位"选项卡，设置"精度"值为0，如图12-51所示。然后单击"确定"按钮，再关闭"标注样式管理器"对话框。

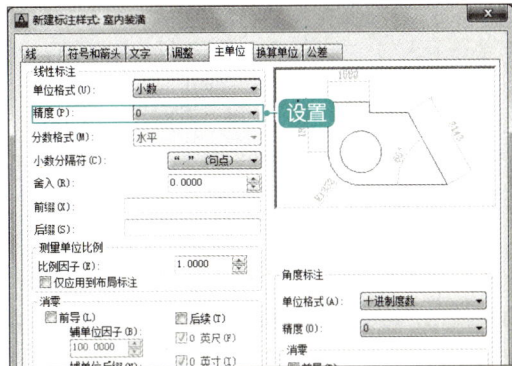

图12-51 设置"精度"值

**步骤 07** 打开"轴线"图层，然后执行"线性（DLI）"命令，选择尺寸标注的第一个原点，如图12-52所示，再选择尺寸标注的第二个原点，如图12-53所示。

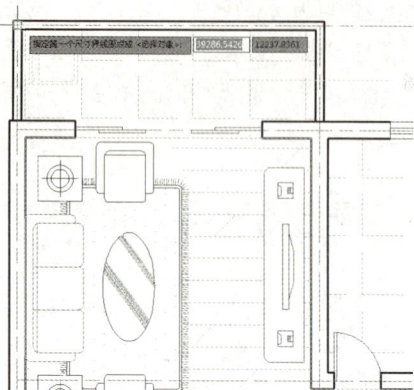

图12-52 捕捉第一个原点

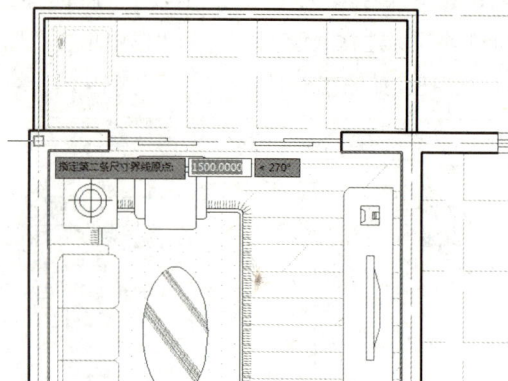

图12-53 捕捉第二个原点

**步骤 08** 移动鼠标指定尺寸线的位置，如图12-54所示，然后单击鼠标左键进行确定，效果如图12-55所示。

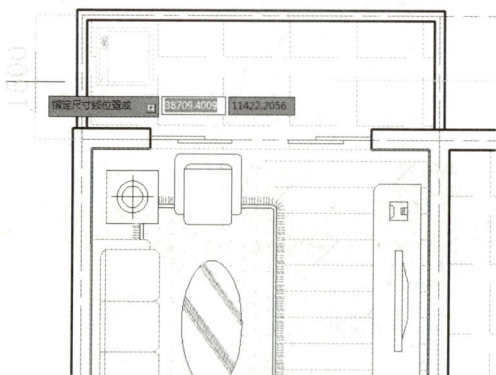

图12-54 指定尺寸线位置

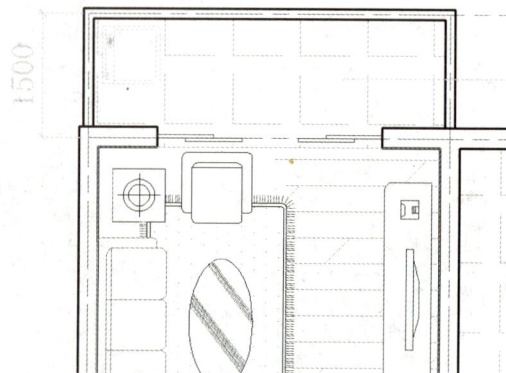

图12-55 标注尺寸

**步骤 09** 执行"连续标注（DCO）"命令，对图形上方的其余尺寸进行连续标注，如图12-56所示。

**步骤 10** 使用同样的方法，创建结构图的其他尺寸标注，然后隐藏"轴线"图层，效果如图12-57所示。

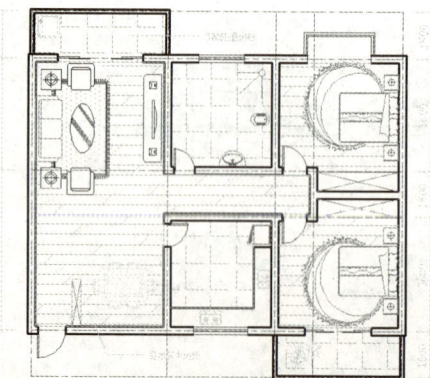

图12-56 连续标注

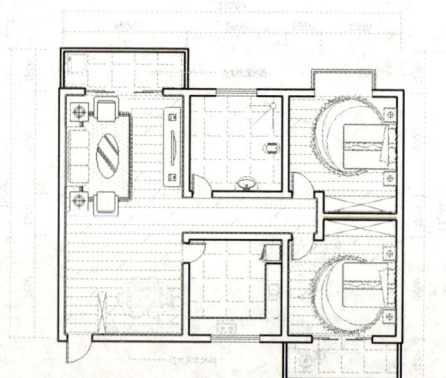

图12-57 尺寸标注效果

**步骤 11** 执行"单行文字（DT）"命令，设置文字的高度为了350，然后对图形进行文字标注，效果如图12-58所示。

**步骤 12** 执行"直线（L）"命令，在图形下方绘制三条线段，完成本实例的制作，效果如图12-59所示。

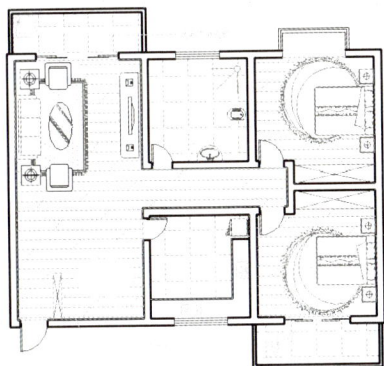

平 面 布 局 图

图12-58 标注文字

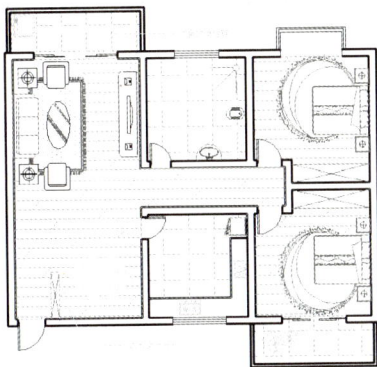

平 面 布 局 图

图12-59 实例效果

# 12.2 绘制装潢顶面图

本节以室内天花布局图为例，介绍室内装潢顶面的制作过程。本实例的完成效果如图12-60所示。

**→ 效果展示**

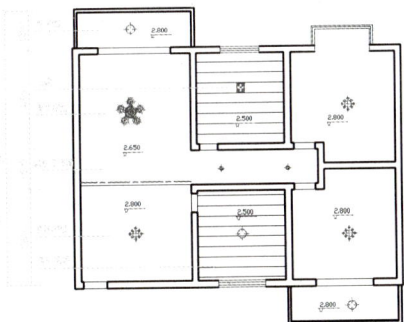

顶 面 布 局 图

图12-60 绘制装潢顶面图

**→ 操作分析**

在绘制装潢顶面图的操作过程中，可以将创建好的土建图作为装潢顶面图的绘制基础。然后隐藏影响绘图的图形，再根据设计要求依次创建室内顶面造型、灯具对象、顶面材质、顶面标高和顶面标注文字等内容。

**→ 制作步骤**

| | | |
|---|---|---|
| 原始文件 | 光盘\素材文件\第12章\顶面图块.dwg | |
| 结果文件 | 光盘\结果文件\第12章\装潢顶面图.dwg | |
| 同步视频文件 | 光盘\同步教学文件\第12章\绘制装潢顶面图.mp4 | |

本实例在绘制装潢顶面图的操作过程中，可以分为绘制顶面造型、创建灯具图形、填充顶面图案和标注图形等环节。

## 12.2.1 绘制顶面造型

**步骤01** 打开"土建图.dwg"素材文件，然后使用"删除（E）"命令删去与天花图无关的图形，再使用"直线（L）"命令连接门线，如图12-61所示。

**步骤02** 使用"直线（L）"命令在客厅与餐厅之间绘制如图12-62所示的线段。

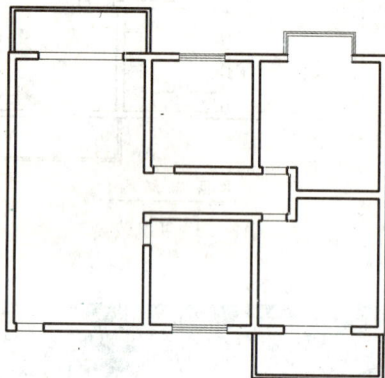

图12-61　创建顶面结构

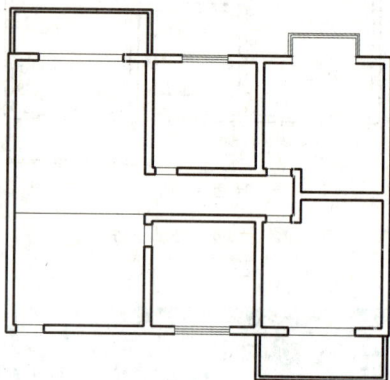

图12-62　绘制线段

**步骤03** 执行"填充图案（BH）"命令，在打开的"图案填充和渐变色"对话框中单击"图案"右侧的▦按钮，在打开的"填充图案选项板"对话框中选择"LINE"图案，然后单击"确定"按钮，如图12-63所示。

**步骤04** 返回"图案填充和渐变色"对话框中设置图案的比例为120，然后单击"添加：拾取点"按钮✛，如图12-64所示。

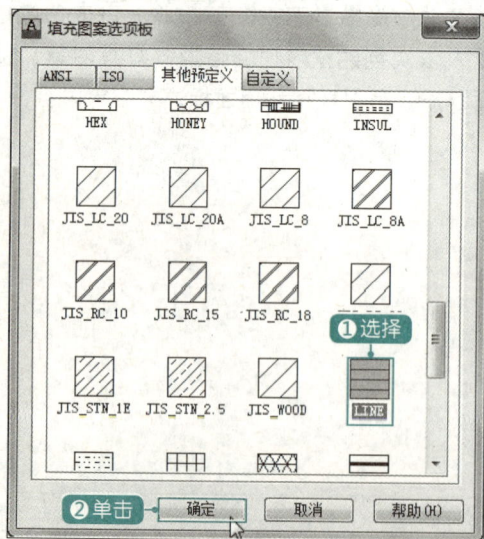

图12-63　选择图案

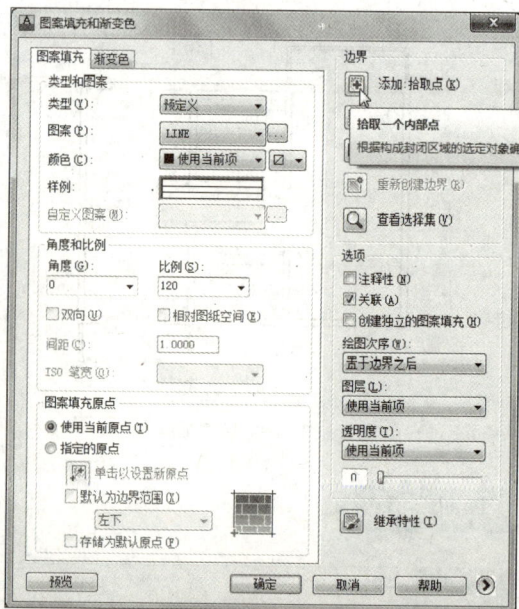

图12-64　"图案填充和渐变色"对话框

**步骤 05** 在厨房的顶面位置指定填充的拾取点并确定，填充的效果如图12-65所示，创建出厨房吊顶图案。

**步骤 06** 使用同样的方法，对卫生间进行吊顶图案的填充，完成顶面造型的创建，效果如图12-66所示。

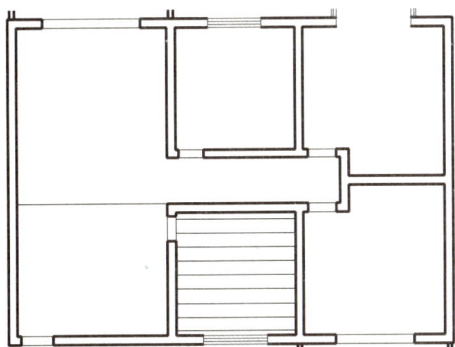

图12-65 填充效果

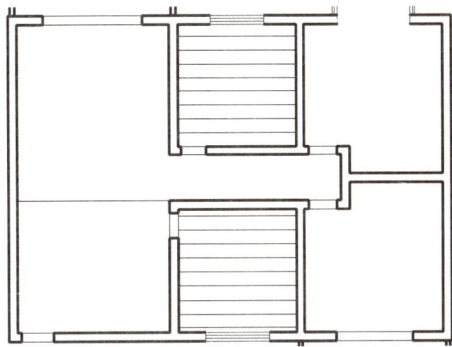

图12-66 创建顶面造型

## 12.2.2 创建灯具图形

**步骤 01** 使用"圆形（C）"命令绘制一个半径为80、颜色为洋红色的圆，再绘制一个半径为50、颜色为蓝色的圆，如图12-67所示。

**步骤 02** 使用"直线（L）"命令绘制4条线段，将线段颜色设置为红色，创建出筒灯图形，如图12-68所示。

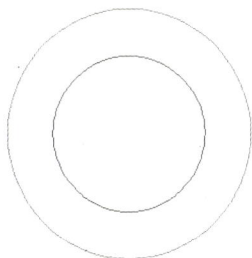

图12-67 绘制圆

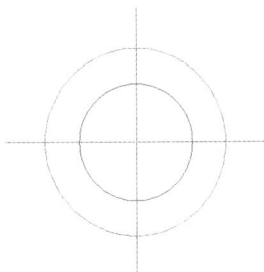

图12-68 绘制筒灯

**步骤 03** 参照图12-69所示的效果，使用"复制（CO）"命令将筒灯复制到过道中。

**步骤 04** 打开本书配套光盘中的"顶面图块.dwg"素材文件，参照图12-70所示的效果，将图例中的大吊灯复制到客厅中。

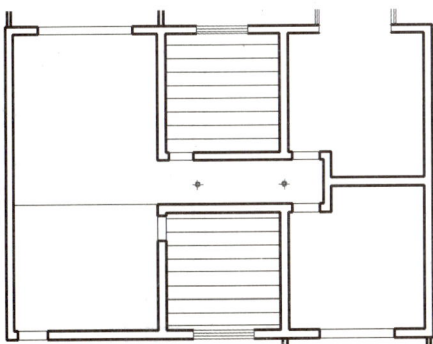

图12-69 复制筒灯

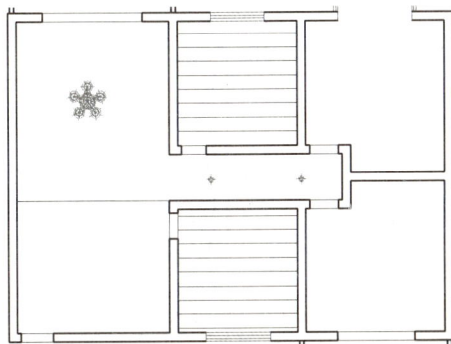

图12-70 复制大吊灯

**步骤 05** 继续将图例中的另一个吊灯分别复制到餐厅和卧室中，效果如图12-71所示，再将吸顶灯复制到厨房和阳台中，将浴霸复制到卫生间中，如图12-72所示。

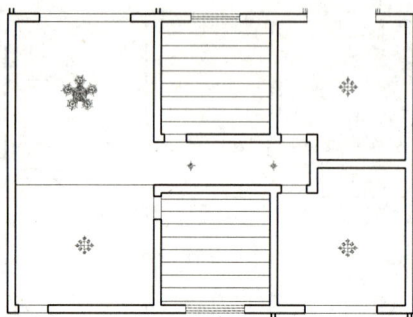

图12-71 复制吊灯

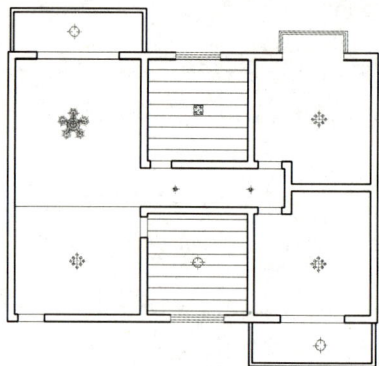

图12-72 复制其他灯具

**步骤 06** 执行"偏移（O）"命令，设置偏移距离为100，将客餐厅中的线段向上偏移一次，效果如图12-73所示线段。

**步骤 07** 选择偏移得到的线段，然后设置其颜色为红色，设置其线型为ACAD_ISO08W100，创建出灯带图形，效果如图12-74所示。

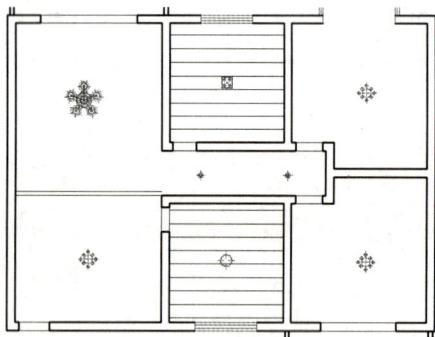

图12-73 偏移线段

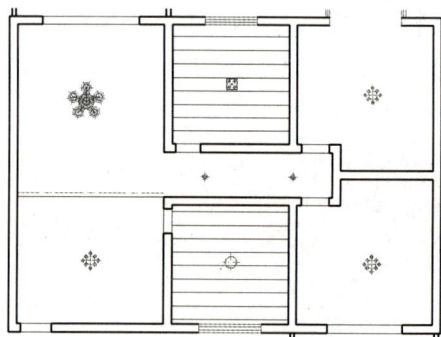

图12-74 创建灯带效果

## 12.2.3 创建标高

**步骤 01** 设置"标注"图层为当前层，使用"直线（L）"命令在客厅顶面绘制出标高符号，如图12-75所示。

**步骤 02** 执行"多行文字（MT）"命令，然后创建标高的高度文字，设置字体高度为150，如图12-76所示。

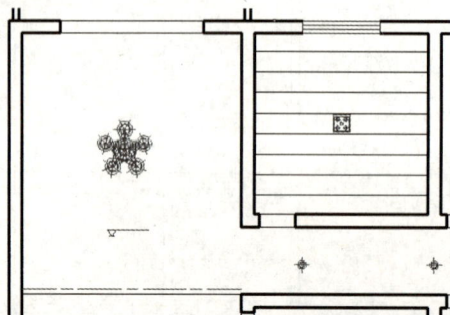

图12-75 绘制标高符号

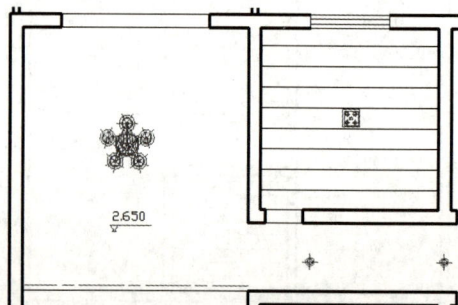

图12-76 创建标高文字

**步骤 03** 使用同样的方法创建餐厅处的标高，设置标高的高度为2.800米，如图12-77所示。

**步骤 04** 参照如图12-78所示的效果，继续使用"直线（L）"和"多行文字（MT）"命令创建其他位置的标高。

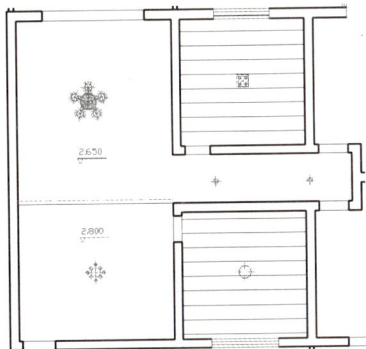

图12-77 创建吊顶标高

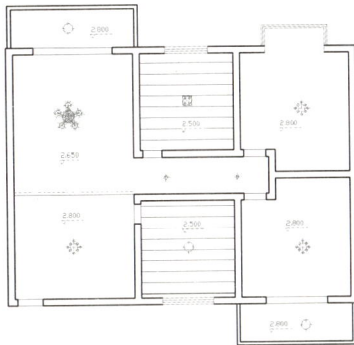

图12-78 创建其他标高

## 12.2.4 进行图形标注

**步骤 01** 执行"多重引线样式"命令，打开"多重引线样式管理器"对话框，然后选择Standard样式，单击"修改"按钮，如图12-79所示。

**步骤 02** 在打开的"修改多重引线样式"对话框中设置箭头符号为"建筑标记"、大小为50，如图12-80所示。

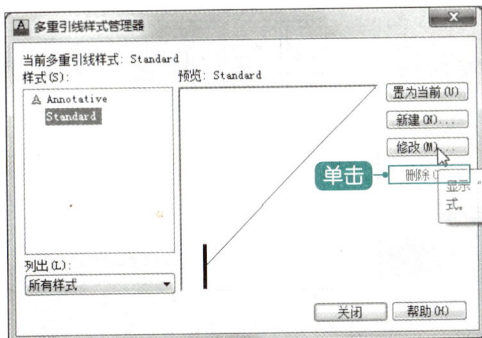

图12-79 多重引线样式管理器

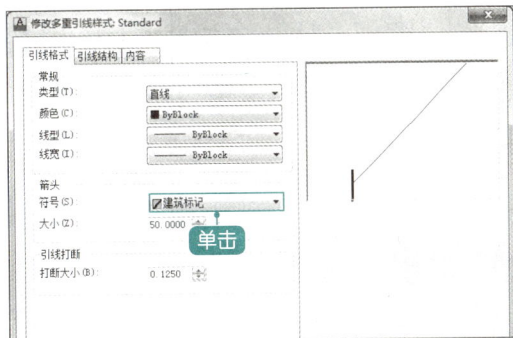

图12-80 设置引线箭头

**步骤 03** 选择"引线结构"选项卡，设置最大引线点数为2，如图12-81所示，然后选择"内容"选项卡，设置多重引线类型为"无"，再单击"确定"按钮，如图12-82所示。

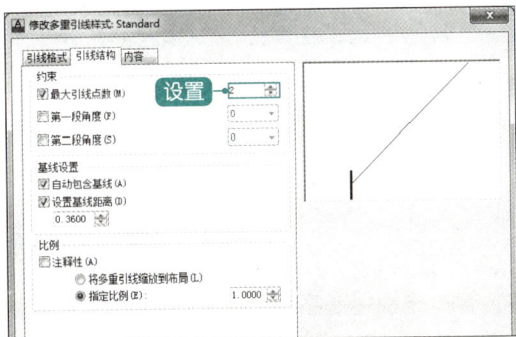

图12-81 设置最大引线点数

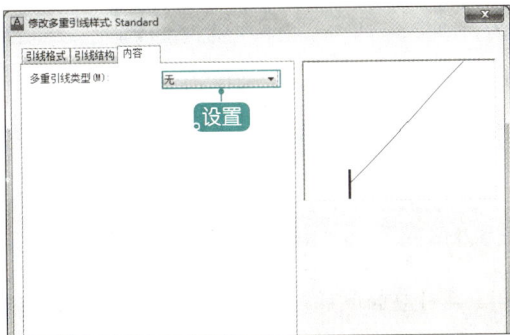

图12-82 设置多重引线类型

**步骤 04** 执行"多重引线（MLEADER）"命令，在客厅中绘制一条引线，如图12-83所示。

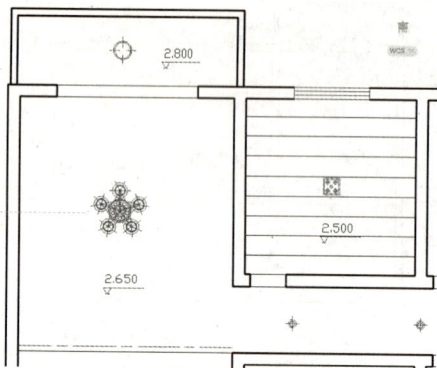

**步骤 05** 执行"多行文字（MT）"命令，创建材质说明内容，设置字体高度为200，效果如图12-84所示。

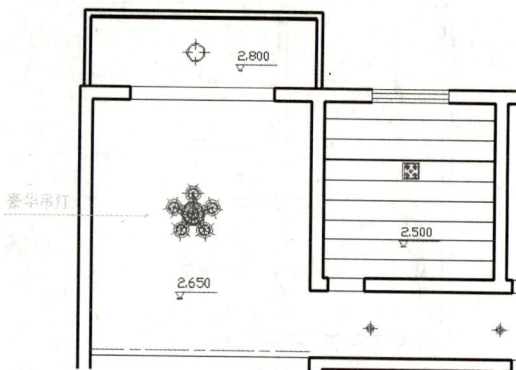

图12-83 绘制引线

图12-84 创建文字说明

**步骤 06** 使用同样的方法，结合引线和多行文字命令创建其他标注说明，效果如图12-85所示。

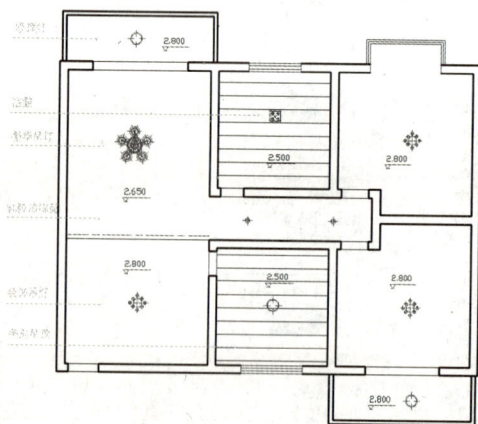

**步骤 07** 参照标注平面图尺寸的方法，对顶面图的尺寸进行标注，然后对图形进行文字说明，完成本实例的制作，效果如图12-86所示。

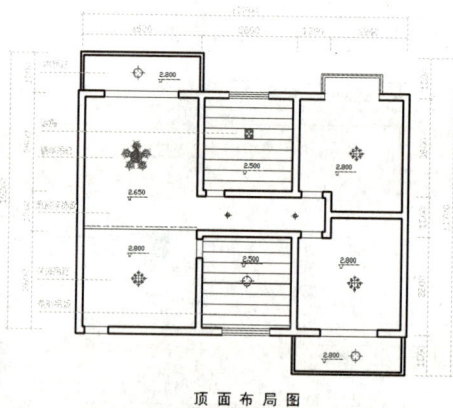

图12-85 创建说明文字

图12-86 顶面布局图效果

# 12.3 绘制装潢立面图

立面图能更全面、直观地展现装修内容的安排，是进行装修施工的重要操作依据。这里将对绘制客厅立面图、餐厅立面图和卧室立面图进行详细的介绍。

## 12.3.1 绘制客厅立面图

客厅立面图通常需要展现的对象为客厅电视墙，客厅电视墙是客厅设计中的一个亮点。本实例的完成效果如图12-87所示。

**→ 效果展示**

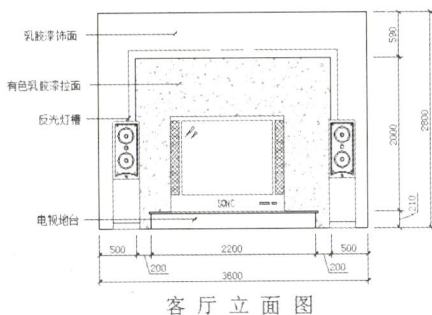

乳胶漆饰面
有色乳胶漆拉面
反光灯槽
电视地台

590
2000
2800
210

500  2200  500
200  3600  200

客 厅 立 面 图

图12-87 绘制客厅立面图

**→ 操作分析**

　　在绘制客厅立面图的操作过程中，首先要确定立面图的大小，可以使用矩形框确定绘图的大小，然后依次绘制电视背景墙、电视地台等图形，最后对图形进行标注即可。

**→ 制作步骤**

| 原始文件 | 光盘\素材文件\第12章\立面图块.dwg |
| --- | --- |
| 结果文件 | 光盘\结果文件\第12章\装潢立面图.dwg |
| 同步视频文件 | 光盘\同步教学文件\第12章\绘制客厅立面图.mp4 |

**步骤 01** 使用"矩形（REC）"命令绘制一个长为3600、宽为2800的矩形，如图12-88所示。

图12-88 绘制矩形

**步骤 02** 使用"分解（X）"命令将矩形分解，然后使用"偏移（O）"命令将下方线段向上偏移两次，偏移距离依次为180和30，如图12-89所示。

图12-89 偏移线段

**步骤 03** 继续使用"偏移（O）"命令将左侧线段向右偏移4次，偏移距离依次为670、30、2200和30，如图12-90所示。

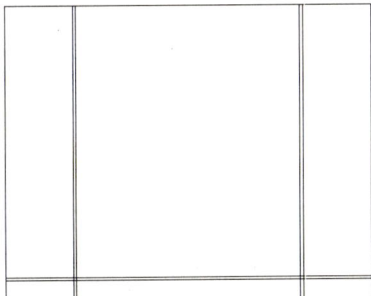

图12-90 偏移线段

**步骤 04** 使用"修剪（TR）"命令对偏移后的线段进行修剪，效果如图12-91所示。

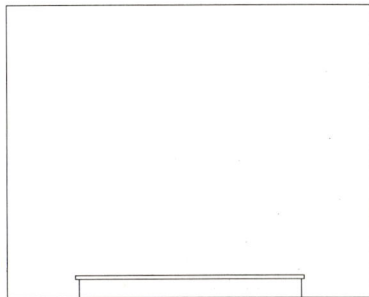

图12-91 修剪线段

**步骤 05** 执行"偏移（O）"命令，选择如图12-92所示的线段，然后将其向上偏移2000，如图12-93所示。

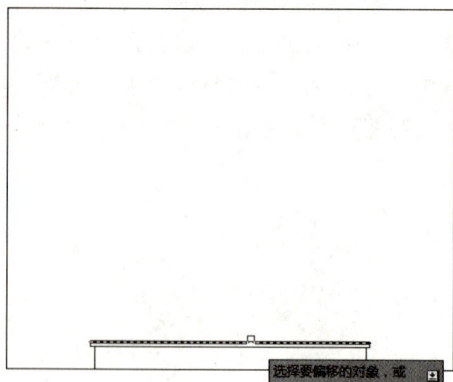

图12-92  选择线段

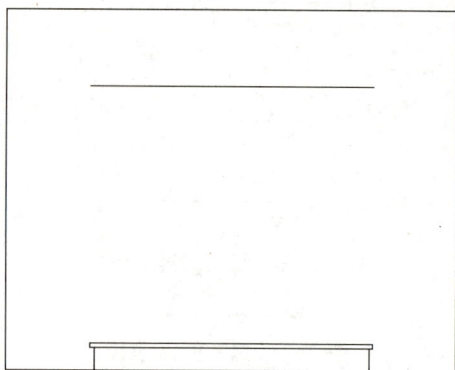

图12-93  偏移线段

**步骤 06** 继续使用"偏移（O）"命令将左右两侧的线段向内偏移，偏移距离为500，如图12-94所示。

**步骤 07** 使用"圆角（F）"命令对偏移线段进行圆角处理，效果如图12-95所示。

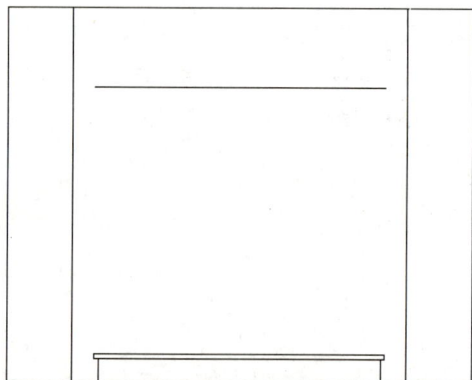

图12-94  偏移线段

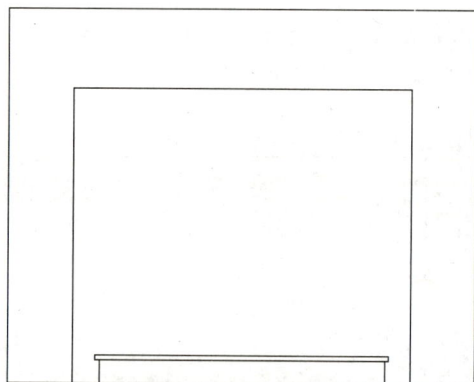

图12-95  圆角线段

**步骤 08** 使用"偏移（O）"命令将偏移得到的矩形框的线段向外偏移100，如图12-96所示。

**步骤 09** 使用"圆角（F）"命令对偏移后的线段进行圆角处理，如图12-97所示。

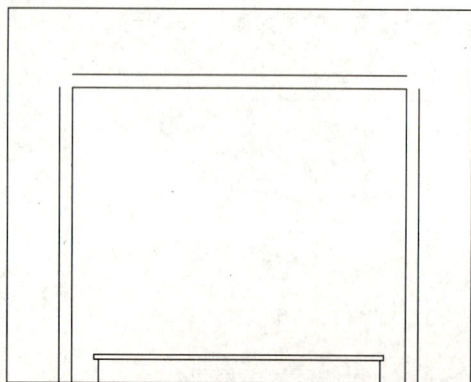

图12-96  偏移线段

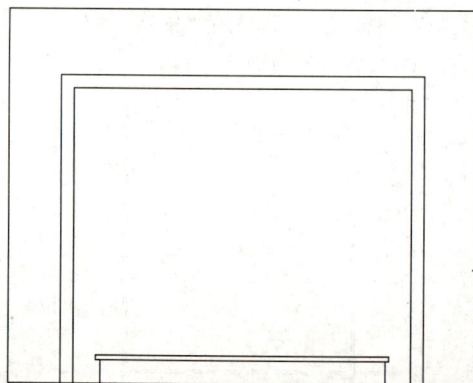

图12-97  圆角线段

**步骤 10** 将线段修改为红色，线型修改为 ACAD_ISO08W100，创建出灯带效果，如图 12-98所示。

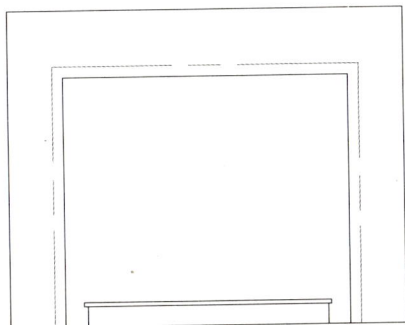

图12-98　修改线段

**步骤 11** 打开本书配套光盘\素材\第12章\立面图块.dwg文件，将电视机和音箱素材复制到该图形中，效果如图12-99所示。

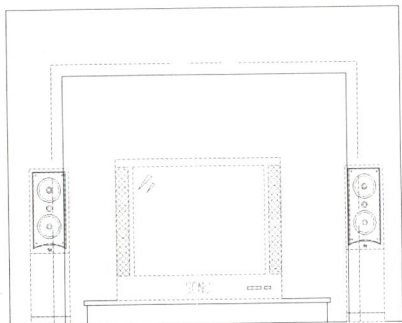

图12-99　复制素材

**步骤 12** 执行"图案填充（H）"命令，打开"图案填充和渐变色"对话框，选择"AR-CONC"图案，然后设置图案比例为30，再单击"添加：拾取点"按钮 ，如图12-100所示。

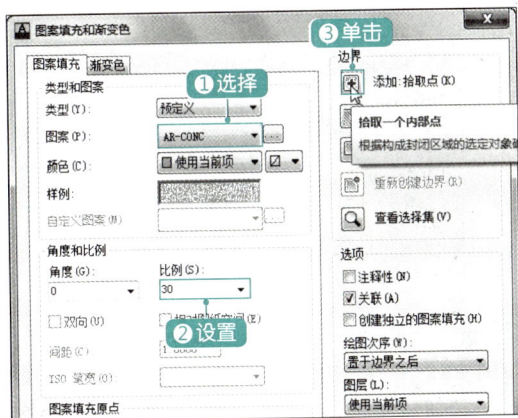

图12-100　设置填充参数

**步骤 13** 在电视墙中间单击鼠标指定填充图案的区域并确定，图案的填充效果如图12-101所示。

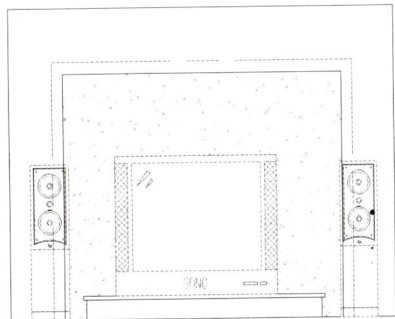

图12-101　图案填充效果

**步骤 14** 使用"修剪（TR）"命令对素材图形与背景墙相交的线段进行修剪，效果如图12-102所示。

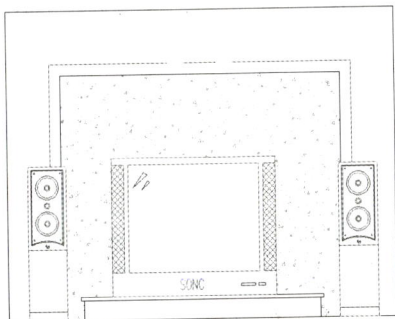

图12-102　修剪图形

**步骤 15** 执行"多重引线（Mleader）"命令，在立面图中绘制一条引线，效果如图12-103所示。

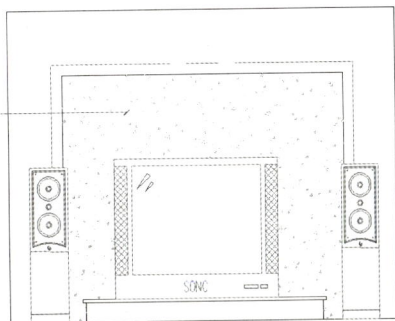

图12-103　绘制引线

**步骤16** 执行"多行文字（MT）"命令，创建材质说明内容，设置字体高度为100，效果如图12-104所示。

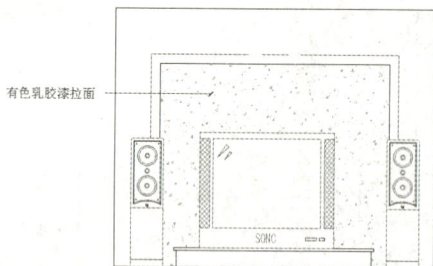

图12-104　创建引线说明

**步骤17** 使用同样的方法，结合引线和多行文字命令创建其他标注说明，效果如图12-105所示。

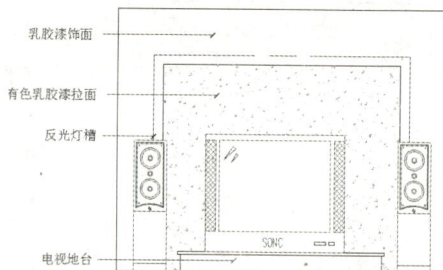

乳胶漆饰面
有色乳胶漆拉面
反光灯槽
电视地台

图12-105　创建说明文字

**步骤18** 执行"标注样式（D）"命令，在打开的"标注样式管理器"对话框中单击"新建"按钮，如图12-106所示。

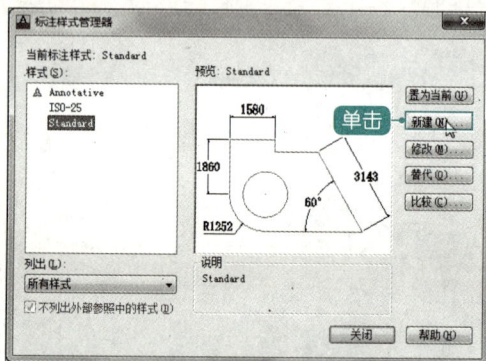

图12-106　标注样式管理器

**步骤19** 打开"创建新标注样式"对话框，在"新样式名"文本框中输入样式名"室内立面"，然后单击"继续"按钮，如图12-107所示。

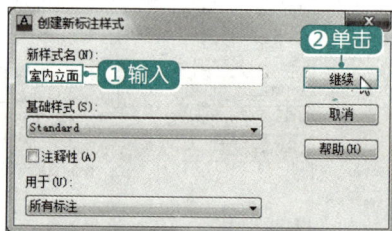

图12-107　输入样式名

**步骤20** 打开"新建标注样式"对话框，在"线"选项卡中设置尺寸界线超出尺寸线的值为50，起点偏移量的值为85，如图12-108所示。

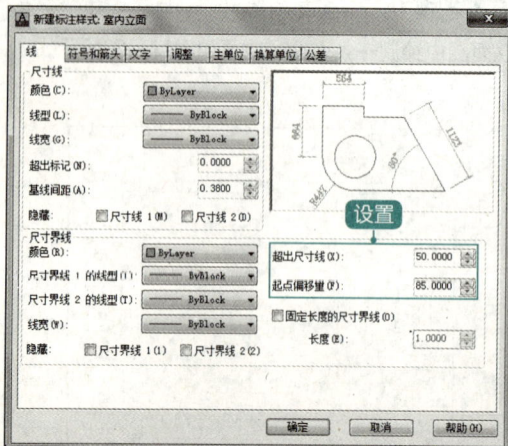

图12-108　设置参数

**步骤21** 选择"符号和箭头"选项卡，设置箭头为"建筑标记"，设置箭头大小为50，如图12-109所示。

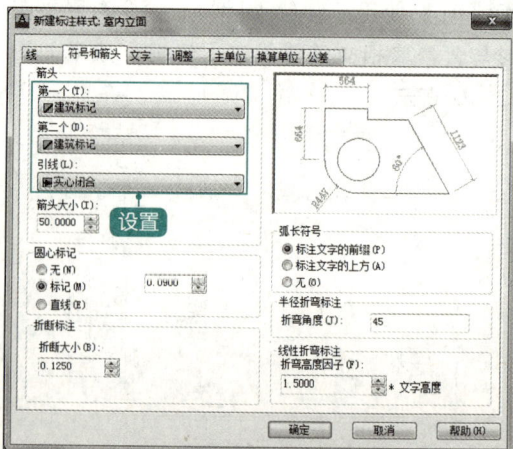

图12-109　"符号和箭头"选项卡

**步骤 22** 选择"文字"选项卡，设置"文字高度"为100，文字的垂直对齐方式为"上"，设置"从尺寸线偏移"的值为30，如图12-110所示。

**步骤 23** 选择"主单位"选项卡，设置"精度"值为0，如图12-111所示。然后单击"确定"按钮，再关闭"标注样式管理器"对话框。

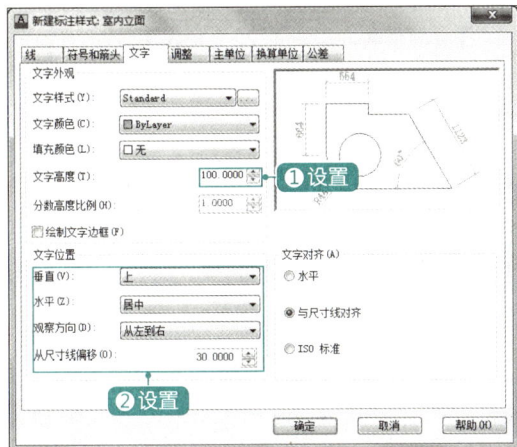

图12-110 设置文字参数

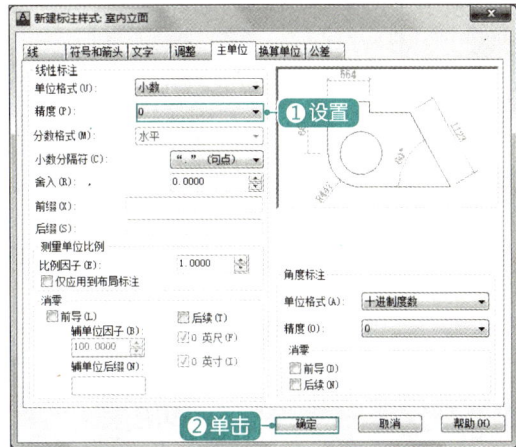

图12-111 设置精度

**步骤 24** 执行"线性（DLI）"命令，指定尺寸标注的第一个原点，如图12-112所示，然后选择尺寸标注的第二个原点，如图12-113所示。

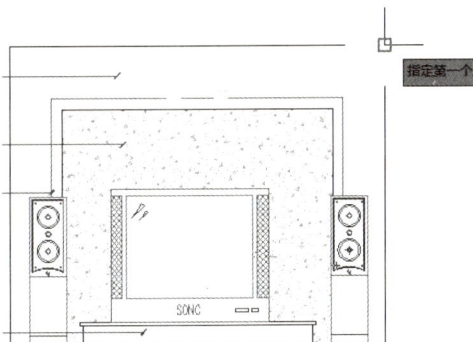

图12-112 捕捉第一个原点

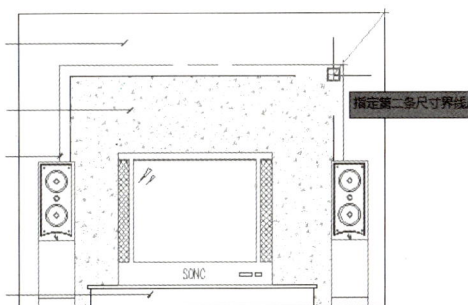

图12-113 捕捉第二个原点

**步骤 25** 在绘图区指定尺寸线的位置，如图12-114所示，然后单击鼠标左键进行确定，效果如图12-115所示。

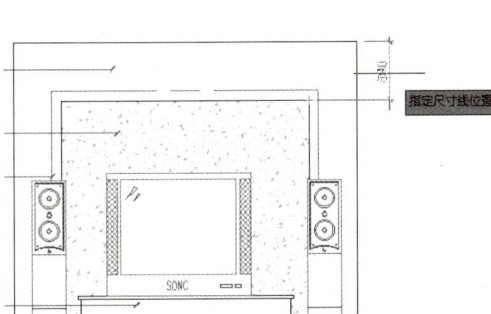

图12-114 指定尺寸线位置

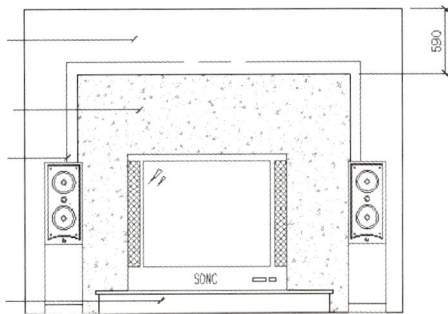

图12-115 标注尺寸

**步骤 26** 使用同样的方法创建其他尺寸标注，并调节尺寸标注的起点位置，如图12-116所示。

**步骤 27** 使用文字命令对图形进行文字说明，完成实例的绘制，效果如图12-117所示。

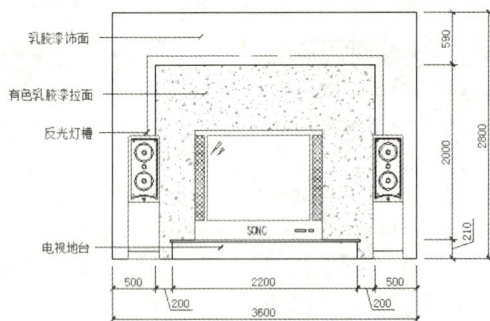

图12-116　标注其他尺寸

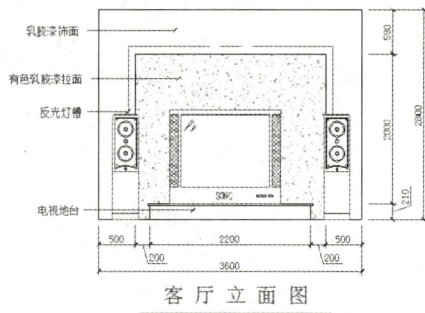

图12-117　电视墙立面效果

## 12.3.2 绘制餐厅立面图

餐厅立面图用于展现餐厅中的餐桌摆放位置、玄关图形的效果，以及灯具效果等。本实例的完成效果如图12-118所示。

**→ 效果展示**

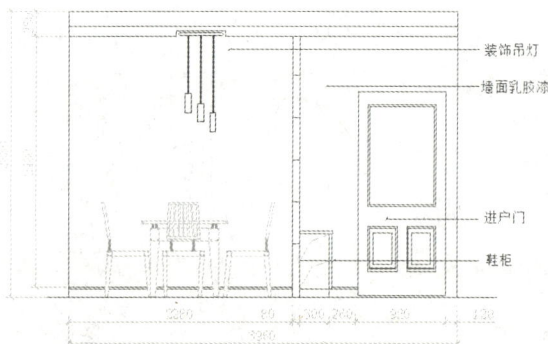

图12-118　绘制餐厅立面图

**→ 操作分析**

同绘制客厅立面图相似，在绘制餐厅立面图的过程中，首先要确定立面图的大小，然后绘制餐厅立面图中的主要元素和造型，最后对图形进行尺寸标注。

**→ 制作步骤**

| 原始文件 | 光盘\素材文件\第12章\立面图块.dwg |
| --- | --- |
| 结果文件 | 光盘\结果文件\第12章\装潢立面图.dwg |
| 同步视频文件 | 光盘\同步教学文件\第12章\绘制餐厅立面图.mp4 |

**步骤 01** 使用"直线(L)"命令在绘图区域绘制一条长为5000的水平直线，在距离水平线左端点400处向上绘制一条长为2800的垂直直线，如图12-119所示。

图12-119　绘制线段

**步骤 02** 使用"偏移(O)"命令向右偏移垂直线段，偏移距离为3960，然后向上偏移水平线段，偏移距离为2800，如图12-120所示。

图12-120　偏移线段

**步骤 03** 使用"修剪(TR)"命令对偏移后的多余线段进行修剪，效果如图12-121所示。

图12-121　修剪线段

**步骤 04** 使用"偏移(O)"命令向右偏移左侧的垂直线段，偏移距离依次为2280和80，如图12-122所示。

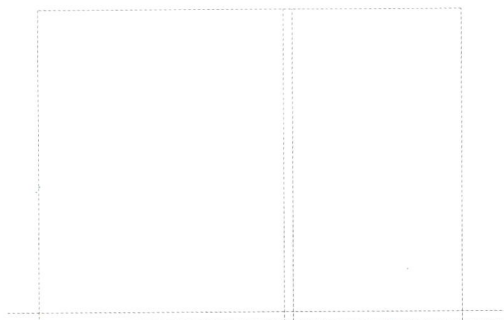

图12-122　偏移线段

**步骤 05** 使用"偏移(O)"命令向上偏移水平线段，偏移距离依次为100、20、2540、100，如图12-123所示。

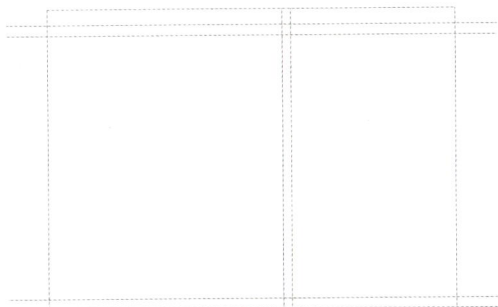

图12-123　偏移线段

**步骤 06** 使用"修剪(TR)"命令对多余线段进行修剪，效果如图12-124所示。

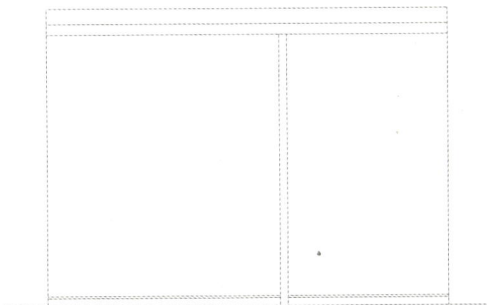

图12-124　修剪线段

**步骤 07** 使用"偏移（O）"命令向下偏移天花外框线，偏移距离为200，效果如图12-125所示。

图12-125 偏移线段

**步骤 08** 使用"偏移（O）"命令向右偏移两次左侧的垂直线，偏移尺寸和效果如图12-126所示。

图12-126 偏移线段

**步骤 09** 使用"修剪（TR）"命令对多余线段进行修剪处理，绘制出餐厅的灯槽图形，效果如图12-127所示。

图12-127 修剪线段

**步骤 10** 参照图12-128所示的尺寸和效果，使用"偏移（O）"命令将右侧的踢脚线向上偏移，将中间的垂直线向右偏移。

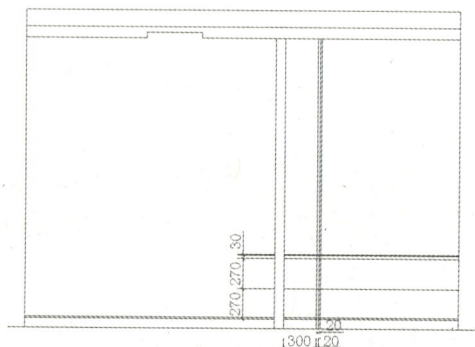

图12-128 偏移线段

**步骤 11** 参照图12-129所示的效果，使用"修剪（TR）"命令对偏移的线段进行修剪，绘制出餐厅的鞋柜图形。

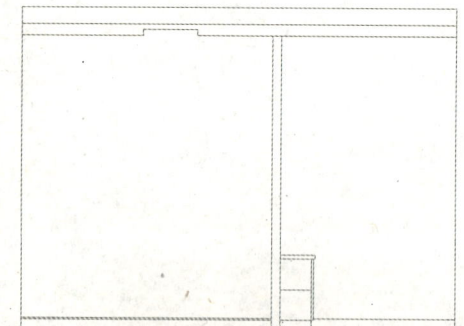

图12-129 修剪线段

**步骤 12** 使用"直线（L）"命令在鞋柜图形中绘制两条折弯线，效果如图12-130所示。

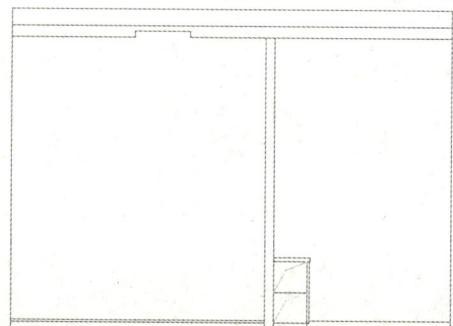

图12-130 绘制折弯线

**步骤 13** 使用"偏移（O）"命令将下方的水平线段向上偏移5次，偏移距离设置为420，效果如图12-131所示。

图12-131 偏移线段

**步骤 14** 参照图12-132所示的效果，使用"修剪（TR）"命令对偏移的线段进行修剪，绘制出玄关的造型。

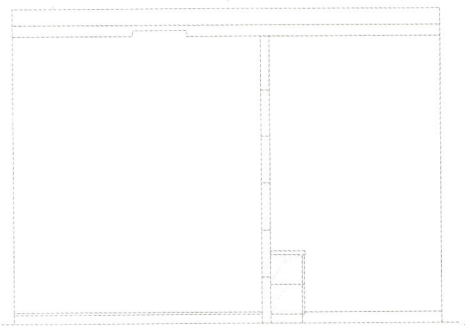

图12-132 修剪线段

**步骤 15** 打开"立面图块.dwg"素材文件，将餐桌立面、门立面、灯具等图块复制到当前立面图中，如图12-133所示。

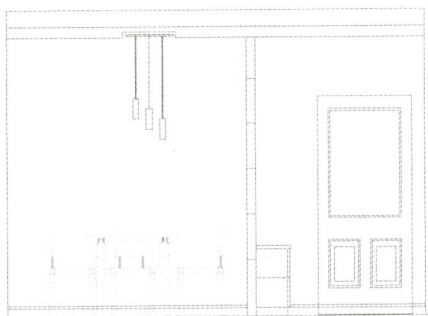

图12-133 添加素材图形

**步骤 16** 使用"修剪（TR）"命令对素材背后的踢脚线进行修剪，效果如图12-134所示。

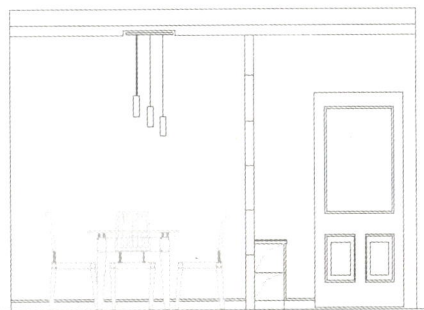

图12-134 修剪踢脚线

**步骤 17** 执行"多重引线（MLEADER）"命令，在立面图中绘制一条引线，如图12-135所示。

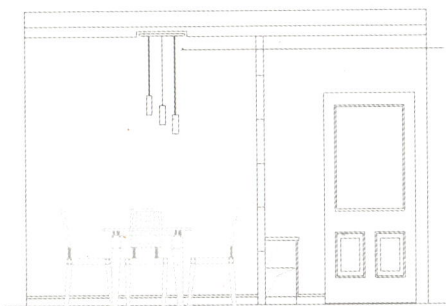

图12-135 绘制引线

**步骤 18** 执行"多行文字（MT）"命令创建材质说明内容，设置字体高度为100，效果如图12-136所示。

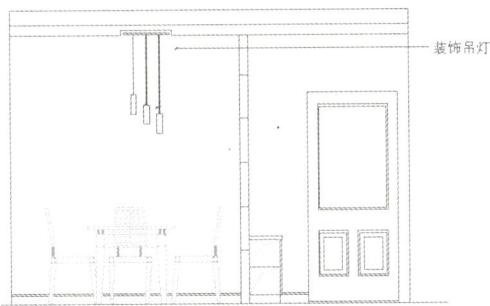

图12-136 创建引线文字

**步骤 19** 使用同样的方法，结合多重引线和多行文字命令创建其他标注说明，效果如图12-137所示。

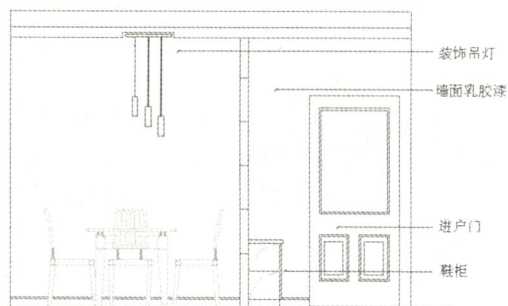

图12-137 创建其他引线和文字

**步骤 20** 使用"线性标注（DLI）"命令对图形进行标注，并对图形进行文字说明，完成实例的制作，效果如图12-138所示。

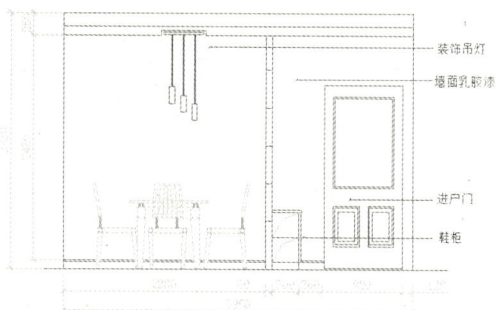

图12-138 餐厅立面图效果

## 12.3.3 绘制卧室立面图

卧室立面图通常需要展现的对象为床头背景墙，通常可在床头背景墙上设计一幅挂画，或是展示主人重要的照片。本实例的完成效果如图12-139所示。

### 效果展示

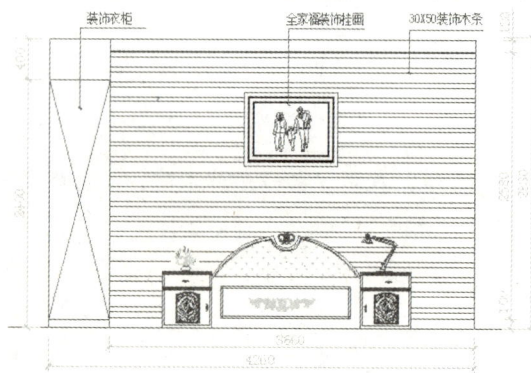

图12-139 绘制卧室立面图

### 操作分析

绘制卧室立面图的过程中，主要包括绘制床头背景墙的造型、衣柜的安放位置、插入常用的素材图形，然后对图形进行标注。在本实例创建床头背景的条纹造型时，可以使用"阵列"命令对图形进行阵列操作，并且参照插入的素材图形，对条纹进行修剪。

### 制作步骤

| | | |
|---|---|---|
| 原始文件 | 光盘\素材文件\第12章\立面图块.dwg |
| 结果文件 | 光盘\结果文件\第12章\装潢立面图.dwg |
| 同步视频文件 | 光盘\同步教学文件\第12章\绘制卧室立面图.mp4 |

**步骤 01** 使用"直线（L）"命令绘制一条长为5000的水平线段，然后在距离水平直线左端点400处向上绘制一条长为2800的垂直线段，如图12-140所示。

图12-140 绘制线段

**步骤 02** 使用"偏移（O）"命令将下方的线段向上偏移2800，将左方的线段向右偏移4260，然后使用"修剪（TR）"命令对线段进行修剪，效果如图12-141所示。

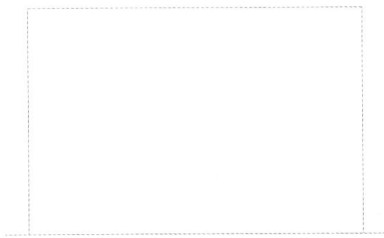

图12-141 修剪线段

**步骤 03** 使用"偏移（O）"命令将左侧的线段向右偏移600，如图12-142所示，然后将上方的线段向下偏移120，将下方的线段向上偏移100，如图12-143所示。

图12-142 偏移线段

图12-143 偏移线段

**步骤 04** 使用"修剪（TR）"命令对线段进行修剪处理，效果如图12-144所示。

图12-144 修剪线段

**步骤 05** 使用"偏移（O）"命令将上方的线段向下偏移两次，偏移距离依次为400、2320，如图12-145所示

图12-145 偏移线段

**步骤 06** 使用"修剪（TR）"命令对线段进行修剪，效果如图12-146所示。

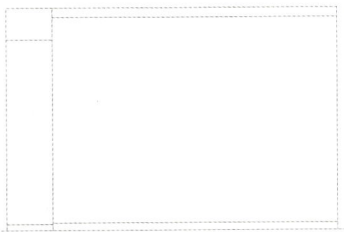

图12-146 修剪线段

**步骤 07** 使用"直线（L）"命令绘制两条对角线，表示衣柜的剖面图，如图12-147所示。

图12-147 绘制线段

**步骤 08** 使用"偏移（O）"命令将下方第二条的线段向上偏移两次，偏移距离依次为60、45，然后将偏移得到的线段的颜色改为灰色，效果如图12-148所示。

图12-148　偏移线段

**步骤 09** 执行"阵列（AR）"命令，选择偏移得到的两条灰色线段并确定，然后在弹出的菜单中选择"矩形"选项，如图12-149所示。

图12-149　选择阵列方式

**步骤 10** 输入C并确定，启用"计数"选项，然后设置行数为18，如图12-150所示，设置行间距为145并确定，如图12-151所示。

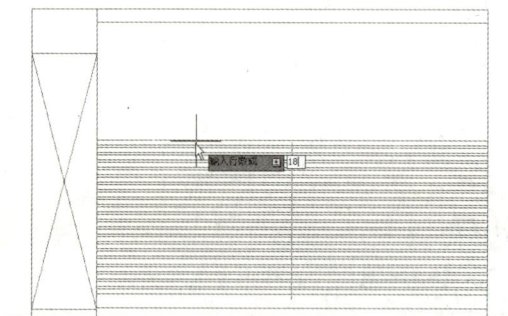
图12-150　设置行数

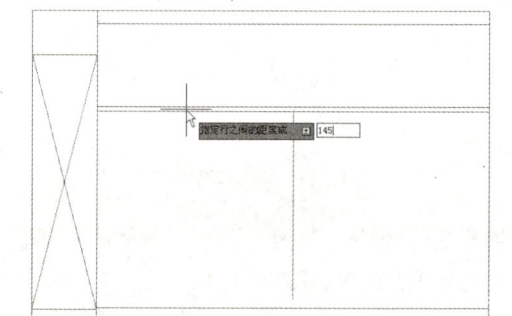
图12-151　设置行间距

**步骤 11** 完成阵列后的效果如图12-152所示，然后使用"分解（X）"命令将阵列对象分解。

图12-152　阵列效果

**步骤 12** 打开"立面图块.dwg"素材文件，将其中的立面床和装饰画图形复制到当前图形中，效果如图12-153所示。

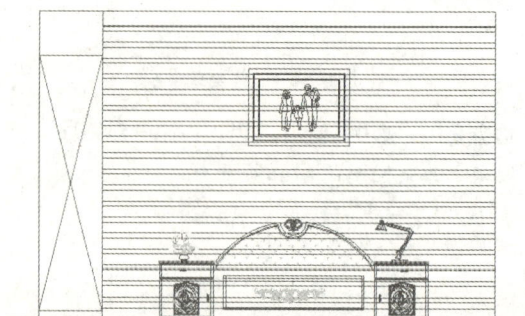
图12-153　复制素材图形

**步骤 13** 使用"修剪（TR）"命令对素材图形区域的线段进行修剪，效果如图12-154所示。

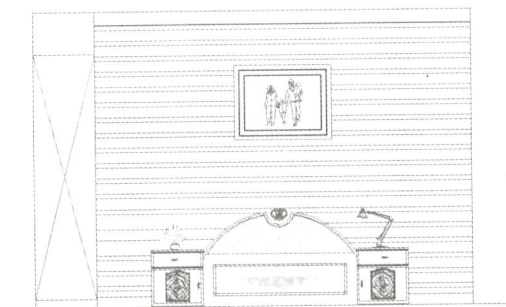

图12-154 修剪图形

**步骤 14** 使用"多重引线（MLEADER）"命令创建一条引线，如图12-155所示。

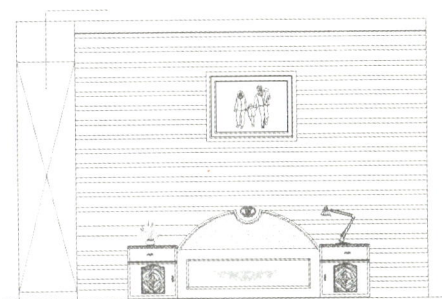

图12-155 绘制引线

**步骤 15** 执行"多行文字（MT）"命令，创建图形说明内容，设置字体高度为100，效果如图12-156所示。

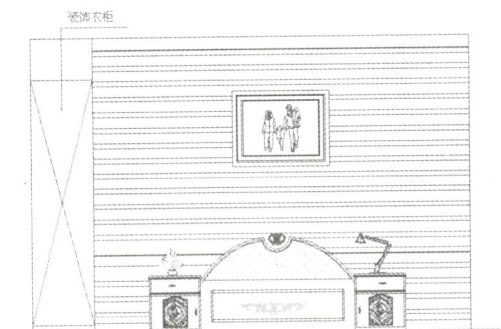

图12-156 创建引线文字

**步骤 16** 使用同样的方法，结合多重引线和多行文字命令创建其他标注说明，效果如图12-157所示。

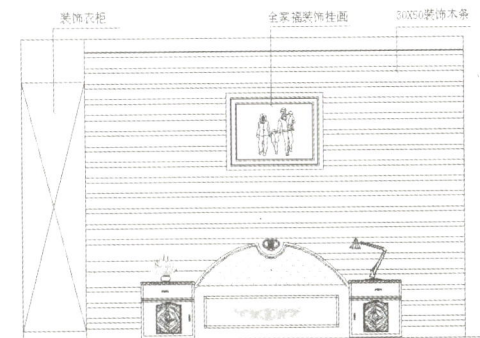

图12-157 创建其他引线和文字

**步骤 17** 使用"线性标注（DLI）"命令对图形进行标注，如图12-158所示。

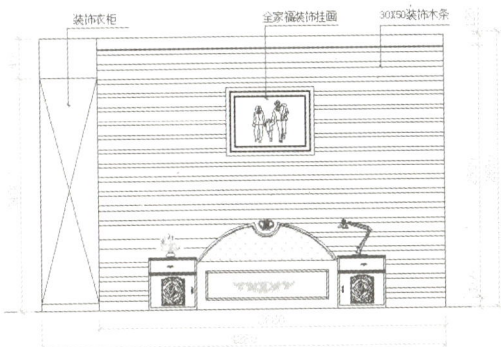

图12-158 进行尺寸标注

**步骤 18** 使用"多行文字（MT）"命令创建"卧室立面图"文字，完成实例的制作，效果如图12-159所示。

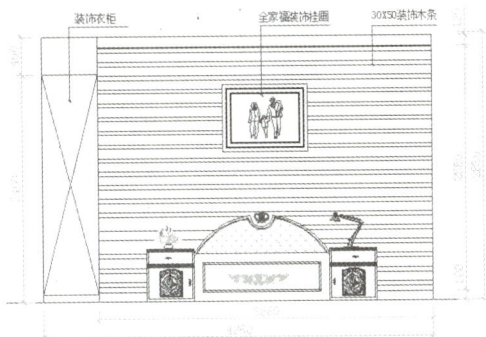

卧 室 立 面 图

图12-159 卧室立面图效果

# Chapter 13

# 绘制机械设计图

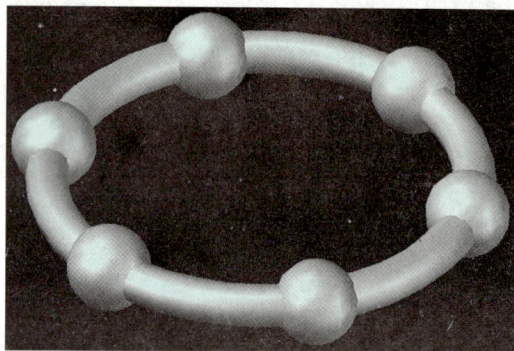

## 本章导读

在产品进行批量生产之前，使用AutoCAD模拟产品的实际尺寸，可以监测其造型与机构在实际使用过程中的缺陷，从而及早做出相应的改进，避免因设计失误造成损失。

本章将列举典型案例对AutoCAD在机械设计中的应用进行详细讲解，其中包括螺母二视图和珠环模型的绘制。

## 重点知识

- 绘制螺母主视图
- 绘制螺母俯视图
- 标注图形尺寸

## 难点知识

- 绘制螺母二视图
- 绘制珠环模型

# 13.1 绘制螺母二视图

本实例通过绘制螺母二视图的操作，带领读者掌握AutoCAD在机械设计中的应用方法和技巧，本实例的效果如图13-1所示。

## → 效果展示

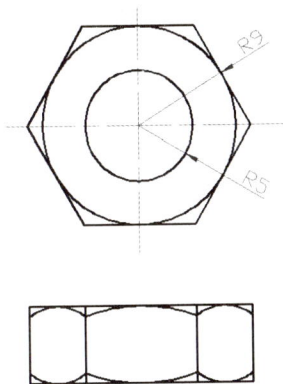

图13-1 绘制螺母二视图

## → 操作分析

在绘制螺母二视图的操作过程中，首先使用"直线"命令绘制二视图的定位辅助线；然后使用"圆弧"和"修剪"等命令绘制主视图；使用"多边形"和"圆"命令绘制俯视图；最后再使用"偏移"和"修剪"命令对图形进行适当处理，完成实例的制作。

## → 制作步骤

| 结果文件 | 光盘\结果文件\第13章\螺母二视图.dwg |
|---|---|
| 同步视频文件 | 光盘\同步教学文件\第13章\绘制螺母二视图.mp4 |

## 13.1.1 设置绘图环境

**步骤 01** 选择"格式"→"图层"命令，打开"图层特性管理器"对话框，单击"新建"按钮，创建一个名为"轮廓线"的图层，如图13-2所示。

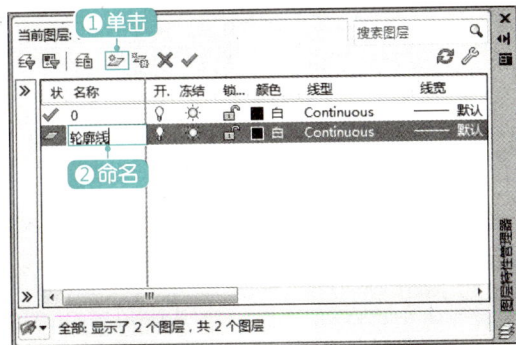

图13-2 新建图层

**步骤 02** 单击"轮廓线"图层的线宽图标，在打开的"线宽"对话框中设置图层的线宽为0.3mm，然后进行确定，如图13-3所示。

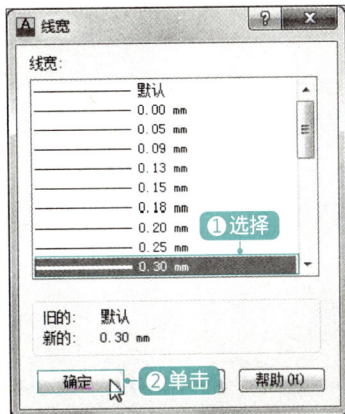

图13-3 设置线宽

**步骤 03** 创建一个名为"辅助线"的图层，然后单击"辅助线"图层的颜色图标，如图13-4所示。在打开的"选择颜色"对话框中设置图层的颜色为红色并确定，如图13-5所示。

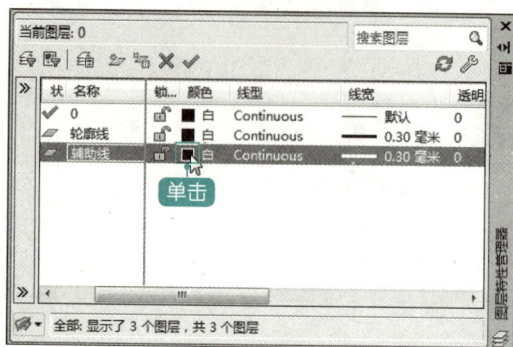

图13-4 新建图层

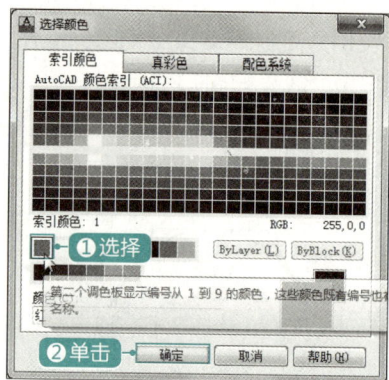

图13-5 设置颜色

**步骤 04** 单击"辅助线"图层的线型图标，打开"选择线型"对话框，然后单击"加载"按钮，如图13-6所示。

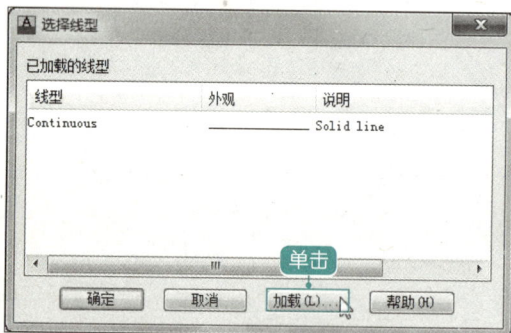

图13-6 "选择线型"对话框

**步骤 05** 在打开的"加载或重载线型"对话框中选择"ACAD_ISO08W100"线型并确定，如图13-7所示。

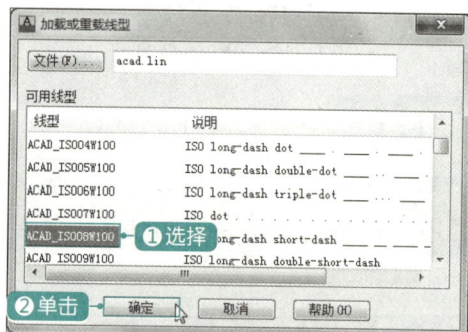

图13-7 选择线型

**步骤 06** 将选择的线型指定给"辅助线"图层，效果如图13-8所示。

**步骤 07** 单击"辅助线"图层的线宽图标，在"线宽"对话框中将"辅助线"图层的线宽改为默认宽度并确定，如图13-9所示。

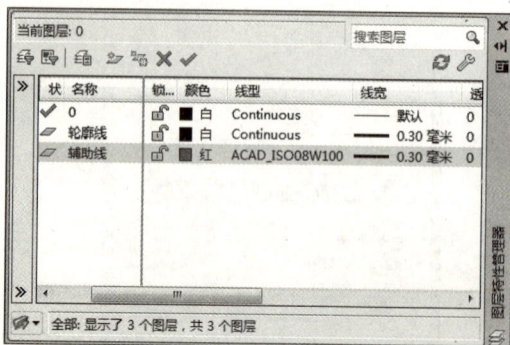

图13-8 更改线型

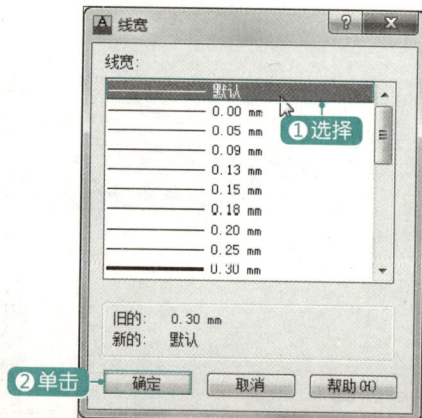

图13-9 选择线宽

**步骤 08** 创建一个名为"标注"的图层，然后将"标注"图层的颜色设置为蓝色，设置线型为"Continuous"，如图13-10所示，然后关闭"图层特性管理器"对话框。

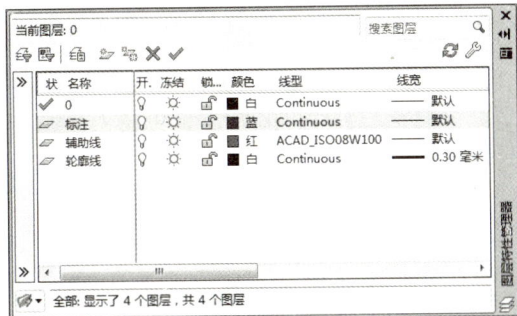

图13-10 设置图层

**步骤 10** 选择"格式"→"线型"命令，打开"线型管理器"对话框，在该对话框中将"全局比例因子"设置为0.5，如图13-12所示。

图13-12 设置全局比例因子

**步骤 09** 选择"工具"→"绘图设置"命令，打开"草图设置"对话框，在"对象捕捉"选项卡中设置对象的捕捉模式并确定，如图13-11所示。

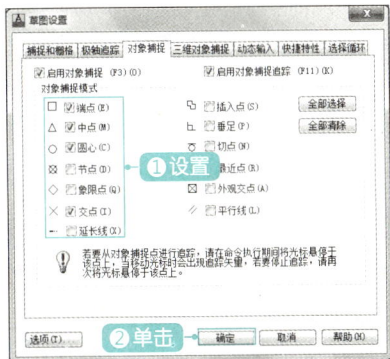

图13-11 设置捕捉模式

**步骤 11** 选择"格式"→"线宽"命令，打开"线宽设置"对话框，勾选"显示线宽"复选项并确定，如图13-13所示。

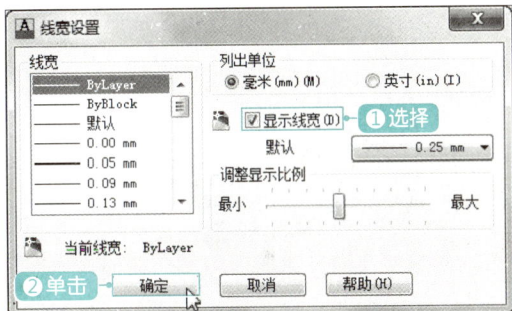

图13-13 显示线宽

## 13.1.2 绘制螺母俯视图

**步骤 01** 将"辅助线"图层设置为当前层，执行"直线（L）"命令，在绘图区绘制两条长为26且相互垂直的线段作为绘图基准线，如图13-14所示。

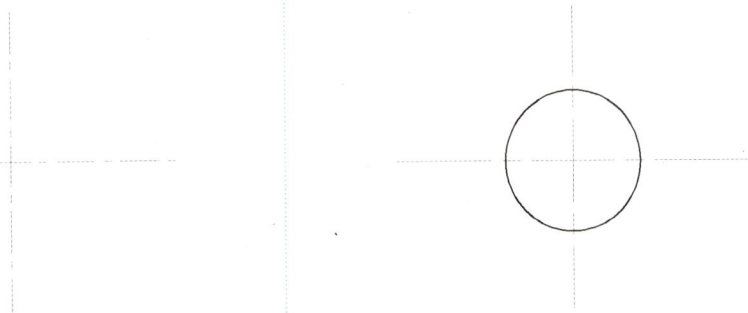

图13-14 创建相互垂直的线段

**步骤 02** 将"轮廓线"图层设置为当前层，然后执行"圆（C）"命令，以两条线段的交点为圆心，绘制一个半径为5的圆，如图13-15所示。

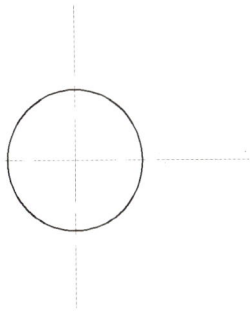

图13-15 绘制圆形

**步骤 03** 执行"偏移（O）"命令，将圆形向外偏移4个单位，得到的效果如图13-16所示。

**步骤 04** 执行"多边形（POL）"命令，设置多边形的侧面数为6，然后在圆心处指定多边形的中心点，如图13-17所示。

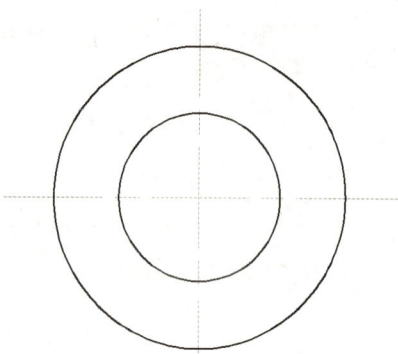

图13-16　偏移圆形

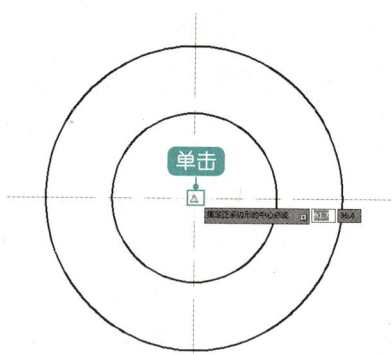

图13-17　指定中心点

**步骤 05** 在弹出的菜单中选择"外切于圆（C）"选项，如图13-18所示，然后设置多边形的圆半径为9，创建的多边形如图13-19所示，完成俯视图的绘制。

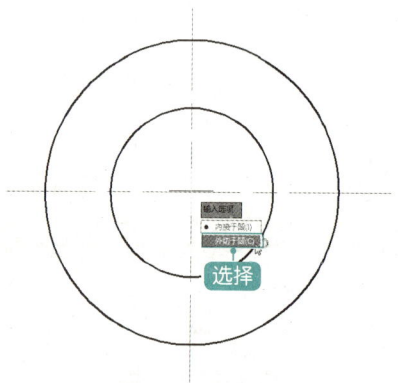

图13-18　选择选项

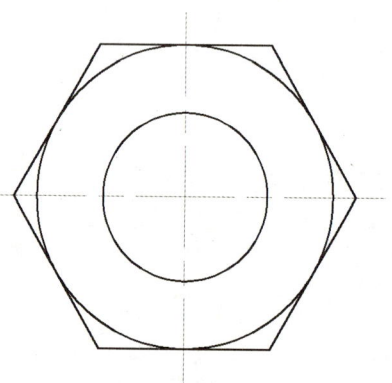

图13-19　螺母俯视图

## 13.1.3　绘制螺母主视图

**步骤 01** 使用"直线（L）"命令在俯视图的下方绘制一条水平线段，如图13-20所示。

**步骤 02** 执行"偏移（O）"命令，将水平线段向下偏移7个单位，效果如图13-21所示。

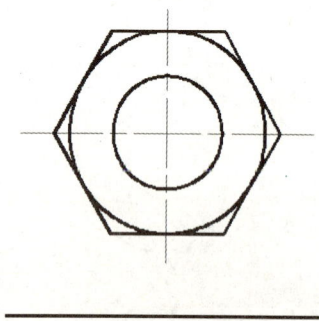

图13-20　绘制线段

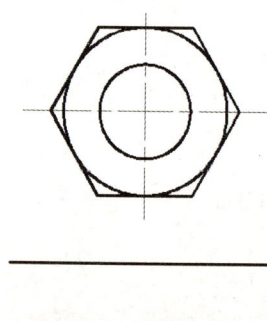

图13-21　偏移线段

**步骤 03** 执行"直线（L）"命令，通过捕捉俯视图中图形的端点，向下绘制4条垂直线段，效果如图13-22所示。

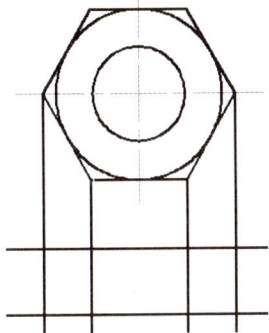
图13-22 绘制线段

**步骤 04** 执行"修剪（TR）"命令，对下方的图形进行修剪，效果如图13-23所示。

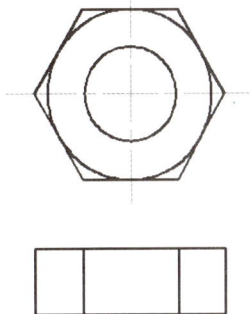
图13-23 修剪图形

**步骤 05** 执行"圆弧（A）"命令，在如图13-24所示的线段交点处指定圆弧的起点。

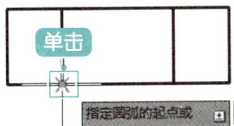
单击
指定圆弧的起点或
图13-24 指定起点

**步骤 06** 根据系统提示输入参数e并确定，启用"端点（E）"选项，如图13-25所示。

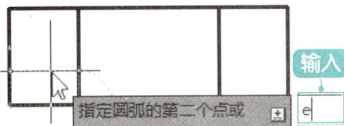
输入
指定圆弧的第二个点或 e
图13-25 输入e并确定

**步骤 07** 根据系统提示在如图13-26所示的线段交点处指定圆弧的端点，然后输入参数r并确定，启用"半径（R）"选项，如图13-27所示。

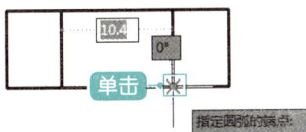
10.4 0°
单击
指定圆弧的端点
图13-26 指定端点

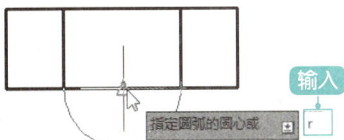
输入
指定圆弧的圆心或 r
图13-27 输入r并确定

**步骤 08** 执行"移动（M）"命令，将圆弧向上移动，效果如图13-28所示。

图13-28 移动圆弧

**步骤 09** 执行"直线（L）"命令，通过捕捉圆弧的端点，向左绘制一条线段，效果如图13-29所示。

图13-29 绘制线段

**步骤 10** 执行"圆弧（A）"命令，在如图13-30所示的线段交点处指定圆弧的起点，然后在线段的中点处指定圆弧的第二个点，如图13-31所示。

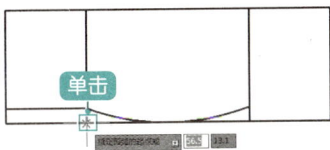
单击
指定圆弧的起点或
图13-30 指定起点

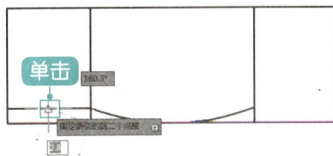
单击 180.7°
指定圆弧的第二个点或
图13-31 指定第二个点

**步骤 11** 在如图13-32所示的线段端点处指定圆弧的端点，绘制的圆弧效果如图13-33所示。

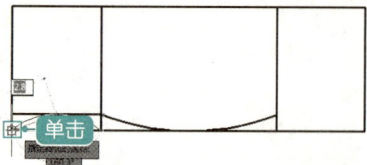

图13-32　指定端点

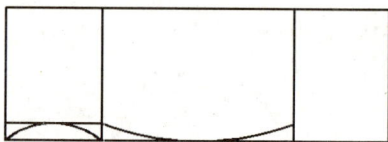

图13-33　创建圆弧

**步骤 13** 使用"镜像（MI）"命令对刚创建的圆弧进行镜像，并适当移动圆弧，再将水平线段删除，效果如图13-34所示。

图13-34　镜像圆弧

**步骤 13** 使用"复制（CO）"命令将左侧的圆弧复制到图形右侧，效果如图13-35所示。

图13-35　复制圆弧

**步骤 14** 使用"镜像（MI）"命令对3个圆弧进行镜像复制，效果如图13-36所示。

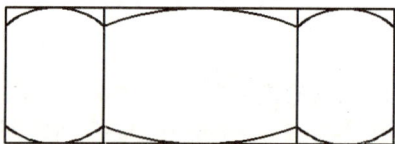

图13-36　镜像复制圆弧

**步骤 15** 执行"修剪（TR）"命令，对图形进行修剪，完成主视图的创建，效果如图13-37所示。

图13-37　螺母主视图

## 13.1.4 标注图形尺寸

**步骤 01** 执行"标注样式（D）"命令，打开"标注样式管理器"对话框，然后单击"新建"按钮，如图13-38所示。

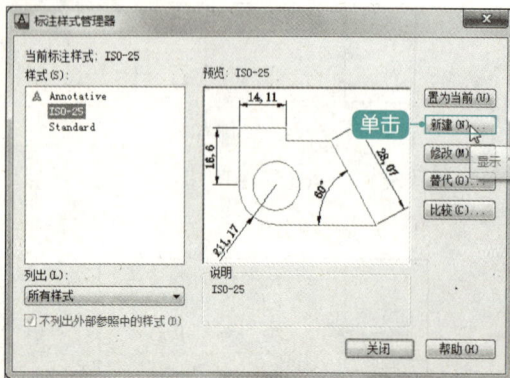

图13-38　"标注样式管理器"对话框

**步骤 02** 在打开的"创建新标注样式"对话框中输入新样式的名称，然后单击"继续"按钮，如图13-39所示。

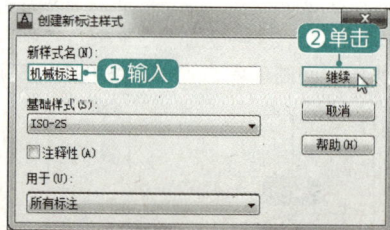

图13-39　输入样式名称

**步骤 03** 在打开的"新建标注样式"对话框中选择"调整"选项卡，设置"使用全局比例"的值为0.5，如图13-40所示。

**步骤 04** 选择"主单位"选项卡，设置"单位格式"为小数、"精度"为0.0，如图13-41所示，然后单击"确定"按钮，并关闭"标注样式管理器"对话框。

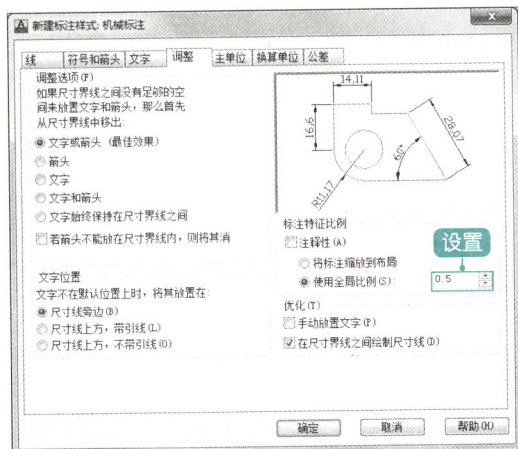

图13-40　设置全局比例

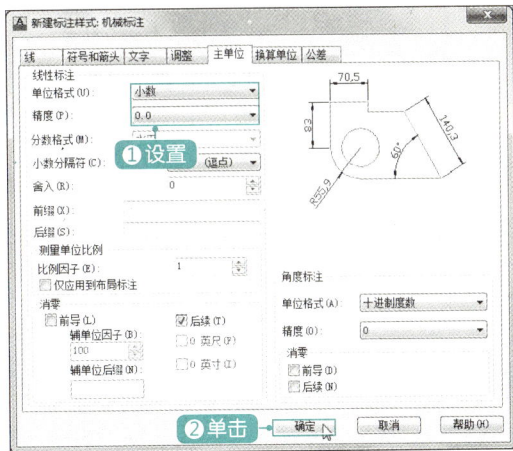

图13-41　设置单位格式和精度

**步骤 05** 将"标注"图层设置为当前层，然后选择"标注"→"半径"命令，对俯视图中的圆形进行半径标注，效果如图13-42所示。

**步骤 06** 选择"标注"→"线性"命令，对图形中的各个尺寸进行标注，完成实例的制作，效果如图13-43所示。

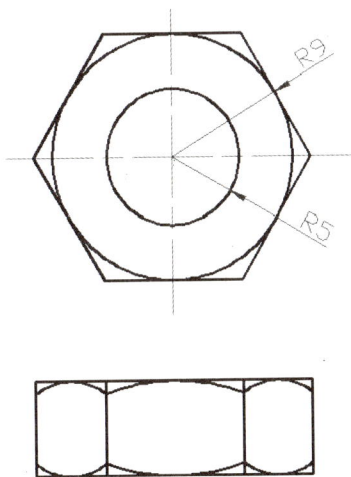

图13-42　标注半径

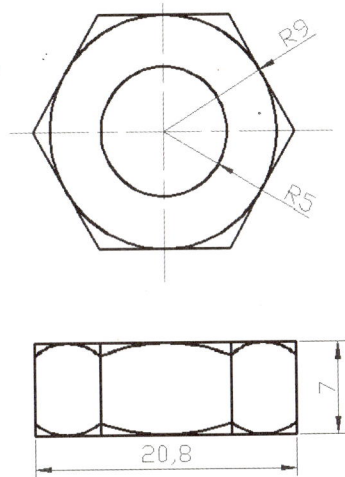

图13-43　实例效果

# 13.2 绘制珠环模型

　　本节以绘制珠环模型图为例，介绍AutoCAD在三维模型制作中的应用。本实例的完成效果如图13-44所示。

➜ **效果展示**

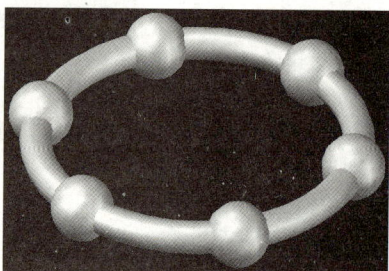

图13-44　绘制珠环模型

➜ **操作分析**

　　在绘制珠环模型的操作过程中，可以使用"圆"命令绘制辅助圆；使用"球体"和"圆环体"命令创建珠环模型；在创建图形的过程中，可以调整视图方位和模型的显示效果。

➜ **制作步骤**

| 结果文件 | 光盘\结果文件\第13章\珠环模型.dwg |
|---|---|
| 同步视频文件 | 光盘\同步教学文件\第13章\绘制珠环模型.mp4 |

**步骤 01** 执行"设置（SE）"命令，打开"草图设置"对话框，设置对象捕捉方式仅为"圆心"和"象限点"并确定，如图13-45所示。

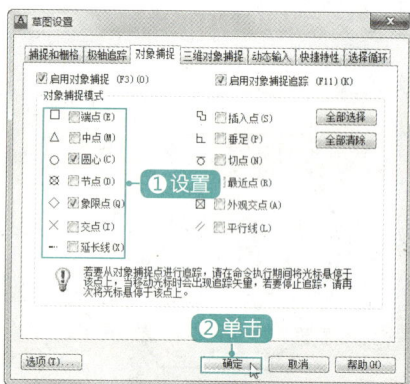

图13-45　设置对象捕捉方式

**步骤 02** 执行"圆（C）"命令，绘制一个半径为100的圆，如图13-46所示。

图13-46　绘制圆形

**步骤 03** 选择"绘图"→"建模"→"球体"命令，在圆形左侧的象限点处指定球体的中心点，如图13-47所示。然后设置球体的半径为20，创建的球体如图13-46所示。

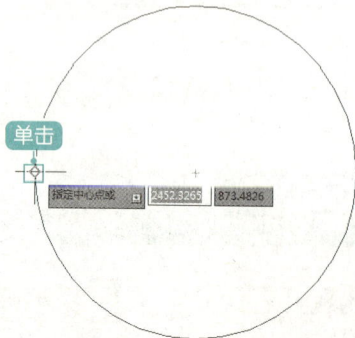

图13-47　指定中心点

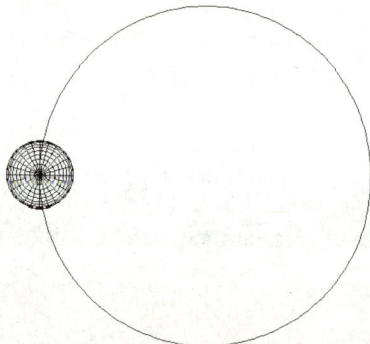

图13-48　创建球体

**步骤 04** 选择"视图"→"三维视图"→"西南等轴测"命令，切换到"西南等轴测"视图中，效果如图13-49所示。

**步骤 05** 选择"修改"→"三维操作"→"三维阵列"命令，然后选择创建的球体并确定，在弹出的列表中选择"环形（P）"选项，如图13-50所示。

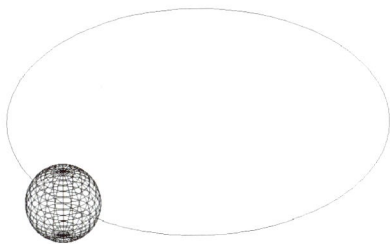

图13-49 切换视图

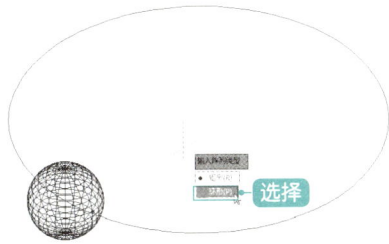

图13-50 选择【环形（P）】选项

**步骤 06** 设置阵列的数目为6，如图13-51所示，然后在圆形的圆心处指定阵列的中心点，如图13-52所示。

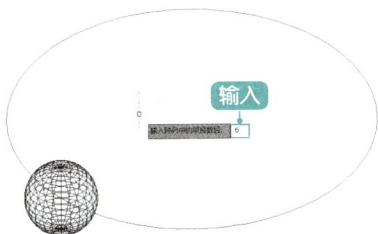

图13-51 设置阵列

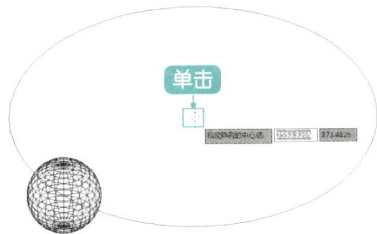

图13-52 指定中心点

**步骤 07** 根据系统提示指定阵列旋转轴的第二个点为（@0,0,10），即Z轴上的一个点，如图13-53所示，阵列的效果如图13-54所示。

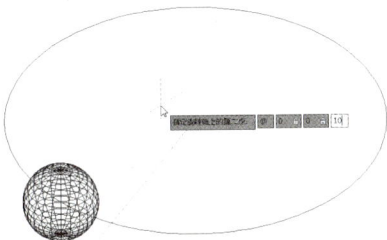

图13-53 指定旋转轴第二个点

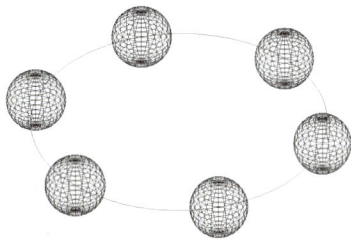

图13-54 阵列球体

**步骤 08** 选择"绘图"→"建模"→"圆环体"命令，在圆形的圆心处指定圆环体的中心点，然后绘制一个圆环半径为100、圆管半径为10的圆环体，效果如图13-55所示。

**步骤 09** 选择"视图"→"视觉样式"→"真实"命令，模型的真实效果如图13-56所示，完成实例的制作。

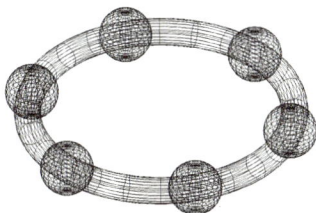

图13-55 创建圆环体

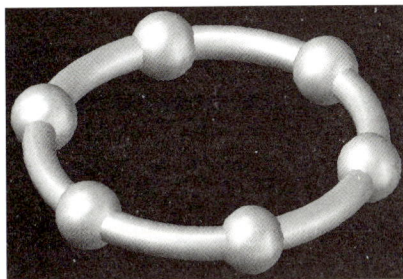

图13-56 实例效果

# 附录 习题答案

## Chapter 01

**一、填空题**
（1）1982  11
（2）建筑  工业
（3）@

**二、选择题**
（1）B　（2）A

## Chapter 02

**一、填空题**
（1）缩放  ZOOM
（2）LA
（3）MA

**二、选择题**
（1）A　（2）D

## Chapter 03

**一、填空题**
（1）RECTANR  REC
（2）LINE　L
（3）CIRCLE　C

**二、选择题**
（1）C　（2）B

## Chapter 04

**一、填空题**
（1）延伸
（2）分解
（3）矩形方式 路径方式 极轴方式

**二、选择题**
（1）C　（2）B

## Chapter 05

**一、填空题**
（1）写块（W）
（2）块
（3）MINSERT

**二、选择题**
（1）A　（2）

## Chapter 06

**一、填空题**
（1）缩放  ZOOM
（2）AutoCAD经典

**二、选择题**
（1）C　（2）D

## Chapter 07

**一、填空题**
（1）文字
（2）连续标注

**二、选择题**
（1）D　（2）B

## Chapter 08

**一、填空题**
（1）QLE
（2）TABLE

**二、选择题**
（1）B　（2）C

## Chapter 09

**一、填空题**
（1）拉伸
（2）圆台体

**二、选择题**
（1）D　（2）A

## Chapter 10

**一、填空题**
（1）页面设置管理器
（2）横向 纵向

**二、选择题**
（1）D　（2）A